"十二五"普通高等教育本科国家级规划教材

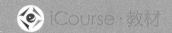 iCourse·教材

工程力学教程

第4版

奚绍中　邱秉权　主编
邱秉权　沈火明　修订

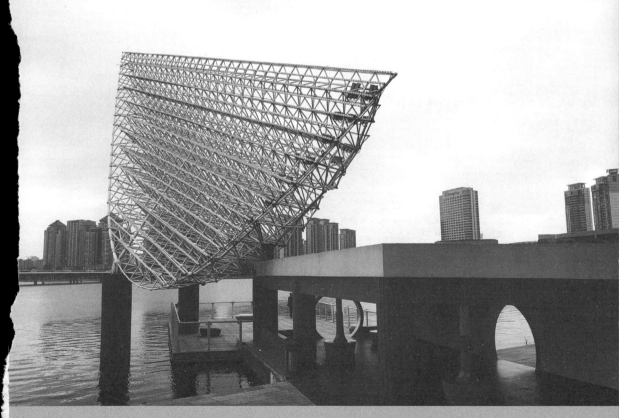

高等教育出版社·北京

内容提要

本书是"十二五"普通高等教育本科国家级规划教材，是工程力学国家精品在线开放课程的核心教材。本书具有很强的教学适用性，有助于培养工程应用型人才。

本书按高等学校工科本科工程力学课程的基本要求编写，涵盖了理论力学和材料力学的主要内容，可根据课时选择教学模块进行组合教学。全书共18章，包括静力学基础、平面基本力系、平面任意力系、摩擦、空间力系和重心、拉伸和压缩、扭转、弯曲、应力状态分析和强度理论、组合变形、压杆的稳定性、点的运动、刚体的基本运动、点的复合运动、刚体的平面运动、质点的运动微分方程、动力学普遍定理、动静法。本书在讲述概念和方法的同时，给出了相关的思考题，可供课堂讨论之用。

本书可作为高等学校工科本科非机类及相关专业的中、少学时工程力学课程的教材，也可供高职高专与成人高校师生、网络教育及有关工程技术人员参考。

图书在版编目（CIP）数据

工程力学教程／奚绍中，邱秉权主编；邱秉权，沈火明修订.--4版.--北京：高等教育出版社，2019.11（2024.12重印）
ISBN 978-7-04-052453-6

Ⅰ.①工… Ⅱ.①奚… ②邱… ③沈… Ⅲ.①工程力学-高等学校-教材 Ⅳ.①TB12

中国版本图书馆 CIP 数据核字（2019）第 168552 号

策划编辑	黄 强	责任编辑	黄 强	封面设计	赵 阳	版式设计	徐艳妮
插图绘制	于 博	责任校对	马鑫蕊	责任印制	耿 轩		

出版发行	高等教育出版社	网　　址	http://www.hep.edu.cn
社　　址	北京市西城区德外大街4号		http://www.hep.com.cn
邮政编码	100120	网上订购	http://www.hepmall.com.cn
印　　刷	山东韵杰文化科技有限公司		http://www.hepmall.com
开　　本	787mm×960mm　1/16		http://www.hepmall.cn
印　　张	31.25	版　　次	2004年8月第1版
字　　数	530千字		2019年11月第4版
购书热线	010-58581118	印　　次	2024年12月第8次印刷
咨询电话	400-810-0598	定　　价	55.00元

本书如有缺页、倒页、脱页等质量问题，请到所购图书销售部门联系调换
版权所有　侵权必究
物　料　号　52453-00

工程力学教程
第 4 版

1. 计算机访问 http://abook.hep.com.cn/1225469，或手机扫描二维码、下载并安装 Abook 应用。
2. 注册并登录，进入"我的课程"。
3. 输入封底数字课程账号（20位密码，刮开涂层可见），或通过 Abook 应用扫描封底数字课程账号二维码，完成课程绑定。
4. 单击"进入课程"按钮，开始本数字课程的学习。

课程绑定后一年为数字课程使用有效期。受硬件限制，部分内容无法在手机端显示，请按提示通过计算机访问学习。

如有使用问题，请发邮件至 abook@hep.com.cn。

扫描二维码
下载 Abook 应用

http://abook.hep.com.cn/1225469

第 4 版前言

本教材自 2004 年在高等教育出版社出版以来已有 15 个年头，第 1 版为教育科学"十五"国家规划课题研究成果，第 2 版为普通高等教育"十一五"国家级规划教材，第 3 版为"十二五"普通高等教育本科国家级规划教材。教材出版后，先后被全国 200 多所高校采用，得到了众多教师和学生的好评。借本教材修订再版之际，对使用本教材的老师、同学及所有读者表示诚挚的谢意。

为了更加适应高等教育的发展形势，促进优质教学资源在教学中的广泛应用，不断推动教学模式改革，进一步提高课程教学质量，我们进行了本次修订。本次修订为第 4 版，按新形态教材进行一体化设计，修订工作主要体现在：

（1）更新了部分图片，新增了部分工程应用案例，以深化读者对教学内容的理解。

（2）建设了数字化资源，这些资源包括：绪论中的力学与工程系列内容，每章章首的教学要点，附录Ⅲ中的工程力学综合练习题，部分重要的知识点的讲解视频、动画，部分仿真实验。这些资源均可通过扫描书中相应位置的二维码或登录配套的学习网站进行学习。

本教材为西南交通大学工程力学国家级精品课程、工程力学国家级精品资源共享课、工程力学国家级精品在线开放课程、工程力学数字课程的核心教材，更多的教学资源可在网上进行查阅。

本版教材的修订工作由西南交通大学沈火明（第 1 章至第 11 章）、邱秉权（第 12 章至第 18 章）负责；课程视频由沈火明、蒋晗主讲；力学与工程 PPT、每一章的教学要点、综合练习题等由沈火明制作；虚拟仿真实验由西南交通大学国家级力学实验示范中心提供。

本版教材承蒙南京航空航天大学邓宗白教授审阅，他提出了一些很好的修改意见，在此谨致诚挚谢意。

本版教材的修订工作，同时得到了工程力学在线开放课程群建设项目和西南交通大学重点教材建设项目的资助，在此表示衷心的感谢。

修订者
2019 年 6 月

第3版前言

本教程2004年初版问世，于2009年进行了第2版修订，此两版均以"西南交通大学应用力学与工程系"名义署名。本次修订为第3版。现作者借本书修订再版之际，首先对曾使用或阅读过本书的老师、同学及所有读者对本书的厚爱，表示诚挚的谢意。

本次修订力图体现对高等学校工科专业学生三种能力的培养，即对工程对象正确建立力学模型的能力，进行力学分析的能力，以及利用力学的基本概念判断分析结果正确与否的能力。

根据教育部高等学校力学基础课程教学指导分委员会制定的《高等学校理工科非力学专业力学基础课程教学基本要求》（2012年由高等教育出版社出版），以及在教学实践中发现的问题和广大读者的意见，本书第3版修订中做了如下工作：

（1）基于当前力学课程教学学时日渐减少的情况，编写和修订中在保证系统的完整性、严密性的基础上，始终保持内容简洁。理论推导重点在平面问题，有些空间问题以类推处置。但也应该注意到，在工程各类事故中，除了因设计和施工原因外，不少事故与运动力学原因有关（如侧翻），本书保留必要的运动力学最基本的原理。因此，本书分为三篇，即第一篇静力学、第二篇材料力学、第三篇运动学和动力学，根据课程学时的设置，可灵活进行内容组合。

（2）增加了工程力学课程概论，简要介绍了力学在我国的发展情况；将"平面汇交力系"和"力矩与平面力偶系"两者合为"平面基本力系"；增加了"组合变形"一章。

（3）为了提高学生的工程意识，增补或更换了部分例题、习题和思考题。突出从"工程结构"到"力学模型"的建模能力训练。期望在提高读者学习工程力学兴趣的同时，提高其工程意识、工程建模能力和应用力学知识解决工程实际问题的能力。

作为国家级精品课程、国家精品资源共享课程和中国大学MOOC的核心教材，与本书配套的大量教学资源可以在爱课程网上进行查阅。

本次修订由西南交通大学沈火明教授(第1章至第11章)、邱秉权教授(第12章至第18章)负责,并由邱秉权教授统稿。修订工作得到了西南交通大学工程力学国家级教学团队建设项目、工程力学国家精品资源共享课程建设项目和教务处教材建设项目的资助,在此表示衷心的感谢。

本书承蒙南京航空航天大学邓宗白教授认真审阅,他提出了一些很好的修改意见,在此谨致诚挚谢意。

限于作者的水平,书中不足及错漏之处,恳请读者批评指正。

编者

2015年10月

第 2 版前言

本教材第 1 版自 2004 年出版以来,得到了广大教师和学生的真诚关心和大力支持。现根据我们几年来的教学实践和听取了部分老师的意见作了局部修订,主要有:

1. 加强了"摩擦"这一部分内容,单独列为一章;增加了"空间力系和重心"这一章。
2. 将原书"内力和内力图"这一章内的"轴力及轴力图"、"扭矩和扭矩图"和"剪力和弯矩"、"剪力图和弯矩图"分别归入"拉伸和压缩"、"扭转"和"弯曲"等各章,以利讲解。
3. 在习题选取中,力争结合实际。
4. 正文中对重点部分加注重点符号。
5. 对第 1 版作了全面、认真的校核,并将疏漏之处更正。

本次修订工作由葛玉梅(第 1~11 章)、邱秉权(第 12~18 章)执笔完成,电子教案由葛玉梅主持完成。

本次修订承蒙大连理工大学郑芳怀教授、清华大学贾书惠教授审阅。对他们认真审阅和仔细指点深表谢意。使用该教材第 1 版的教师和学生也对本书提出了许多宝贵意见。在此谨向他们表示衷心的感谢。

虽然经过我们的努力,但限于执笔者的水平,书中难免仍存在不足之处,衷心希望广大读者和使用者提出批评和指正。

西南交通大学　力学与工程学院
2008 年 10 月

第1版前言

本教材按 70~90 课内学时编写,适用于大学本科"工程力学"课程安排为中、少学时的各专业以及大专院校的专科教学之用,亦可供成人教育及网络教育使用。

本教材涵盖了理论力学和材料力学的主要内容。在内容的安排上,先讲授静力学基本理论、内力和内力图,然后是构件的强度、刚度和稳定性计算,最后讲授运动学和动力学基本理论。

教材中结合理论分析和例题,列有一定数量的思考题,以启发读者深入思考,其中包括初学者易于误会之处以及需要灵活掌握的方法。编者在选择这些问题时力戒呆板,以防学生死记硬背。在教学中,这些思考题也可供课堂讨论使用。

本教材由西南交通大学应用力学与工程系编,奚绍中、邱秉权执笔,葛玉梅参加了编写工作。本教材是在奚绍中、邱秉权主编的《工程力学》(西南交通大学出版社,1987)的基础上改编而成的,曾参加该书编写的有陈均衡(泸州化工专科学校)、李志君、周坤如、万长珠、罗无量、毛文义、张茂修以及奚绍中、邱秉权。

本教材收录了一些工程设计中曾经出现过问题的、与计算简图相关的内容,如简支梁桥的约束条件以及长千斤顶油缸弯曲刚度对临界力的影响等。在强度理论部分还介绍了我国学者俞茂宏于 1961 年提出的"双剪应力屈服准则"。本教材充分吸纳了执笔人过去 40 余年从事工科力学教学和编写多种力学教材的经验,具有很强的教学适用性,并有利于培养工程应用型人才。

本教材承蒙大连理工大学郑芳怀教授审阅,谨此致谢。

由于执笔人能力有限,书中难免存在不足之处,衷心希望读者批评指正。意见请寄:西南交通大学应用力学与工程系(四川省成都市,邮编:610031)。

西南交通大学应用力学与工程系
2004 年 2 月

目　　录

绪论 …………………………………………………………………………………… 1

第一篇　静　力　学

第1章　静力学基础 …………………………………………………………… 15
§1-1　静力学的基本概念 …………………………………………………… 15
§1-2　静力学公理 …………………………………………………………… 18
§1-3　约束和约束力 ………………………………………………………… 22
§1-4　物体受力分析和受力图 ……………………………………………… 30
习题 …………………………………………………………………………… 33

第2章　平面基本力系 ………………………………………………………… 38
§2-1　平面汇交力系合成与平衡的几何法 ………………………………… 38
§2-2　平面汇交力系合成与平衡的解析法 ………………………………… 43
§2-3　平面力对点之矩的概念及其计算 …………………………………… 50
§2-4　平面力偶系的合成与平衡 …………………………………………… 53
习题 …………………………………………………………………………… 60

第3章　平面任意力系 ………………………………………………………… 66
§3-1　力线平移定理 ………………………………………………………… 67
§3-2　平面任意力系向一点简化 …………………………………………… 68
§3-3　分布荷载 ……………………………………………………………… 72
§3-4　平面任意力系的平衡 ………………………………………………… 74
§3-5　平面平行力系的平衡 ………………………………………………… 77
§3-6　物体系的平衡问题·静定与超静定的概念 ………………………… 78
§3-7　平面静定桁架的内力分析 …………………………………………… 82
习题 …………………………………………………………………………… 86

第4章　摩擦 …………………………………………………………………… 91
§4-1　滑动摩擦 ……………………………………………………………… 91
§4-2　考虑摩擦时的物体平衡问题 ………………………………………… 94
§4-3　滚动摩阻的概念 ……………………………………………………… 100
习题 …………………………………………………………………………… 103

第5章　空间力系和重心 ……………………………………………………… 106

§5-1 空间汇交力系的合成与平衡 …………………………………………… 106
§5-2 力对点之矩与力对轴之矩 ……………………………………………… 111
§5-3 空间力偶系的合成与平衡 ……………………………………………… 114
§5-4 空间任意力系的简化·主矢与主矩 ………………………………… 118
§5-5 空间任意力系的平衡 …………………………………………………… 123
§5-6 重心和形心的坐标公式 ………………………………………………… 127
§5-7 确定重心和形心位置的具体方法 ……………………………………… 130
习题 …………………………………………………………………………… 133

第二篇 材料力学

第6章 拉伸和压缩 ……………………………………………………………… 139
§6-1 轴力及轴力图 …………………………………………………………… 139
§6-2 横截面上的应力 ………………………………………………………… 141
§6-3 拉压杆的强度计算 ……………………………………………………… 145
§6-4 斜截面上的应力 ………………………………………………………… 148
§6-5 拉(压)杆的变形与位移 ……………………………………………… 151
§6-6 拉(压)杆内的应变能 ………………………………………………… 155
§6-7 低碳钢和铸铁受拉伸和压缩时的力学性能 ………………………… 159
§6-8 简单的拉、压超静定问题 ……………………………………………… 165
§6-9 拉(压)杆接头的计算 ………………………………………………… 170
习题 …………………………………………………………………………… 174

第7章 扭转 ……………………………………………………………………… 179
§7-1 扭矩和扭矩图 …………………………………………………………… 179
§7-2 薄壁圆筒扭转时的应力和变形 ………………………………………… 181
§7-3 圆杆扭转时的应力和变形 ……………………………………………… 183
§7-4 受扭圆杆的强度条件及刚度条件 ……………………………………… 193
§7-5 等圆截面直杆在扭转时的应变能 ……………………………………… 198
§7-6 矩形截面杆的扭转 ……………………………………………………… 201
习题 …………………………………………………………………………… 205

第8章 弯曲 ……………………………………………………………………… 209
§8-1 剪力和弯矩·剪力图和弯矩图 ……………………………………… 209
§8-2 剪力图和弯矩图的进一步研究 ………………………………………… 215
§8-3 弯曲正应力 ……………………………………………………………… 218
§8-4 惯性矩的平行移轴公式 ………………………………………………… 229
§8-5 弯曲切应力 ……………………………………………………………… 231
§8-6 梁的强度条件 …………………………………………………………… 237
§8-7 挠度和转角 ……………………………………………………………… 239
§8-8 弯曲应变能 ……………………………………………………………… 246

§8-9　超静定梁 ··· 250
　　习题 ··· 255

第9章　应力状态分析和强度理论 ································· 261
　　§9-1　概述 ·· 261
　　§9-2　平面应力状态分析 ·· 262
　　§9-3　平面应力状态下的胡克定律 ··· 266
　　§9-4　三向应力状态 ··· 268
　　§9-5　强度理论及其应用 ·· 272
　　习题 ··· 278

第10章　组合变形 ·· 280
　　§10-1　弯曲与拉伸(压缩)的组合变形 ·· 281
　　§10-2　弯曲与扭转的组合变形 ··· 285
　　§10-3　斜弯曲 ··· 289
　　习题 ··· 291

第11章　压杆的稳定性 ··· 294
　　§11-1　压杆稳定性的概念 ·· 294
　　§11-2　细长中心压杆的临界荷载 ··· 296
　　§11-3　欧拉公式的适用范围·临界应力总图 ································ 301
　　§11-4　压杆的稳定条件和稳定性校核 ··· 303
　　习题 ··· 306

第三篇　运动学与动力学

第12章　点的运动 ·· 311
　　§12-1　运动学的基本内容·参考系 ·· 311
　　§12-2　点的运动的矢量表示法 ··· 312
　　§12-3　点的运动的直角坐标表示法 ·· 313
　　§12-4　点的运动的自然表示法(弧坐标表示法) ···························· 317
　　习题 ··· 324

第13章　刚体的基本运动 ·· 326
　　§13-1　刚体的移动 ··· 326
　　§13-2　刚体的定轴转动 ·· 327
　　§13-3　转动刚体上点的速度和加速度 ··· 331
　　习题 ··· 335

第14章　点的复合运动 ··· 339
　　§14-1　绝对运动、相对运动和牵连运动 ······································ 339
　　§14-2　点的速度合成定理 ·· 341
　　§14-3　牵连运动为平移时点的加速度合成定理 ····························· 344

习题 …… 347

第15章 刚体的平面运动 …… 351
§15-1 刚体平面运动分解为平移和转动 …… 351
§15-2 平面图形上点的速度·速度瞬心 …… 353
§15-3 平面图形上点的加速度 …… 361
习题 …… 364

第16章 质点的运动微分方程 …… 367
§16-1 动力学的基本定律 …… 367
§16-2 质点的运动微分方程 …… 370
习题 …… 376

第17章 动力学普遍定理 …… 379
§17-1 动量定理 …… 379
§17-2 动量矩定理 …… 390
§17-3 动能定理 …… 405
§17-4 动力学普遍定理的综合应用 …… 421
习题 …… 426

第18章 动静法 …… 433
§18-1 关于惯性力的概念 …… 433
§18-2 质点的动静法 …… 434
§18-3 质点系的动静法 …… 438
§18-4 刚体惯性力系的简化 …… 439
习题 …… 447

附录Ⅰ 型钢表 …… 451
附录Ⅱ 简单荷载作用下梁的挠度和转角 …… 463
附录Ⅲ 工程力学综合练习 …… 467
参考文献 …… 468
索引 …… 469
Synopsis …… 473
Contents …… 474
执笔者简介

绪 论

工程力学涉及众多的力学学科分支与广泛的工程技术领域。作为高等工科院校的一门技术基础课程,工程力学主要涵盖了原有"理论力学"和"材料力学"中的大部分内容,同时还适当新增了现代力学计算分析的一些内容。

力学是研究宏观物体机械运动规律的科学。机械运动是指物体的空间位置随时间的变化,它是物体运动最基本的形式。固体的位移和变形、气体和液体的流动都属于机械运动。力是物体之间的一种相互作用,机械运动状态的变化是由力引起的。

力学涉及工程的各个领域,如土木工程、机械工程、交通工程、航空航天工程等。力学的发展始终和人类的生产活动紧密结合,而各种工程技术问题的解决也有很多需要依靠力学知识的积累和理论的发展。

一、力学在我国的发展

我国历史悠久,很早就发明和利用了杠杆、斜面和滑轮等简单机械。《墨经》中就有关于力学的论述,如力的定义、重心和力矩的概念、柔索不能抵抗弯曲等。公元前 250 年,在秦国蜀郡太守李冰领导下建成了至今仍闻名中外的都江堰。公元 31 年,东汉时的杜诗创造了水排,这是世界上最早的水力机械。公元 132 年,东汉的张衡发明了精密度很高的候风地动仪[①](图 1),这是世界上最早的地震仪。在建筑方面,隋代工匠李春建造的赵州桥(在河北赵县,图 2),拱券净跨度达 37.4 m,券高只有 7 m,拱极平缓。桥两端还做了小券拱,既节省材料,减轻自重,增加美观,又可宣泄洪水,增加桥的安全。桥宽从两端向中间逐渐减小,使两旁各券拱向内倾斜,大大加强了桥的稳定性。公元 3 世纪,我国已出现了铁索桥;大渡河上的泸定铁索桥,建于 17 世纪末,净长百米,至今完好无损(图 3)。建筑技术方面的重要著作有北宋初年木工喻皓的《木经》,以及李诫于 1100 年主编完成的《营造

---

① 候风地动仪已失传,图为考古学家根据古籍所做模型。

0-1：力学与桥梁工程

0-2：力学与高速铁路

0-3：力学与高层建筑

0-4：力学与水利工程

0-5：力学与山岭隧道

0-6：力学与海底隧道工程

法式》，这是世界上最早最完备的建筑学专著，它总结了结构的力学分析和计算，统一了建筑规范。斗拱（图4）是我国木工创造的，它可以增大支点接触面积，并减小木梁的跨度。山西应县至今保存完好的木塔（图5），高 67 m，建于1056年，塔中有五十多种形式的斗拱。中华人民共和国成立以来，我国各项建设与力学相互促进，取得了很多杰出的成就。铁路工程技术方面，如著名的南京长江大桥和世界最长的行车铁路两用吊桥香港青马大桥（图6），以及青藏铁路（图7）、京沪高铁（图8）等，说明我国铁路工程技术已达到相当高的水平。在公路建设方面，建成了川藏、青藏、新藏公路，著名的上海杨浦大桥（主跨 602 m，图9）及江阴长江公路大桥（主跨 1 385 m）等。在航天建设方面，1970年成功地发射了第一颗人造地球卫星，后又多次实现了卫星的回收；2003年第一次成功发射了神舟五号载人飞船（图10）；2007年发射了嫦娥一号月球探测卫星（图11）。在高层建筑方面，如北京中信大厦、台北101大厦、上海环球金融中心、南京紫峰大厦、上海金茂大厦（图12）等。在水利水电建设方面，有荆江分洪工程及遍布在黄河、长江等大小河流上的水电站，如长江葛洲坝水电站、长江三峡水电站（图13）等。在山岭隧道和海底隧道建设方面，有秦岭终南山隧道、昆仑山隧道（图14）、青岛胶州湾海底隧道、南京长江隧道、港珠湾大桥海底隧道（图15）等。此外，我国的现代机械机电工业、汽车工业、造船工业、航空工业等也都从无到有地逐步建立起来。

图 1

图 2

图 3

绪　论

图 4

图 5

绪 论 **5**

图 6

图 7

图 8

图 9

图 10

图 11

当前,各种新型结构不断涌现,地震、冲击波、风压力、水压力和机器振动等对结构的影响,都对力学工作者提出了许多新的问题。随着许多力学课题的解决,表明了我国力学科学水平的提高。在实现科学现代化的进程中,还会有更多的力学课题等待我们去解决。同时应看到,与世界先进水平相比,我们还有不小的差距,应坚持不懈,努力促进我国力学的更大发展。

二、工程力学的研究内容

为了便于解决工程实际问题及遵从循序渐进的认识规律,本书分为三篇,即第一篇静力学、第二篇材料力学、第三篇运动学与动力学。

图 12

图 13

图 14

图 15

在第一篇静力学中,主要研究力的基本性质、物体受力分析的基本方法及物体在力系作用下处于平衡的条件。

在结构的设计与施工中,常常要用到静力学的知识。如在设计厂房时,就要先分析屋架、吊车梁、柱、基础等构件受到哪些力的作用,需对它们分别进行受力分析。这些力中的大部分力是未知的,但是,这些构件是在所有这些力的作用下处于平衡的,应用力系的平衡条件,就可求出未知的那部分力。而要掌握力系的平衡条件,就要研究力的基本性质,研究力系的合成规律。只有应用静力学原理对构件进行受力分析并算出这些力,才能进一步设计这些构件的断面尺寸及钢筋配置情况等。

在第二篇材料力学中,主要以杆、轴、梁等物体(统称为构件)为研究对象,这些构件的原材料被看作由均匀、连续且具有各向同性的线性弹性物质所构成。在此假设下,主要研究构件在外力作用下的应力、变形和能量,以及材料在外力和温度共同作用下所表现出的力学性能和失效行为。材料力学是工程设计的重要组成部分,即设计出杆状构件或零部件的合理形状和尺寸,以保证它们具有足够的强度、刚度和稳定性。

在本篇研究中,仅限于材料的宏观力学行为,不涉及材料的微观机理。

在第三篇运动学与动力学中,将首先从几何学的观点来研究物体的运动规律,而不考虑影响物体运动的物理因素(如力和质量等),然后研究物体的运动变化与它所受的力及它的质量等因素之间的关系。

在设计传动机构或操作机器时,要分析各部分之间运动的传递与转变,研究某些点的轨迹、速度和加速度,看能否符合要求。如卷扬机作业时,电机启动后,通过减速机构使卷筒转动,钢丝绳便将重物提升;已知电机的转速,求重物的提升速度,这就属于运动学的问题。若已知重物的质量及提升速度,要考虑选用多大功率的电机,这就属于动力学的问题。

三、工程力学的学习方法

工程力学系统性比较强,各部分有比较紧密的联系,学习时要循序渐进,并及时解决不清楚的问题。

要注意深入体会和掌握一些基本概念,不仅掌握公式的推导,还应理解其物理意义。

要注意各个章节的主要内容和重点;注意有关概念的来源、含义和用途;要注意各个章节之间在内容和分析问题的方法上有什么不同,又有什么联系。要学会思考,善于发现问题,并加以解决。

做习题是运用基本理论解决实际问题的一种基本训练。要注意例题的分析方法和解题步骤，从中得到启发。通过做题，可以较深入地理解和掌握一些基本概念和基本理论，既要做足够数量的习题，更要重视做题的质量。

要学会从一般实际问题中抽象出力学问题，进行理论分析。在分析中，要力求做到既能做定性的分析，又能做定量的计算。

1

工程力学教程　第一篇

静力学

第 1 章 静力学基础

1-1:教学要点

静力学是研究物体在力系作用下平衡规律的科学。它主要解决两类问题:一是将作用在物体上的力系进行简化,即用一个简单的力系等效地替换一个复杂的力系,这类问题称为"力系的简化(或力系的合成)问题";二是建立物体在各种力系作用下的平衡条件,这类问题称为"力系的平衡问题"。

静力学是工程力学的基础部分,在工程实际中有着广泛的应用。它所研究的两类问题(力系的简化和平衡),无论对于研究物体的运动或变形都有十分重要的意义。因为研究物体的运动和变形以及工程结构和机器能否正常工作而不致发生破坏等时,都要知道作用在物体上的各种力(包括未知力)的大小和方向。

力在物体平衡时所表现出来的基本性质,也同样表现于物体做一般运动的情形中。在静力学里关于力的合成、分解与力系简化的研究结果,可以直接应用于动力学。

本章将阐述静力学中的一些基本概念、静力学公理、工程上常见的典型约束和约束力,以及物体的受力分析。

§1-1 静力学的基本概念

一、关于力的概念

力的概念是人们在生活和生产实践中,通过长期的观察和分析而逐步形成的。当人们推动小车时,由于手臂肌肉的紧张和收缩而感受到了力的作用。这种作用不仅存在于人与物体之间,而且广泛地存在于物体与物体之间,例如,机车牵引车辆加速前进或者制动时,机车与车辆之间、车辆与车辆之间都有力的作用。大量事实说明,力是物体(指广义上的物体,其中包括人)之间的相互机械作用,离开了物体,力就不可能存在。力虽然看不见,但是它的作用效应完全可以直接观察,或用仪器测量出来。实际上,人们正是从力的作用效应来认识力本身的。

1. 力的定义

力是物体之间的相互机械作用,这种作用使物体的机械运动状态发生变化,同时使物体的形状或尺寸发生改变。前者称为力的运动效应或外效应,后者称为力的变形效应或内效应。

2. 力的三要素

力对物体作用的效应,决定于力的大小、方向(包括方位和指向)和作用点,这三个因素称为力的三要素。在这三个要素中,如果改变其中任何一个,也就改变了力对物体的作用效应。例如,沿水平地面推一个木箱(图 1-1),当推力 F 较小时,木箱不动,当推力 F 增大到某一数值时,木箱开始滑动。如果推力 F 的指向改变了,变为拉力,则木箱将沿相反方向滑动。如果推力 F 不作用在点 A 而移到点 B,则木箱的运动趋势就不仅是滑动,而且可能绕点 C 转动(倾覆)。所以,要确定一个力,必须说明它的大小、方向和作用点,缺一不可。

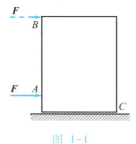
图 1-1

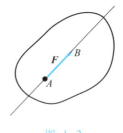
图 1-2

(1) 力是矢量。力是一个既有大小又有方向的量,力的合成与分解需要运用矢量的运算法则,因此它是矢量(或称向量,vector)。

(2) 力的矢量表示。力矢量可用一具有方向的线段来表示,如图 1-2 所示。用线段的长度(按一定的比例尺)表示力的大小,用线段的方位和箭头指向表示力的方向,用线段的起点或终点表示力的作用点。通过力的作用点沿力的方向的直线称为力的作用线。按国家标准《量和单位》(GB 3100~3102—93),本教材中单个字母表示的矢量,用黑斜体字母表示,如 F;对于用两个字母表示一个矢量的情况,则在其上方加一箭头,如 $\overrightarrow{AB}$ 等;用同文的白体字母(如 F、AB)代表该矢量的模(大小)。

(3) 力的单位。力的单位是 N(牛)或 kN(千牛)。

3. 等效力系

(1) 力系(system of forces)。作用在物体上的若干个力总称为力系,以

$(F_1,F_2,\cdots,F_n)$ 表示(图 1-3a)。

(2) 等效力系(equivalent system of forces)。如果作用于物体上的一个力系可用另一个力系来代替,而不改变原力系对物体作用的外效应,则这两个力系称为等效力系或互等力系,以 $(F_1,F_2,\cdots,F_n)=(F'_1,F'_2,\cdots,F'_m)$ 表示(图 1-3b)。

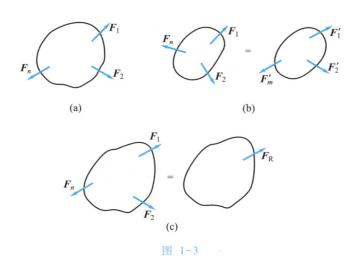

图 1-3

需要强调的是,这种等效力系只是不改变对于物体作用的外效应,至于内效应,显然将随力的作用点等的改变而有所不同。

(3) 合力(resultant force)。如果一个力(F_R)与一个力系($F_1,F_2,\cdots,F_n$)等效,则力 F_R 称为此力系的合力,而力系中的各力则称为合力 F_R 的分力(图 1-3c)。

二、关于刚体的概念

任何物体在力的作用下,或多或少总要产生变形。但是,由于工程实际中构件的变形通常是非常微小的,所以当研究力对物体的运动效应时,其变形可以忽略不计。

在静力学中所指的物体都是刚体。所谓刚体(rigid body)就是指在受力情况下保持其几何形状和尺寸不变的物体,亦即受力后任意两点之间的距离保持不变的物体。显然,这只是一个理想化了的模型,实际上并不存在这样的物体。这种抽象简化的方法,虽然在研究许多问题时是必要的,而且也是许可的,但是它是有条件的。以后将会看到,当研究物体在受力情况下的变形或破坏时,即使变形很小,也必须考虑物体的变形情况,即把物体视为变形体而不能再看作刚体。

三、关于平衡的概念

所谓物体的平衡(equilibrium),工程上一般是指物体相对于地面保持静止或做匀速直线运动的状态。

要使物体处于平衡状态,作用于物体上的力系必须满足一定的条件,这些条件称为力系的平衡条件;作用于物体上正好使之保持平衡的力系则称为平衡力系。静力学研究物体的平衡问题,实际上就是研究作用于物体上的力系的平衡条件,并利用这些条件解决工程中的实际问题。

§1-2 静力学公理

静力学公理(axiom in static)是人类在长期的生活和生产实践中,经过反复观察和实验总结出来的客观规律,它正确地反映和概括了作用于物体上的力的一些基本性质。静力学的全部理论,即关于力系的简化和平衡条件的理论,都是以这些公理为依据而得出的。

公理 1　二力平衡公理

作用于同一刚体上的两个力,使刚体处于平衡状态的必要与充分条件是:这两个力大小相等,方向相反,且作用于同一直线上(简称等值、反向、共线)(图1-4)。

这个公理揭示了作用于物体上的最简单的力系在平衡时所必须满足的条件,它是静力学中最基本的平衡条件。对于刚体来说,这个条件既是必要的又是充分的,但对于变形体,这个条件是不充分的。例如,软绳受两个等值反向共线的拉力作用可以平衡,而受两个等值反向共线的压力作用就不能平衡(图1-5)。

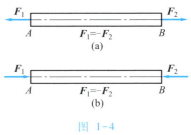

图 1-4

值得注意的是,两个力等值、反向、共线这三个条件对于使刚体处于平衡来说是缺一不可的。例如,图1-6所示的两个力 F_1、F_2,尽管 $F_1 = -F_2$,但不能使刚体处于平衡。

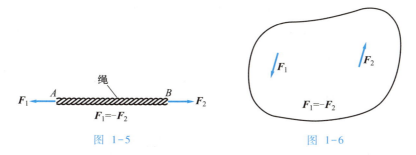

图 1-5　　　　　　　　　图 1-6

公理 2　加减平衡力系公理

在作用于刚体的力系中,加上或减去任一平衡力系,并不改变原力系对刚体的效应。这是因为,平衡力系对刚体作用的总效应等于零,它不会改变刚体的平衡或运动的状态。这个公理常被用来简化某一已知力系。

应用这个公理可以导出作用于刚体上力的如下一个重要性质。

力的可传性原理　作用于刚体上的力,可沿其作用线移动至该刚体上的任意点而不改变它对刚体的作用效应。例如,图 1-7 中在车后点 A 加一水平力 F 推车,与在车前点 B 加一水平力 F 拉车,对于车的运动而言,其效果是一样的。

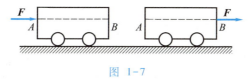

图 1-7

这个原理可以利用上述公理推证如下(图 1-8):

(1) 设力 F 作用于刚体上的点 A(图 1-8a);

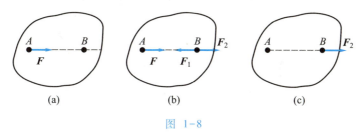

图 1-8

(2) 在力的作用线上任取一点 B,并在点 B 加一平衡力系(F_1,F_2),使 $F_1=-F_2=-F$(图 1-8b);由加减平衡力系公理可知,这并不影响原力 F 对刚体的作用效应,即力系$(F,F_1,F_2)=F$;

(3) 再从该力系中去掉平衡力系 (F, F_1)，则剩下的力 F_2（图 1-8c）与原力 F 等效，这样就把原来作用在点 A 的力 F 沿其作用线移到了点 B。

根据力的可传性原理，力在刚体上的作用点已为它的作用线所代替，所以作用于刚体上的力的三要素又可以说是：力的大小、方向和作用线。这样的力矢量称为*滑动矢量*。力虽然是作用点一定的矢量即定位矢量，但是研究力对刚体的运动效应时，可看作滑动矢量。

应当指出，加减平衡力系公理以及力的可传性原理，只适用于刚体，即只有在研究刚体的平衡或运动时才是正确的。对于需要考虑变形的物体，加减任何平衡力系，或将力沿其作用线作任何移动，都将改变物体的变形或物体内部的受力情况。例如，图 1-9a 所示的杆 AB，在平衡力系 (F_1, F_2) 作用下产生

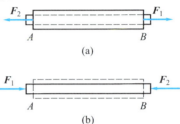

图 1-9

拉伸变形；如去掉该平衡力系，则杆就没有变形；如根据力的可传性，将这两个力沿作用线分别移到杆的另一端，如图 1-9b 所示，则该杆就要产生压缩变形。

公理 3 力的平行四边形法则

作用于物体上同一点的两个力，可以合成为一个合力，合力也作用在该点上，合力的大小和方向则由以这两个分力为邻边所构成的平行四边形的对角线来表示（图 1-10a）。

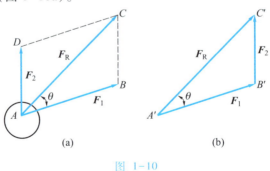

图 1-10

这种合成力的方法称为*矢量加法*，而合力矢量就是分力的矢量和（或几何和）。图 1-10 中按同一比例尺作出了以作用于点 A 的两个力为邻边构成的平行四边形，其对角线代表合力的大小和方向，三个力的关系可用矢

量式表示为

$$F_R = F_1 + F_2 \quad (1-1)$$

应该指出,式(1-1)是矢量等式,它与代数等式 $F_R = F_1 + F_2$ 的意义完全不同,不能混淆。

应用平行四边形法则求得的作用在物体上同一点的两个力的合力,不仅在运动效应上,而且在变形效应上,都与原来的两个力等效。

从图 1-10a 所示容易看出,在用矢量加法求合力矢量时,只要作出力的平行四边形的一半,即一个三角形就可以了。为了使图形清晰起见,常把这个三角形画在力所作用的物体之外。如图 1-10b 所示,从点 A' 作一个与力 F_1 大小相等、方向相同的矢量 $\overrightarrow{A'B'}$,过点 B' 作一个与力 F_2 大小相等、方向相同的矢量 $\overrightarrow{B'C'}$,则 $\overrightarrow{A'C'}$ 表示力 F_1、F_2 的合力 F_R 的大小和方向。三角形 $A'B'C'$ 称为<u>力三角形</u>,而这种求合力矢量的方法称为<u>力三角形法则</u>。作力三角形时,必须遵循:(1) 分力矢量首尾相接,但次序可变;(2) 合力矢量的箭头与最后分力矢量的箭头相连。还应注意,力三角形只表明力的大小和方向,它不表示力的作用点或作用线。根据力三角形,可用三角公式来表达合力的大小和方向。

力的平行四边形法则是力系合成的主要依据。力的分解是力的合成的逆运算,因此也是按平行四边形法则来进行的,通常是将力沿互相垂直的方向分解为两个分力。

【思考题 1-1】

"分力一定小于合力"这种说法对不对?为什么?试举例说明。

公理 4 作用与反作用定律

两物体间相互作用的力,总是大小相等,方向相反,且沿同一直线。

这个公理概括了自然界中物体间相互机械作用的关系,表明作用力和反作用力总是成对出现的。

如图 1-11a 所示情况下,重物作用于绳索下端的力 F_N 必与绳索下端反作用于重物的力 F'_N(图 1-11b)等值,它们作用在同一直线上,只是指向相反。同样地,绳索上端作用于吊钩上的力 F_{N1} 与吊钩反作用于绳索上端

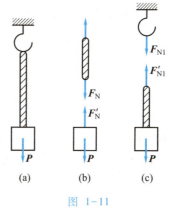

图 1-11

的力 F'_{N1}（图1-11c）等值。同理可知，重物的重力 P 既然是地球对于重物的作用力，那么重物对于地球必作用有大小亦为 P 但指向向上的力（图中未示出）。

必须强调指出，大小相等、方向相反、沿同一直线的作用力与反作用力，它们分别作用在两个不同的物体上，因此，绝不可认为这两个力互相平衡。这与二力平衡公理中所说的两个力是有区别的。后者是作用在同一刚体上的，且只有当这一刚体处于平衡时，它们才等值、反向、共线。例如，图1-11b 中作用于重物上的力 F'_N 和 P 才是一对平衡力。至于作用力与反作用力，它们等值、反向、共线是无条件的，即使运动状态处于改变中的两个物体之间也是这样。

公理 5　刚化原理

变形体在已知力系作用下处于平衡，如设想将此变形体刚化为刚体，则其平衡状态不会改变。

例如，图1-5所示的绳子在力 F_1、F_2 作用下，处于平衡，将绳换为刚体，则平衡状态不变，但是反过来不成立。如图1-4b所示的刚体在力 F_1、F_2 作用下平衡，如将该刚体软化为绳子，就不能平衡了。

由此可见，刚体的平衡条件是变形体平衡的必要条件，而不是充分条件。

§1-3　约束和约束力

一、关于约束的概念

1. 自由体与非自由体（unrestrained body and restrained body）

在空间能向一切方向自由运动的物体，称为自由体，如空中的飞鸟等。当物体受到了其他物体的限制，因而不能沿某些方向运动时，这种物体就成为非自由体。如悬挂在绳索上的重球，支承于墙上的梁，沿钢轨行驶的列车等都是非自由体。

2. 约束（constraint）

在各种机器及工程结构中，每一构件都根据工作要求以一定方式与周围的其他构件相联系着，因而前者的运动都受到后者的某些限制。这种对非自由体的运动起限制作用的物体便是该非自由体的约束。如图1-12所示，绳索就是重球的约束，而钢轨就是列车的约束。

3. 约束力(constraint force)

约束既然限制了物体的某些运动,它就必然承受物体对它的作用力,与此同时,它也给予该物体以反作用力。例如,绳索既然阻止重球下落,它就受到重球对它的向下的作用力,同时它也给重球以向上的反作用力。这种约束施加于被约束物体上的力称为约束力。图 1-12b 所示的力 F_N 就是绳索对重球的约束力。

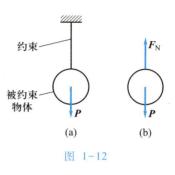

图 1-12

约束力以外的力,即主动地引起物体运动或使物体有运动趋势的力称为主动力。例如,图 1-12 所示的重力 P。一般情况下,有主动力作用才会引起约束力,因而约束力也称为被动力。主动力往往已知,静力学中大量的问题是在已知主动力下求约束力。

二、工程中常见的几种约束类型及其约束力的特性

1. 柔体约束(柔索)

工程上常用的绳索(包括钢丝绳)、胶带和链条等所形成的约束,称为柔体约束。这类约束的物理性质决定了它们只能承受拉力而不能抵抗压力,也不能抵抗弯曲。当物体受到柔体约束时,柔索只能限制物体沿柔索伸长方向的运动。因此,柔索的约束力方向总是沿着柔索而指向约束(即只能是拉力)。图1-12a中的绳索只能阻止重物向下(即沿绳索伸长的方向)的运动,因此它所产生的约束力 F_N 竖直向上,其指向背离接触点,如图1-12b 所示。

2. 光滑面约束

当两物体接触面上的摩擦力很小,且对所研究问题不起主要作用而可略去不计时,可以认为接触面是"光滑"的。当物体被光滑面约束时,不论接触面形状如何,都不能限制物体沿接触面切线方向运动,而只能限制物体沿接触面的公法线方向且指向接触面的运动。因此,光滑面的约束力通过接触处,方向沿接触面的公法线并指向被约束物体(即只能是压力),如图 1-13 所示。这种约束力也称法向约束力。

图 1-14a 所示梁的一端直接搁在平板支座 A 上的情况,若略去摩擦力,则支座 A 对梁的约束力 F_{NA} 沿接触面的公法线,指向梁体(图 1-14b)。图中所画的力 F_{NA} 实际上表示约束力的合力。

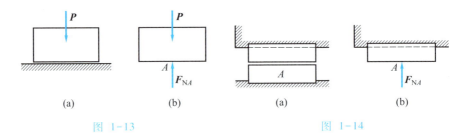

图 1-13　　　　　　图 1-14

如两物体沿一条线或在一个点相接触,且摩擦力可以忽略不计,则称为光滑线(或点)接触。图 1-15a 所示一弧形支座,上面一块钢板的底面是平面,底座的顶面是圆柱面,常用于小跨度桥梁上。约束力 F_{NA} 通过接触点 A 并沿接触面的公法线指向梁体(图 1-15b)。

图 1-16 至图 1-19 所示,也是光滑面约束的例子,读者要注意图中所示约束力的方向。

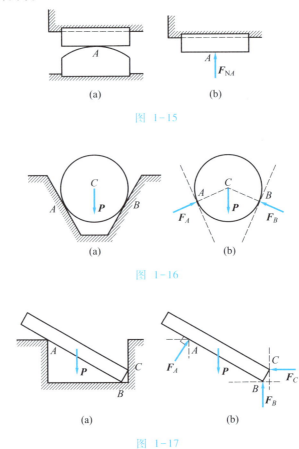

图 1-15

图 1-16

图 1-17

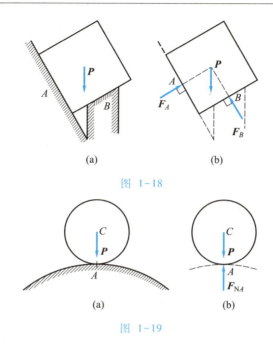

图 1-18

图 1-19

3. 光滑圆柱形铰链约束

铰链是工程中常见的一种约束。它是由两个钻有直径相同的圆孔的构件采用圆柱定位销钉所形成的连接,如图 1-20a、b 所示。门窗用的活页就是铰链。

如销钉与圆孔接触是光滑的,则这种约束只能限制物体 A 在垂直于销钉轴线的平面内任何方向的移动,而不能限制物体 A 绕销钉转动。因此,当外力作用在垂直于销钉轴线的平面内时,铰链的约束力作用在圆孔与销钉的接触点上,垂直于销钉轴线,并通过销钉的中心,如图 1-20c 中所示的 F_K;不过,由于接触点 K 的位置未知,故该约束力的方向不定。这种约束力通常用两个互相垂直且过铰链中心的分力 F_{Kx} 和 F_{Ky} 来表示(图 1-20d)。两分力的指向可以任意假设,其正确性要根据计算结果来判定。

(1) 二力构件。只在两点受力而处于平衡的构件称为二力构件。如果二力构件是直杆,称为二力杆或链杆。如图 1-21 所示,B、C 为光滑铰链连接,一般其约束力的方向不能确定,但当杆 BC 自重不计时,它只在 B、C 两点受力而平衡,根据二力平衡公理可知,F_B 与 F_C 必沿 B、C 的连线,它们大小相等,方向相反,指向可假定(图中设为受压),根据计算结果再判断其假定是否符合实际。链杆常常可视为一种约束。

1-2:光滑铰链连接

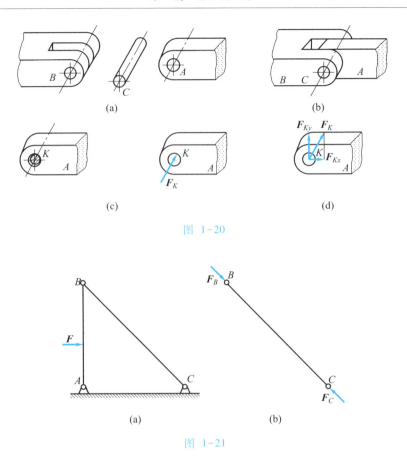

图 1-20

图 1-21

应用二力构件的概念,可以很方便地判定结构中某些构件的受力方位。如图 1-22a 所示三铰刚架,当不计自重时,其 CDE 部分只能通过铰 C 和铰 E 两点受力,是一个二力构件,故 C、E 两点处的作用力必沿 CE 连线的方位(图1-22b)。

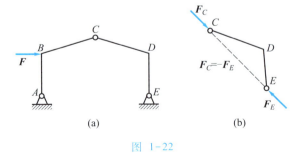

图 1-22

【思考题 1-2】

如图 1-22a 所示的三铰刚架,自重不计,其点 A 处的作用力是否在铰 A 和铰 C 的连线上?

工程上常使用有铰链的支座,它们分为固定铰链支座与活动铰链支座。

(2) 固定铰链支座。固定铰链支座简称固定铰支座,它的一个部件固定于地面或机架。图 1-23a 所示为桥梁上所用一种固定铰支座的构造示意图,图 1-23b、c 所示都是这种支座当梁在垂直于销钉轴线平面内工作时的简图。这种支座的约束力如图 1-23d 所示。

1-3:固定铰链支座

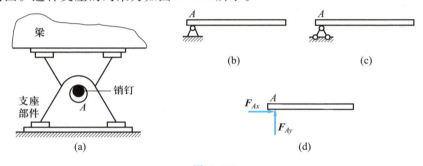

图 1-23

(3) 活动铰链支座。活动铰链支座简称活动铰支座,它是一种搁在几个滚子上的铰链支座。这种支座也称辊轴支座,其构造示意图如图 1-24a 所示。由于辊轴的作用,被支承的梁可沿支承面的切线方向运动,故当作用力作用在垂直于销钉轴线的平面内时,活动铰支座的约束力必通过铰链中心,垂直于支承面,指向待定。在此情况下这种支座的简图如图 1-24b、c 或 d 所示;其约束力如图 1-24e 所示。

1-4:活动铰链支座

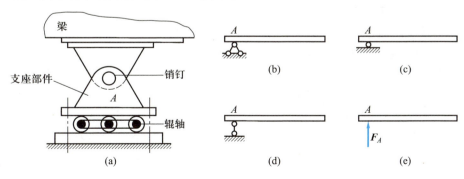

图 1-24

1-5:运动机械手

在实际的桥梁上使用的固定铰支座和活动铰支座也限制梁沿销钉轴线方向的移动,所以会产生沿销钉轴线方向的约束力,也就是说在此情况下固定铰支座可以产生三个相互垂直的约束力,活动铰支座可以产生两个相互垂直的约束力。因此,为全面反映支座对梁的约束,固定铰支座有时如图1-25a中A_1或A_2处所示,用三根相互垂直的链杆表示,活动铰支座如图1-25a中B_1或B_2处所示,用两根相互垂直的链杆表示。值得注意的是,实际的桥梁由于宽度较大,梁的每端沿横向设置有两个甚至两个以上铰支座(图1-25a),因而固定铰支座所在的截面处(图1-25a所示的A_1-A_2处)梁是不能绕竖直轴(图中的轴y)转动的。在力学计算中当作用在梁上的力位于其纵向对称平面内(平面xy内)而可以简化成平面问题时,这种梁才可以按图1-25b所示图示表示。

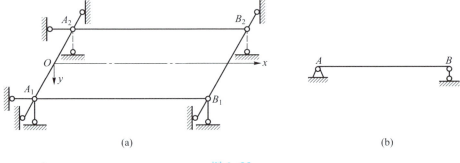

图 1-25

有的结构其一端用固定铰支座约束,另一端用活动铰支座约束。这样的支承方式称为简支。简支的结构因温度变化而引起伸长或缩短时,支座的间距可相应地随之变化,从而可避免产生温度应力。

4. 轴承约束

(1) 滑动轴承。图 1-26a 所示为滑动轴承的示意图。如略去摩擦,轴颈与轴承是两个光滑圆柱面的接触。因为滑动轴承不能限制轴沿轴线方向运动,所以它的约束力在垂直于轴线的平面内并通过轴心,通常用互相垂直的两个分力表示。图1-26b表示滑动轴承的约束力。

(2) 滚动轴承。滚动轴承有两种最常见的形式,其示意图分别如图1-27a 和图 1-28a 所示。前者称为径向轴承(或向心滚子轴承),后者称为止推轴承(或向心推力轴承)。向心滚子轴承也只能限制轴沿径向向外的运动,因此它的约束力也用横向平面内互相垂直的两个分力表示(图1-27b)。至于向心推力轴承(止推轴承),它除了限制轴沿径向移动外,还能

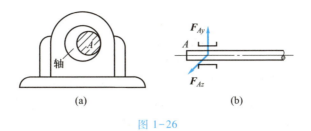

图 1-26

单方向阻止轴沿轴线方向移动,所以它的约束力除了有横向平面内互相垂直的两个分力外,还有沿轴线方向的一个分力(图 1-28b)。

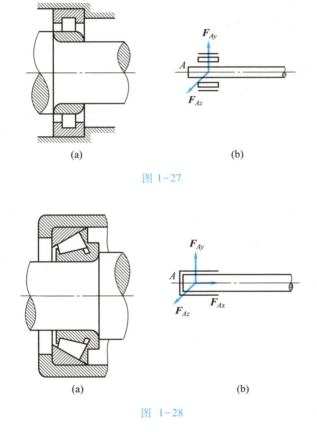

图 1-27

图 1-28

上面研究的是工程中几种典型的约束,而实际问题中约束形式是多样的,在后面的章节里还将介绍其他类型的约束。

§1-4 物体受力分析和受力图

在分析力学问题时,必须根据已知条件和待求量,从与问题有关的许多物体中选择确定某一物体(或物体系)作为研究对象。把这种从周围物体的约束中分离出来的研究对象称为 分离体(free body);同时把画有分离体及其所受外力(包括主动力和约束力)的图称为 受力图(或 分离体图、自由体图)(free body diagram)。

画受力图是解平衡问题的第一步,不能有任何错误,否则以后的计算将无从着手或是得出错误的结论。如果没有特殊说明,则物体的重力一般不计,并认为一切接触面都是光滑的。

画受力图时,首先应明确哪个物体是研究对象,哪个物体是约束;在受力图上只画出研究对象和它所受的力,不画约束,约束的作用用约束力代替,尤其不能画上研究对象给约束的力。

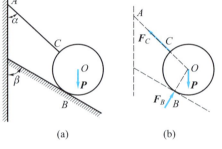

图 1-29

例 1-1 将重量为 P 的圆球放在光滑的斜面上,并用绳索 AC 与铅垂墙面连接,如图 1-29a 所示。画出此圆球的受力图。

解:取圆球为研究对象。作用在球上的主动力为重力 P,作用在球上的约束力为绳的拉力 F_C(沿绳的中心线)和光滑斜面的约束力 F_B(垂直于斜面)。球的受力图如图 1-29b 所示。

例 1-2 简支刚架如图 1-30a 所示。在点 B 受一水平力 F 作用,刚架的重量略去不计,试画出该刚架的受力图。

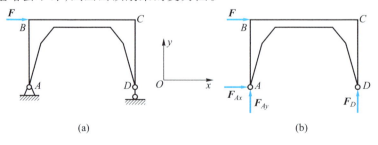

图 1-30

解：取刚架为研究对象。作用于刚架的主动力为水平力 F。点 D 处为活动铰支座，故约束力 F_D 通过铰链中心 D，垂直于支承面，指向假设向上。点 A 处为固定铰支座，故约束力以互相垂直的两个分力 F_{Ax} 和 F_{Ay} 表示，它们的指向习惯上均按轴 x、y 的正向假定。刚架的受力图如图 1-30b 所示。

例 1-3 图 1-31a 所示为带中间铰的双跨静定梁，C 为铰链，荷载为 F。试画梁 AC、CD 和全梁的受力图。

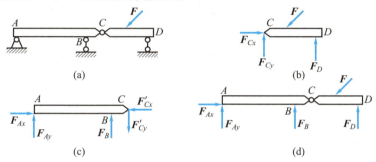

图 1-31

解：(1) 先取梁 CD 为研究对象。主动力为 F，约束力有 F_D、F_{Cx} 和 F_{Cy}。受力图如图 1-31b 所示。

(2) 再取梁 AC 为研究对象，其受力图如图 1-31c 所示。其中 F'_{Cx}、F'_{Cy} 分别是 F_{Cx}、F_{Cy} 的反作用力。

(3) 取全梁为研究对象，其受力图如图 1-31d 所示。作用在全梁上的主动力为 F，约束力为 F_{Ax}、F_{Ay}、F_B、F_D。铰链 C 处因两梁接触而互相作用的力是作用与反作用的关系，对全梁整体来说，它们是研究对象内部相互作用的力——内力，故不应画出。

例 1-4 曲柄冲压机如图 1-32a 所示。设带轮 A 的重量为 P，其他构件的重量及冲头 C 所受的摩擦力略去不计，冲头 C 受工件阻力 F 作用。试画出带轮 A、连杆 BC 和冲头 C 的受力图。

解：(1) 注意到不计自重时，连杆 BC 是二力杆，先取连杆 BC 为研究对象。力 F_B、F_C 分别作用于 B、C 两点，且沿这两点的连线，指向相反。受力图如图 1-32c 所示。

(2) 再以冲头 C 为研究对象。作用于冲头 C 上的力有工件对它的阻力 F，连杆对冲头的作用力 F'_C（F'_C 与 F_C 是作用力与反作用力）和滑道对冲头的约束力 F_{NC}（因滑道是光滑面，故约束力 F_{NC} 垂直于滑道；在连杆处于图示位置时，该约束力向左）。冲头的受力图如图 1-32d 所示。

（3）最后取带轮 A 为研究对象。重力 P 作用于轮心并铅垂向下，胶带的约束力 F_1、F_2 分别沿两根胶带而背离带轮，在点 B 有连杆对带轮的反作用力 F'_B（F_B 与 F'_B 是作用力与反作用力），轴承 A 的约束力为 F_{Ax}、F_{Ay}，如图 1-32b 所示。

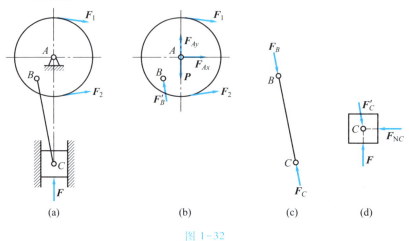

图 1-32

【思考题 1-3】

图 1-33 所示作用于三角架的杆 AB 中点处的铅垂力 F 如果沿其作用线移到杆 BC 的中点，那么 A、C 处支座的约束力的方向是否不变？

【思考题 1-4】

如图 1-34 所示构架 ABC 中，力 F 作用在销钉 C 上，试问销钉 C 对杆 AC 的作用力与销钉 C 对杆 BC 的作用力是否等值、反向、共线？为什么？试画出销钉 C 的受力图。

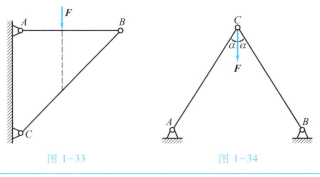

图 1-33　　　　图 1-34

【思考题 1-5】

如图 1-35 所示各图中,各物体均处于平衡,试判断各图中所画受力图是否正确,并将错误处改正(设杆重不计,接触处是光滑的)。

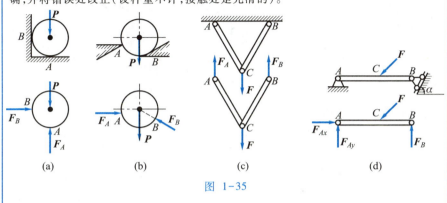

图 1-35

习　　题

下列各题中,除注明者外,构件的自重以及摩擦力一律不计。

1-1 试分别画出下列各物体的受力图。

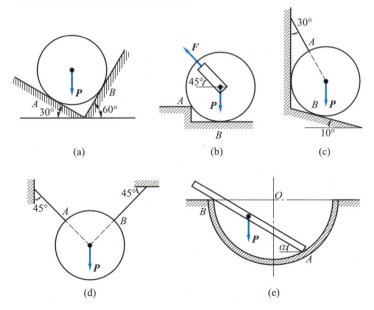

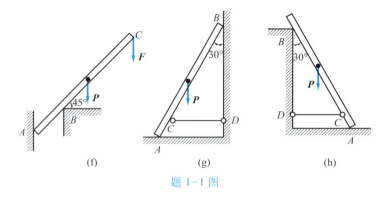

题 1-1 图

1-2 试作下列各图中杆件 AB 的受力图。

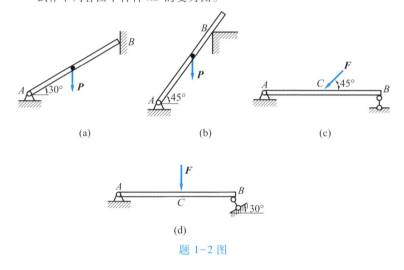

题 1-2 图

1-3 试作下列各杆件的受力图。

1-4 试作下面物体系中各指定物体的受力图：
(a) 圆柱体 O、杆 AB 及整体；
(b) 吊钩 G、钢梁、构件；
(c) 折杆 ABC、圆柱体 O 及整体；
(d) 杆 AB 及整体；
(e) 棘轮 O、棘爪 AB；
(f) 梁 AB、DE 和滚柱 C。

1-5 推土机刀架如图所示，AB 及 CD 两杆在 B 处铰接，A、C、D 处亦为铰链。假设地面是光滑的，铲刀重 P，所受土壤阻力为 F，试分别作出杆 AB、CD 和铲刀 ACE 的受力图。

1-6 图示一悬臂式吊车，A、B、C 三处均为铰链，试作杆 BC 和吊车横梁 AB 的受力图。

第 1 章 静力学基础　　**35**

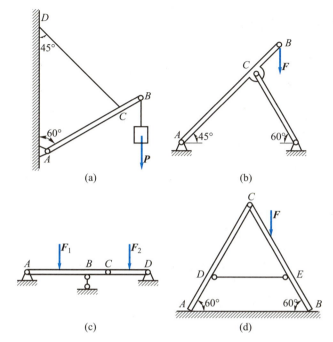

(a)　　(b)

(c)　　(d)

题 1-3 图

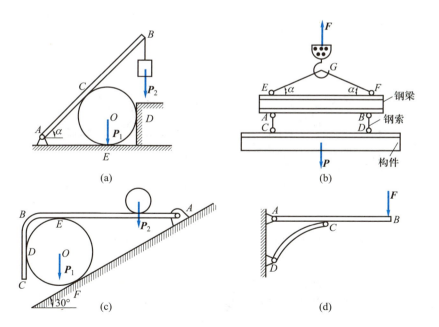

(a)　　(b)

(c)　　(d)

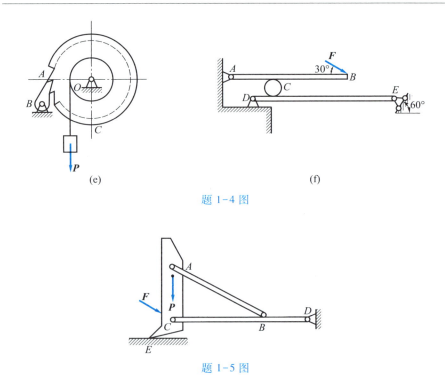

题 1-4 图

题 1-5 图

1-7 图示构架中，AB 及 DF 两杆在 E 处铰接，A、B、F 处均为铰链，试作出滑轮 A、C 和杆 AB、DF 的受力图。

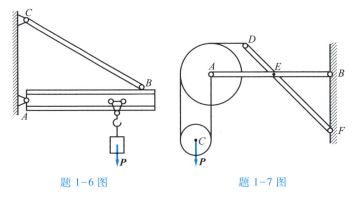

题 1-6 图 题 1-7 图

1-8 油压夹紧装置如图所示，油压 p 通过活塞 D、连杆 AC 和压板 AOB 增大对工件的压力。试分别作出活塞 D、滚子 C 和压板 AOB 的受力图。

1-9 图示挖掘机中，HF 与 EC 为油缸。试分别画出：

（1）动臂 AB 的受力图；

(2) 斗杆 CD 与铲斗的受力图。

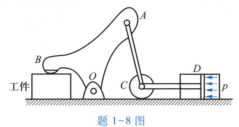

题 1-8 图

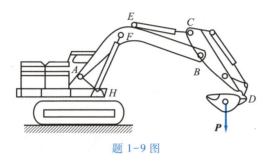

题 1-9 图

1-10 图示厂房为三铰拱式屋架结构,吊车梁安装在屋架突出部分 D 和 E 上,它们为光滑接触约束。试分别画出吊车梁 DE,屋架 AC、BC 的受力图。

1-11 飞机舵面的操纵系统如图所示,各杆自重忽略不计。试分别画出操纵杆 AB,连杆 BD、DH 和舵面 O_1E 的受力图。

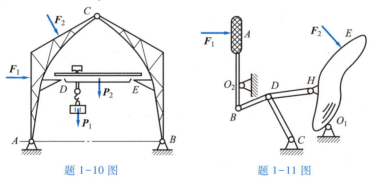

题 1-10 图　　　　　　　题 1-11 图

第 2 章 平面基本力系

2-1:教学要点

平面基本力系包括<u>平面汇交力系</u>(coplanar concurrent forces)和<u>平面力偶系</u>(plane couples),它们是研究复杂力系的基础。本章将分别用几何法和解析法研究平面汇交力系的合成与平衡问题,同时介绍力偶的特性及平面力偶系的合成与平衡问题。

§2-1 平面汇交力系合成与平衡的几何法

所谓<u>平面汇交力系,是指各力的作用线在同一平面内且相交于一点的力系</u>,它是工程结构中常见的较为简单的力系。

平面汇交力系的平衡问题不仅是研究复杂力系平衡问题的基础,而且由于它所涉及的基本概念和分析方法具有一般性,因而在整个静力学理论中占有重要的地位。

一、合成

1. 三力情况

设刚体上作用有汇交于同一点 O 的三个力 F_1、F_2、F_3,如图 2-1a 所示。显然,连续应用力的平行四边形法则,或力的三角形法则,就可以求出合力(resultant force)。

首先,根据力的可传性原理,将各力沿其作用线移至点 O,变为平面共点力系(图2-1b),然后,按力的三角形法则,将这些力依次相加。为此,先选一点 A,按一定比例尺,作矢量 $\overrightarrow{AB}$ 平行且等于 F_1,再从点 B 作矢量 $\overrightarrow{BC}$ 平行且等于 F_2,于是矢量 $\overrightarrow{AC}$ 即表示力 F_1 与 F_2 的合力 F_{12}(图 2-1c)。仿此,再从点 C 作矢量 $\overrightarrow{CD}$ 平行且等于 F_3,于是矢量 $\overrightarrow{AD}$ 即表示力 F_{12} 与 F_3 的合力,也就是 F_1、F_2 和 F_3 的合力 F_R。其大小可由图上量出,方向即为图示方向,而合力的作用线通过汇交点 O(图 2-1e)。

其实,由图 2-1c 可见,作图时中间矢量 $\overrightarrow{AC}$ 是可以省略的。只要把各矢

第 2 章 平面基本力系

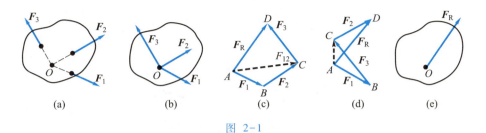

图 2-1

量 F_1、F_2、F_3 首尾相接,形成一条折线 $ABCD$,最后将 F_1 的始端 A 与 F_3 的末端 D 相连,所得的矢量 $\overrightarrow{AD}$ 就代表合力 F_R 的大小和方向。这个多边形 $ABCD$ 叫<u>力多边形</u>(force polygon),而代表合力的 $\overrightarrow{AD}$ 边叫力多边形的封闭边。这种用几何作图求合力的方法称为平面汇交力系合成的<u>几何法</u>。

由于矢量加法满足交换律,故画力多边形时,各力的次序可以是任意的。改变力的次序,只影响力多边形的形状,而不影响最后所得合力的大小和方向(图 2-1d)。但应注意,各分力矢量必须首尾相接,而合力矢量的方向则是从第一个力的起点指向最后一个力的终点。

2. 一般情况

上述方法可以推广到包含任意个力的汇交力系求合力的情况,合力的大小和方向仍由多边形的封闭边来表示,其作用线仍通过各力的汇交点,即合力等于力系中各力的矢量和(或几何和),其表达式为

$$F_R = F_1 + F_2 + \cdots + F_n = \sum_{i=1}^{n} F_i \tag{2-1}$$

二、平衡

从前面可知,在刚体静力学中,平面汇交力系合成的结果通常是一个不等于零的合力。显然,如果合力 F_R 等于零,则刚体必处于平衡;反之,如果刚体处于平衡,则合力 F_R 应等于零。所以,刚体在平面汇交力系作用下平衡的必要和充分条件是合力 F_R 等于零,用矢量式表示为

$$F_R = 0 \quad \text{或} \quad \sum F = 0 \tag{2-2}$$

在几何法中,平面汇交力系的合力 F_R 是由力多边形的封闭边来表示的,当合力 F_R 等于零时,力多边形的封闭边变为一个点,即力多边形中最后一个力的终点恰好与最初一个力的起点重合,构成了一个自行封闭的力多边形,如图 2-2b 所示。所以,<u>平面汇交力系平衡的必要和充分的几何条件是力多边形自行封闭</u>。

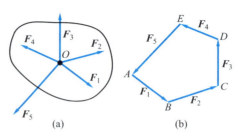

图 2-2

【思考题2-1】

试指出图2-3所示各图中各个力之间的关系。

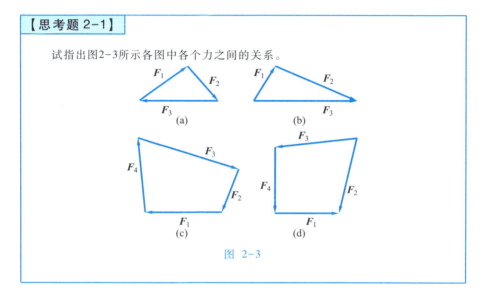

图 2-3

例 2-1 图 2-4a 所示为起重机起吊一钢管而处于平衡时的情况。已知钢管重 $P = 4$ kN，$\alpha = 60°$；不计吊索和吊钩的重量。试求铅垂吊索和钢丝绳 AB、AC 中的拉力。

解：(1) 根据题意，先选整体为研究对象。画受力图如图2-4a所示，由二力平衡条件，显然 $F_N = P = 4$ kN。

(2) 再取吊钩 A 为研究对象。吊钩受铅垂吊索的拉力 F_N 和钢丝绳拉力 F_{N1} 和 F_{N2} 的作用，其受力图如图 2-4b 所示。这是一个平面汇交力系，根据平衡的几何条件，这三个力所构成的力三角形应自行封闭。现作力三角形，求未知量 F_{N1}、F_{N2}。首先选取比例尺（图 2-4c），其次任选一点 a，作矢量 $\overrightarrow{ab}$ 平行且等于 F_N，再从 a 和 b 两点分别作两条直线与 F_{N1}、F_{N2} 相平行，它们相交于点 c，于是得到封闭的力三角形 abc。按各力首尾相接的次序，标

出 bc 和 ca 的指向，则矢量 $\vec{bc}$ 代表 F_{N2}，矢量 $\vec{ca}$ 代表 F_{N1}（图 2-4c）。量得 $F_{N1}=4$ kN，$F_{N2}=4$ kN。由此可知，用平面汇交力系的几何法，可以求出两个未知力的大小，并能确定其指向。

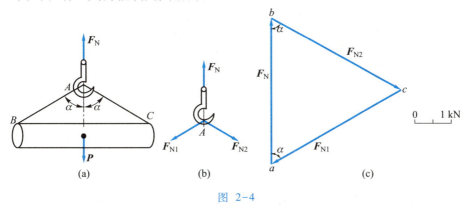

图 2-4

（3）分析讨论。从力三角形可以看到，钢丝绳的拉力与角 α 有关，在重力 P 不变的情况下，角 α 越大，钢丝绳的拉力也越大。所以，起吊重物时应将钢丝绳放长一些，使夹角 2α 较小些，这样钢丝绳才不易被拉断。

例 2-2 简易绞车如图 2-5a 所示，A、B、C 处为光滑铰链连接，钢丝绳绕过滑轮 A 将 $P=20$ kN 的重物缓缓吊起。杆件和滑轮的重量不计。滑轮 A 半径很小，可视为一个点。试求杆 AB 和 AC 所受的力。

解：（1）选滑轮 A 为研究对象。

（2）画受力图。重物通过钢丝绳给滑轮 A 以向下的力大小为 P；绞车 D 通过钢丝绳给滑轮向左下方的力为 F_{N3}。因为平衡且 A 为光滑的铰链，所以这两个力大小相等，$F_{N3}=P=20$ kN。又 AB、AC 是二力杆，所以 F_{N1}、F_{N2} 的方向沿直线 AB、AC，指向待定。作用于滑轮 A 的这四个力是一平面汇交力系，重物缓慢起吊时，可视为平衡力系（图 2-5b）。

（3）作力多边形，求未知量 F_{N1} 及 F_{N2}，选图示比例尺。任选一点 a，作 $\vec{ab}=P$，$\vec{bc}=F_{N3}$，再从 a 及 c 分别作直线平行于 F_{N2} 和 F_{N1}，相交于 d，于是得到封闭的力多边形 $abcd$（图 2-5c）。根据力多边形法则，按各力首尾相接的顺序，标出 cd 和 da 的指向，则矢量 $\vec{cd}$ 和 $\vec{da}$ 分别代表 F_{N1} 和 F_{N2}。按比例尺量得

$$F_{N1}=cd=55 \text{ kN}, \quad F_{N2}=da=75 \text{ kN}$$

由于杆 AB 和 AC 所受的力分别与力 F_{N1} 和 F_{N2} 等值反向，所以杆 AB 受

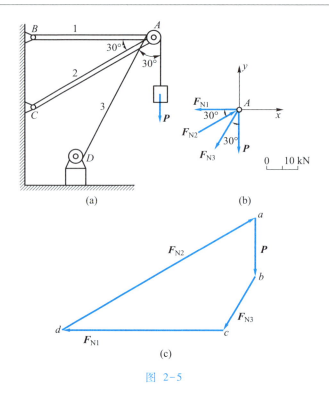

图 2-5

拉力,杆 AC 受压力。

三、三力平衡汇交定理

若刚体受三个力作用而平衡,且其中两个力的作用线相交于一点,则三个力的作用线必汇交于同一点,而且共面。

证明:(1)设三个力 F_1、F_2 和 F_3,分别作用于刚体上的 A、B、C 三点,使刚体处于平衡(图2-6),且 F_1、F_2 的作用线交于点 O。

(2)根据力的可传性原理,将力 F_1、F_2 沿各自的作用线移到两作用线的交点 O,并按力的平行四边形法则将它们合成为 F_R,则(F_R,F_3)=(F_1,F_2,F_3)。

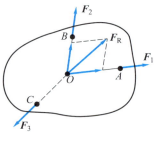

图 2-6

(3)此时刚体上只有两个力 F_3 与 F_R 作用,且已知刚体处于平衡,根据二力平衡条件,F_3 与 F_R 必定共线,即 F_3 的作用线必通过点 O 且与 F_R 共线,从而与 F_1、F_2 共面。

例 2-3 在简支梁 AB 上，作用有力 $F = 50$ kN（图 2-7a），试求支座 A 和 B 的约束力。不计梁重及摩擦力。

解：（1）选梁 AB 为研究对象，画它的受力图。梁 AB 受主动力 F 作用。B 处为活动铰支座，故约束力通过销钉中心 B，垂直于支承面，至于其指向在现在的受力情况下，显然向上。A 处为固定铰支座，约束力的方向未定。由于梁 AB 在三个力作用下处于平衡，而力 F 与 F_B 交于 D，所以 F_A 必沿 AD 连线的方位，但指向待定。受力图如图 2-7b 所示。

（2）作力三角形来求未知量 F_A 及 F_B。选定适当的比例尺，作封闭的力三角形，如图 2-7c 所示，量得

$$F_A = 42 \text{ kN}(\swarrow 31°), \quad F_B = 14 \text{ kN}(\uparrow)$$

两约束力的指向由力三角形各矢量首尾相接的条件确定，如图所示。

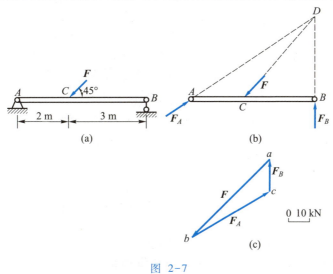

图 2-7

§2-2 平面汇交力系合成与平衡的解析法

求解平面汇交力系合成与平衡问题的解析法是以力在坐标轴上的投影为基础的。为此，下面就先介绍力在坐标轴上投影的概念。

一、力在坐标轴上的投影

设力 $F = \overrightarrow{AB}$ 在平面 Oxy 内（图 2-8）。从力矢 F 的两端向坐标轴引垂

线,得垂足 a、b 和 a'、b',则线段 ab 和 $a'b'$ 分别称为力 $\boldsymbol{F}$ 在轴 x 与轴 y 上的投影,记作 F_x 与 F_y。投影的正负号规定为:从 a 到 b(或从 a' 到 b')的指向与坐标轴的正向相同为正,反之为负。如已知力 $\boldsymbol{F}$ 的大小 F 和力 $\boldsymbol{F}$ 分别与轴 x 及轴 y 正向间的夹角 α、β,则由图 2-8 所示可知

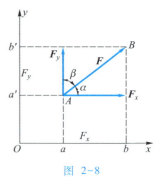

图 2-8

$$\left.\begin{array}{l} F_x = F\cos\alpha \\ F_y = F\cos\beta = F\sin\alpha \end{array}\right\} \quad (2-3)$$

即力在某轴上的投影,等于力的模乘以力与该轴正向间夹角的余弦。当 α、β 为锐角时,F_x、F_y 均为正值;当 α、β 为钝角时,F_x 或 F_y 为负值。故力在坐标轴上的投影是个代数量。

如将力沿正交的坐标轴 x、y 方向分解(图 2-8),则所得分力 $\boldsymbol{F}_x$、$\boldsymbol{F}_y$ 的大小与力 $\boldsymbol{F}$ 在相应轴上的投影 F_x、F_y 的绝对值相等。但是当 Ox、Oy 两轴不正交时,则没有这个关系。此外还须注意,力的投影是代数量,而力的分力是矢量;投影无所谓作用点,而分力作用在原力的作用点。

若已知力 $\boldsymbol{F}$ 在正交坐标轴上的投影为 F_x 和 F_y,则由几何关系可求出力 $\boldsymbol{F}$ 的大小和方向

$$\left.\begin{array}{l} F = \sqrt{F_x^2 + F_y^2} \\ \cos\alpha = \dfrac{F_x}{\sqrt{F_x^2 + F_y^2}}, \quad \cos\beta = \dfrac{F_y}{\sqrt{F_x^2 + F_y^2}} \end{array}\right\} \quad (2-4)$$

式中,$\cos\alpha$ 和 $\cos\beta$ 称为力 $\boldsymbol{F}$ 的方向余弦。

例 2-4 试求图 2-9 中所示各力在坐标轴上的投影。已知:$F_1 = F_2 = F_4 = 10 \text{ kN}$,$F_3 = F_5 = 15 \text{ kN}$,$F_6 = 20 \text{ kN}$,各力方向如图 2-9 所示。

解: 应用公式(2-3)得

$F_{1x} = F_1 = 10 \text{ kN}, \quad F_{1y} = 0$

$F_{2x} = 0, \quad F_{2y} = F_2 = 10 \text{ kN}$

$F_{3x} = F_3 \cos 30° = 15 \times 0.866 \text{ kN} = 12.99 \text{ kN}$

$F_{3y} = F_3 \sin 30° = 15 \times 0.5 \text{ kN} = 7.50 \text{ kN}$

$F_{4x} = F_4 \sin 30° = 10 \times 0.5 \text{ kN} = 5 \text{ kN}$

$F_{4y} = -F_4 \cos 30° = -10 \times 0.866 \text{ kN} = -8.66 \text{ kN}$

$F_{5x} = F_5 \cos 60° = 15 \times 0.5 \text{ kN} = 7.50 \text{ kN}$

第 2 章　平面基本力系

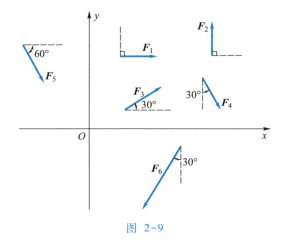

图 2-9

$F_{5y} = -F_5\sin 60° = -15×0.866 \text{ kN} = -12.99 \text{ kN}$

$F_{6x} = -F_6\sin 30° = -20×0.5 \text{ kN} = -10 \text{ kN}$

$F_{6y} = -F_6\cos 30° = -20×0.866 \text{ kN} = -17.3 \text{ kN}$

【思考题 2-2】

　　试分析在图 2-10 所示的非直角坐标系中,力 F 沿轴 x、y 方向的分力的大小与力 F 在轴 x、y 上的投影的大小是否相等？

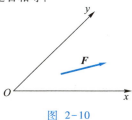

图 2-10

二、合力投影定理

　　设有一平面汇交力系 F_1、F_2、F_3,它们的作用线汇交于点 O(图2-11a)。自平面内任意点 A 作力多边形 $ABCD$,则矢量 $\overrightarrow{AD}$ 即表示该力系的合力 F_R 的大小和方向。取坐标系 Oxy,将所有的力投影到轴 x 上,则由图 2-11b 所示可知

$$F_{1x} = ab, \quad F_{2x} = bc, \quad F_{3x} = cd, \quad F_{Rx} = ad$$

因 $ad = ab + bc - cd$,故得

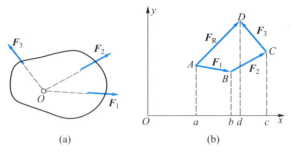

图 2-11

$$F_{Rx} = F_{1x} + F_{2x} + F_{3x}$$

同理可得

$$F_{Ry} = F_{1y} + F_{2y} + F_{3y}$$

将上述关系推广到由任意 n 个力组成的平面汇交力系中,则得

$$\left. \begin{array}{l} F_{Rx} = F_{1x} + F_{2x} + \cdots + F_{nx} = \sum_{i=1}^{n} F_{ix} \\ F_{Ry} = F_{1y} + F_{2y} + \cdots + F_{ny} = \sum_{i=1}^{n} F_{iy} \end{array} \right\} \quad (2-5)$$

为简便计,上式可简写为: $F_{Rx} = \sum F_x$,$F_{Ry} = \sum F_y$,即合力在任一轴上的投影等于各分力在同一轴上投影的代数和。这就是<u>合力投影定理</u>。

三、合成

当应用合力投影定理求出力系($F_1, F_2, \cdots, F_n$)的合力的投影 F_{Rx} 和 F_{Ry} 后(图 2-12),再按式(2-4)或图 2-12 即可求出合力的大小和方向为

$$F_R = \sqrt{F_{Rx}^2 + F_{Ry}^2} = \sqrt{(\sum F_x)^2 + (\sum F_y)^2}$$

$$\tan \alpha = \left| \frac{F_{Ry}}{F_{Rx}} \right| = \left| \frac{\sum F_y}{\sum F_x} \right| \quad (2-6)$$

式中,α 表示合力 F_R 与轴 x 间所夹的锐角。合力指向由 F_{Rx}、F_{Ry} 的正负号从图中判定。这种运用合力投影定理,用解析计算的方法求合力的大小和方向,称为<u>解析法</u>。

例 2-5 用解析法求图 2-13 所示平面汇交力系的合力的大小和方向。已知 $F_1 = 1.5$ kN,$F_2 = 0.5$ kN,$F_3 = 0.25$ kN,$F_4 = 1$ kN。

解:由式(2-5)计算合力 F_R 在轴 x、y 上的投影。

$$F_{Rx} = \sum F_x = (0 - 0.5 + 0.25\cos 60° + 1\cos 45°) \text{kN} = 0.332 \text{ kN}$$

$$F_{Ry} = \sum F_y = (-1.5 + 0 + 0.25\sin 60° - 1\sin 45°)\text{kN} = -1.99 \text{ kN}$$

故合力 F_R 的大小为

$$F_R = \sqrt{F_{Rx}^2 + F_{Ry}^2} = \sqrt{(0.332)^2 + (-1.99)^2} \text{ kN} = 2.02 \text{ kN}$$

合力 F_R 的方向余弦为

$$\cos\alpha = \frac{F_{Rx}}{F_R} = \frac{0.332}{2.02} = 0.164, \qquad \cos\beta = \frac{F_{Ry}}{F_R} = \frac{-1.99}{2.02} = -0.985$$

故 $|\alpha| = 80°34'$。合力 F_R 的作用线通过力系的汇交点 O，在第四象限（因为 F_{Rx} 为正，F_{Ry} 为负），指向如图 2-13 所示。

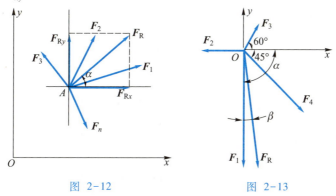

图 2-12   图 2-13

四、平衡

在 §2-1 中已指出，平面汇交力系平衡的必要和充分条件是该力系的合力为零，即 $F_R = 0$。由式（2-6）可知，要使 $F_R = \sqrt{(\sum F_x)^2 + (\sum F_y)^2} = 0$，必须也只须

$$\sum F_x = 0, \qquad \sum F_y = 0 \qquad (2-7)$$

即平面汇交力系平衡的解析条件是：力系中所有各力在两个坐标轴中每一轴上的投影的代数和均等于零。

式（2-7）是两个独立的方程，可以求解两个未知量。在求解平衡问题时，若事先不能判明未知力的指向，可暂时假定。如计算结果为正值，则表示所设力的指向是正确的；如为负值，则说明所设力的指向与实际指向相反。

例 2-6 如图 2-14a 所示，重量为 $P = 5$ kN 的球悬挂在绳上，且和光滑的墙壁接触，绳和墙的夹角为 30°。试求绳和墙对球的约束力。

解：（1）选研究对象。因已知的重力 P 和待求的约束力都作用在球上，故应选球为研究对象。

（2）画受力图。图中 F_R 是墙对球的约束力，F_N 为绳对球的约束力（图2-14b）。

（3）选坐标系。选定水平方向和铅垂方向为坐标轴的方向，则 P 与轴 y 重合，F_N 与轴 x 成 60°角。

（4）根据平衡条件列平衡方程。可先求出各力在轴 x、y 上的投影，如表 2-1 中所示，于是

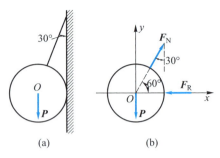

图 2-14

$$\sum F_x = 0, \quad F_N\cos 60° - F_R = 0 \quad (1)$$
$$\sum F_y = 0, \quad F_N\sin 60° - P = 0 \quad (2)$$

由式（2）得

$$F_N = \frac{P}{\sin 60°} = \frac{5}{0.866} \text{ kN} = 5.77 \text{ kN}$$

将 F_N 代入式（1）得

$$F_R = F_N\cos 60° = 5.77 \times 0.5 \text{ kN} = 2.89 \text{ kN}$$

表 2-1　各力在轴 x、y 上的投影

投影	力		
	F_N	F_R	P
F_x	$F_N\cos 60°$	$-F_R$	0
F_y	$F_N\sin 60°$	0	$-P$

例 2-7　重 $P=1$ kN 的球放在与水平成 30°角的光滑斜面上，并用与斜面平行的绳 AB 系住（图 2-15a）。试求绳 AB 受到的拉力及球对斜面的压力。

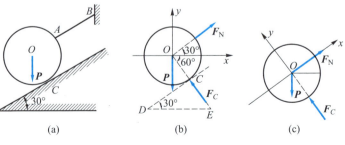

图 2-15

解:(1)选重球为研究对象。

(2)画受力图。作用于重球上的力有重力 P、斜面的约束力 F_C 及绳对球的拉力 F_N。这是一个平衡的平面汇交力系(图2-15b)。

(3)选坐标系 Oxy 如图2-15b 所示。

(4)列平衡方程

$$\sum F_x = 0, \quad F_N\cos 30° - F_C\cos 60° + 0 = 0 \tag{1}$$

$$\sum F_y = 0, \quad F_N\sin 30° + F_C\sin 60° - P = 0 \tag{2}$$

联立解之,得

$$F_C = 0.866 \text{ kN}, \quad F_N = 0.50 \text{ kN}$$

根据作用与反作用定律知,绳子所受的拉力为 0.50 kN;球对斜面的压力为 0.866 kN,其指向与图中力 F_C 的指向相反。

讨论 如选取坐标系如图 2-15c 所示,则由

$$\sum F_x = 0, \quad F_N + 0 - P\cos 60° = 0$$

得

$$F_N = \frac{1}{2}P = 0.50 \text{ kN}$$

由

$$\sum F_y = 0, \quad 0 + F_C - P\sin 60° = 0$$

得

$$F_C = \frac{\sqrt{3}}{2}P = 0.866 \text{ kN}$$

由此可知,若选取恰当的坐标系,则所得平衡方程较易求解(一个平衡方程中只出现一个未知数)。

例 2-8 平面刚架如图 2-16a 所示,力 F 和尺寸 a 均为已知,试求支座 A 和 D 处的约束力。刚架的自重不计。

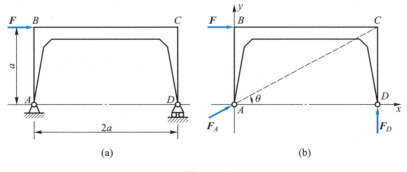

图 2-16

解：（1）选刚架为研究对象。

（2）画受力图。根据约束性质，D 处为活动铰支座，故其约束力 F_D 的方向是竖直的；A 处为固定铰支座，其约束力 F_A 的方向一般为未知。但在此情况下，根据三力平衡汇交定理，可知 F_A 的方位必沿线 AC，即 $\theta = \arctan \dfrac{a}{2a} = 26.6°$。刚架的受力图如图 2-16b 所示。

（3）选坐标系如图 2-16b 所示。

（4）列平衡方程

$$\sum F_x = 0, \quad F + F_A \cos 26.6° = 0 \tag{1}$$

$$\sum F_y = 0, \quad F_D + F_A \sin 26.6° = 0 \tag{2}$$

解得

$$F_A = -1.12F（负号表示其实际指向与所设指向相反）$$

$$F_D = -0.448 F_A = (-0.448)(-1.12F) = 0.502F$$

注意：写平衡方程时，F_A 的指向是以图设指向为准，故将 F_A 代入式（2）时仍保留其负号。

【思考题 2-3】

重量为 P 的钢管 C 搁在斜槽中，如图 2-17 所示。试问平衡时是否有 $F_A = P\cos\theta$，$F_B = P\cos\theta$？为什么？

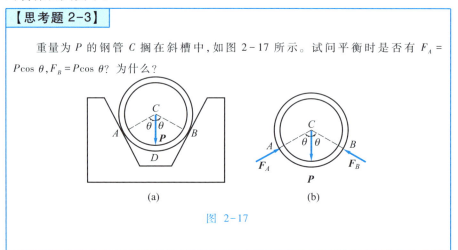

图 2-17

§2-3 平面力对点之矩的概念及其计算

在一般情况下，力对物体作用时可以产生移动和转动两种外效应。力的移动效应取决于力的大小和方向，而为了度量力的转动效应，需要引入力矩的概念。

一、平面问题中力对点之矩

用扳手拧一螺母(图2-18),使扳手连同螺母绕点 O(实为绕通过点 O 而垂直于图面的轴)转动。由经验得知,力的数值愈大,螺母拧得愈紧;力的作用线离螺母中心愈远,拧紧螺母愈省力。用钉锤拔钉子也有类似的情况。许多这样的事例,使我们获得如下概念:力 F 使物体绕点 O 转动的效应,不仅与力的大小有关,而且还与点 O 到力的作用线的垂直距离 d 有关。故要用乘积 Fd 来度量力的转动效应。该乘积并根据转动效应的转向取适当的正负号称为力 F 对点 O 之矩,简称**力矩**(moment of force),以符号 $M_O(\boldsymbol{F})$ 表示,即

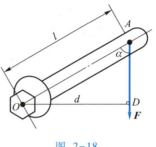

图 2-18

$$M_O(\boldsymbol{F}) = \pm Fd \tag{2-8}$$

点 O 称为**力矩中心**(center of moment),简称**矩心**;点 O 到力 F 作用线的垂直距离 d,称为**力臂**(moment arm of force)。力矩的正负号用来区别力 F 使物体绕点 O 转动的两种转向,通常规定:力使物体绕矩心逆时针方向转动时为正,反之为负。

在平面问题中,力对点之矩只取决于力矩的大小及其旋转方向(力矩的正负),可视为一个代数量。

力 F 对点 O 之矩的大小也可用图 2-19 中 $\triangle OAB$ 的面积 $A_{\triangle OAB}$ 的 2 倍来表示,于是

$$M_O(\boldsymbol{F}) = \pm 2A_{\triangle OAB} \tag{2-9}$$

力矩的单位是 N·m(牛·米)或 kN·m(千牛·米)。

由力矩的定义和式(2-8)可知:

(1) 力对任一已知点之矩,不会因该力沿作用线移动而改变。

(2) 力的作用线如通过矩心,则力矩为零;反之,如果一个力其大小不为零,而它对某点之矩为零,则此力的作用线必通过该点。

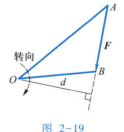

图 2-19

(3) 互成平衡的两个力对同一点之矩的代数和为零。

应该注意:上述力矩的概念是由力对物体上固定点的作用引出的,实际上,作用于物体上的力可以对任意点取矩,这是今后解题中应该注意的。

例 2-9 图 2-18 中,如作用于扳手上的力 $F = 200$ N,$l = 0.40$ m,$\alpha = 60°$,试计算力 F 对点 O 之矩。

解: 根据式(2-8)有

$$M_O(\boldsymbol{F}) = -Fd = -Fl\sin\alpha = -200 \times 0.40 \times \sin 60° \text{ N·m} = -69.3 \text{ N·m}$$

此处力 F 使扳手绕点 O 作顺时针方向转动,力矩为负值。应注意,力臂是 OD(自矩心 O 至力作用线的垂直距离)而不是 OA。

二、合力矩定理

由式(2-8)计算力矩时,有时力臂的计算比较麻烦。为了方便,常采用计算力矩的解析公式。

由图 2-20 所示可见

$$M_O(\boldsymbol{F}) = Fd = Fr\sin(\alpha-\theta) = Fr(\sin\alpha\cos\theta - \sin\theta\cos\alpha)$$

而 $F\cos\alpha = F_x$,$F\sin\alpha = F_y$,它们分别是力 F 在轴 x、y 上的投影;又 $r\cos\theta = x$,$r\sin\theta = y$,分别是力 F 作用点 A 的坐标。于是,由上式可得力 F 对矩心(图中的坐标原点)O 的矩的解析表达式

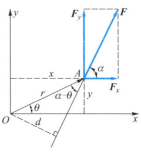

图 2-20

$$M_O(\boldsymbol{F}) = xF_y - yF_x \tag{2-10}$$

如果作用在点 A 上的是一个汇交力系($\boldsymbol{F}_1, \boldsymbol{F}_2, \cdots, \boldsymbol{F}_n$),则由式(2-10)可求出每个力对矩心 O 的矩,加在一起可得

$$\sum M_O(\boldsymbol{F}) = x\sum F_y - y\sum F_x$$

而由式(2-10),该汇交力系的合力 $\boldsymbol{F}_R = \sum \boldsymbol{F}$,它对矩心 O 的矩为

$$M_O(\boldsymbol{F}_R) = xF_{Ry} - yF_{Rx} = x\sum F_y - y\sum F_x$$

比较以上两式,可以看出

$$M_O(\boldsymbol{F}_R) = \sum M_O(\boldsymbol{F}) \tag{2-11}$$

式(2-11)称为<u>平面汇交力系的合力矩定理</u>(theorem of moment of resultant force),即平面汇交力系的合力对作用面内任一点的矩等于力系中各分力对同一点之矩的代数和。

例 2-10 试用合力矩定理计算例 2-9 中力 F 对点 O 之矩。

解: 取坐标系 Oxy 如图 2-21 所示,则

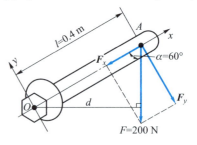

图 2-21

$$|F_x| = F\cos\alpha, \qquad |F_y| = F\sin\alpha$$

由合力矩定理

$$M_O(\boldsymbol{F}) = M_O(\boldsymbol{F}_x) + M_O(\boldsymbol{F}_y) = |F_x| \times 0 - |F_y| \times 0.4 \text{ m}$$
$$= -F\sin\alpha \times 0.4 \text{ m} = (-200 \times \sin 60° \times 0.4) \text{ N} \cdot \text{m} = -69.3 \text{ N} \cdot \text{m}$$

§2-4 平面力偶系的合成与平衡

一、力偶和力偶矩

1. 力偶

在生活和生产实践中,常见到两个大小相等的反向平行力作用于物体的情形,例如,汽车司机用双手转动方向盘,钳工用丝锥攻螺纹以及人们用手指拧水龙头等。这样的两个力由于不满足二力平衡条件,显然不会平衡。我们把大小相等、方向相反、作用线平行而不重合的两个力叫做**力偶**(force couple)(图 2-22),并记作($\boldsymbol{F}, \boldsymbol{F}'$)。力偶中两个力作用线之间的垂直距离 d 叫**力偶臂**(arm of the force couple),力偶所在的平面叫**力偶作用面**(active plane of force couple)。

2. 力偶的性质

(1) 力偶在任何坐标轴上的投影都等于零。由于力偶中的两个力大小相等、方向相反、作用线平行,故它们在任何坐标轴上投影之和必等于零(图 2-23)。

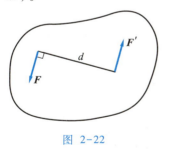

图 2-22

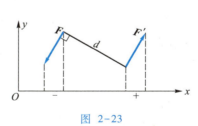

图 2-23

(2) 力偶不能合成为一个力,或者说力偶没有合力,即它不能与一个力等效,因而也不能被一个力平衡;力偶是一种最简单的特殊力系。

(3) 力偶对物体不产生移动效应,只产生转动效应,即它可以而且也只能改变物体的转动状态。

3. 力偶矩

如何度量力偶对物体的转动效应呢？前面讲过，力使物体转动的效应用力对点之矩来度量，因此力偶对物体的转动效应，自然也可以用力偶中的两个力对其作用面内任一点之矩的代数和来度量。设物体上作用有一力偶臂为 d 的力偶 (F,F')，如图 2-24 所示，则该力偶对作用面内任一点 O 之矩为

$$M_O(F)+M_O(F')=F(x+d)-F'x=Fd$$

上式表明，力偶对作用面内任一点之矩的大小恒等于力偶中一力的大小和力偶臂的乘积，而与矩心的位置无关。

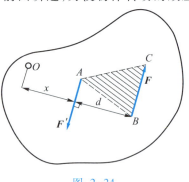

图 2-24

因此，力偶对物体的转动效应可用力与力偶臂的乘积 Fd 加上区分力偶在作用面内的两种不同转向的正负号来度量，这一物理量称为<u>力偶矩</u>（moment of the force couple），以符号 $M(F,F')$ 或 M 表示，即

$$M(F,F')=\pm Fd$$

或

$$M=\pm Fd \tag{2-12}$$

式（2-12）中的正负号表示力偶的转动方向。通常规定：逆时针方向转动时，力偶矩取正号；顺时针方向转动时，力偶矩取负号，如图 2-25 所示。

力偶矩的单位与力矩的单位相同。

由图 2-24 可见，力偶矩的大小也可用以力偶中一个力为底边而以另一个力作用线上任意点为顶点的 $\triangle ABC$ 的面积 $A_{\triangle ABC}$ 的 2 倍来表示，于是

$$M=\pm 2A_{\triangle ABC} \tag{2-13}$$

4. 力偶的三要素

力偶对物体的转动效应，取决于下列三个因素：

（1）<u>力偶矩的大小</u>；（2）<u>力偶的转向</u>；（3）<u>力偶的作用面</u>。

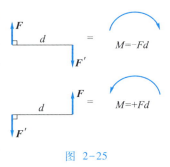

图 2-25

二、同一平面内力偶的等效定理

下面根据静力学公理导出同一平面内力偶的等效定理,这是多个力偶合成的理论基础。

由经验证实,汽车司机转动方向盘,不论将力偶(F,F')加在 A、B 位置,还是将同一力偶加在 C、D 位置(图 2-26),对方向盘的转动效应不变;而且如果司机将双手施加的力增加一倍,而两力之间的距离减小一半,如图 2-26 所示力偶(F_1,F_1'),则对方向盘的转动效应仍然不变。这就直观地说明一个力偶可以和另一个力偶等效。

一般地说:在同一平面内的两个力偶,如它们的力偶矩大小相等,而且转向相同,则此两力偶等效。

这称为同一平面内力偶等效定理。证明如下:

设有一力偶(F,F')如图 2-27 所示。根据静力学公理,显然(F,F')=

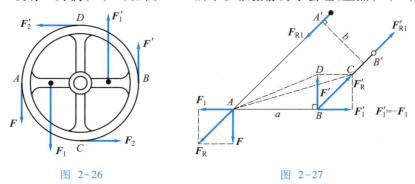

图 2-26 　　　　　图 2-27

(F,F',F_1,F_1') = (F_R,F_R'),力 F_R 和 F_R' 仍分别作用在 A、B 两点。若将力 F_R 和 F_R' 沿各自的作用线移至任意点 A'、B',记为 F_{R1} 和 F_{R1}',则仍有(F,F') = (F_{R1},F_{R1}')。因为 $|M(F,F')| = 2A_{\triangle ABD}$,$|M(F_R,F_R')| = 2A_{\triangle ABC}$,而 $A_{\triangle ABD} = A_{\triangle ABC}$,并注意到力偶矩的转向也相同,故

$$M(F,F') = M(F_R,F_R')$$

显然

$$M(F_R,F_R') = M(F_{R1},F_{R1}')$$

所以

$$M(F,F') = M(F_{R1},F_{R1}')$$

这就证明了,在同一平面内,两个等效的力偶,其力偶矩的大小相等,转向相同;反过来不难证明,同平面内的两个力偶的力偶矩大小相等,转向相

同,则这两个力偶必定等效。

由以上分析看到,原来的力偶(F,F')与等效替换的力偶(F_{R1},F'_{R1}),虽然力的大小、力的作用位置和力偶臂的长度三者都各不相同,而这两个力偶却是等效的。可见,上述三者都不能单独地度量力偶对刚体的转动效应,只有力偶矩(包括大小和转向)才是度量力偶对刚体转动效应的依据。因此,只要保证力偶矩的代数值不变,一个力偶就可以用同一平面内的另一力偶代替而不改变它对刚体的转动效应。

特别指出,上述推导中应用了力的可传性原理及加减平衡力系公理,因此只适用于刚体,而不适用于变形效应的研究。

由同一平面内力偶的等效定理,可以得出下面两个重要的推论:

推论1 力偶可以在其作用面内任意移转而不改变它对刚体的转动效应。

推论2 在保持力偶矩的大小和转向不变的条件下,可以任意改变力偶中力和力偶臂的大小而不改变力偶对刚体的转动效应。

三、平面力偶系的合成与平衡

若物体上作用的若干力偶的作用面在同一平面内,则称为**平面力偶系**。先讨论力偶的合成情况。

(1) 两个力偶的情况。设有在同一平面内的两个力偶(F_1,F'_1)和(F_2,F'_2),它们的力偶臂分别为 d_1 和 d_2(图 2-28a),则该两力偶的力偶矩分别为

$$M_1 = +F_1 d_1, \qquad M_2 = -F_2 d_2$$

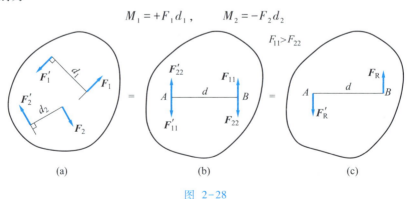

图 2-28

在力偶作用面内任取一线段 $AB=d$,在保持力偶矩不变的条件下,同时改变这两个力偶的力的大小和力偶臂的长短,使它们具有相同的臂长 d,并

将它们在平面内移转,使力的作用线重合,如图 2-28b 所示。于是得到分别与原力偶等效的两个新力偶(F_{11}, F'_{11})和(F_{22}, F'_{22})。F_{11} 和 F_{22} 的大小可由下列等式算出

$$M_1 = +F_{11}d, \qquad M_2 = -F_{22}d$$

将作用在点 A 的力 F'_{11}、F'_{22} 和作用在点 B 的力 F_{11} 和 F_{22} 分别合成(设 $F_{11} > F_{22}$),则

$$F_R = F_{11} - F_{22}, \qquad F'_R = F'_{11} - F'_{22}$$

于是力 F_R 与 F'_R 组成一个新的力偶(F_R, F'_R),如图 2-28c 所示。这就是原来两力偶的合力偶,其力偶矩为

$$M_R = F_R d = (F_{11} - F_{22})d = F_{11}d - F_{22}d = M_1 + M_2$$

(2)任意多个力偶的情况。若平面力偶系由几个力偶组成,其力偶矩的代数值分别为 M_1、M_2、$\cdots$、M_n,则用上述同样的方法可将它们合成为一个合力偶,其力偶矩为

$$M_R = M_1 + M_2 + \cdots + M_n = \sum M_i \tag{2-14}$$

即<u>平面力偶系合成的结果是一个力偶,合力偶矩等于力偶系中所有各力偶矩的代数和</u>(为表达简便,以下力偶矩的代数和简写为 $\sum M$)。

平面力偶系合成的结果既然是一个合力偶,那么,要使力偶系平衡,则合力偶矩必须等于零,而如果合力偶矩等于零,则表示力偶系中各力偶对物体的转动效应互相抵消,物体处于平衡状态。因此,<u>平面力偶系平衡的必要和充分条件是:力偶系中所有各力偶矩的代数和等于零</u>,即

$$\sum M_i = 0 \tag{2-15}$$

利用这个平衡条件,可以求解一个未知量。

例 2-11 图 2-29a 所示梁 AB 受矩为 $M_e = 300$ N·m 的力偶作用。试求支座 A、B 的约束力。

解:(1)取梁 AB 为研究对象。

(2)画受力图。作用在梁上的力有已知力偶和支座 A、B 处的约束力。因梁上的荷载为力偶,而力偶只能与力偶平衡,所以 F_A 与 F_B 必组成一力偶,即 $F_A = -F_B$。F_B 的方位由约束性质确定,F_A 与 F_B 的指向假定如图 2-29b 所示。

(3)列平衡方程

$$\sum M = 0, \qquad M_e - F_A l = 0$$

由此得

$$F_A = \frac{M_e}{l} = \frac{300}{3} \text{ N} = 100 \text{ N}, \qquad F_B = F_A = 100 \text{ N}$$

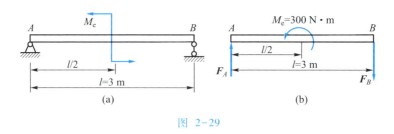

图 2-29

所求得的 F_A 为正值,表示 F_A 与 F_B 的原假设指向正确。

【思考题 2-4】
为什么例 2-11 中求约束力 F_A、F_B 时未涉及表示已知力偶作用位置的距离 $l/2$?

例 2-12 用三轴钻床在水平工件上钻孔时(图 2-30a),每个钻头对工件施加一个力偶。已知三个力偶的矩大小分别为 $|M_1|=1.0\ \text{N}\cdot\text{m}$,$|M_2|=1.4\ \text{N}\cdot\text{m}$,$|M_3|=2.0\ \text{N}\cdot\text{m}$。转向如图所示。如定位螺栓 A、B 之间的距离 $l=0.20\ \text{m}$,试求两定位螺栓所受的力。

解:(1) 取工件为研究对象。

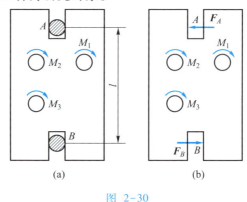

图 2-30

(2) 画受力图,如图 2-30b 所示。工件在水平面内受有三个主动力偶和两个定位螺栓的水平约束力,在它们的共同作用下处于平衡。根据力偶的性质,约束力 F_A 与 F_B 必然组成同平面内的一个力偶,以与上述三个力偶的合力偶相平衡。

(3) 列平衡方程

$$\sum M = 0, \qquad F_A l - |M_1| - |M_2| - |M_3| = 0$$

得

$$F_A = \frac{|M_1|+|M_2|+|M_3|}{l} = \frac{(1.0+1.4+2.0)\text{N}\cdot\text{m}}{0.20\text{ m}} = 22 \text{ N}$$

因 F_A 为正值，说明该力及 F_B 在图 2-30b 所示中所假设的指向是正确的。而定位螺栓所受的力则应与该两力指向相反，大小相等。

【思考题 2-5】

如图 2-31a 所示，在物体上作用有两力偶（F_1, F_1'）和（F_2, F_2'），其力多边形封闭（图 2-31b）。问该物体是否平衡？为什么？

【思考题 2-6】

一力偶（F_1, F_1'）作用在平面 Oxy 内，另一力偶（F_2, F_2'）作用在平面 Oyz 内，它们的力偶矩大小相等（图 2-32）。试问此两力偶是否等效，为什么？

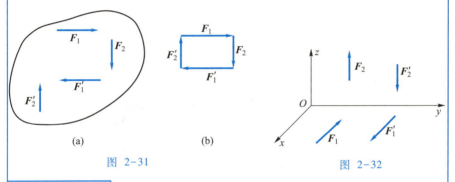

图 2-31　　　　　　　　图 2-32

【思考题 2-7】

如图 2-33 所示，两物块自重不计，且在同一平面内，物块上受力偶作用，其力偶矩的大小均为 M，方向如图。试指出 A 处约束力的方位。

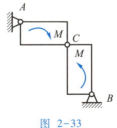

图 2-33

2-2：习题参考答案

习 题

2-1 如图所示,已知 $F_1 = 150$ N, $F_2 = 200$ N, $F_3 = 250$ N 及 $F_4 = 100$ N,试分别用几何法和解析法求这四个力的合力。

2-2 支架由 AB、AC 两杆组成,绳及杆的重量均可不计,A、B、C 均为光滑铰链,在点 A 悬挂重量为 P 的物体。试求在图示四种情况下,杆 AB 与杆 AC 所受的力。

2-3 如图所示,起重机的构架 ABC 可沿铅垂轴 BC 向上滑动,但在轴上有一固定凸缘 C 借以支持构架。设荷载 $F = 10$ kN,试求 B、C 处的约束力,并指出其方向。构架的重量不计。

2-4 图示三铰刚架由 AB 和 BC 两部分组成,A、C 为固定铰支座,B 为中间铰。试求支座 A、C 和铰链 B 的约束力。设刚架的自重及摩擦均可不计。

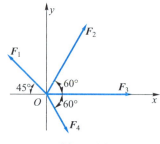

题 2-1 图

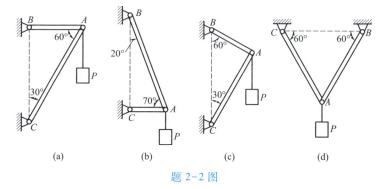

题 2-2 图

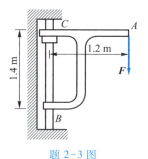

题 2-3 图

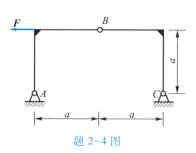

题 2-4 图

2-5 图示压路的碾子 O 重 $P = 20$ kN,半径 $R = 400$ mm。试求碾子越过高度 $\delta = 80$ mm 的石块时,所需最小的水平拉力 F_{min}(设石块不动)。

2-6 简易起重机用钢丝绳吊起重 $P = 2$ kN 的物体。图示起重机由杆 AB、AC 及滑轮 A、D 组成,不计杆及滑轮的自重。试求平衡时杆 AB、AC 所受的力(忽略滑轮尺寸)。

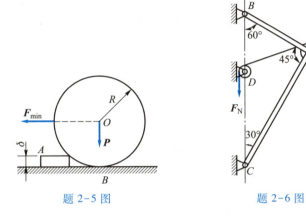

题 2-5 图   题 2-6 图

2-7 如图所示,构架 $ABCD$ 在点 A 受力 $F = 1$ kN 作用。杆 AB 和 CD 在点 C 用铰链连接,B、D 两点处均为固定铰支座。如不计杆重及摩擦,试求杆 CD 所受的力和支座 B 的约束力。

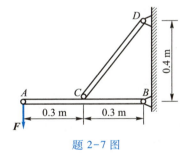

题 2-7 图

2-8 梁 AB 如图所示,作用在跨度中点 C 的力 $F = 20$ kN。试求图示两种情况下支座 A 和 B 的约束力。梁重及摩擦均可不计。

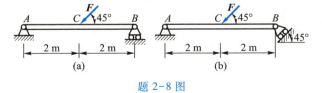

题 2-8 图

2-9 托架制成如图所示三种形式。已知 $F = 1$ kN,$AC = CB = AD = l$。试分别就三种情况计算出点 A 的约束力的大小和方向。不计托架自重及摩擦。

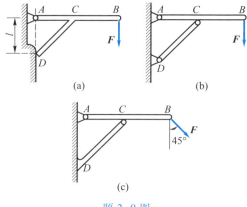

题 2-9 图

2-10 将两个相同的光滑圆柱放在矩形槽内,图示各圆柱的半径均为 $r = 200$ mm,重 $P_1 = P_2 = 600$ N。试求接触点 A、B、C 的约束力。

2-11 在图示压榨机机构 ABC 中,铰链 B 固定不动。作用在铰链 A 处的水平力 F 使压块 C 压紧物体 D。试求物体 D 所受的压力。各杆自重及摩擦均不计。

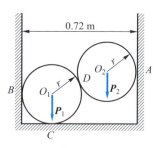

题 2-10 图

2-12 图示机构 $ABCD$,杆重及摩擦均可不计;在铰链 B 上作用有力 F_2,在铰链 C 上作用有力 F_1,方向如图。试求当机构在图示位置平衡时 F_1 和 F_2 两个力大小之间的关系。

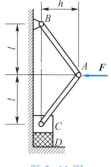

题 2-11 图

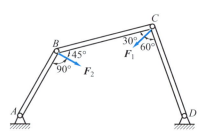

题 2-12 图

2-13 图示刚架上作用有力 F,试分别计算力 F 对点 A 和点 B 的力矩。

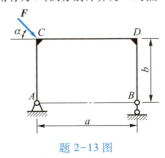

题 2-13 图

2-14 已知梁 AB 上作用一矩为 M_e 的力偶,梁长为 l,梁重及摩擦均不计。试求在图示四种情况下支座 A、B 的约束力。

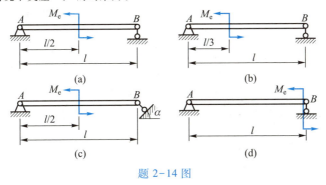

题 2-14 图

2-15 试求图示两种结构中 A、C 处的约束力。各构件自重不计。

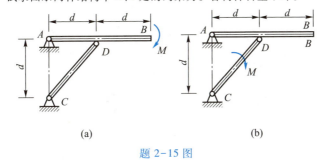

题 2-15 图

2-16 图示三角形构架,自重不计,在 A、C、D 处为光滑铰链连接,B 端作用有一力偶(F,F'),力偶矩大小 $M_e = 1$ kN·m。试求 A、C 铰链处的约束力。

2-17 图示汽锤在锻打工件时,由于工件偏置使锤头受力偏心而发生偏斜,它将在导轨 DA 和 BE 上产生很大的压力,从而加速导轨的磨损并影响锻件的精度。已知锻打

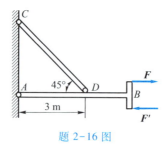

题 2-16 图

力 $F = 1\ 000$ kN，偏心距 $e = 20$ mm，锤头高度 $h = 200$ mm，试求锻锤给两侧导轨的压力。

2-18 沿着刚体上正三角形 ABC 的三边分别作用有力 F_1、F_2、F_3，如图所示。已知三角形边长为 a，各力大小都等于 F。试证明这三个力必合成为一个力偶，并求出它的力偶矩。

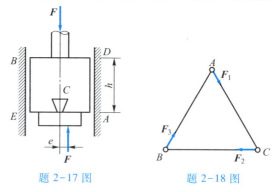

题 2-17 图　　　　题 2-18 图

2-19 在图示结构中，已知力偶 M 作用在 DE 杆上，尺寸如图，各杆自重不计。试求 A、C 处的约束力。

2-20 机构 $OABO_1$，在图示位置平衡。已知 $OA = 400$ mm，$O_1B = 600$ mm，作用在 OA 上的力偶的力偶矩之大小 $|M_{e1}| = 1$ N·m。试求力偶矩 M_{e2} 的大小和杆 AB 所受的力。各杆的重量及各处摩擦均不计。

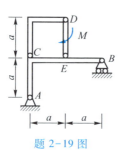
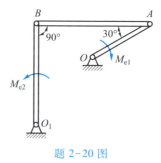

题 2-19 图　　　　题 2-20 图

2-21 在图示机构中,杆 AB 上有一导槽,套在杆 CD 的销子 E 上。在杆 AB 与 CD 上各有一力偶作用,使机构处于平衡。已知 $|M_{e1}| = 20$ N·m,试求 M_{e2}(不计摩擦和杆重)。

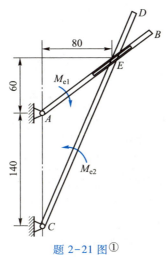

题 2-21 图①

---

① 本书按有关制图标准,凡尺寸单位为 mm 者,均省去不标。

第 3 章 平面任意力系

3-1：教学要点

在前一章中已经研究了平面汇交力系和平面力偶系的合成与平衡,本章将在此基础上讨论平面任意力系的简化与平衡问题。

所谓<u>平面任意力系</u>(coplanar general force system)<u>是各力的作用线位于同一平面内且既不汇交于一点,也不互相平行的力系</u>,又称平面一般力系,简称平面力系。工程计算中的很多实际问题可简化为平面任意力系问题来处理。例如,图 3-1a 所示的房架,它所承受的铅垂方向的恒载、垂直于屋面的风载以及支座约束力可简化为如图 3-1b 所示的平面任意力系。图 3-2a 所示的吊车,横梁 AB 的自重 P、荷载 F、拉杆 BC 的拉力 F_N 以及支座约束力 F_{Ax}、F_{Ay} 也可视为一个平面任意力系(图 3-2b)。

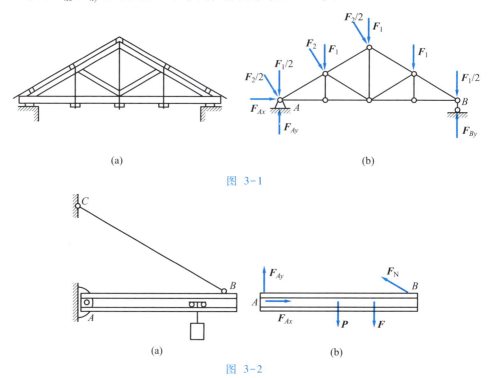

图 3-1

图 3-2

§3-1 力线平移定理

力线平移定理　作用在刚体上某点的力 $\boldsymbol{F}$，可以平行移动到该刚体上任一点，但必须同时附加一个力偶，其力偶矩等于原来的力 $\boldsymbol{F}$ 对平移点之矩。

证明　设有一力 $\boldsymbol{F}$ 作用于刚体上的点 A，如图 3-3a 所示。如在刚体上任取一点 B，在该点加上等值、反向且与力 $\boldsymbol{F}$ 平行的力 $\boldsymbol{F}'$ 和 $\boldsymbol{F}''$，并使 $\boldsymbol{F}' = \boldsymbol{F}'' = \boldsymbol{F}$（图 3-3b）。显然，力系 $(\boldsymbol{F}, \boldsymbol{F}', \boldsymbol{F}'')$ 与力 $\boldsymbol{F}$ 是等效的。但力系 $(\boldsymbol{F}, \boldsymbol{F}', \boldsymbol{F}'')$ 可看作是一个作用在点 B 的力 $\boldsymbol{F}'$ 和一个力偶 $(\boldsymbol{F}, \boldsymbol{F}'')$。于是，原来作用在点 A 的力 $\boldsymbol{F}$，现在被一个作用在点 B 的力 $\boldsymbol{F}'$ 和一个力偶 $(\boldsymbol{F}, \boldsymbol{F}'')$ 等效替换（图 3-3c）。

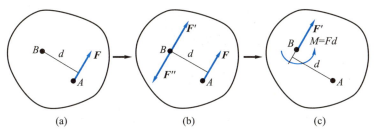

图 3-3

这就是说，可以把作用于点 A 的力 $\boldsymbol{F}$ 平移到另一点 B，但必须同时附加一个力偶，其矩为 $M = Fd$。其中，d 为附加力偶的力偶臂。由图易见，d 就是点 B 到力 $\boldsymbol{F}$ 作用线的垂直距离，所以乘积 Fd 也就是原力 $\boldsymbol{F}$ 对于点 B 之矩，即

$$M_B(\boldsymbol{F}) = Fd$$

因此得

$$M = M_B(\boldsymbol{F}) \tag{3-1}$$

即力线向一点平移时所得附加力偶矩等于原力对平移点之矩。

可见，一个力可以分解为一个与其等值平行的力和一个位于平移平面内的力偶。反之，一个力偶和一个位于该力偶作用面内的力，也可以用一个位于力偶作用平面内的力来等效替换。

力线平移定理不仅是下一节中力系向一点简化的理论依据，而且也可用来分析力对物体的作用效应。例如，用扳手和丝锥攻螺纹，如果只在扳手的一端 A 加力 $\boldsymbol{F}$（图 3-4a），由力线平移定理知，这相当于如图 3-4b 所示，在点 O 加力 $\boldsymbol{F}'$ 以及力偶 $M = M_O(\boldsymbol{F}) = Fd$。力偶可以使丝锥转动，这是我们

希望的,而力 F' 却使丝锥弯曲,从而影响加工精度,甚至使丝锥折断。

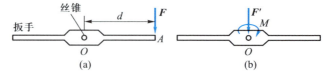

图 3-4

【思考题 3-1】

图 3-5 所示为两个相互啮合的齿轮。试问作用在齿轮 A 上的切向力 F_1 可否应用力线平移定理将其平移到齿轮 B 的中心?为什么?

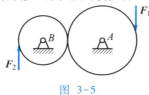

图 3-5

§3-2 平面任意力系向一点简化

设在某一物体上作用着平面任意力系 $F_1,F_2,\cdots,F_n$,如图 3-6a 所示。当要求将力系向其所在平面内的一点 O(称为简化中心,center of reduction)简化时(图 3-6b),可根据力线平移定理将各力平移到点 O,得到作用于该点的一个平面汇交力系 $F_1',F_2',\cdots,F_n'$ 及一个附加的平面力偶系 M_1, $M_2,\cdots,M_n$,后者的力偶矩分别是 $M_1=M_O(F_1)$、$M_2=M_O(F_2),\cdots,M_n=M_O(F_n)$(图 3-6c)。

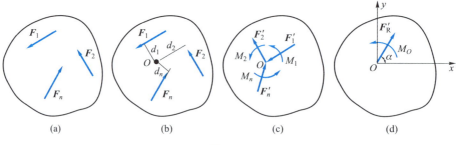

图 3-6

平面汇交力系 $F_1',F_2',\cdots,F_n'$(图 3-6c)可合成为作用在点 O 的一个合力(图 3-6d),其矢量 F_R' 等于 $F_1',F_2',\cdots,F_n'$ 的矢量和。注意到 $F_1',F_2',\cdots,F_n'$ 分别

与 $F_1, F_2, \cdots, F_n$ 大小相等、方向相同，所以

$$F_R' = F_1' + F_2' + \cdots + F_n' = F_1 + F_2 + \cdots + F_n = \sum F \qquad (3-2)$$

这里，F_R' 是作用于简化中心的汇交力系 $(F_1', F_2', \cdots, F_n')$ 的合力，而事实上它就是原力系 $(F_1, F_2, \cdots, F_n)$ 中各力的矢量和，故称此合力 F_R' 为原力系的<u>主矢</u>(principal vector)。至于求 F_R' 的几何法和解析法可参阅第2章。

附加的平面力偶系 $M_1, M_2, \cdots, M_n$ 可合成为一个合力偶，合力偶之矩 M_O 等于各力偶矩的代数和，即

$$M_O = M_1 + M_2 + \cdots + M_n = M_O(F_1) + M_O(F_2) + \cdots + M_O(F_n) = \sum M_O(F) \qquad (3-3)$$

M_O 称为原力系对简化中心 O 的<u>主矩</u>(principal moment)，它等于原力系中各力对点 O 之矩的代数和。

综上所述，可得如下结论：平面任意力系向作用面内任一点简化可得到一个作用于简化中心的力和一个力偶；这个力的大小和方向等于力系的主矢，而这个力偶之矩等于力系对简化中心的主矩。

应该指出，由于主矢为各力的矢量和，它取决于力系中各力的大小和方向，所以它与简化中心的位置无关；而主矩等于各力对简化中心之矩的代数和，当取不同的点为简化中心时，各力臂将有改变，各力对简化中心之矩也将随之而改变，所以在一般情况下主矩与简化中心的位置有关。因此，在说到主矩时，须指出是对于哪一点的主矩。

平面任意力系向一点简化，一般地可得到一个力 F_R' 和一个矩为 M_O 的力偶。实际上有四种可能情况，即：(1) $F_R' = \mathbf{0}, M_O \neq 0$；(2) $F_R' \neq \mathbf{0}, M_O = 0$；(3) $F_R' \neq \mathbf{0}, M_O \neq 0$；(4) $F_R' = \mathbf{0}, M_O = 0$。这四种情况，可归结为下面三种结果。

1. 力系简化为力偶

若 $F_R' = \mathbf{0}, M_O \neq 0$，则力系简化为一个力偶，其力偶矩等于原力系中各力对于简化中心之矩的代数和。因为力偶对其作用面内任一点的矩恒等于力偶矩，所以当力系合成为一个力偶（或说 $F_R' = \mathbf{0}$）时，主矩与简化中心的选择无关，此时 $M = M_O$。

2. 力系简化为合力

若 $F_R' \neq \mathbf{0}, M_O = 0$，则 F_R' 就是原力系的合力 F_R，合力的作用线通过简化中心 O。

若 $F_R' \neq \mathbf{0}, M_O \neq 0$，则力系仍可简化为一合力，但合力的作用线不通过简化中心。现详述如下：将矩为 M_O 的力偶（图3-7a）以与 F_R' 大小相等的

两个力 F_R'' 和 F_R 构成的力偶(F_R'',F_R)来代替,其中力 F_R'' 的作用点为简化中心,而力 F_R 作用在点 O',力偶臂应为 $d=\dfrac{M_O}{F_R'}$(图 3-7b)。显然,作用于点 O 的力 F_R' 和力偶(F_R'',F_R)合成为一个作用在点 O' 的力 F_R,如图 3-7c 所示,它就是原力系的合力,其矢量等于主矢,从点 O 到其作用线的距离则为

$$d=\frac{|M_O|}{F_R'} \quad (3-4)$$

至于合力的作用线在点 O 的哪一侧应根据 F_R' 的指向和 M_O 的转向确定。

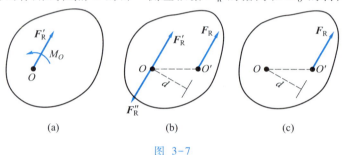

图 3-7

合力矩定理(theorem of moment of resultant force) 平面任意力系如果有合力,则合力对该力系作用面内任一点之矩等于力系中各分力对该点之矩的代数和。

证明:由图 3-7b 所示易见,合力 F_R 对点 O 之矩为

$$M_O(F_R)=F_R d=M_O$$

而

$$M_O=\sum M_O(F)$$

所以

$$M_O(F_R)=\sum M_O(F) \quad (3-5)$$

由于简化中心 O 是任意选取的,故定理成立。

3. 力系平衡

这是指 $F_R'=0$,$M_O=0$ 的情况,此时刚体处于平衡状态,在 §3-4 中对此将作详细讨论。

例 3-1 挡土墙横剖尺寸如图 3-8a 所示。已知墙重 $P_1=85$ kN,直接压在墙上的土重 $P_2=164$ kN,线 BC 以右的填土作用在面 BC 上的压力 $F=208$ kN。试将这三个力向点 A 简化,并求其合力作用线与墙底的交点 A' 到点 A 的距离。

解:(1)将力系向点 A 简化,求 F_R' 和 M_A(图 3-8b)。F_R' 在轴 x、y 上

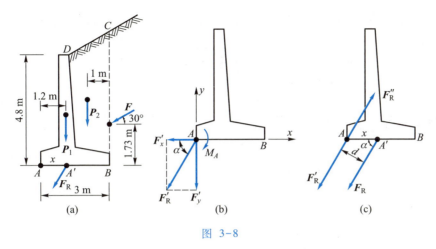

图 3-8

的投影分别为

$$F'_x = \sum F_x = -F\cos 30° = (-208 \times 0.866) \text{ kN} = -180.1 \text{ kN}$$

$$F'_y = \sum F_y = -P_1 - P_2 - F\sin 30° = \left(-85 - 164 - 208 \times \frac{1}{2}\right) \text{ kN} = -353 \text{ kN}$$

故

$$F'_R = \sqrt{(F'_x)^2 + (F'_y)^2} = \sqrt{(-180.1)^2 + (-353)^2} \text{ kN} = 396 \text{ kN}$$

由于 F'_x 及 F'_y 均为负值,故 F'_R 在第三象限内(图 3-8b)。

$$\tan \alpha = \left|\frac{F'_y}{F'_x}\right| = \frac{353}{180.1} = 1.960, \qquad \alpha = 62.97°$$

力系对点 A 的主矩为

$$M_A = \sum M_A(\boldsymbol{F}) = -1.2 \text{ m} \times P_1 - 2 \text{ m} \times P_2 - F\sin 30° \times 3 \text{ m} + F\cos 30° \times 1.73 \text{ m}$$
$$= (-1.2 \times 85 - 2 \times 164 - 208 \times 0.5 \times 3 + 208 \times 0.866 \times 1.73) \text{ kN} \cdot \text{m}$$
$$= -430 \text{ kN} \cdot \text{m}$$

(2)因为 $F'_R \neq \boldsymbol{0}, M_A \neq 0$(图 3-8b),所以原力系还可以进一步简化为一合力 $\boldsymbol{F}_R$,其大小和方向与 F'_R 相同。设合力 $\boldsymbol{F}_R$ 与墙底的交点 A' 到点 A 的距离为 x,由图 3-8c 所示可见

$$x = AA' = \frac{d}{\sin \alpha} = \frac{|M_A|/F'_R}{\sin \alpha} = \frac{430/396}{\sin 62.97°} \text{ m} = 1.22 \text{ m}$$

此例中所示平面任意力系,其合力 $\boldsymbol{F}_R$ 的作用线与墙底的交点 A' 之位置也可用合力矩定理求得。根据合力矩定理有

$$M_{A'}(\boldsymbol{F}_R) = \sum M_{A'}(\boldsymbol{F})$$

故按图 3-8a 所示得

$$0 = P_1(x-1.2\ \text{m}) - P_2(2\ \text{m}-x) - F\sin 30°\times(3\ \text{m}-x) + F\cos 30°\times 1.73\ \text{m}$$

亦即
$$85\ \text{kN}(x-1.2\ \text{m}) - 164\ \text{kN}(2\ \text{m}-x) - 208\ \text{kN}\times$$
$$0.5\times(3\ \text{m}-x) + 208\ \text{kN}\times 0.866\times 1.73\ \text{m} = 0$$

于是得 $x = 1.22$ m。

【思考题 3-2】
有一平面任意力系向某一点简化得到一合力,试问能否另选适当的简化中心而使该力系简化为一力偶? 为什么?

§3-3 分布荷载

1. 分布荷载

荷载是作用于构件或结构物上的主动力。常见的分布荷载有重力、水压力、土压力、风压力、汽压力等。其中,有的荷载是分布在整个构件内部各点上的,如结构自重等,称为**体分布荷载**;有的荷载是分布在构件表面上的,如屋面板上雪的压力、水坝上水的压力、挡土墙上土的压力、蒸汽机活塞上汽的压力等,称为**面分布荷载**。如果荷载是分布在一个狭长的面积或体积上,则可以把它简化为沿长度方向的**线分布荷载**。例如,梁的自重就可简化为沿其轴线分布的线荷载。这样用线分布荷载来代替实际的分布荷载,对物体的平衡并无影响,但可使计算简化。

分布荷载的大小用其**集度**(intensity) q(即荷载的密集程度)来表示。体分布荷载、面分布荷载、线分布荷载的集度,常用单位分别为 N/m^3、N/m^2 及 N/m。荷载集度为常数的分布荷载称为**均布荷载**,荷载集度不是常数的分布荷载称为**非均布荷载**。

当荷载分布在构件表面上一个很微小的范围内时,可以认为它是作用在构件某一点处的**集中荷载**,例如火车车轮对钢轨的压力。它的常用单位(即力的单位)为 N 或 kN。

例 3-2 简支梁 AB 受三角形分布荷载的作用,如图 3-9 所示,设此分布荷载之集度的最大值为 $q_0(\text{N/m})$,梁长为 l,试求该分布荷载的合力的大小及作用线位置。

解:取坐标系 Axy 如图所示。在梁上距 A 端为 x 处,荷载集度为
$$q_x = q_0 \frac{x}{l}$$

在该处长为 dx 的微段上,荷载的合力是

$$\mathrm{d}F_R = q_x \mathrm{d}x = \frac{q_0}{l} x \mathrm{d}x$$

现在来求整个梁上分布荷载的合力 $\boldsymbol{F}_R$。以 A 为简化中心,有

$$F_{Rx} = \sum F_x = 0$$

图 3-9

$$F_{Ry} = \sum F_y = -\frac{q_0}{l} \int_0^l x \, \mathrm{d}x = -\frac{q_0}{2} l$$

故

$$F_R = \sqrt{(F_{Rx})^2 + (F_{Ry})^2} = \sqrt{0 + \left(-\frac{q_0}{2}l\right)^2} = \frac{q_0}{2} l \ (\downarrow)$$

它正好等于荷载集度△AbB 的面积。

此合力的作用线离 A 端的距离 x_C 可根据合力矩定理

$$M_A(\boldsymbol{F}_R) = \sum M_A(\boldsymbol{F})$$

确定。其中:

$$M_A(\boldsymbol{F}_R) = -F_R x_C = -\frac{q_0}{2} l x_C$$

$$\sum M_A(\boldsymbol{F}) = -\frac{q_0}{l} \int_0^l x^2 \mathrm{d}x = -\frac{q_0}{3} l^2$$

于是得

$$x_C = \frac{2}{3} l$$

合力 $\boldsymbol{F}_R$ 的作用线正好通过荷载集度△AbB 的形心。

2. 固定端约束

工程中有一种常见的约束,如房屋的雨篷(图 3-10a)其一端 A 牢固地嵌入墙内,故 A 端沿任何方向的移动和雨篷绕 A 端的转动均受到限制,这种约束称为**固定端**(fixed ends)。此外,又如车床刀架上刀具(图 3-10b)的夹持端,一端固定、另一端悬空的悬臂梁等均为固定端约束。它的简化模型如图3-10d所示。当梁上作用荷载时,其固定端处产生非均布荷载(图3-10c),不论约束力如何分布,根据力系简化方法,可将它们向点 A 简化,简化结果为一个力和一个力偶。在平面问题中(图 3-10d)用三个未知量表示,即水平约束力 $\boldsymbol{F}_{Ax}$ 和竖向约束力 $\boldsymbol{F}_{Ay}$ 以及矩为 M_A 的约束力偶。固定端约束的约束力如图3-10d 所示。

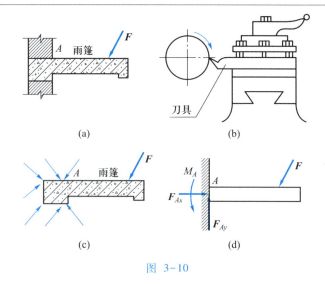

图 3-10

§3-4 平面任意力系的平衡

现在详细讨论§3-2中平面任意力系的主矢和对任意点 O 的主矩都等于零($F'_R = 0, M_O = 0$)的情形。

显然,如果物体处于平衡状态,则作用于物体上的力系必须满足主矢等于零和主矩等于零的条件,所以 $F'_R = 0$ 和 $M_O = 0$ 是物体平衡的必要条件。反之,由 $F'_R = 0$ 可知,作用于简化中心 O 的力 $F'_1, F'_2, \cdots, F'_n$(参见图3-6)必然相互平衡;由 $M_O = 0$ 可知,附加力偶系必然也平衡。这就是说,在这样的平面任意力系作用下,物体必定是处于平衡的,所以 $F'_R = 0$ 和 $M_O = 0$ 也是物体平衡的充分条件。

于是,平面任意力系平衡的必要和充分条件是:力系的主矢 F'_R 和力系对于任一点的主矩 M_O 都等于零。这一条件可写作

$$F'_R = 0, \quad M_O = \sum M_O(F) = 0$$

从而有

$$\sum F_x = 0, \quad \sum F_y = 0, \quad \sum M_O(F) = 0 \tag{3-6}$$

上式就是平面任意力系的平衡方程。当物体处于平衡时,作用于其上的平面力系中各力在两个任选的坐标轴(两坐标轴不一定正交)中每一轴上投影的代数和均等于零,各力对于任一点之矩的代数和也等于零。有三个独立的方程,可以求解三个未知量。

例 3-3 图 3-11a 所示为一起重机,A、B、C 处均为光滑铰链,水平杆

第3章 平面任意力系

AB 的重量 $P=4$ kN，荷载 $F=10$ kN，有关尺寸如图所示，杆 BC 自重不计。试求杆 BC 所受的拉力和铰链 A 给杆 AB 的约束力。

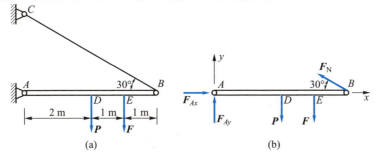

图 3-11

解：(1) 根据题意，选杆 AB 为研究对象。

(2) 画受力图。作用于杆上的力有重力 $\boldsymbol{P}$、荷载 $\boldsymbol{F}$、杆 BC 的拉力 $\boldsymbol{F}_N$ 和铰链 A 的约束力 $\boldsymbol{F}_A$。杆 BC（二力杆）的拉力 $\boldsymbol{F}_N$ 沿 BC 方向；$\boldsymbol{F}_A$ 方向未知，故将其分解为两个分力 $\boldsymbol{F}_{Ax}$ 和 $\boldsymbol{F}_{Ay}$，指向暂时假定（图 3-11b）。

(3) 根据平面任意力系的平衡条件列平衡方程，求未知量。

$$\sum F_x = 0, \quad F_{Ax} - F_N \cos 30° = 0 \tag{1}$$

$$\sum F_y = 0, \quad F_{Ay} + F_N \sin 30° - P - F = 0 \tag{2}$$

$$\sum M_A(\boldsymbol{F}) = 0, \quad F_N \times 4 \text{ m} \times \sin 30° - P \times 2 \text{ m} - F \times 3 \text{ m} = 0 \tag{3}$$

由式 (3) 解得

$$F_N = \frac{(2 \times 4 + 3 \times 10) \text{ kN} \cdot \text{m}}{4 \times 0.5 \text{ m}} = 19 \text{ kN}$$

以 F_N 之值代入式 (1)、式 (2)，可得

$$F_{Ax} = 16.5 \text{ kN}, \quad F_{Ay} = 4.5 \text{ kN}$$

即铰链 A 给杆 AB 的约束力为 $F_A = \sqrt{F_{Ax}^2 + F_{Ay}^2} = 17.1$ kN，它与轴 x 的夹角 $\theta = \arctan \dfrac{F_{Ay}}{F_{Ax}} = 15.3°$。

计算所得 F_{Ax}、F_{Ay}、F_N 皆为正值，表明假定的指向与实际的指向相同。

【思考题 3-3】

如果例 3-3 中的荷载 F 可以沿杆 AB 移动，问：
(1) 荷载 F 在什么位置时杆 BC 所受的拉力 F_N 最大？其值为多少？
(2) 荷载 F 在什么位置时铰链 A 处的约束力 F_A 达到最大值？其值为多少？

平面任意力系平衡的解析条件除了式 (3-6) 表示的那种基本形式外，

还可以写成二矩式、三矩式两种形式,它们同样也是平面任意力系平衡的必要与充分条件。

1. 二矩式

$$\sum M_A(\boldsymbol{F}) = 0, \quad \sum M_B(\boldsymbol{F}) = 0, \quad \sum F_x = 0 \tag{3-7}$$

但 A、B 两点的连线不垂直于轴 x。

这三个方程是力系平衡的必要条件,这是很明显的,现只需证明它们是平衡的充分条件。如果力系满足 $\sum M_A(\boldsymbol{F}) = 0$,则表明力系向点 A 简化后主矩 $M_A = 0$;可见此力系不可能简化为一力偶,而只能有两种可能:或者平衡,或者有一作用线通过点 A 的合力。如果力系又满足 $\sum M_B(\boldsymbol{F}) = 0$,则该力系或者平衡或者有一通过 A、B 两点的合力(图 3-12)。但是,在轴 x 不与 A、B 两点的连线垂直的情况下,$\sum F_x = 0$ 这个条件完全排除了力系简化为合力的可能性,故该力系必然平衡。

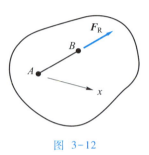

图 3-12

2. 三矩式

$$\sum M_A(\boldsymbol{F}) = 0, \quad \sum M_B(\boldsymbol{F}) = 0, \quad \sum M_C(\boldsymbol{F}) = 0 \tag{3-8}$$

但 A、B、C 三点不在同一直线上。

显然,这三个方程是平衡的必要条件。至于为何又是平衡的充分条件,读者可自行证明。

上述三组方程式(3-6)、式(3-7)、式(3-8)都可用来解决平面任意力系的平衡问题。究竟选用哪一组方程可根据具体情况确定,但无论采用哪一组方程,都只能求解三个未知量。解题时,一般说来,应力求所写出的每一个平衡方程中只含有一个未知量,以简化求解过程。

【思考题 3-4】

对于例 3-3 中的平面任意力系(图 3-11b)是否可综合二矩式和三矩式而根据 $\sum M_A(\boldsymbol{F}) = 0, \sum M_B(\boldsymbol{F}) = 0, \sum M_C(\boldsymbol{F}) = 0$ 及 $\sum F_x = 0$ 列出四个独立的平衡方程?为什么其中必有一个是从属的?

例 3-4 图 3-13a 所示梁 AB,其 A 端为固定铰链支座,B 端为活动铰链支座。梁的跨度为 $l = 4a$,梁的左半部分作用有集度为 q 的均布荷载,在截面 D 处有矩为 M_e 的力偶作用。梁的自重及各处摩擦均不计。试求 A 和 B 处的支座约束力。

解:(1)选梁 AB 为研究对象。

(2)画受力图。梁上的主动力有集度为 q 的均布荷载和矩为 M_e 的力偶;梁所受的约束力有固定铰链支座 A 处的约束力 F_{Ax} 和 F_{Ay} 以及活动铰链支座 B 处的约束力 F_B,三个未知力的指向均假设如图 3-13b 所示。

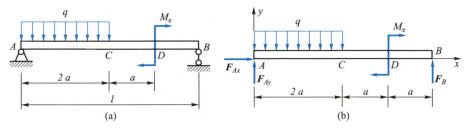

图 3-13

(3)取坐标系如图 3-13b 所示。

(4)列平衡方程

$$\sum M_A(\boldsymbol{F}) = 0, \quad F_B \times 4a - M_e - (q \times 2a)a = 0 \tag{1}$$

$$\sum M_B(\boldsymbol{F}) = 0, \quad -F_{Ay} \times 4a + (q \times 2a)3a - M_e = 0 \tag{2}$$

$$\sum F_x = 0, \quad F_{Ax} = 0 \tag{3}$$

解得

$$F_{Ax} = 0, \quad F_B = \frac{1}{2}qa + \frac{M_e}{4a}, \quad F_{Ay} = \frac{3}{2}qa - \frac{M_e}{4a}$$

§3-5 平面平行力系的平衡

各力的作用线在同一平面内且互相平行的力系称为平面平行力系(coplanar parallel forces)。

平面平行力系是平面任意力系的一种特殊情况,它的平衡条件可以沿用平面任意力系的平衡条件。不过,对于如图 3-14 所示,受平面平行力系 F_1、F_2、…、F_n 作用的物体,如选取轴 x 与各力作用线垂直,则不论该力系是否平衡,各力在轴 x 上的投影之和显然恒等于零,即 $\sum F_x = 0$。可见,平面平行力系的平衡方程为

$$\sum F_y = 0, \quad \sum M_O(\boldsymbol{F}) = 0 \tag{3-9}$$

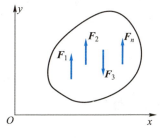

图 3-14

也就是说,平面平行力系平衡的必要和充分条件是:力系中各力的代数和以

及各力对同平面内任一点之矩的代数和都为零。

平面平行力系的平衡条件也可写成两个力矩方程的形式，即

$$\sum M_A(\boldsymbol{F}) = 0, \quad \sum M_B(\boldsymbol{F}) = 0 \qquad (3-10)$$

但 A、B 两点的连线不能与各力的作用线平行。

例 3-5 一汽车起重机，车身重 P_1，转盘重 P_2，起重机吊臂重 P_3，如图 3-15 所示。试求当吊臂在汽车纵向对称面内时，不至于使汽车翻倒的最大起重量 $P_{\max}$。

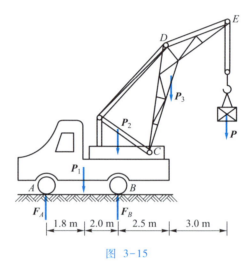

图 3-15

解：（1）取汽车起重机为研究对象。

（2）画受力图。当吊臂在汽车纵向对称面内时，P_1、P_2、P_3、P、F_A 和 F_B 构成一个平面平行力系。汽车的受力图如图 3-15 所示。

（3）列平衡方程。为了求得最大起重量，应研究汽车将绕后轮 B 顺时针倾倒而又尚未倾倒时的情形，此时 $F_A = 0$。由

$$\sum M_B(\boldsymbol{F}) = 0, \quad P_1 \times 2\ \text{m} - P_3 \times 2.5\ \text{m} - P_{\max} \times 5.5\ \text{m} = 0$$

于是得

$$P_{\max} = \frac{2P_1 - 2.5P_3}{5.5}$$

这是汽车起重机的最大起重量（极限值）。为了保证安全，实际上允许的最大起重量应小于这个极限值，使之有一定的安全储备。

§3-6 物体系的平衡问题·静定与超静定的概念

由若干物体（零件、部件或构件）通过一定的约束方式联系在一起的系

统,称为**物体系**,简称**物系**。

研究物体系的平衡问题时,不仅要分析系统以外的物体对于系统的作用力,还需要分析系统内部各物体之间的相互作用力。系统以外的物体给所研究系统的作用力称为该系统的**外力**(external forces);系统内部各物体之间的相互作用力称为该系统的**内力**(internal forces)。内力总是成对出现的,对整个系统来说,因内力的矢量和恒等于零,故不必考虑内力。当要求系统内力时,则需将系统中与所求内力有关的物体单独取为分离体。这就是说,研究物体系的平衡问题时,既要研究整体的平衡,也要研究局部的平衡,才能使问题解决。当整个系统平衡时,其各组成部分也是平衡的。因此,根据问题的需要恰当地选取整体或局部为研究对象进行分析,成为解决物体系平衡问题的关键,也是与单个物体平衡问题的差别所在。

在刚体静力学中,对于由 n 个物体组成的物体系,若每个物体受平面任意力系作用,则可以列出 $3n$ 个独立的平衡方程。如系统中某些物体受平面汇交力系或平面平行力系等作用时,则平衡方程总数相应减少。总计的独立平衡方程数与未知量数相比较,若未知量的数目少于平衡方程数,则结构不平衡、已知条件多余或结构不稳固;若未知量的数目等于平衡方程数,则由平衡方程能解出全部未知量,问题是**静定**的;若未知量的数目多于平衡方程数,则仅用静力学平衡方程不能解出全部未知量,是**超静定**问题,或称为**静不定问题**(statically indeterminate problem),未知量的数目与独立的平衡方程数之差,称为**超静定次数**或**静不定次数**(degree of statically indeterminate problem)。

下面结合实例说明物体系平衡问题的解法。

例 3-6 如图 3-16a 所示,由三根梁 AC、CE 和 EG 利用中间铰 C 和 E 连接而成的梁系。试求梁的支座约束力。梁重及摩擦均不计。

解:这里支座约束力共有五个未知量 F_{Ax}、F_{Ay}、F_B、F_D、F_G。如果只考虑整体的平衡,则只有三个独立的平衡方程,所以还不可能求解全部支座约束力。现将三根梁在中间铰 C 处及 E 处分开,画出受力图如图 3-16b 所示,系统总共有九个未知量。但是注意到对于在中间铰处分开了的三根梁,每根梁可列三个独立的平衡方程,总共可列出九个独立的平衡方程,从而可解出全部未知量,故此系统是静定的。这种梁的全部未知量利用平衡方程便可全部解出,故统称为**多跨静定梁**。求算未知力时,显然应从未知量较少的那根梁,即梁 EG 入手。

(1) 研究梁 EG。

$$\sum F_x = 0, \quad F_{Ex} = 0$$

由对称关系,得

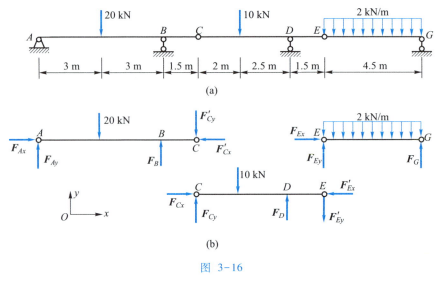

图 3-16

$$F_{Ey} = F_G = \frac{1}{2}(2 \times 4.5) \text{ kN} = 4.5 \text{ kN}(\uparrow)$$

（2）研究梁 CE。根据作用与反作用定律，$F'_{Ex} = F_{Ex} = 0$，$F'_{Ey} = F_{Ey} = 4.5$ kN。从而梁 CE 上现在也只有三个未知量，可由平衡方程求出。

$$\sum F_x = 0, \quad F_{Cx} - F'_{Ex} = 0$$
$$\sum M_C(\boldsymbol{F}) = 0, \quad F_D \times 4.5 \text{ m} - 10 \text{ kN} \times 2 \text{ m} - F'_{Ey} \times 6 \text{ m} = 0$$
$$\sum F_y = 0, \quad F_{Cy} - 10 \text{ kN} + F_D - F'_{Ey} = 0$$

从而得

$$F_{Cx} = F'_{Ex} = 0, \quad F_D = 10.44 \text{ kN}, \quad F_{Cy} = 4.06 \text{ kN}$$

（3）研究梁 AC。梁 AC 上作用于中间铰处的 F'_{Cx}、F'_{Cy} 分别等于上面求得的 F_{Cx}、F_{Cy}。现由平衡方程求 F_{Ax}、F_{Ay} 及 F_B。

$$\sum F_x = 0, \quad F_{Ax} - F'_{Cx} = 0$$
$$\sum M_A(\boldsymbol{F}) = 0, \quad F_B \times 6 \text{ m} - 20 \text{ kN} \times 3 \text{ m} - F'_{Cy} \times 7.5 \text{ m} = 0$$
$$\sum F_y = 0, \quad F_{Ay} - 20 \text{ kN} + F_B - F'_{Cy} = 0$$

从而得

$$F_{Ax} = 0, \quad F_B = 15.08 \text{ kN}, \quad F_{Ay} = 8.98 \text{ kN}$$

为了校核所得支座约束力是否正确，读者可检验整个梁系的平衡。

本题中设想 A 处改为活动铰支座，则未知量数变为八个，平衡方程数为九个，在图示荷载下，梁能平衡。但如果荷载在 x 方向的投影之和不为零，则梁不能平衡，这种结构是不稳固的。若在 AB 之间再加一活动铰支座，则未知量数变为十个，问题成为超静定的，需要考虑梁的变形，列出补充方程才能解决(参见§8-9)。

【思考题3-5】

(1) 图3-16a 所示多跨静定梁,作用于梁 CE 上的荷载是否有一部分通过中间铰 E 而由梁 EG 传给支座 G? 梁 AC 上的荷载对于支座约束力 F_D 和 F_G 有无影响?

(2) 图3-16a 所示多跨静定梁,若在中间铰 C 处还有一个向下的集中荷载15 kN,试求各支座处的约束力。

例 3-7 如图3-17a 所示的三铰刚架,在左半跨上作用有均匀分布的铅垂荷载,其集度为 $q(\text{N/m})$,刚架自重不计。试求支座 A、B 处的约束力。

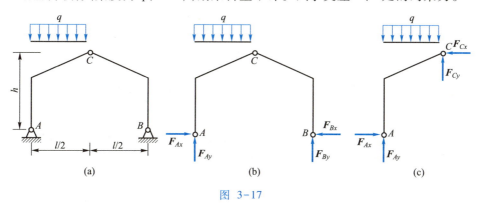

图 3-17

解:(1)研究整体。其受力图如图3-17b 所示。因为四个未知约束力中有三个力 F_{Ax}、F_{Bx}、F_{Ay} 汇交于点 A,三个力 F_{Ax}、F_{Bx}、F_{By} 汇交于点 B,故取汇交点为力矩中心,写平衡方程必可求出未汇交于力矩中心的那个未知力。

$$\sum M_A(\boldsymbol{F})=0, \quad F_{By}l-\left(q\times\frac{l}{2}\right)\times\frac{l}{4}=0; \quad \sum M_B(\boldsymbol{F})=0, \quad -F_{Ay}l+\left(q\times\frac{l}{2}\right)\times\frac{3}{4}l=0$$

从而得

$$F_{By}=\frac{ql}{8}(\uparrow), \quad F_{Ay}=\frac{3}{8}ql(\uparrow)$$

至于作用在同一直线上的两个未知力 F_{Ax} 和 F_{Bx},平衡方程 $\sum F_x=0$ 只给出 $F_{Ax}=F_{Bx}$ 而不能求出它们的值。为此须研究中间铰任一侧的半个刚架的平衡。

(2)研究左半个刚架 AC。受力图如图3-17c 所示。由于约束力 F_{Ay} 前已求得,即 $F_{Ay}=\frac{3}{8}ql$。故由 $\sum M_C(\boldsymbol{F})=0$ 就可求出 F_{Ax}。

$$\sum M_C(\boldsymbol{F}) = 0, \quad F_{Ax}h - \frac{3}{8}ql \times \frac{l}{2} + \frac{ql}{2} \times \frac{l}{4} = 0$$

得

$$F_{Ax} = \frac{ql^2}{16h}(\rightarrow)$$

从而也有

$$F_{Bx} = \frac{ql^2}{16h}(\leftarrow)$$

在求出 F_{Ax} 和 F_{Ay} 后，如果还要求右半个刚架 BC 通过中间铰 C 作用于左半个刚架 AC 上的力 F_{Cx}、F_{Cy}，那么由图 3-17c 所示可见，只需利用平衡方程 $\sum F_x = 0$, $\sum F_y = 0$ 即可。

以上是求三铰刚架支座约束力的一般方法。就此题而言，右半个刚架是二力构件，利用此特点可使解题简化。读者不妨一试。

§3-7　平面静定桁架的内力分析

桁架是工程中一种常见的结构，如图 3-18a 所示屋架，可以简化为图 3-18b 所示的承受平面力系的杆件系统。

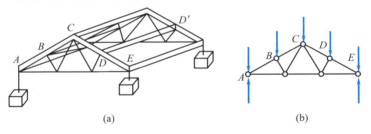

图 3-18

桁架(truss)是由一些直杆以适当的方式在两端连接而组成的几何形状不变的结构。杆件相结合的地方称为节点。所有杆件的轴线都在同一平面内的桁架称为平面桁架，否则称为空间桁架。

在设计桁架时，必须先求桁架中各杆的内力，为了简化计算，把实际桁架理想化为：

(1) 各杆在节点处用光滑的铰链连接；

(2) 各杆的轴线都是直线，并通过铰的中心；

(3) 所有外力都作用于节点上(杆件自身的重量通常略去不计，或将自重平均分配到两端的节点上作为荷载考虑)，对于平面桁架，所有外力在同一平面内。

在上述假设下,桁架中的每根杆件都是二力杆。图 3-18b 所示就是由图 3-18a 所示屋架简化后得到的一个平面桁架的计算简图。

求平面静定桁架杆件内力时,若研究对象包含一个节点,称为"节点法"(method of joints);若研究对象包含两个或以上的节点,称为"截面法"(method of sections)。

一、节点法

桁架在外力作用下保持平衡,则其任一节点也保持平衡。作用于平面桁架中任一节点上的力(荷载和杆件内力)为一平面汇交力系。当节点上未知力的数目不超过两个时,根据该节点的平衡条件就可解出未知力。因此,用节点法求解平面桁架杆件的内力时,通常应从只有两个未知力的节点开始,并逐次选取只有两个未知力的节点。

例 3-8 图 3-19a 所示平面桁架,受两个竖直荷载作用。试求各杆的内力。

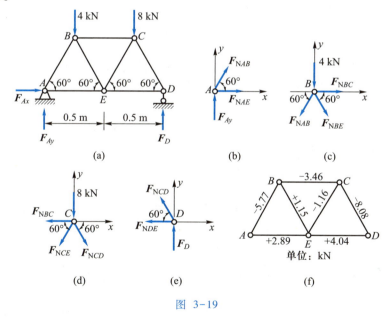

图 3-19

解:首先以整体为研究对象求出支座约束力。

$$\sum F_x = 0, \quad F_{Ax} = 0$$

$$\sum M_D(\boldsymbol{F}) = 0, \quad -F_{Ay} \times 1 \text{ m} + 4 \text{ kN} \times 0.75 \text{ m} + 8 \text{ kN} \times 0.25 \text{ m} = 0$$

$$\sum M_A(\boldsymbol{F}) = 0, \quad F_D \times 1 \text{ m} - 8 \text{ kN} \times 0.75 \text{ m} - 4 \text{ kN} \times 0.25 \text{ m} = 0$$

得到
$$F_{Ay} = 5 \text{ kN}, \quad F_D = 7 \text{ kN}$$

然后求各杆内力。截取节点 A 作为研究对象,其受力图如图 3-19b 所示,这里假设未知的杆件内力均为拉力,用背离节点的力矢表示。节点 A 的平衡方程为

$$\sum F_x = 0, \quad F_{NAB}\cos 60° + F_{NAE} = 0$$
$$\sum F_y = 0, \quad F_{NAB}\sin 60° + F_{Ay} = 0$$

得到
$$F_{NAB} = -5.77 \text{ kN}, \quad F_{NAE} = 2.89 \text{ kN}$$

F_{NAE} 的计算结果为正,说明该杆的内力确为拉力;F_{NAB} 的计算结果为负,说明该杆内力与所设拉力相反,应为压力。受力图上不用更改力的指向。

截取节点 B(图 3-19c)为研究对象,其平衡方程为

$$\sum F_x = 0, \quad F_{NBC} + F_{NBE}\cos 60° - F_{NAB}\cos 60° = 0$$
$$\sum F_y = 0, \quad -4 \text{ kN} - F_{NAB}\sin 60° - F_{NBE}\sin 60° = 0$$

得到
$$F_{NBC} = -3.46 \text{ kN}, \quad F_{NBE} = 1.15 \text{ kN}$$

截取节点 C(图 3-19d)有

$$\sum F_x = 0, \quad -F_{NBC} - F_{NCE}\cos 60° + F_{NCD}\cos 60° = 0$$
$$\sum F_y = 0, \quad -8 \text{ kN} - F_{NCD}\sin 60° - F_{NCE}\sin 60° = 0$$

得到
$$F_{NCD} = -8.08 \text{ kN}, \quad F_{NCE} = -1.16 \text{ kN}$$

截取节点 D(图 3-19e)有

$$\sum F_x = 0, \quad -F_{NCD}\cos 60° - F_{NDE} = 0$$

得到
$$F_{NDE} = 4.04 \text{ kN}$$
$$\sum F_y = 0, \quad F_{NCD}\sin 60° + F_D = 0$$

显然,此方程中已无未知量,这是因为,考虑了整体的平衡及每个节点的平衡,故有多余的平衡方程,但利用它可以检验前面的求解是否正确。现将前面求得的 $F_{NCD} = -8.08$ kN 和 $F_D = 7$ kN 代入,该等式成立,说明计算无误。

把杆件的内力标在各杆的一侧(图 3-19f),正号表示该杆内力是拉力,负号表示该杆内力是压力。

二、截面法

有时候不需求出桁架中所有杆件的内力,而只需求出某些杆件的内力。

在此情况下一般宜用截面法。为此,假想地用一截面将包含欲求内力的杆件在内的一些杆件截断,使桁架截分为两部分,取其一部分为分离体作为研究对象。由于桁架整体保持平衡,所取的分离体也应保持平衡(注意,此时应计及杆件的另一部分作用于分离体上的力)。对于平面桁架,作用在此种分离体上的力为平面任意力系,能够建立三个独立的平衡方程来求解三个未知内力。因此,截面法中所截断的含有未知内力的杆件数目一般不应超过三个。

例 3-9 试用截面法求例 3-8 中所示桁架(图 3-20)其 BC、BE 两杆的内力。

解: 由桁架的整体平衡,首先求支座约束力:
$$F_{Ay} = 5 \text{ kN}, \quad F_D = 7 \text{ kN}$$

用截面I-I将需求内力的杆 BC、BE 连同杆 AE 一起截断,取截面I-I左边的部分桁架为分离体,并设各杆未知内力均为拉力(图 3-20b)。由平衡方程

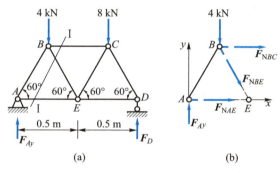

图 3-20

$$\sum F_y = 0, \quad F_{Ay} - 4 \text{ kN} - F_{NBE} \sin 60° = 0$$

解得
$$F_{NBE} = 1.15 \text{ kN}$$

由
$$\sum M_E(\boldsymbol{F}) = 0, \quad -F_{NBC} \times 0.5 \text{ m} \times \sin 60° - F_{Ay} \times 0.5 \text{ m} + 4 \text{ kN} \times 0.25 \text{ m} = 0$$

解得
$$F_{NBC} = -3.46 \text{ kN}$$

负号表明杆件 BC 的内力与所设的拉力相反,应为压力。

习 题

3-1 在图示平板上作用有四个力和一个力偶,其大小分别为:$F_1 = 80$ N,$F_2 = 50$ N,$F_3 = 60$ N,$F_4 = 40$ N,$M_e = 140$ N·m,方向如图。试求其合成结果。

3-2 如图所示,均质杆 AB 重 P,在 A 端用光滑铰链连接在水平地板上,另一端 B 则用绳子系在墙上,已知平衡时的角 α、β。试求绳中的拉力和铰链 A 处的约束力。

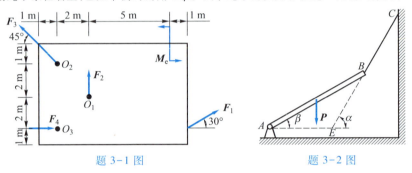

题 3-1 图   题 3-2 图

3-3 在图示结构中,A、B、C 处均为光滑铰接。已知 $F = 400$ N,杆重不计,尺寸如图所示。试求 C 点处的约束力。

3-4 如图所示,左端 A 固定而右端 B 自由的悬臂梁 AB,其自重不计,承受集度为 q(N/m)的均布荷载,并在自由端受集中荷载 F 作用。梁的长度为 l。试求固定端 A 处的约束力。

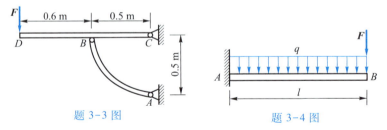

题 3-3 图   题 3-4 图

3-5 试分别求图中两根外伸梁支座处的约束力。梁重及摩擦均不计。

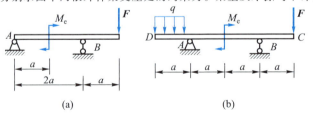

题 3-5 图

3-6 图示楼房主梁 AB 两端支承在墙里,可简化为简支梁。假设主梁自重及楼板传来的均布荷载合计为 $q = 2$ kN/m,由次梁传来的集中荷载 $F_1 = 25$ kN,$F_2 = 10$ kN。试求 A、B 处的支承约束力。

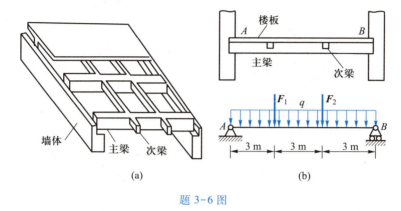

题 3-6 图

3-7 炼钢炉的送料机由跑车 A 和可移动的桥 B 组成,如图所示。跑车可沿桥上的轨道运动,两轮间距离为 2 m,跑道与操作架 D、平臂 OC 以及料斗 C 相连,料斗每次装载物料重 $P_1 = 15$ kN,平臂长 $OC = 5$ m。设跑车 A,操作架 D 和所有附件总重为 P,作用于操作架的轴线,问 P 至少应多大才能使料斗在满载时跑车不致翻倒?

3-8 如图所示,弯曲板 ABCD 宽 1 m,A 点为铰接,在图示水压力作用下求 A、D 处约束力。设 $\gamma_{水} = 9.81$ kN/m³。

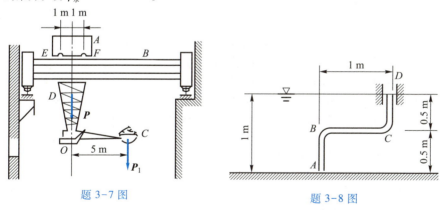

题 3-7 图　　　　　　　　　　题 3-8 图

3-9 齿轮减速箱重 $P = 500$ N,输入轴受一力偶作用,其力偶矩 $M_1 = 600$ N·m,输出轴受另一力偶作用,其力偶矩 $M_2 = 900$ N·m,转向如图所示。试计算齿轮减速箱 A 和 B 两端螺栓和地面所受的力。

3-10 图示热风炉高 $h = 40$ m,重 $P = 4\ 000$ kN,所受风压力可以简化为梯形分布力,如图所示,$q_1 = 500$ N/m,$q_2 = 2.5$ kN/m。可将地基抽象化为固定端约束,试求地基对热风炉的约束力。

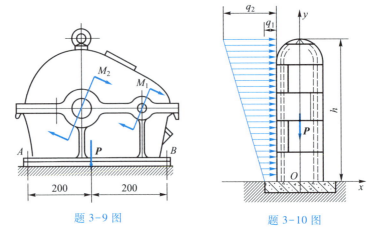

题 3-9 图 题 3-10 图

3-11 如图所示,水平梁由 AB 与 BC 两部分组成,A 端为固定端约束,C 处为活动铰支座,B 处用铰链连接。试求 A、C 处的约束力。不计梁重与摩擦。

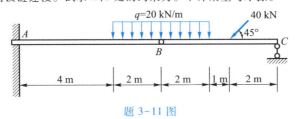

题 3-11 图

3-12 水平梁 AB 如图所示,由铰链 A 和绳索 BC 支持。在梁上 D 处用销子安装有半径为 $r=100$ mm 的滑轮,跨过滑轮的绳子其水平部分的末端系于墙上,竖直部分的末端挂有重 $P=1.8$ kN 的重物。如 $AD=200$ mm,$BD=400$ mm,$\alpha=45°$,且不计梁、滑轮和绳索的重量,试求铰链 A 和绳索 BC 作用于梁 AB 上的力。

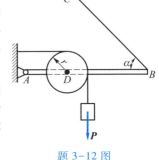

3-13 梯子的两部分 AB 和 AC 在点 A 用铰链连接,又在 D、E 两点用水平的绳索连接。梯子放在光滑的水平面上,其一边作用有铅直力 F,如图所示。如不计梯子和绳索重量,试求绳索中的拉力 F_T。

题 3-12 图

3-14 曲柄连杆机构的活塞上作用有力 $F=400$ N。如不计摩擦和所有构件的重量,试问在曲柄 OA 上应加多大的力偶矩 M_e 方能使机构在图示位置平衡?

3-15 在图示齿条或送料机构中杠杆 $AB=500$ mm,$AC=100$ mm,齿条受到水平阻力 F_Q 的作用。已知 $F_Q=5\ 000$ N,各零件自重不计。试求移动齿条时在点 B 的作用力 F 是多少?

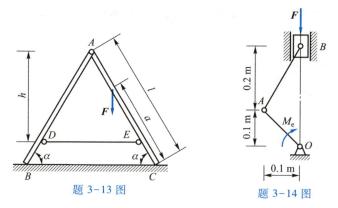

题 3-13 图　　　　　题 3-14 图

3-16　直角均质三角形平板 BCD 的重为 P = 50 N，支承如图所示。BC 边水平，在其上作用有矩为 M = 30 N·m 的力偶，杆 AB 的自重不计，已知 $L_1 = 9$ m，$L_2 = 10$ m。试求固定端 A、铰 B 及活动支座 C 的约束力。

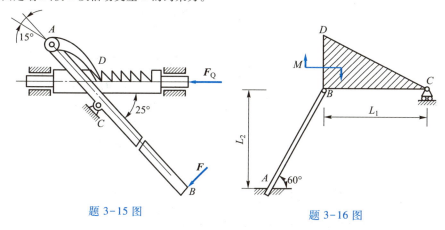

题 3-15 图　　　　　题 3-16 图

3-17　已知 F = 10 kN，$F_1 = 2F$。试用节点法计算图示各桁架中各杆件的内力。

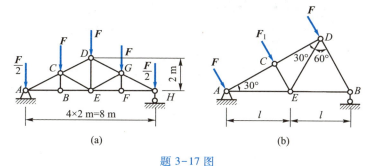

(a)　　　　　　　(b)

题 3-17 图

3-18 试判别图示桁架中哪些杆其内力等于零,即所谓"零杆"。你能否总结出判别零杆的规律?

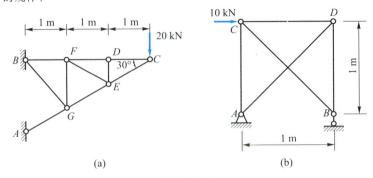

题 3-18 图

3-19 试用截面法计算图示各桁架中指定杆件(1,2,…)的内力。

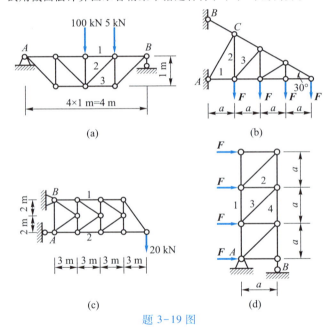

题 3-19 图

第 4 章 摩 擦

4-1：教学要点

§4-1 滑动摩擦

在前面几章关于平衡问题的分析中,把物体之间的接触面看作是绝对光滑的,亦即忽略了摩擦的存在。这在接触面比较光滑或接触面之间有良好润滑条件,且摩擦力在所研究的问题中不起主要作用时常常是允许的,这是一种简化的情况。实际上,一方面完全无摩擦的表面不存在,当两物体相接触时,一个物体若相对另一物体有相对滑动趋势或相对滑动时,则在两物体的接触表面产生切向阻力,称之为**滑动摩擦力**(sliding friction force);而另一方面,在某些工程问题中又必须考虑摩擦的存在,有时往往利用摩擦来达到某种目的。例如,重力式挡土墙就是依靠其基础底面与地基之间的摩擦来阻止滑动的。在这些问题中,需要研究摩擦对物体平衡或运动的影响。

在本节中将讨论两个物体的接触表面有相对滑动趋势但尚未滑动时的摩擦问题,即**静滑动摩擦**(static sliding friction),且只讨论**干摩擦**(dry friction,有时称为**库仑摩擦**)而不涉及流体摩擦。干摩擦通常认为是由于两物体接触表面凹凸不平或两接触表面的分子之间的吸引力而产生的。

一、库仑摩擦定律

库仑摩擦定律是通过实验来证实的。图 4-1a 所示为一放置在水平的粗糙支承面上的物块,其自重为 P。此时,因为主动力 P 没有水平分量,根据平衡条件可知,物块的底面上只有与接触面垂直的法向约束力 F_N,在此情况下,物块与支承面的接触表面(水平面)并没有相对滑动的趋势,因而不存在摩擦问题。

现在,如果在物块上再施加一个水平力 F_T(图 4-1b),那么当这个力较小时,物块仍保持静止,但已存在着物块沿支承面滑动的趋势。从物块的平衡条件可以看出,此时物块的底面上除法向约束力 F_N 外,必然还有与滑动趋势相反方向的切向阻力 F,且 $F=-F_T$。两个物体的接触表面有相对滑动的趋势但仍保持相对静止时,沿接触表面产生的切向阻力称为 静滑动摩擦力,简称 静摩擦力(static friction force),如图 4-1b 所示中的 F。

如果 F_T 增大,则静摩擦力 F 随着增大,但与一般的约束力不同,当 F 达到某个最大值 F_{max} 时,物块就处于即将滑动而尚未滑动的临界平衡状态(图 4-1c)。这个临界平衡状态下的静摩擦力 F_{max} 是摩擦力的最大值,有时称为 极限摩擦力 或 临界摩擦力。

实验表明,最大静摩擦力的大小与两个接触物体之间法向约束力 F_N 的大小成正比,即

$$F_{max} = f_s F_N \quad (4-1)$$

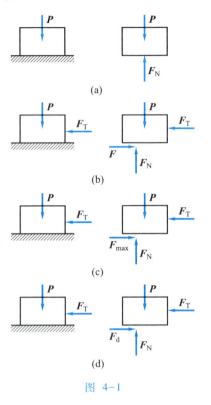

图 4-1

式中,比例常数 f_s 称为 静摩擦因数(factor of static friction),是一个量纲一的量。静摩擦因数与接触物体的材料及接触面的状况(粗糙程度、温度、湿度等)有关,通常与接触面面积的大小无关。混凝土与岩石之间的静摩擦因数为 0.5~0.8,而金属与金属之间的静摩擦因数为 0.15~0.3。式(4-1)所示的规律称为 库仑摩擦定律(Coulomb law of friction)。

当企图使物块滑动的沿接触面切线方向的主动力 F_T 的大小超过最大摩擦力 F_{max} 时,物块不能保持平衡,即开始滑动。此时,滑动摩擦力称为 动滑动摩擦力,简称 动摩擦力(kinetic friction force)(图 4-1d),它近似保持常数。实验表明,动摩擦力 F_d 的大小与两个接触物体之间法向约束力 F_N 的大小成正比,即

$$F_d = f_d F_N \quad (4-2)$$

式中,比例常数 f_d 称为 动摩擦因数(factor of kinetic friction),在一般情况下,动摩擦因数略小于静摩擦因数,因此动摩擦力小于最大静摩擦力。动摩擦因数不仅与接触物体的材料及接触面的状况有关,还与接触点的相对滑动速度之大小有关。对于特殊问题,若要用较为精确的摩擦因数的值,尚需结合实际工程问题实验测定。

二、摩擦角与自锁现象

有时用摩擦力 F 和法向约束力 F_N 的合力 F_R 来研究摩擦问题是较方便的,F_R 称为 全约束力(全反力,total reaction)。如图 4-2 所示,自重为 P 的物块静置于水平面上,如物块不受水平力作用,则全约束力 $F_R = F_N$(图 4-2a)。若加一水平力 F_T,则全约束力 F_R 将有一水平分量 F,F_R 与接触面的公法线形成一角度 φ(图 4-2b)。若逐渐增大水平力 F_T,当物块处于临界平衡状态时,全约束力 F_R 与接触面的公法线形成的角度 φ 将达到最大值,这个值称为 静摩擦角(angle of static friction),用 φ_m 表示。从图 4-2c 所示可知

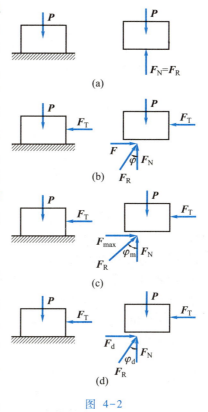

图 4-2

$$\tan \varphi_m = \frac{F_{max}}{F_N} = \frac{f_s F_N}{F_N} = f_s \quad (4-3)$$

通过以上分析可知,当作用于物体上全部主动力的合力的作用线在摩擦角之内时,不论该力多大,物块都不会滑动,这种现象称为 摩擦自锁(self-locking)。

如果继续增大水平力 F_T,因为静摩擦力不可能超过其最大值,物块不能保持平衡,将滑动,此时摩擦力为动摩擦力,动摩擦力和法向约束力的合力 F_R 与公法线间的夹角为 φ_d,称为 动摩擦角(angle of kinetic friction)。从图 4-2d 所示可知

$$\tan \varphi_d = \frac{F_d}{F_N} = \frac{f_d F_N}{F_N} = f_d \quad (4-4)$$

式(4-3)的结果可以用来测量两物体之间的静摩擦因数。如图 4-3 所示,要测物块与板之间的摩擦因数,可将物块静置于水平板上,此时物块受到的力有重力 P 和板给它的约束力 $F_N = F_R$(图 4-3a)。若给板一倾角 θ,当物块依然静止于板上时,全约束力 F_R 与重力 P 在同一铅垂线上,$F_R = -P$,F_R 与法线之间的夹角也是 θ(图 4-3b)。如果继续增加倾角 θ,当物块即将

滑动时，F_R 与法线之间的夹角达到最大值 θ_m，此时的倾角称为 休止角 (angle of repose)。显然，休止角等于静摩擦角（$\theta_m = \varphi_m$），量得该角度，其正切值即为物块与板之间的静摩擦因数。

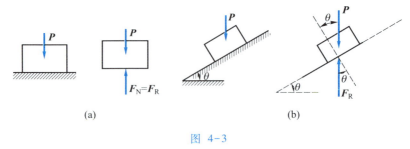

图 4-3

§4-2 考虑摩擦时的物体平衡问题

考虑摩擦时的物体平衡问题的解法与前面章节类似。即取研究对象，画研究对象的受力图，列平衡方程，然后求解，最后对结果做必要的讨论。只是应注意画受力图及求解时，需考虑摩擦力及其规律。

例 4-1 自重 $P = 1.0$ kN 的物块置于水平支承面上，受倾斜力 $F_1 = 0.5$ kN 作用，并分别如图 4-4a、b 所示。物块与水平支承面之间的静摩擦因数 $f_s = 0.40$，动摩擦因数 $f_d = 0.30$，试问在图中两种情况下物块是否滑动？并求出摩擦力。

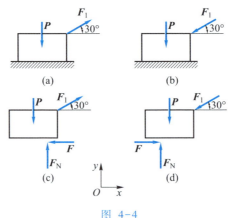

图 4-4

解：假设物块处于平衡状态，求保持平衡所需的摩擦力。

（1）对图 4-4a 所示的物块，画出受力图（图 4-4c）。作用于物块上的主动力有 P、F_1，约束力有摩擦力 F 和法向约束力 F_N。列平衡方程

$$\sum F_x = 0, \quad F_1 \cos 30° - F = 0 \tag{1}$$

$$F = F_1 \cos 30° = 0.5 \cos 30° \text{ kN} = 0.433 \text{ kN}$$

$$\sum F_y = 0, \quad F_N + F_1 \sin 30° - P = 0 \tag{2}$$

$$F_N = P - F_1 \sin 30° = (1.0 - 0.5 \sin 30°) \text{ kN} = 0.75 \text{ kN}$$

最大静摩擦力为

$$F_{\max} = f_s F_N = 0.4 \times 0.75 \text{ kN} = 0.3 \text{ kN}$$

由于保持平衡所需的摩擦力 $F = 0.433 \text{ kN} > F_{\max} = 0.3 \text{ kN}$，因此物块不可能平衡，而是向右滑动。此时的摩擦力

$$F = F_d = f_d F_N = 0.3 \times 0.75 \text{ kN} = 0.225 \text{ kN}$$

(2) 对图 4-4b 所示的物块，画出受力图(图 4-4d)。作用于物块上的主动力有 P、F_1，约束力有摩擦力 F 和法向约束力 F_N。列平衡方程

$$\sum F_x = 0, \quad F_1 \cos 30° - F = 0 \tag{3}$$

$$F = F_1 \cos 30° = 0.5 \cos 30° \text{ kN} = 0.433 \text{ kN}$$

$$\sum F_y = 0, \quad F_N - F_1 \sin 30° - P = 0 \tag{4}$$

$$F_N = P + F_1 \sin 30° = (1.0 + 0.5 \sin 30°) \text{ kN} = 1.25 \text{ kN}$$

最大静摩擦力为

$$F_{\max} = f_s F_N = 0.4 \times 1.25 \text{ kN} = 0.5 \text{ kN}$$

由于保持平衡所需的摩擦力 $F = 0.433 \text{ kN} < F_{\max} = 0.5 \text{ kN}$，因此物块保持平衡，没有滑动。值得注意的是，此时的摩擦力 $F = 0.433 \text{ kN}$ 是由平衡方程确定的，而不是 $F_{\max} = 0.5 \text{ kN}$。只有在临界平衡状态，摩擦力才等于最大静摩擦力 $F_{\max}$。

例 4-2 重量为 $P = 20 \text{ kN}$ 的物块置于斜面上，如图 4-5 中所示。已知物块与斜面之间的静摩擦因数 $f_s = 0.65, \alpha = 30°$，试问：

(1) 斜面的倾角 α 增大到多少时(以 α_1 表示)，物块将下滑？

(2) 须在物块上沿斜面向下至少施加多大的力 F_1(图 4-5c)才能使物块下滑？

(3) 欲使物块沿斜面向上滑动，须在物块上沿斜面向上至少施加多大的力 F_2(图 4-5d)？

解：(1) 因为 $\alpha = 30°$，而 $\varphi_m = \arctan 0.65 = 33°$，$\alpha < \varphi_m$，故物块在斜面倾角等于 $30°$ 时是静止的。现假设斜面的倾角增大到 α_1 时，物块在自重下即将下滑，其受力图如图 4-5b 所示。因物块在重力作用下有下滑的趋势，故摩擦力沿斜面向上。现有三个未知量：斜面的倾角 α_1，摩擦力 F 和正压力 F_N。列平衡方程

$$\sum F_x = 0, \quad F - P \sin \alpha_1 = 0 \tag{1}$$

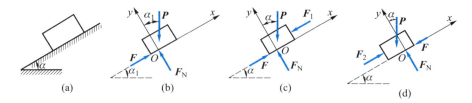

图 4-5

$$\sum F_y = 0, \quad F_N - P\cos \alpha_1 = 0 \tag{2}$$

由于平面汇交力系只能列出两个独立的平衡方程,因而还不能求解三个未知量,必须再补充列出一个方程。注意到物块即将下滑的临界平衡状态,故摩擦力应是最大静摩擦力 $\boldsymbol{F}_{max}$,即 $F = F_{max}$,而根据库仑摩擦定律有 $F_{max} = f_s F_N$。于是得

$$F = f_s F_N \tag{3}$$

利用式(1)、式(2),由式(3)得

$$P\sin \alpha_1 = f_s P\cos \alpha_1$$

从而得到

$$\tan \alpha_1 = f_s \quad 即 \quad \alpha_1 = \arctan f_s = 33°$$

这个角度 α_1 也就是临界平衡状态 $\boldsymbol{F}_N$ 和 $\boldsymbol{F}_{max}$ 的合力,即全约束力与接触面的法线之间的夹角——静摩擦角。当 $0 \leq \alpha \leq \alpha_1$ 时,物块处于摩擦自锁状态,即不论物块自重多大,它都不会下滑。

(2) 施加切向力 $\boldsymbol{F}_1$ 使物块下滑的情况(图 4-5c)。

此时作用于物块底面上的摩擦力 $\boldsymbol{F}$ 仍指向右上方。这里也有三个未知量,它们是:须施加的力 $\boldsymbol{F}_1$、摩擦力 $\boldsymbol{F}$ 和正压力 $\boldsymbol{F}_N$。列平衡方程

$$\sum F_x = 0, \quad F - P\sin \alpha - F_1 = 0 \tag{4}$$

$$\sum F_y = 0, \quad F_N - P\cos \alpha = 0 \tag{5}$$

为求解全部(三个)未知量所需的另一个方程可根据临界平衡状态下 $F = F_{max}$ 而 $F_{max} = f_s F_N$ 列出,即

$$F = f_s F_N \tag{6}$$

利用式(5)、式(6),由式(4)便得到

$$F_1 = P(f_s\cos \alpha - \sin \alpha) = 20(0.65\cos 30° - \sin 30°)\,\text{kN} = 1.26\,\text{kN}$$

显然,当 $F_1 < 1.26$ kN 时,物块虽有下滑趋势,但作用于物块底面上的摩擦力尚未达到临界值。只有当 $F_1 > 1.26$ kN 时,物块才能下滑。

(3) 施加切向力 $\boldsymbol{F}_2$ 使物块上滑的情况(图 4-5d)。

此时,物块的滑动趋势是沿斜面向上,故作用于物块底面上的摩擦力指向左下方。列平衡方程

$$\sum F_x = 0, \quad F_2 - P\sin\alpha - F = 0 \tag{7}$$

$$\sum F_y = 0, \quad F_N - P\cos\alpha = 0 \tag{8}$$

在临界平衡状态下有

$$F = F_{\max} = f_s F_N \tag{9}$$

联立求解以上三式可得

$$F_2 = P(f_s\cos\alpha + \sin\alpha) = 20(0.65\cos 30° + \sin 30°)\,\text{kN} = 21.3\,\text{kN}$$

当 $F_2 > 21.3$ kN 时,物块要向上滑动。

【思考题 4-1】

例 4-2 中所述置于斜面上的物块,若斜面的倾角 $\alpha = 45°$,而欲阻止物块下滑,试问至少须在物块上沿斜面施加多大的力 $\boldsymbol{F}_3$?

例 4-3 图 4-6a 所示活动托架套在圆管上,可在圆管上滑动。已知托架与圆管之间的静摩擦因数 $f_s = 0.25$,$l = 160$ mm,圆管的外直径 $d = 100$ mm,试求能支撑荷载 F 而托架不致下滑时 x 的最小值,托架自重不计。

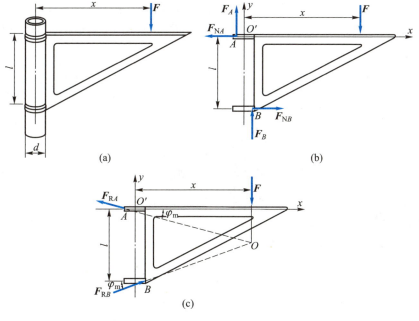

图 4-6

解:取托架为研究对象,画出托架的受力图(图 4-6b)。因托架有下滑趋势,静摩擦力 $\boldsymbol{F}_A$、$\boldsymbol{F}_B$ 向上。当托架处于临界平衡状态时,所得 x 的值,即为使托架不致下滑的 x 的最小值。因此,根据库仑摩擦定律有

$$F_A = F_{A,\max} = f_s F_{NA} \tag{1}$$

$$F_B = F_{B,\max} = f_s F_{NB} \tag{2}$$

列平衡方程

$$\sum F_x = 0, \quad F_{NB} - F_{NA} = 0 \tag{3}$$

$$\sum F_y = 0, \quad F_B + F_A - F = 0 \tag{4}$$

$$\sum M_A(\boldsymbol{F}) = 0, \quad -F\left(x + \frac{d}{2}\right) + F_B d + l F_{NB} = 0 \tag{5}$$

将式(1)、式(2)、式(3)代入式(4)有

$$F_{NB} = \frac{F}{2f_s} \tag{6}$$

将式(2)、式(6)代入式(5)有

$$-F\left(x + \frac{d}{2}\right) + f_s d \frac{F}{2f_s} + l \frac{F}{2f_s} = 0$$

$$x = \frac{l}{2f_s} = \frac{160 \text{ mm}}{2 \times 0.25} = 320 \text{ mm}$$

此题托架受力图可画成图 4-6c 所示,即用 $\boldsymbol{F}_{RA}$、$\boldsymbol{F}_{RB}$ 分别表示作用于 A、B 两处的全约束力。由于托架仅受三个力作用,根据三力平衡汇交定理可知,$\boldsymbol{F}_{RA}$、$\boldsymbol{F}_{RB}$ 与 $\boldsymbol{F}$ 汇交于一点 O,从图中几何关系可知

$$\left(x + \frac{d}{2}\right)\tan\varphi_m + \left(x - \frac{d}{2}\right)\tan\varphi_m = l$$

因为 $\tan\varphi_m = f_s$,所以有

$$x = \frac{l}{2f_s} = \frac{160 \text{ mm}}{2 \times 0.25} = 320 \text{ mm}$$

从上述解题过程可知,若 $x > 320$ mm,则 $\varphi < \varphi_m$,即不论托架上的荷载 F 为多大,托架不会下滑,托架能自锁。

【思考题 4-2】

对例 4-3 中的托架,若已知 $x = 350$ mm,托架与圆管之间的静摩擦因数 $f_s = 0.25$,$l = 160$ mm,$d = 100$ mm,$F = 200$ kN,试问能否利用平衡方程求出 A、B 处的摩擦力?为什么?

例 4-4 图 4-7a 所示物块 A 静止在尖劈 B、C 上,已知所有接触表面之间的静摩擦因数 f_s 均为 0.25,物块 A 的自重 $P = 600$ kN,尖劈 B、C 的自重不计。试求:(1)使物块 A 上滑的力 $\boldsymbol{F}$;(2)抽出尖劈 B 所需的力 $\boldsymbol{F}$。

解:(1)物块处于临界平衡时所需的力 $\boldsymbol{F}$ 为使物块上滑时的最小值。

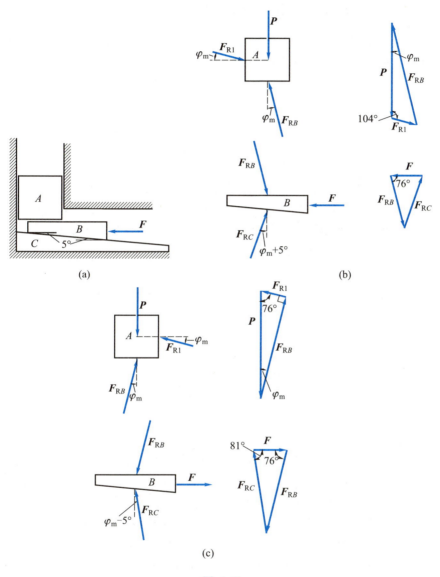

图 4-7

取物块 A 为研究对象,画受力图(图 4-7b),用全约束力表示约束力,此时全约束力与接触面法线之间的夹角为摩擦角 φ_m,$\tan \varphi_m = 0.25$,$\varphi_m = 14°$。作力三角形,从几何关系可知

$$\frac{P}{\sin 62°} = \frac{F_{RB}}{\sin 104°}$$

$$F_{RB} = P\frac{\sin 104°}{\sin 62°} = 600 \times \frac{0.970}{0.883} \text{ kN} = 659.1 \text{ kN}$$

取物块 B 为研究对象，根据 B 与 A、C 之间相对滑动趋势的方向，判断出摩擦力的方向向右，用全约束力表示约束力，画出力三角形，有

$$\frac{F}{\sin 33°} = \frac{F_{RB}}{\sin 71°}$$

$$F = F_{RB}\frac{\sin 33°}{\sin 71°} = 659.1 \times \frac{0.545}{0.946} \text{ kN} = 379.7 \text{ kN}$$

若 $F > 379.7$ kN，可以使物块 A 上滑。

(2) 当物块处于临界平衡时所需的力 F 为抽出尖劈时的最小值。取物块 A 为研究对象，抽出尖劈时，物块 A 有向下滑的趋势，画受力图（图 4-7c），用全约束力表示约束力，此时全约束力与接触面法线之间的夹角为摩擦角 φ_m，作力三角形，从几何关系可知

$$F_{RB} = P\sin 76° = 600 \times 0.97 \text{ kN} = 582 \text{ kN}$$

取物块 B 为研究对象，根据 B 与 A、C 之间相对滑动趋势的方向，判断出摩擦力的方向向左，用全约束力表示约束力，画出力三角形，有

$$\frac{F}{\sin 23°} = \frac{F_{RB}}{\sin 81°}$$

$$F = F_{RB}\frac{\sin 23°}{\sin 81°} = 582 \times \frac{0.391}{0.988} \text{ kN} = 230.3 \text{ kN}$$

若 $F > 230.3$ kN，可以抽出尖劈。

§4-3 滚动摩阻的概念

我国古代就发明了轮子，实践证明，利用轮子可以用相对小的力来移动重物。轮在地面滚动过程中，轮与地面接触点可以没有相对滑动，即并不需要克服最大静摩擦力就可使轮滚动。但轮在滚动中也有阻力，产生这种阻力的原因有两方面：一方面是由于轴承的摩擦；另一方面是由于轮与地面的变形，即轮与地面的接触处不是一个点而是一个面。本节讨论引起滚动阻力的第二个原因。

图 4-8a 所示一没有支撑在轴承上的轮，如果轮与地面都是刚性的，只要在轮心上有一个非常小的水平力，轮总不能平衡，它可在地面上滚动。但事实表明，轮和地面有变形，即使在轮心加一水平力 $\boldsymbol{F}_T$（图 4-8b），当 $\boldsymbol{F}_T$ 较小时，轮仍能保持静止。因为轮在自重 $\boldsymbol{P}$ 与 $\boldsymbol{F}_T$ 作用下，轮与地面接触在一

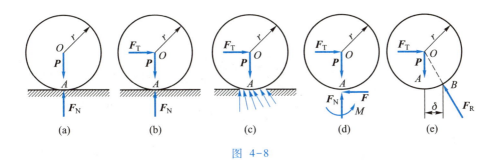

图 4-8

小区域内,地面约束力是一个不对称分布荷载,阻止了轮的滚动(图 4-8c)。此分布荷载向点 A 简化,得到一个力和一个力偶,再将力分解为法向约束力 F_N 和静摩擦力 F,而力偶 M 就是对轮滚动的阻力,称为**滚动摩阻力偶**(简称**滚阻力偶**,rolling resistance couple)。当轮有滚动趋势时,力偶 M 的转向与轮相对滚动趋势的转向相反,大小由平衡方程确定(图 4-8d),即

$$\sum M_A(F) = 0, \quad M - F_T r = 0$$
$$M = F_T r$$

上式中 r 为轮的半径。

当 F_T 增大到某一值,M 增大到最大值 M_{max},此时轮处于即将滚而未滚的临界平衡状态,力 F_T 继续增大,则轮开始滚动,即

$$0 \leqslant M \leqslant M_{max}$$

实验表明,滚动摩阻力偶的最大值与法向约束力成正比,即

$$M_{max} = \delta F_N \tag{4-5}$$

式中的比例系数 δ 称为**滚动摩阻系数**(coefficient of rolling resistance),其单位一般用 mm 表示。它表示轮与地面接触处的合力与轮交点 B 到点 A 的最大偏移距离。δ 一般取决于相互接触物体表面的材料性质和表面状况(硬度、光洁度、温度及湿度等),还与法向约束力、轮的半径等有关。具体应用时,可通过实验测定。

例 4-5 图 4-9a 所示一重为 $P = 20$ kN 的均质圆柱,置于倾角为 $\alpha = 30°$ 的斜面上,已知圆柱半径 $r = 0.5$ m,圆柱与斜面之间的滚动摩阻系数 $\delta = 5$ mm,静摩擦因数 $f_s = 0.65$。试求:(1)欲使圆柱沿斜面向上滚动所需施加最小的力 F_T(平行于斜面)的大小以及圆柱与斜面之间的摩擦力;(2)阻止圆柱向下滚动所需的力 F_T 的大小以及圆柱与斜面之间的摩擦力。

解:(1)取圆柱为研究对象,画受力图(图 4-9b)。圆柱即将向上滚动,即顺时针滚动,则滚动摩阻力偶 M 为逆时针。此时有

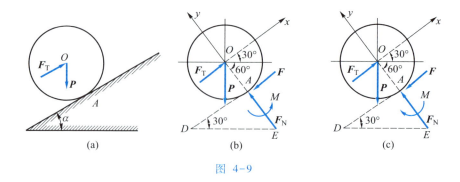

图 4-9

$$M = \delta F_N \tag{1}$$

列平衡方程

$$\sum F_x = 0, \quad F_T - P\sin\alpha - F = 0 \tag{2}$$

$$\sum F_y = 0, \quad F_N - P\cos\alpha = 0 \tag{3}$$

$$\sum M_A(\boldsymbol{F}) = 0, \quad M - F_T r + Pr\sin\alpha = 0 \tag{4}$$

将式(1)、式(2)、式(3)代入式(4)有

$$\delta P\cos\alpha - r(F + P\sin\alpha) + Pr\sin\alpha = 0$$

$$F = P\frac{\delta}{r}\cos\alpha = \left(20 \times \frac{5 \times 10^{-3}}{0.5}\cos 30°\right) \text{ kN} = 0.173 \text{ kN}$$

最大静摩擦力

$$F_{\max} = f_s F_N = 0.65 \times 20\cos 30° \text{ kN} = 11.3 \text{ kN}$$

因此圆柱与斜面之间的实际摩擦力 $F = 0.173$ kN,圆柱滚动而未发生滑动。

由式(2)得

$$F_T = P\sin\alpha + F = (20\sin 30° + 0.173)\text{kN} = 10.2 \text{ kN}$$

使圆柱沿斜面向上滚动所需施加的力 $F_T > 10.2$ kN。

(2)取圆柱为研究对象,画受力图(图 4-9c)。圆柱即将向下滚动,即逆时针滚动,则滚动摩阻力偶 M 为顺时针。此时有

$$M = \delta F_N \tag{5}$$

列平衡方程

$$\sum F_x = 0, \quad F_T - P\sin\alpha - F = 0 \tag{6}$$

$$\sum F_y = 0, \quad F_N - P\cos\alpha = 0 \tag{7}$$

$$\sum M_A(\boldsymbol{F}) = 0, \quad -M - F_T r + Pr\sin\alpha = 0 \tag{8}$$

将式(5)、式(6)、式(7)代入式(8)有

$$-\delta P\cos\alpha - r(F + P\sin\alpha) + Pr\sin\alpha = 0$$

$$F = -P\frac{\delta}{r}\cos\alpha = \left(-20 \times \frac{5\times10^{-3}}{0.5}\cos 30°\right)\text{ kN} = -0.173 \text{ kN}$$

负号说明摩擦力 F 的实际指向沿斜面向上,大小为 0.173 kN。

由式(6)得

$$F_T = P\sin\alpha + F = (20\sin 30° - 0.173)\text{ kN} = 9.83 \text{ kN}$$

阻止圆柱沿斜面向下滚动所需施加的力 $F_T > 9.83$ kN。

习 题

4-2:习题参考答案

4-1 图示物块 A 置于斜面上,斜面倾角 $\theta = 30°$,物块自重 $P = 350$ N,在物块上加一水平力 $F_T = 100$ N,物块与斜面间的静摩擦因数 $f_s = 0.35$,动摩擦因数 $f_d = 0.25$。试问物块是否平衡?并求出摩擦力的大小和方向。

4-2 如果题 4-1 中的倾角 $\theta = 40°$,水平力 $F_T = 50$ N,其余条件不变,试问物块 A 是否平衡?并求出摩擦力的大小和方向。

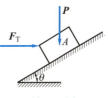

题 4-1 图

4-3 图示一折梯置于水平面上,倾角为 60°,在点 E 作用一铅垂力 $F = 500$ N,$BC = l$,$CE = l/3$。折梯 A、B 处与水平面间的静摩擦因数分别是 $f_{sA} = 0.4$,$f_{sB} = 0.35$,动摩擦因数 $f_{dA} = 0.35$,$f_{dB} = 0.25$。若不计折梯自重。试问折梯是否平衡?

4-4 均质光滑球重为 P_1,与无重杆 OA 铰接支撑,并靠在重为 P_2 的物块 M 上,如图所示。试求物块平衡被破坏开始时,物块与水平面间的静摩擦因数 f_s。

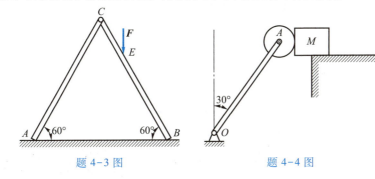

题 4-3 图   题 4-4 图

4-5 攀登电线杆的脚套钩如图所示。设 A、B 间垂直距离 $h = 10$ cm,套钩与电线杆间静摩擦因数 $f_s = 0.5$,试问欲保证套钩在电线杆上不打滑,l 应为多少?

4-6 图示为小型起重机械的单制动块制动器。已知重物重 P,制动块 D 与鼓轮之间的静摩擦因数为 f_s。已知 R、r、l、a、e,且 $a = e$。试问油缸 BC 至少给出多大的力才能保持鼓轮静止?

4-7 图示一夹板锤重 500 N,靠两滚轮与锤杆间的摩擦力提起。已知静摩擦因数

$f_s = 0.4$,试问当锤匀速上升时,每边应加正压力(或法向约束力)为多少?

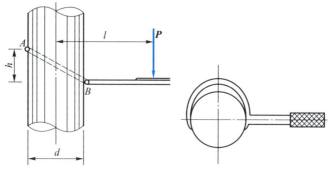

题 4-5 图

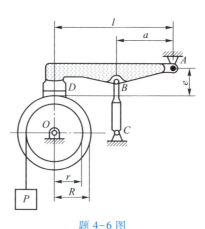

题 4-6 图

4-8 机床上为了迅速装卸工件 C,常采用如图所示的偏心夹具。已知偏心轮直径为 d,偏心轮与台面间的静摩擦因数为 f_s,今欲使偏心轮手柄上的外力去掉后,偏心轮不会自动脱开,试问偏心距 e 应为多少?在临界状态时,O 点在水平线 AB 上。

4-9 曲柄冲压机如图所示。设带轮 A 的重量为 P,其他构件的重量略去不计。冲头(大小不计)C 受工件阻力 F 作用,冲头 C 处的静摩擦因数 $f_s = 0.25$。已知 $\theta = 10°$,$l = 0.6$ m,$r = 0.2$ m,力 F_1 和 F_2 的作用线与轮缘相切,大小分别为 $F_1 = 100$ N,$F_2 = 150$ N。试问阻止冲头 C 下滑的力 F 至少应多大?

4-10 图示均质梯子 AB 在 B 处靠在墙上,A 处放在地面,梯子与墙的摩擦略去不计,梯子自重为 P,试求保持梯子平衡时静摩擦因数的最小值。

4-11 图示均质圆柱自重 $P = 100$ kN,半径 $r = 280$ mm,滚动摩阻系数 $\delta = 1.26$ mm。试求使圆柱作匀速滚动所需的水平力 F 的大小。

4-12 图示均质圆柱可在斜面上滚而不滑,自重为 P,半径 $r = 100$ mm,滚动摩阻系

数 $\delta = 5$ mm，试求保持圆柱平衡时倾角 θ 的值。

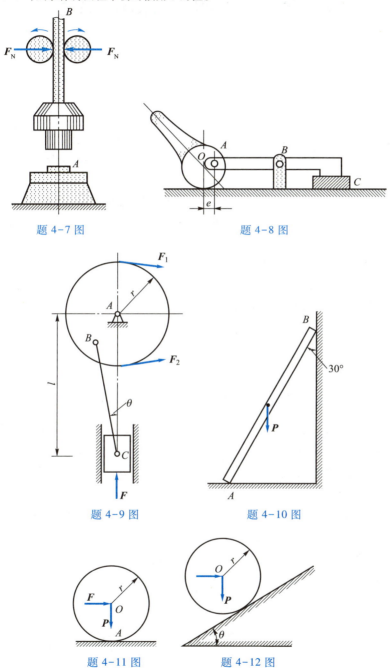

题 4-7 图　　　　题 4-8 图

题 4-9 图　　　　题 4-10 图

题 4-11 图　　　　题 4-12 图

第 5 章　空间力系和重心

5-1：教学要点

前面研究了平面力系的简化与平衡问题,本章将研究**空间力系**(forces in space)的简化与平衡问题,并介绍**重心**(center of gravity)的概念及确定重心位置的方法。

空间力系是各力作用线不在同一平面内的力系。例如,平面结构(如第 3 章介绍的平面桁架、薄板等)所受力不在同一平面内,或空间结构受力不对称、结构不对称等(如第 1 章图 1-25 所示桥梁支座连线 A_1A_2 若与轴线 x 不垂直,即斜桥就是不对称结构)。当研究对象或其受力不能简化成平面问题时,按空间问题考虑。根据各力作用线在空间的分布关系,可分为空间汇交力系、空间力偶系和空间任意力系。

§5-1　空间汇交力系的合成与平衡

一、空间力的表示方法及其沿坐标轴的分解与投影

与平面问题类似,空间问题中,力可以用它的大小和方向表示,或用三个正交分量表示。当一个力的大小、方向已知时,可以求出它在坐标轴上的投影;反过来,若已知力在坐标轴上的投影,可以确定力的大小和方向。

如图 5-1 所示,考虑作用于坐标原点 O 的力 $\boldsymbol{F}$,过 $\boldsymbol{F}$ 作一铅垂平面 $OBAC$,OB 过轴 z,OC 是该铅垂面与平面 Oxy 的交线,θ 是 $\boldsymbol{F}$ 与 OC 的夹角,φ 是 OC 与轴 x 的夹角(图 5-1a)。将力 $\boldsymbol{F}$ 沿轴 z 和 OC 分解得 $\boldsymbol{F}_z$ 和 $\boldsymbol{F}_{xy}$,再将 $\boldsymbol{F}_{xy}$ 沿 x 和轴 y 分解得 $\boldsymbol{F}_x$ 和 $\boldsymbol{F}_y$(图 5-1b、c)。力 $\boldsymbol{F}$ 沿坐标轴分力的大小,即力 $\boldsymbol{F}$ 在坐标轴上的投影为

$$\left.\begin{aligned} F_x &= F_{xy}\cos\varphi = F\cos\theta\cos\varphi \\ F_y &= F_{xy}\sin\varphi = F\cos\theta\sin\varphi \\ F_z &= F\sin\theta \end{aligned}\right\} \tag{5-1}$$

如果以立方体的对角线 OA 表示力 $\boldsymbol{F}$,则 F_x、F_y 和 F_z 为立方体的三条

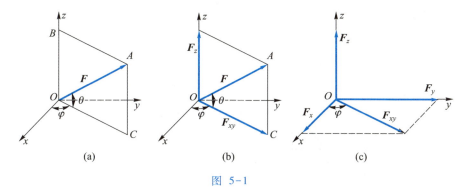

图 5-1

边(图 5-2),如用 α、β、γ 分别表示力 F 与坐标轴 x、y、z 正向间的夹角,可以得到

$$F_x = F\cos\alpha, \qquad F_y = F\cos\beta, \qquad F_z = F\cos\gamma \qquad (5\text{-}2)$$

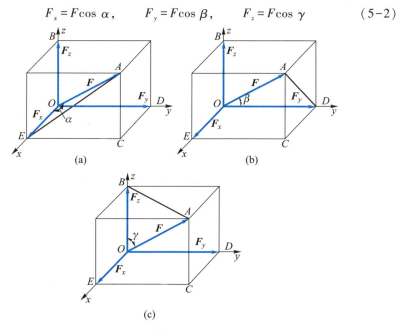

图 5-2

如果力 F 在坐标轴上的投影 F_x、F_y、F_z 已知,则力 F 的大小和方向余弦为

$$\left. \begin{array}{c} F = \sqrt{F_x^2 + F_y^2 + F_z^2} \\ \cos\alpha = \dfrac{F_x}{F}, \quad \cos\beta = \dfrac{F_y}{F}, \quad \cos\gamma = \dfrac{F_z}{F} \end{array} \right\} \qquad (5\text{-}3)$$

引入沿 x、y、z 轴正向的单位矢量 $\boldsymbol{i}$、$\boldsymbol{j}$、$\boldsymbol{k}$,可以把力 F 表示成

$$\boldsymbol{F} = F_x \boldsymbol{i} + F_y \boldsymbol{j} + F_z \boldsymbol{k} \qquad (5\text{-}4)$$

例 5-1 如图 5-3 所示,长方体上作用了五个力,其中,$F_1 = 100$ N,$F_2 = 150$ N,$F_3 = 500$ N,$F_4 = 200$ N,$F_5 = 220$ N,各力方向如图中所示,且 $a = 5$ m,$b = 4$ m,$c = 3$ m。试求各力在坐标轴上的投影。

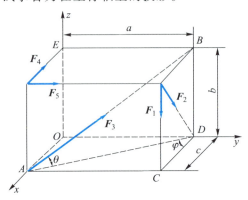

图 5-3

解:根据图示各力的方向计算各力在坐标轴上的投影如下:

$F_{1x} = 0$, $F_{1y} = 0$, $F_{1z} = -100$ N

$F_{2x} = -\dfrac{c}{\sqrt{b^2+c^2}} F_2 = \left(-\dfrac{3}{\sqrt{3^2+4^2}} \times 150\right)$ N $= -90$ N

$F_{2y} = 0$

$F_{2z} = -\dfrac{b}{\sqrt{b^2+c^2}} F_2 = \left(-\dfrac{4}{\sqrt{3^2+4^2}} \times 150\right)$ N $= -120$ N

$F_{3x} = -F_3 \cos\theta \cos\varphi$, $F_{3y} = F_3 \cos\theta \sin\varphi$, $F_{3z} = F_3 \sin\theta$

其中

$\cos\theta = \dfrac{AD}{AB} = \dfrac{\sqrt{a^2+c^2}}{\sqrt{a^2+b^2+c^2}} = \dfrac{\sqrt{5^2+3^2}}{\sqrt{5^2+4^2+3^2}} = 0.825$, $\sin\theta = 0.566$

$\cos\varphi = \dfrac{CD}{AD} = \dfrac{c}{\sqrt{a^2+c^2}} = \dfrac{3}{\sqrt{5^2+3^2}} = 0.515$, $\sin\varphi = 0.858$

于是得

$F_{3x} = -(500 \text{ N}) \times 0.825 \times 0.515 = -212.4$ N

$F_{3y} = (500 \text{ N}) \times 0.825 \times 0.858 = 354.0$ N

$F_{3z} = (500 \text{ N}) \times 0.566 = 283.0$ N

$F_{4x} = -200$ N, $F_{4y} = 0$, $F_{4z} = 0$

$F_{5x} = 0$, $F_{5y} = 220$ N, $F_{5z} = 0$

二、空间汇交力系的合成与平衡

与第 2 章介绍的平面汇交力系类似,空间汇交力系的合成与平衡也可用几何法或解析法。由几何法可知,空间汇交力系的合成结果是一作用于汇交点的合力(图 5-4),其合力等于各力的矢量和,即

$$F_R = \sum F$$

由于几何法需作空间力多边形,为方便起见,实际应用时采用解析法。根据式(5-4)将上式表示成沿坐标轴的正交分量形式:

$$F_R = F_{Rx}\boldsymbol{i} + F_{Ry}\boldsymbol{j} + F_{Rz}\boldsymbol{k} = \sum(F_x\boldsymbol{i} + F_y\boldsymbol{j} + F_z\boldsymbol{k}) = (\sum F_x)\boldsymbol{i} + (\sum F_y)\boldsymbol{j} + (\sum F_z)\boldsymbol{k}$$

由此得出

$$F_{Rx} = \sum F_x, \quad F_{Ry} = \sum F_y, \quad F_{Rz} = \sum F_z \quad (5-5)$$

即合力在某一轴上的投影,等于力系中所有各力在同一轴上投影的代数和,这就是空间力系的合力投影定理。

由合力的投影可计算出合力的大小和方向余弦为

$$\left. \begin{array}{l} F_R = \sqrt{F_{Rx}^2 + F_{Ry}^2 + F_{Rz}^2} = \sqrt{(\sum F_x)^2 + (\sum F_y)^2 + (\sum F_z)^2} \\ \cos\alpha = \dfrac{F_{Rx}}{F_R}, \quad \cos\beta = \dfrac{F_{Ry}}{F_R}, \quad \cos\gamma = \dfrac{F_{Rz}}{F_R} \end{array} \right\} \quad (5-6)$$

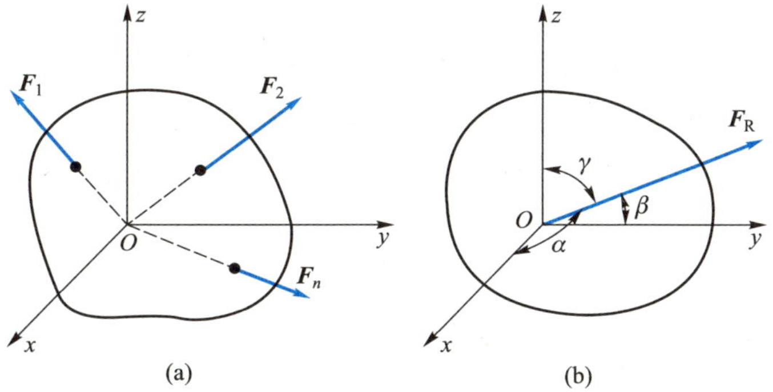

图 5-4

与平面汇交力系相同,空间汇交力系平衡的必要和充分条件是合力为零,用方程表示为

$$\sum F_x = 0, \quad \sum F_y = 0, \quad \sum F_z = 0 \quad (5-7)$$

上式称为**空间汇交力系的平衡方程**,即空间汇交力系平衡的解析条件是:该力系中所有各力在三个坐标轴上的投影的代数和分别等于零。

式(5-7)是三个独立的平衡方程,可用于求解不超过三个未知量的空间汇交力系的平衡问题。

例 5-2 重为 P 的矩形板由绳索 BA、CA、DA 悬挂于水平位置(图 5-5a),已知 $P=1\,000$ N,板的尺寸如图(单位 mm),试求各绳索的拉力。

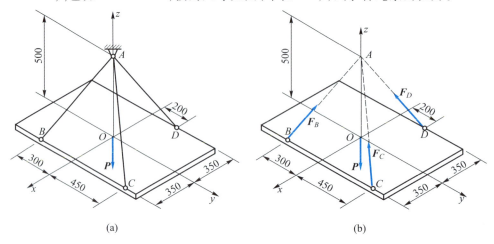

图 5-5

解:(1)取板为研究对象。

(2)画受力图。板受绳索 BA、CA、DA 的拉力及重力 P 作用。三个力 F_B、F_C、F_D 的大小未知,而图中有向线段 BA、CA、DA 分别位于力 F_B、F_C、F_D 的作用线上,可根据图示坐标计算出有向线段 BA、CA、DA 的方向余弦,即得力 F_B、F_C、F_D 的方向余弦。图中坐标 $A(0,0,500)$、$B(350,-300,0)$、$C(350,450,0)$、$D(-350,200,0)$,令 F_B 的方向余弦为 $\cos\alpha_1$、$\cos\beta_1$、$\cos\gamma_1$,F_C 的方向余弦为 $\cos\alpha_2$、$\cos\beta_2$、$\cos\gamma_2$,F_D 的方向余弦为 $\cos\alpha_3$、$\cos\beta_3$、$\cos\gamma_3$,有

$$\cos\alpha_1 = \frac{0-350}{\sqrt{(0-350)^2+[0-(-300)]^2+(500-0)^2}} = -0.514\,7$$

$$\cos\beta_1 = \frac{0-(-300)}{\sqrt{(0-350)^2+[0-(-300)]^2+(500-0)^2}} = 0.441\,1$$

$$\cos\gamma_1 = \frac{500-0}{\sqrt{(0-350)^2+[0-(-300)]^2+(500-0)^2}} = 0.735\,2$$

类似可得:$\cos\alpha_2 = -0.461\,6$,$\cos\beta_2 = -0.593\,4$,$\cos\gamma_2 = 0.659\,4$;$\cos\alpha_3 = 0.545$,$\cos\beta_3 = -0.311\,4$,$\cos\gamma_3 = 0.778\,5$。

(3)取坐标系如图 5-5b 所示。

(4)列平衡方程

$$\sum F_x = 0, \quad F_B\cos\alpha_1 + F_C\cos\alpha_2 + F_D\cos\alpha_3 = 0 \qquad (1)$$

$$\sum F_y = 0, \quad F_B\cos\beta_1 + F_C\cos\beta_2 + F_D\cos\beta_3 = 0 \qquad (2)$$

$$\sum F_z = 0, \quad F_B\cos\gamma_1 + F_C\cos\gamma_2 + F_D\cos\gamma_3 - P = 0 \tag{3}$$

将相应值代入后,联立解得

$$F_B = 589.6\text{ N}, \quad F_C = 101.1\text{ N}, \quad F_D = 642.1\text{ N}$$

§5-2 力对点之矩与力对轴之矩

一、力对点之矩用矢量表示

在第 2 章中曾介绍了平面问题中力对点之矩,本节介绍空间问题中力对点之矩与力对轴之矩。

定义力 F 对点 O 之矩为径矢 r 与力矢 F 的叉积(图 5-6),即

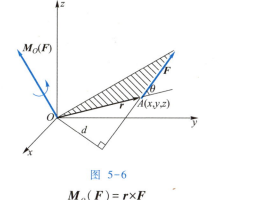

图 5-6

$$M_O(F) = r \times F \tag{5-8}$$

式中,r 是力的作用点 A 的位置矢量(position vector)。

根据矢量叉积的定义可知,力矩 $M_O(F)$ 是矢量,它的方位垂直于包含点 O 与 F 组成的平面(图 5-6 所示阴影部分),其指向从 $M_O(F)$ 的正向看,应满足由矢量 r 转到矢量 F 的作用线是逆时针(为与力区分再画一表示转向的箭头)。或用右手螺旋法则,四个手指顺着力 F 使物体转动的方向,大拇指指向即为 $M_O(F)$ 的方向(图 5-6)。$M_O(F)$ 是一个定位矢量,它的大小为

$$M_O(F) = rF\sin\theta = Fd \tag{5-9}$$

式中,θ 为矢量 r 与 F 的夹角,d 为点 O 到力的作用线的垂直距离。

平面问题中力 F 对点 O 之矩(图 5-7),实际上可用矢量 $M_O(F)$ 表示。$M_O(F)$ 垂直于图示平面,大小为 Fd。如图 5-7a 所示,矢量 $M_O(F)$ 离开该平面,力 F 使物体绕点 O(实际是过点 O 垂直于图示平面的轴)有逆时针转动的趋势;而图 5-7b 所示,$M_O(F)$ 指向该平面,力 F 有使物体绕点 O 顺时针转动

的趋势。因此,在平面问题中,用正负号就可以确定力矩的转向,可视其为代数量。

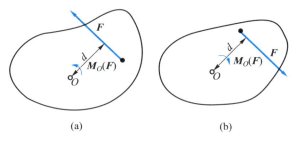

图 5-7

二、力对轴之矩

为了研究力对刚体转动效应需要用到力对轴之矩的概念。

设作用于刚体上点 A 的空间力 F 与其转轴 z 非空间正交,如图 5-8 所示。过点 A 作一平面 P 垂直于轴 z,与轴 z 交点为 O,将 F 分解为平行于轴 z 的 F_z 和位于平面 P 内的 F_{xy}。显然,F_z 不能使刚体绕轴 z 转动,只有 F_{xy} 有使刚体绕轴 z 转动的趋势。

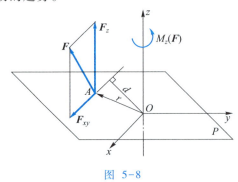

图 5-8

力 F 对轴 z 之矩定义为

$$M_z(F) = \pm F_{xy} d \tag{5-10}$$

式中,d 为点 O 到力 F_{xy} 的作用线的垂直距离;正负号规定为:从轴 z 正向看,若力 F_{xy} 有使刚体绕轴 z 逆时针转动的趋势取正号,反之取负号。由第 2 章式(2-10)可知,式(5-10)化为

$$M_z(F) = xF_y - yF_x \tag{5-11}$$

式中,x、y 为点 A 的坐标,F_x、F_y 为 F_{xy} 沿轴 x、y 的投影。即力 F 对轴 z 之矩,等于力 F 在垂直于轴 z 平面上的分力 F_{xy} 对于轴 z 与该平面的交点之矩。

同理,可得

第 5 章 空间力系和重心

$$M_x(F) = yF_z - zF_y, \qquad M_y(F) = zF_x - xF_z$$

力对轴之矩是一个代数量,它的单位是 N·m 或 kN·m。

三、力对点之矩与力对轴之矩的关系

若将式(5-8)中的 *r* 与 *F*(图 5-6)用沿坐标轴的分量表示成

$$r = xi + yj + zk$$

$$F = F_x i + F_y j + F_z k$$

则力 *F* 对点 *O* 之矩为

$$M_O(F) = r \times F = \begin{vmatrix} i & j & k \\ x & y & z \\ F_x & F_y & F_z \end{vmatrix} = (yF_z - zF_y)i + (zF_x - xF_z)j + (xF_y - yF_x)k \tag{5-12}$$

式中 *i*、*j*、*k* 前的系数即为 $M_O(F)$ 在各坐标轴上的投影,有

$$\left. \begin{array}{l} [M_O(F)]_x = yF_z - zF_y \\ [M_O(F)]_y = zF_x - xF_z \\ [M_O(F)]_z = xF_y - yF_x \end{array} \right\} \tag{5-13}$$

比较式(5-11)与式(5-13)可知,<u>力对任一点之矩在通过该点的任意轴上的投影等于力对该轴之矩</u>,如

$$[M_O(F)]_z = M_z(F) \tag{5-14}$$

例 5-3 图 5-9 所示立方体边长 $a = 0.5$ m, $F = 150$ N,试求:(1) 力 *F* 对轴 *x*、*y*、*z* 之矩;(2) 力 *F* 对点 *O* 之矩。

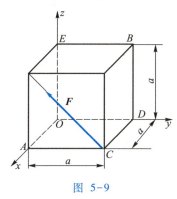

图 5-9

解:(1) 力 *F* 对轴 *x*、*y*、*z* 之矩。

力 *F* 的各分量为

$$F_x = 0$$
$$F_y = -F\cos 45° = (-150 \text{ N})\cos 45° = -106.1 \text{ N}$$
$$F_z = F\sin 45° = (150 \text{ N})\sin 45° = 106.1 \text{ N}$$

由此得出力 F 对轴 x、y、z 之矩为

$$M_x(F) = aF_z = (0.5 \text{ m}) \times 106.1 \text{ N} = 53.1 \text{ N·m}$$
$$M_y(F) = -aF_z = -(0.5 \text{ m}) \times 106.1 \text{ N} = -53.1 \text{ N·m}$$
$$M_z(F) = aF_y = (0.5 \text{ m}) \times (-106.1 \text{ N}) = -53.1 \text{ N·m}$$

（2）力 F 对点 O 之矩。

令 α、β、γ 分别为矢量 $M_O(F)$ 与轴 x、y、z 正向的夹角，与计算力 F 的大小和方向余弦[式(5-3)]类似，$M_O(F)$ 的大小和方向余弦为

$$M_O(F) = \sqrt{[M_x(F)]^2 + [M_y(F)]^2 + [M_z(F)]^2}$$
$$= \sqrt{53.1^2 + (-53.1)^2 + (-53.1)^2} \text{ N·m}$$
$$= 91.9 \text{ N·m}$$

$$\cos \alpha = \frac{M_x(F)}{M_O(F)} = \frac{53.1}{91.9} = 0.5774$$

$$\cos \beta = \frac{M_y(F)}{M_O(F)} = \frac{-53.1}{91.9} = -0.5774$$

$$\cos \gamma = \frac{M_z(F)}{M_O(F)} = -0.5774$$

$$\alpha = 54.7°, \quad \beta = 125.3°, \quad \gamma = 125.3°$$

【思考题 5-1】

如图 5-9 所示，若连接 AB，试求：(1) 力 F 对点 B 之矩 $M_B(F)$；(2) F 对轴 AB 之矩 $M_{AB}(F)$ 以及 F 对轴 BE 之矩 $M_{BE}(F)$。

§5-3 空间力偶系的合成与平衡

一、空间力偶用矢量表示

在 §2-4 中已介绍了平面力偶的概念，各力偶作用面不在同一平面的力偶系，称为**空间力偶系**。

根据式(5-8)，将图 5-10a 所示力偶 $M(F, F')$ 中两力对空间任一点 O

取矩为

$$M_O(F,F')=r_A\times F+r_B\times F'=r_A\times F+r_B\times(-F)=(r_A-r_B)\times F$$

式中,r_A、r_B 分别为力 F、F' 的位置矢径,设 r 为连接两个力作用点的矢量,有 $r=r_A-r_B$,所以力偶 $M(F,F')$ 对点 O 之矩是常矢量,$M_O=M$,可表示为

$$M=r\times F \tag{5-15}$$

矢量 M 称为 **力偶矩矢**(moment of couple vector),它垂直于力偶作用面,方向用右手螺旋法则定义,即从 M 的正向看,(F,F') 有使刚体逆时针转动的趋势;M 的大小为

$$M=rF\sin\theta=Fd \tag{5-16}$$

式中,d 是两个力作用线之间的垂直距离。

由于矢量 M 与矩心 O 的位置无关,因此 M 是一 **自由矢量**(free vector),可画在垂直于力偶作用面的任意点上(图 5-10b)。

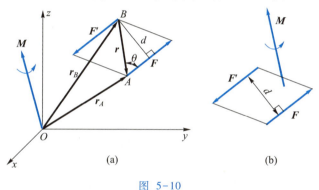

图 5-10

二、空间力偶的等效定理

从力偶矩矢的定义可知,两个力偶,如果它们的力偶矩矢 M 相等,则意味着力偶矩大小相等,方向相同(力偶作用面在同一平面或平行平面)。在 §2-4 中,已经证明了同一平面内的两个力偶,如果力偶矩大小相等,转向相同,即它们的力偶矩矢 M 相等,则是等效的。现只要证明两个平行平面中的力偶,如果力偶矩矢 M 相等,则它们是等效的。

设有 $M_1(F_1,F_1')$ 和 $M_2(F_2,F_2')$ 两力偶分别位于相互平行的平面 P_1 和 P_2 内(图 5-11a、d)。根据平面力偶等效定理,首先将两个力偶中的力变换成同一大小的力 F,则两个力偶的力偶臂也相等,即 AG、BH、QD、JC 平行且相等(图 5-11b),AG 与 BH 之间的垂直距离,和 QD 与 JC 的垂直距离相等,所以 AB、CD 平行且相等。作平面 P_3 包含 F_1、F_2',平面 P_4 包含 F_1'、F_2,在

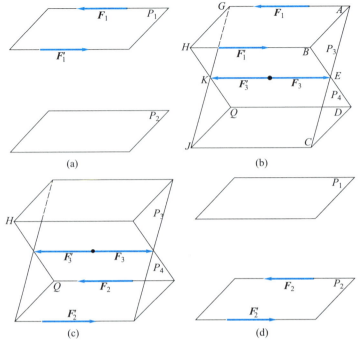

图 5-11

P_3 与 P_4 的交线 EK 上加一对大小也为 F 的平衡力系 (F_3, F_3')，由于 $BE = ED$，$AE = EC$，所以 P_4 中的力偶 $M(F_1', F_3')$ 可用 $M(F_3, F_2)$ 等效替换，P_3 中的力偶 $M(F_1, F_3)$ 可用 $M(F_3', F_2')$ 等效替换（图 5-11c），图 5-11c 所示减去一对平衡力 (F_3, F_3')，则得图 5-11d 所示的力偶 $M(F_2, F_2')$，所以 P_1 平面内的力偶 $M_1(F_1, F_1')$ 与 P_2 平面内的力偶 $M_2(F_2, F_2')$ 等效。因此，在同平面或平行平面内的两个力偶，若它们的力偶矩矢相等，则它们是等效的，这就是**空间力偶的等效定理**。

由此可见，力偶对刚体的外效应取决于：力偶作用面在空间的方位、力偶矩矢的大小和转向，称之为**力偶的三要素**。

力偶的三个要素可用一矢量表示，矢量的长度按一定比例代表力偶矩的大小，矢量的方位与力偶作用面垂直，转向按右手螺旋法则确定。此外，力偶是自由矢量，可将它画在计算较方便的点上，如坐标原点（图 5-12a）。为计算方便，将力偶投影到坐标轴上（图 5-12b）。

三、空间力偶系的合成与平衡

可以证明，两个力偶合成满足平行四边形法则。类似于空间汇交力系

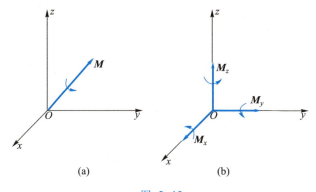

图 5-12

的合成,可以得出,空间力偶系的合成结果是一合力偶,合力偶矩矢是力偶系中所有各力偶矩矢的矢量和,即

$$M_R = M_1 + M_2 + \cdots + M_n = \sum M \quad (5-17)$$

如果合力偶之矩为零,则力偶系平衡,因此空间力偶系平衡的必要与充分条件是:力偶系中所有各力偶矩矢的矢量和等于零,用方程表示为

$$\sum M = 0$$

将上式写成投影的形式,则有

$$\sum M_x = 0, \quad \sum M_y = 0, \quad \sum M_z = 0 \quad (5-18)$$

即力偶系中所有各力偶矩矢在空间三个坐标轴上的投影的代数和都等于零。式(5-18)称为**空间力偶系的平衡方程**。三个独立的方程,可以求解三个未知量。

例 5-4 图 5-13 所示长方体上作用一空间力偶系,已知:$F_1 = F_1' = 20$ N,$F_2 = F_2' = 40$ N,$F_3 = F_3' = 50$ N,有关尺寸如图,尺寸单位为 mm。试求该力偶系的合力偶。

解: 如果在点 A 加一对平衡力 (F_4, F_4')(图 5-13b),并令 $F_4 = F_4' = F_3 = 50$ N,这样 (F_3, F_4) 组成的力偶矢量方向沿轴 z;(F_3', F_4') 组成的力偶矢量方向沿轴 x;计算四个力偶在坐标轴上的投影,就可得到合力偶 M 在坐标轴上的投影 M_x、M_y、M_z 分别为

$$M_x = -(0.1 \text{ m}) F_4' + (-0.1 \text{ m}) F_2 = -0.1 \times 50 \text{ N} \cdot \text{m} - 0.1 \times 40 \text{ N} \cdot \text{m}$$
$$= -9 \text{ N} \cdot \text{m}$$

$$M_y = 0$$

$$M_z = -(0.6 \text{ m}) F_4 + (0.8 \text{ m}) F_1 = -0.6 \times 50 \text{ N} \cdot \text{m} + 0.8 \times 20 \text{ N} \cdot \text{m}$$
$$= -14 \text{ N} \cdot \text{m}$$

力偶系的合力偶为

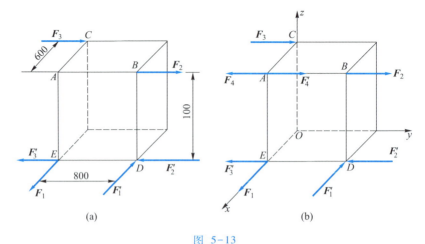

图 5-13

$$M = (-9 \text{ N} \cdot \text{m})i + (-14 \text{ N} \cdot \text{m})k$$

§5-4 空间任意力系的简化·主矢与主矩

一、空间任意力系向一点简化

空间任意力系的简化与平面任意力系的简化类似,简化的依据也是力线平移定理。考虑作用于点 A 的力 F,设想将它平移到点 O(图 5-14a),在点 O 加一对平衡力 (F', F''),大小等于 F(图 5-14b),则力 F 与 F'' 组成力偶,力偶矩为 F 对点 O 之矩 $M_O(F)$(图 5-14c),$M_O(F)$ 垂直于 r 和 F 组成的平面,也与力 F' 垂直。于是,<u>作用于刚体上的任一力 F 可以平移到该刚体上任一点 O,但同时要附加一个力偶(矢量),力偶矩矢为力 F 对点 O 之矩</u>。

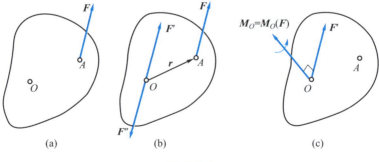

图 5-14

若刚体上作用着空间任意力系($F_1, F_2, \cdots, F_n$),用 r_1、r_2、$\cdots$、r_n 表示各力的位置矢径,如图 5-15 所示。根据力线平移定理,F_1 可以平移到点 O(称为简化中心),同时附加一个力偶,力偶矩为 F_1 对点 O 之矩 $M_{O1}(F)$。依次将其他各力平移至点 O,得到一个空间汇交力系($F_1', F_2', \cdots, F_n'$)和空间力偶系($M_{O1}, M_{O2}, \cdots, M_{On}$)(图 5-15b),其中

$$F_1' = F_1, F_2' = F_2, \cdots, F_n' = F_n$$
$$M_{O1} = M_O(F_1), M_{O2} = M_O(F_2), \cdots, M_{On} = M_O(F_n)$$

作用于点 O 的空间汇交力系可以合成为一合力 F_R',空间力偶系可以合成为一合力偶 M_O。由此可知,任何复杂的力系都可以简化成一个力和一个力偶(图 5-15c)。简化结果用方程表示为

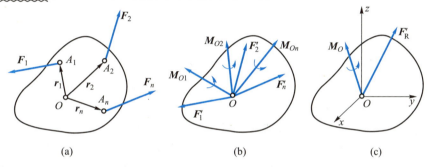

图 5-15

$$\left.\begin{aligned} F_R' &= \sum F' = \sum F = \sum (F_1 + F_2 + \cdots + F_n) \\ M_O &= \sum M_O(F) = M_O(F_1) + M_O(F_2) + \cdots + M_O(F_n) \end{aligned}\right\} \quad (5-19)$$

式中,$\sum F$ 是力系中各力的矢量和,称为力系的<u>主矢</u>,它的大小、方向与 F_R' 相同,可用式(5-5)与式(5-6)计算。M_O 是力系中所有各力对点 O 之矩的矢量和,称为力系对点 O 的<u>主矩</u>。将各力对点 O 之矩投影于空间三个坐标轴,并利用力对点之矩与力对轴之矩的关系式(5-14),可得 M_O 的大小和方向余弦为

$$\left.\begin{aligned} M_O &= \sqrt{[\sum M_x(F)]^2 + [\sum M_y(F)]^2 + [\sum M_z(F)]^2} \\ \cos\alpha' &= \frac{\sum M_x(F)}{M_O}, \quad \cos\beta' = \frac{\sum M_y(F)}{M_O}, \quad \cos\gamma' = \frac{\sum M_z(F)}{M_O} \end{aligned}\right\} \quad (5-20)$$

式中,α'、β'、γ' 分别表示主矩 M_O 与坐标轴 x、y、z 正向之间的夹角。

【思考题 5-2】

如图 5-16 所示，若力系向点 O 简化结果为 F_O 和 M_O，试证明该力系向点 O' 简化结果为 $F_{O'}$ 和 $M_{O'}$，其中 $F_{O'} = F_O$，$M_{O'} = M_O + r \times F_O$。

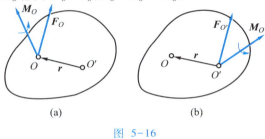

图 5-16

二、空间任意力系的简化结果分析

根据空间任意力系的简化结果，其主矢与主矩有下面几种可能情况。

（1）若 $F'_R = 0, M_O = 0$，则力系平衡，此种情况将在下一节讨论。

（2）若 $F'_R = 0, M_O \neq 0$，则力系简化为一合力偶。

（3）若 $F'_R \neq 0, M_O = 0$，则力系简化为一合力，合力作用线通过点 O。

（4）若 $F'_R \neq 0, M_O \neq 0$，且 $M_O \perp F'_R$，则力系可以进一步简化成一个合力（图 5-17）。将 M_O 用 (F''_R, F_R) 代替，其中 $F_R = F'_R = -F''_R$，$M_O = r \times F_R$，减去一对平衡力 (F''_R, F'_R)，就得到一个力 F_R（图 5-17c）。

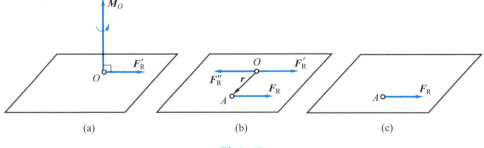

图 5-17

（5）若 $F'_R \neq 0, M_O \neq 0$，且 M_O 与 F'_R 成任意角度（图 5-18a）。将 M_O 分解为沿着 F'_R 的分量 M_1 和垂直于 F'_R 的分量 M_2（图 5-18b）。M_2 与 F'_R 可以进一步简化成位于点 A 的力 F_R，F_R 与 M_1 平行，不能进一步简化。这样一个力和与之垂直的平面内的一个力偶所组成的力系称为**力螺旋**（wrench）。

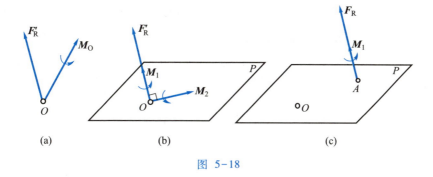

图 5-18

三、空间力系的合力矩定理

空间力系简化结果为 $F'_R \neq 0, M_O \neq 0$，且 $M_O \perp F'_R$ 时，力系进一步简化为一个合力（图 5-17）。合力 F_R 对点 O 之矩为

$$M_O = r \times F_R = M_O(F_R)$$

而由式(5-19)知，主矩 M_O 是力系中所有各力对点 O 之矩的矢量和，即

$$M_O = \sum M_O(F)$$

所以有

$$M_O(F_R) = \sum M_O(F) \tag{5-21}$$

将上式投影于任意轴 z 上，有

$$M_z(F_R) = \sum M_z(F) \tag{5-22}$$

即空间力系如果合成为一个合力，则合力对任一点（或轴）之矩等于力系中所有各力对同一点（或轴）之矩的矢量和（或代数和）。这就是**空间力系的合力矩定理**。

例 5-5 一矩形板 $OABC$，长 5 m，宽 4 m，其表面作用了 4 个铅垂荷载（图 5-19a），试求该力系的简化结果。

解：将该力系向点 O 简化，计算主矢与主矩。

$$F_{Rx} = \sum F_x = 0, \quad F_{Ry} = \sum F_y = 0$$

$$F_{Rz} = \sum F_z = (-20-15-10-5) \text{ kN} = -50 \text{ kN}$$

$$F_R = -50 \text{ kN}(\downarrow)$$

$$M_x(F_R) = \sum M_x(F) = (-2 \text{ m}) \times 15 \text{ kN} - 5 \text{ m} \times 5 \text{ kN} - 5 \text{ m} \times 10 \text{ kN}$$

$$= -105 \text{ kN} \cdot \text{m}$$

$$M_y(\boldsymbol{F}_R) = \sum M_y(\boldsymbol{F}) = (2\text{ m}) \times 5\text{ kN} + 4\text{ m} \times 15\text{ kN} = 70\text{ kN}\cdot\text{m}$$

$$M_z(\boldsymbol{F}_R) = \sum M_z(\boldsymbol{F}) = 0$$

由于主矢与主矩垂直，所以可以进一步简化成一个力，用坐标 x、y 表示合力 $\boldsymbol{F}_R$ 的位置（图 5-19c），根据合力矩定理有

$$x = \frac{70\text{ kN}\cdot\text{m}}{50\text{ kN}} = 1.4\text{ m}, \quad y = \frac{105\text{ kN}\cdot\text{m}}{50\text{ kN}} = 2.1\text{ m}$$

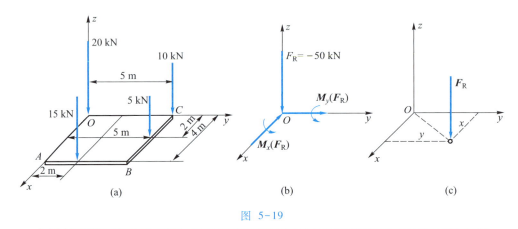

图 5-19

【思考题 5-3】

试问空间平行力系是否总能简化成一个力？

四、空间约束

在 §1-3 中已分析过平面问题中约束及其约束力。对空间问题中约束及其约束力，需要根据约束类型，确定未知量数，即确定约束对被约束物体在空间的六个基本运动（沿轴 x、轴 y、轴 z 的移动，绕轴 x、轴 y、轴 z 的转动）中的哪些运动起限制作用，哪些运动允许发生。

例如，球形铰链限制物体在空间三个方向的移动，不限制物体转动（图 5-20a）。当不考虑接触面的摩擦时，球形铰链的约束力通过球心，其大小、方向未知，用三个相互垂直的分力表示（图 5-20c）。图 5-20b 所示为球形铰链的简图。

某些约束既限制移动又限制转动，例如，空间固定端约束（图 5-21a），它阻止物体在空间作任何运动（移动和转动），相应的约束力包括三个力和三个力偶，如图 5-21b 所示。

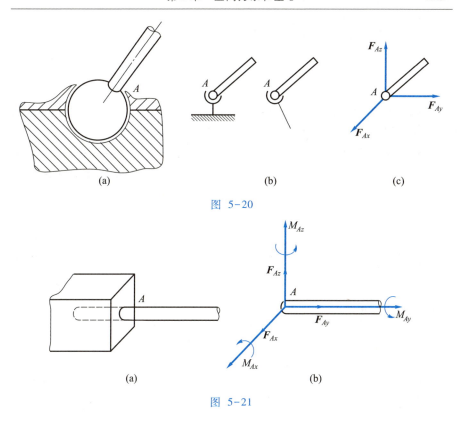

图 5-20

图 5-21

§5-5 空间任意力系的平衡

作用于刚体上的空间任意力系可以简化成作用于简化中心 O 的一个空间汇交力系和空间力偶系(§5-4)。当主矢、主矩都等于零时，表明空间汇交力系是平衡的,空间力偶系也是平衡的,因此原力系是平衡的,则刚体处于平衡状态。若主矢或主矩不为零,根据空间任意力系简化结果分析可知,简化结果是力、力偶或力螺旋,原力系不平衡。所以,<u>刚体在空间任意力系作用下处于平衡的必要与充分条件是:力系的主矢和对任一点的主矩都为零</u>,即

$$F'_R = 0, \quad M_O = 0$$

由于

$$F'_R = \sqrt{(\sum F_x)^2 + (\sum F_y)^2 + (\sum F_z)^2}$$

$$M_O = \sqrt{[\sum M_x(F)]^2 + [\sum M_y(F)]^2 + [\sum M_z(F)]^2}$$

则可用 6 个标量方程表示刚体平衡的必要与充分条件：

$$\left.\begin{array}{l}\sum F_x=0,\quad \sum F_y=0,\quad \sum F_z=0\\ \sum M_x(\boldsymbol{F})=0,\quad \sum M_y(\boldsymbol{F})=0,\quad \sum M_z(\boldsymbol{F})=0\end{array}\right\} \quad (5-23)$$

式(5-23)称为**空间任意力系的平衡方程**。可用于求解作用于刚体上的约束力等未知量，六个独立的方程，可以求解六个未知量。

利用空间任意力系的平衡方程(5-23)可以导出各种特殊力系的平衡方程。对空间平行力系，如取轴 z 与各力作用线平行，则各力对轴 z 之矩为零，各力在轴 x、轴 y 上的投影也是零，因此空间平行力系独立的平衡方程只有三个，即

$$\sum F_z=0,\quad \sum M_x(\boldsymbol{F})=0,\quad \sum M_y(\boldsymbol{F})=0 \quad (5-24)$$

上式表明，刚体在空间平行力系作用下平衡的必要与充分条件是：力系中所有各力在与力线平行的轴上投影的代数和等于零，各力对两个与力线垂直的轴之矩的代数和也等于零。

求解刚体在空间任意力系作用下的平衡问题，首先是选取研究对象画出其受力图。其次，列平衡方程并解出未知量。受力图上应标出三维坐标，表明是空间问题，并包括施加于刚体上的所有外力；已知主动力的大小和方向应清晰地标出，未知约束力应按约束的类型画出。画出受力图后，若包含的未知量少于六个，则刚体是部分受约束，某些运动是可能的，但若式(5-23)的六个方程都能满足，刚体在特定荷载下可以平衡(参见例 5-6、思考题 5-4)；若包含的未知量多于六个，则是超静定问题，有可能计算出某一个或两个未知量，但不能用式(5-23)解出全部未知量。

平面任意力系的平衡问题求解中，平衡方程除了基本形式外，还采用了二矩式、三矩式(§3-4)，类似地，空间问题的求解也有四矩式、五矩式或六矩式。但要证明六个平衡方程是独立的比较困难。因此，一般采用式(5-23)所列三个力的投影方程及三个力矩方程求解空间任意力系的平衡问题。

例 5-6 图 5-22 所示一水平梁 AB，A 为固定于墙面(面 Axz)的球形铰链，E 和 B 两点分别用绳与墙面上点 H 与 G 相连；已知梁的自重 $P=4$ kN，荷载 $F=10$ kN，有关尺寸如图所示。试求 A 处的约束力及两绳中的拉力。

解：(1) 取梁 AB 为研究对象。

(2) 画受力图。作用于梁上的力有重力 $\boldsymbol{P}$、荷载 $\boldsymbol{F}$、两绳的拉力 $\boldsymbol{F}_E$、$\boldsymbol{F}_B$ 和球形铰链 A 的约束力 $\boldsymbol{F}_{Ax}$、$\boldsymbol{F}_{Ay}$、$\boldsymbol{F}_{Az}$，并假定它们的指向与坐标轴正向一致(图 5-22b)。共五个未知量，由于各力作用线过轴 y，$\sum M_y(\boldsymbol{F})=0$ 为恒等式，可列五个独立的方程。各点坐标为 $E(0,3,0)$、$H(8,0,4)$、$B(0,4,0)$、

第 5 章 空间力系和重心

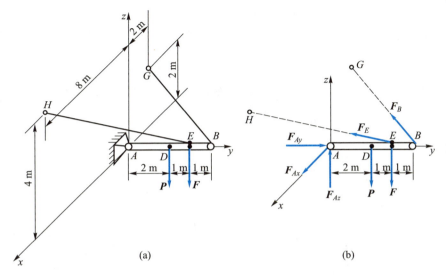

图 5-22

$G(-2,0,2)$，设 EH、BG 的方向角（即 F_E、F_B 的方向角）分别为 α_1、β_1、γ_1 和 α_2、β_2、γ_2，有

$$\cos\alpha_1 = \frac{8-0}{\sqrt{(8-0)^2+(0-3)^2+(4-0)^2}} = 0.848$$

$$\cos\beta_1 = -0.318,\ \cos\gamma_1 = 0.424$$

$$\cos\alpha_2 = -0.408,\ \cos\beta_2 = -0.816,\ \cos\gamma_2 = 0.408$$

$$F_{Ex} = F_E\cos\alpha_1,\quad F_{Ey} = F_E\cos\beta_1,\quad F_{Ez} = F_E\cos\gamma_1$$

$$F_{Bx} = F_B\cos\alpha_2,\quad F_{By} = F_B\cos\beta_2,\quad F_{Bz} = F_B\cos\gamma_2$$

（3）列平衡方程

$$\sum M_x(\boldsymbol{F}) = 0,\quad -2P - 3F + 3F_{Ez} + 4F_{Bz} = 0 \tag{1}$$

$$\sum M_z(\boldsymbol{F}) = 0,\quad -3F_{Ex} - 4F_{Bx} = 0 \tag{2}$$

由式（1）和式（2）得

$$F_E = 9.96\ \text{kN},\quad F_B = 15.5\ \text{kN}$$

$$\sum F_x = 0,\quad F_{Ax} + F_{Ex} + F_{Bx} = 0 \tag{3}$$

$$\sum F_y = 0,\quad F_{Ay} + F_{Ey} + F_{By} = 0 \tag{4}$$

$$\sum F_z = 0,\quad F_{Az} + F_{Ez} + F_{Bz} - P - F = 0 \tag{5}$$

将 $F_E = 9.96$ kN，$F_B = 15.5$ kN 代入式（3）、式（4）、式（5）可得

$F_{Ax} = -2.12$ kN, $F_{Ay} = 15.8$ kN, $F_{Az} = 3.45$ kN

【思考题 5-4】

若将例 5-6 中的杆 AB 换成一矩形板（图 5-23），试问：(1) 该板在图示荷载下能平衡吗？(2) 若在点 C 加一沿 x 方向的荷载,该板是否可能绕轴 y 转动？

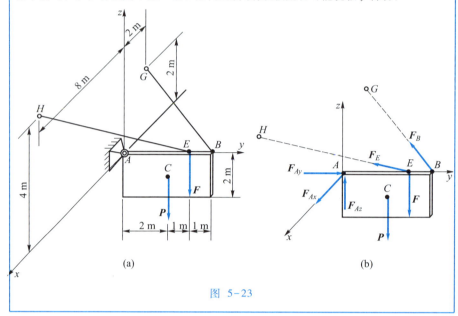

图 5-23

例 5-7 如图 5-24a 所示，ABCD 为一空间折杆，A 为空间固定端约束，折杆上作用有力偶 $M_e = 100$ N·m, 转向如图；以及力 F_1、F_2、F_3。已知 $F_1 = 800$ N, $F_2 = 500$ N, $F_3 = 300$ N, 有关尺寸如图，不计折杆自重。试求固定端 A 的约束力。

解：(1) 取折杆为研究对象。

(2) 画折杆的受力图。折杆上作用的已知荷载有力偶 $M_e = 100$ N·m, 转向如图，以及力 F_1、F_2、F_3, 方向如图 5-24b 所示；A 处是空间固定端约束，有六个未知量，三个力 F_{Ax}、F_{Ay}、F_{Az} 和三个力偶 M_{Ax}、M_{Ay}、M_{Az}（图 5-24b）。

(3) 列平衡方程

$$\sum F_x = 0, \quad F_{Ax} + F_2 \cos 60° = 0$$

得

$$F_{Ax} = -F_2 \cos 60° = -(500 \text{ N}) \cos 60° = -250 \text{ N}$$

$$\sum F_y = 0, \quad F_{Ay} - F_2 \cos 30° = 0$$

第 5 章 空间力系和重心   127

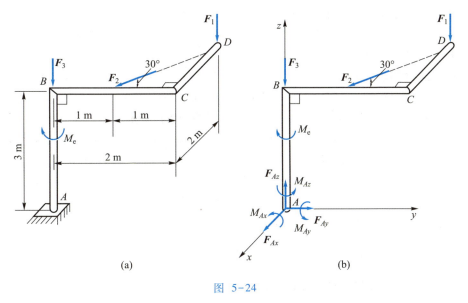

图 5-24

得
$$F_{Ay} = F_2\cos 30° = (500\text{ N})\cos 30° = 433.0\text{ N}$$
$$\sum F_z = 0, \quad F_{Az} - F_3 - F_1 = 0$$

得
$$F_{Az} = F_3 + F_1 = (800 + 300)\text{ N} = 1\ 100\text{ N}$$
$$\sum M_x(\boldsymbol{F}) = 0, \quad M_{Ax} - (2\text{ m}) \times F_1 + (3\text{ m}) \times F_2\cos 30° = 0$$

得
$$M_{Ax} = (2\text{ m}) \times (800\text{ N}) - (3\text{ m}) \times (500\text{ N})\cos 30° = 301.0\text{ N}\cdot\text{m}$$
$$\sum M_y(\boldsymbol{F}) = 0, \quad M_{Ay} - (2\text{ m}) \times F_1 + (3\text{ m}) \times F_2\cos 60° = 0$$

得
$$M_{Ay} = (2\text{ m}) \times (800\text{ N}) - (3\text{ m}) \times (500\text{ N})\cos 60° = 850\text{ N}\cdot\text{m}$$
$$\sum M_z(\boldsymbol{F}) = 0, \quad M_{Az} - M_e - (1\text{ m}) \times F_2\cos 60° = 0$$

得
$$M_{Az} = 100\text{ N}\cdot\text{m} + (1\text{ m}) \times (500\text{ N})\cos 60° = 350\text{ N}\cdot\text{m}$$

§5-6 重心和形心的坐标公式

地面上及其邻近区域中的物体都受到地球的引力作用,这种分布于物体每一微小部分的地心引力组成一个汇交于地心的空间力系;但由于物体与地球相比非常小,因此可近似地认为这个力系是一个空间平行力系,而它的合力就是物体的重力。实验表明,不论物体的方位如何,上述力系的合力总是通过固连于物体的坐标系中一个确定的点。对于重力来说,称为物体的**重心**,而物体的几何中心称为**形心**。对于均质物体形心与重心是重合的。

不论是在日常生活里还是在工程实际中,确定物体重心的位置都具有非常重要的意义。例如,起吊重物时,吊钩就应位于被吊物体重心的正上方,以保证起吊过程中物体保持平稳;电机转子、飞轮等旋转部件在设计、制造与安装时,都要求它的重心尽量靠近轴线,否则将产生强烈的振动,甚至引起破坏;而振动打桩机、混凝土振捣机等则又要求其转动部分的重心偏离转轴一定距离,以得到预期的振动。

一、重心坐标的一般公式

取固连在物体上的空间直角坐标系 $Oxyz$,以坐标 x_C、y_C、z_C 表示物体重心 C 的位置,如图 5-25 所示。物体的每个小块所受的地球引力以 ΔP_1、ΔP_2、…表示,并认为它们构成一个空间平行力系。这个平行力系的合力其大小即为物体的重量:

$$P = \sum \Delta P_i$$

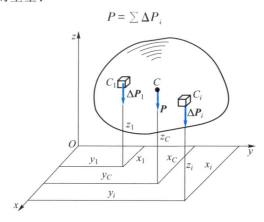

图 5-25

合力的作用线通过物体的重心 $C(x_C, y_C, z_C)$。根据合力矩定理,有

$$P x_C = \sum \Delta P_i x_i$$

于是有

$$x_C = \frac{\sum \Delta P_i x_i}{P}$$

同理,可得

$$y_C = \frac{\sum \Delta P_i y_i}{P}$$

为了确定物体重心 C 的另一个坐标 z_C,将坐标系连同物体绕轴 y 旋转 $90°$,使轴 x 铅直向上,于是重力的方向与轴 x 平行。再应用合力矩定理可得

$$z_C = \frac{\sum \Delta P_i z_i}{P}$$

于是得到重心坐标的一般公式为

$$x_C = \frac{\sum \Delta P_i x_i}{P}, \quad y_C = \frac{\sum \Delta P_i y_i}{P}, \quad z_C = \frac{\sum \Delta P_i z_i}{P} \quad (5-25)$$

二、均质物体的重心坐标公式

均质物体的单位体积质量,即密度 ρ 是常量,因此若物体的体积为 V,每小块的体积为 ΔV_i,则有

$$P = \rho g V, \qquad \Delta P_i = \rho g \Delta V_i$$

以此代入公式(5-25),并注意 ρg 可以消去,于是得到均质物体重心的坐标公式:

$$x_C = \frac{\sum \Delta V_i x_i}{V}, \quad y_C = \frac{\sum \Delta V_i y_i}{V}, \quad z_C = \frac{\sum \Delta V_i z_i}{V} \quad (5-26)$$

对于均质的物体,其重心与形心(centroid)的位置是重合的,上式也就是求物体形心位置的公式。但对非均质的物体(例如由两个不同材料制成的半球黏合而成的圆球),其重心显然不与形心(球心)重合。

三、均质等厚薄板的重心和平面图形的形心

对于均质等厚的薄板,如取平分其厚度的对称平面为平面 xy(图 5-26),则其重心的一个坐标 z_C 等于零,待求的只是重心的另两个坐标 x_C 和 y_C。因为等厚薄板的体积 V 等于其面积 A 乘以厚度 δ,任一小块的体积 ΔV_i 也可表示为小面积 ΔA_i 乘以同一厚度 δ,故由式(5-26)消去 δ 可得

$$x_C = \frac{\sum \Delta A_i x_i}{A}, \quad y_C = \frac{\sum \Delta A_i y_i}{A} \quad (5-27)$$

等厚均质薄板重心的坐标 x_C、y_C 只与薄板的平面形状有关,而与厚度无关。式(5-27)也就是求 平面图形形心(centroid of the plane area)的公式。

式(5-27)中的 $\sum \Delta A_i x_i$，亦即 $A x_C$，称为图形对于轴 y 的**静矩**(static moment)，或称为对于轴 y 的面积一次矩，常用符号 S_y 表示。类似地，$\sum \Delta A_i y_i$，即 $A y_C$，称为图形对于轴 x 的静矩，常用 S_x 表示。显然，如果所选的坐标轴(例如，轴 y)通过图形的形心，则因 $x_C = 0$，而有 $S_y = \sum \Delta A_i x_i = A x_C = 0$。可见，图形对形心轴的静矩为零。

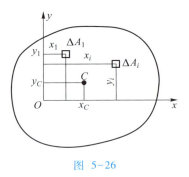

图 5-26

§5-7 确定重心和形心位置的具体方法

一、积分法

对于任何形状的物体或平面图形，都可利用由公式(5-25)、式(5-26)或公式(5-27)演变而来的积分形式的式子确定重心或形心的具体位置。对于均质的物体，确定重心和形心位置的公式均为

$$x_C = \frac{\int_V x \mathrm{d}V}{V}, \quad y_C = \frac{\int_V y \mathrm{d}V}{V}, \quad z_C = \frac{\int_V z \mathrm{d}V}{V} \tag{5-28}$$

确定平面图形形心位置的公式为

$$x_C = \frac{\int_A x \mathrm{d}A}{A}, \quad y_C = \frac{\int_A y \mathrm{d}A}{A} \tag{5-29}$$

式中，$\mathrm{d}V$、$\mathrm{d}A$ 为体元及面元，x、y、z 则为体元或面元的位置坐标。

例 5-8 试求半圆(图 5-27)的形心位置。

解： 取坐标系 Oxy 如图所示，坐标原点 O 在圆心处，轴 y 为对称轴。半圆形的形心 C 显然位于其对称轴 y 上，因此需要确定的只是形心 C 的纵坐标 y_C。

注意到平行于轴 x 的窄条(图中画有斜线部分)其形心到轴 x 的距离就等于该窄条的纵坐标值 y，而且其长度 $b(y)$ 易根据半圆的方程 $x^2 + y^2 = R^2$ 判定，即 $b(y) = 2\sqrt{R^2 - y^2}$，所以就取这种

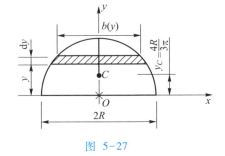

图 5-27

窄条为确定 y_C 的面元,其面积为 $\mathrm{d}A=b(y)\mathrm{d}y=2\sqrt{R^2-y^2}\,\mathrm{d}y$。于是,可得半圆形对于轴 x 的静矩

$$S_x=\int_A y\mathrm{d}A=\int_0^R 2y\sqrt{R^2-y^2}\,\mathrm{d}y=\frac{-2}{3}(R^2-y^2)^{\frac{3}{2}}\Big|_0^R=+\frac{2}{3}R^3$$

将上式连同半圆形的面积 $A=\pi R^2/2$ 代入公式(5-29)的第二式即得

$$y_C=\frac{\int_A y\mathrm{d}A}{A}=\frac{S_x}{A}=\frac{4R}{3\pi}$$

二、组合法

当物体或平面图形由几个基本部分组成,而每个组成部分的重心或形心的位置又已知时,可比照式(5-25)、式(5-26)或式(5-27)来求它们的重心或形心。这种方法称为组合法。

例 5-9 Z 形截面如图 5-28 所示。试求此截面的形心位置。

解:这一截面由三个矩形组成,且每个矩形的面积及其形心位置容易求出,故可用组合法求解。取坐标系 Oxy 如图 5-28 所示,每个矩形的面积 A_i 和形心坐标 x_i、y_i,以及由此算得的它们各自对于轴 y 的静矩 A_ix_i 值和对于轴 x 的静矩 A_iy_i 值如表 5-1 所示。表 5-1 中也列出了 $\sum A_i$、$\sum A_ix_i$ 和 $\sum A_iy_i$ 的值。

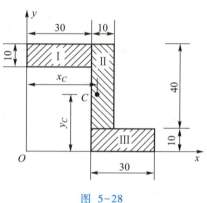

图 5-28

表 5-1 A_i 的形心坐标及静矩值

	A_i/mm^2	x_i/mm	A_ix_i/mm^3	y_i/mm	A_iy_i/mm^3
Ⅰ	300	15	4 500	45	13 500
Ⅱ	400	35	14 000	30	12 000
Ⅲ	300	45	13 500	5	1 500
$\sum$	1 000		32 000		27 000

比照式(5-27)便得形心 C 的坐标如下:

$$x_C=\frac{\sum A_ix_i}{A}=\frac{32\ 000}{1\ 000}\ \mathrm{mm}=32\ \mathrm{mm},\qquad y_C=\frac{\sum A_iy_i}{A}=\frac{27\ 000}{1\ 000}\ \mathrm{mm}=27\ \mathrm{mm}$$

本例中的 Z 形截面（图 5-28）显然也可如图 5-29 所示，看作尺寸 60 mm×50 mm 的大矩形 Ⅰ 挖去两个尺寸分别为 30 mm×40 mm 和 20 mm×40 mm 的小矩形 Ⅱ 和 Ⅲ 而成。这样，只需在计算中注意挖去部分的面积为负值，便仍可比照式（5-27）求形心 C 的位置。这种方法又可称为负面积法。具体计算见表 5-2。

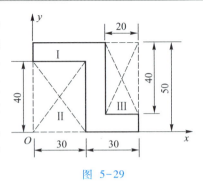

图 5-29

表 5-2　用负面积法求形心 C 的位置数据表

	A_i/mm^2	x_i/mm	$A_i x_i/\text{mm}^3$	y_i/mm	$A_i y_i/\text{mm}^3$
Ⅰ	3 000	30	90 000	25	75 000
Ⅱ	-1 200	15	-18 000	20	-24 000
Ⅲ	-800	50	-40 000	30	-24 000
Σ	1 000		32 000		27 000

$$x_C = \frac{\sum A_i x_i}{A} = \frac{32\,000}{1\,000}\,\text{mm} = 32\,\text{mm}, \qquad y_C = \frac{\sum A_i y_i}{A} = \frac{27\,000}{1\,000}\,\text{mm} = 27\,\text{mm}$$

【思考题 5-5】

图 5-30 所示机床重 2 500 N，现拟用"称重法"确定其重心 C 的坐标 x_C、y_C。为此，在 B 处加一垫块，在 A 处放一秤。当机床水平放置时（$\theta=0°$），A 处秤上读数为 1 750 N；当 $\theta=20°$ 时秤上读数为 1 500 N。试算出机床重心的坐标 x_C、y_C。

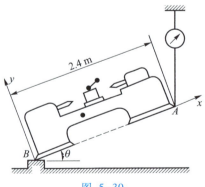

图 5-30

习　题

5-1 已知 $F_1 = 300$ N, $F_2 = 220$ N, 两力作用于点 O, 大小、方向如图所示, 试求两力在坐标轴上的投影。

5-2 图示重为 P 的物块悬挂于杆 AO 的 O 端, 支座 A 处为球形铰链连接, 绳 BO、DO 位于同一水平面内。已知 $P = 800$ N, $BC = CD = 1$ m, $\alpha = 30°$, $\theta = 45°$, 不计杆的自重。试求杆与绳所受的力。

5-3 图示力 F_1、F_2 作用于点 B, 已知 $F_1 = 500$ N, $F_2 = 600$ N。试求：(1) 两力的合力；(2) 合力对坐标轴 x、y、z 之矩；(3) 由 (2) 的结果计算合力对点 O 之矩；(4) 用矢量的矢积求合力对点 O 之矩。

5-4 托架 $OABC$ 套在转轴 z 上, 在端点 C 作用一力 $F = 1\ 500$ N, 方向和托架尺寸如图所示, 点 C 在平面 Oxy 内。试求力 F 分别对 Ox、Oy、Oz 之矩, 以及对坐标原点 O 的矩矢。

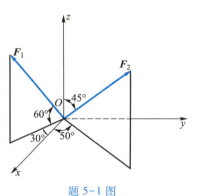

题 5-1 图

5-2：习题参考答案

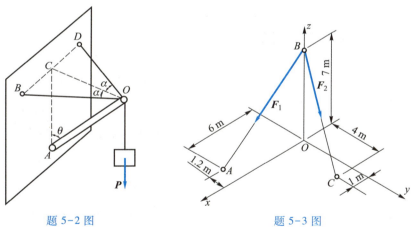

题 5-2 图　　　题 5-3 图

5-5 图示立柱 OA 在 O 处与地面用球形铰链连接, 绳 AB、AD、AC 与水平地面相连, 已知绳 AC 中的拉力为 $1\ 200$ N, 略去柱的自重。试求柱保持在铅垂位置平衡时绳 AB 和 AD 中的拉力及柱中的压力。

5-6 已知力 F 用矢量表示为 $F = (3i - 4j + 5k)$ N, 作用点 A 的位置矢径 r 为 $r = (2i - 3j - 2k)$ m。试求力 F 对坐标原点 O 之矩。

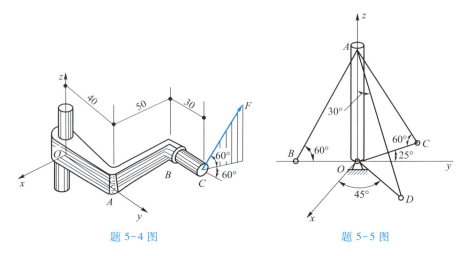

题 5-4 图　　　　　　　题 5-5 图

5-7　图示立方体边长为 a，其上作用有力 F_1 和 F_2，已知 $a=1$ m，$F_1=10$ N，$F_2=20$ N。试问立方体上所受力系的简化结果是否为力螺旋？

5-8　图示一质量为 13 kg、直径为 1.2 m 的圆桌，由沿圆周等距离分布的三条腿 A、B、C 支撑着。在桌面上的点 D 作用一铅垂力 $F=330$ N。试求桌子不翻倒时 OD 距离的最大值 a，并画出此力安全作用的区域。

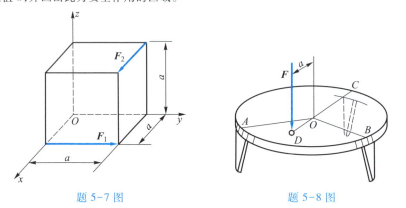

题 5-7 图　　　　　　　题 5-8 图

5-9　三轮推车如图所示。若已知 $AF=FB=0.5$ m，$CF=1.5$ m，$EF=0.3$ m，$ED=0.5$ m，载重 $P=1.5$ kN，试求 A、B、C 三轮所受的压力。

5-10　图示均质矩形板用三根铅垂绳悬挂。已知板尺寸如图，板重 $P=300$ N，(1) 若 $a=0.64$ m，试求板在水平位置保持平衡时三根绳中的拉力；(2) 若三根绳中的拉力均是 100 N，试问 a 的大小是多少？

5-11　已知均质正方形板重 $P=100$ N，在 O 处用球形铰链固定在墙上，B 处用两活动铰支座支撑，通过绳 CD 将板保持在水平位置。试求绳中的拉力、支座 O 和 B 处的约束力。

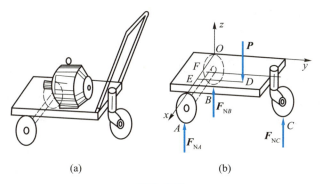

题 5-9 图

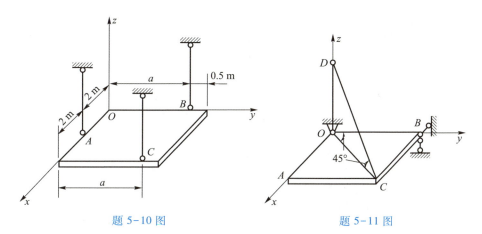

题 5-10 图 题 5-11 图

5-12 图示柱 OB 在 B 处受一沿 y 轴负方向水平力 F 作用,O 处用球形铰链与地面相连,A 处用绳 AD、AC 与地面相连。已知 $F = 800$ N,略去柱的自重,试求支座 O 的约束力、绳 AD 和 AC 的拉力。

5-13 作用于半径为 120 mm 的齿轮上的啮合力 F 推动胶带轮绕水平轴 AB 作匀速转动。已知胶带紧边拉力为 200 N,松边拉力为 100 N,尺寸如图所示。试求力 F 的大小以及轴承 A、B 的约束力。

5-14 边长为 a 的正方形板 $ABCD$ 用六根杆支撑在水平位置,在点 A 沿 AB 方向作用一水平力 F。已知 $F = 10$ kN,略去板及各杆的自重,试求各杆的内力。

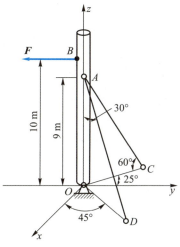

题 5-12 图

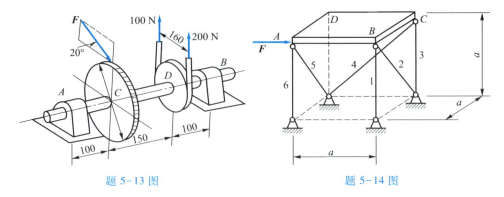

题 5-13 图   题 5-14 图

5-15 试求图示各图形的形心位置。

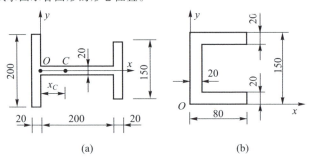

题 5-15 图

5-16 试计算图示阴影面积的形心坐标 x_C。

5-17 试确定图示均质等厚板的重心位置。

5-18 边长为 a 的均质等厚正方形板 $ABDC$，被截去等腰三角形 AEB。试求点 E 的极限位置 $y_{\max}$，以保证剩余部分 $AEBDC$ 的重心仍在该部分范围内。

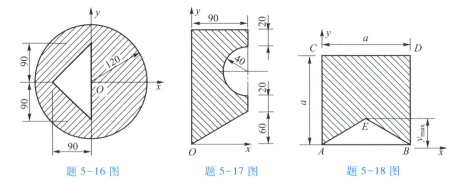

题 5-16 图   题 5-17 图   题 5-18 图

2

工程力学教程　第二篇

材料力学

本篇将应用静力学的理论,研究构件在荷载作用下的强度、刚度和稳定性问题,设计构件在正常工作条件下的承载能力,以使既保证了构件能够安全地工作,又能合理地使用材料并能节省成本。

工程中常见的各种机械和结构物,例如机床、房屋和桥梁等,都是由一些构件组成的。当它们工作时,有关构件将受到力的作用,会产生几何形状和尺寸的改变,称为变形。而构件一般由固体材料制成,所以构件都是可变形固体,简称变形体。

在材料力学中,为了简化计算,常需要略去一些次要因素,将构件的材料作适当的理想化假设:假设材料是均匀、连续和各向同性的。也就是说,假设物质均匀、密实地充满物体所占有的空间,且在各个方向上具有相同的力学性能。

此外,在材料力学中还假设构件在外力作用下所产生的变形与构件本身的尺寸相比是很小的,即小变形假设。据此,当考虑构件的平衡问题时,一般可略去变形的影响,因而可以直接应用静力学的分析方法。

根据上述假设做出的理论分析,能够很好地符合实际情况,即使对某些均匀性较差的材料(如铸铁、混凝土),在工程上也可得到比较满意的结果。

工程中对其纵向尺寸远大于横向尺寸的构件,称为杆件。对轴线是直线,且各横截面都相等的杆件,则称为等截面直杆(简称等直杆),它是材料力学的主要研究对象。

当杆件受到不同的外力作用时,将会产生不同形式的变形。变形的基本形式有:轴向拉伸(或压缩)、剪切、扭转、弯曲。这几种基本变形相对应的外力条件及变形特征如下图所示。

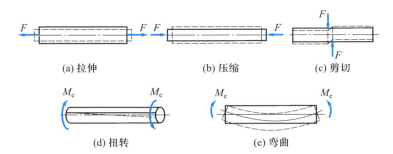

当杆件同时发生两种或两种以上基本变形时,称为组合变形。组合变形将在讨论基本变形之后研究。

第 6 章　拉伸和压缩

本章将主要讨论:直杆在轴向拉伸(压缩)时的应力、变形和应变能,典型弹性、塑性材料在拉伸(压缩)时的力学性能,拉(压)杆接头的计算。

6-1:教学要点

§6-1　轴力及轴力图

在一对作用线与杆轴线重合的外力 F 作用下,直杆的主要变形是杆沿轴线方向的伸长或缩短。这种变形形式称为轴向拉伸或轴向压缩。这类轴向受力的直杆常称为拉伸或压缩杆件,简称为拉(压)杆;第 3 章中所讨论的桁架,按照计算简图其杆件就是拉伸(压缩)杆件。这类杆件(图 6-1),其横截面上的内力由截面一边分离体的平衡条件可知,是与横截面垂直且合力通过横截面的形心的力,称之为**轴力**(axial force),以 F_N 表示。根据作用与反作用定律可知,对于同一横截面,其两侧分离体上的轴力(图 6-1b)必然等值而反向。为了避免混淆,轴力作为内力,其正负不是依指向确定,而是依变形确定。习惯上,把对应于伸长变形的轴力规定为正值(亦即分离体上的轴力指向离开截面),对应于压缩变形的轴力为负值(轴力的指向对着截面)。显然,在此情况下,轴力的正负号并无代数值大小的含义。

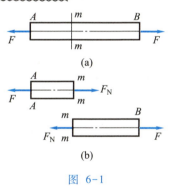

图 6-1

当杆件轴向受力情况比较复杂时(图 6-2a),为了清楚地表示横截面上的轴力随横截面位置变化的情况,常画出**轴力图**(axial force diagram)(图 6-2e)。

例 6-1　图 6-2a 所示为左端固定而右端自由的轴向受力杆件。试求 Ⅰ-Ⅰ、Ⅱ-Ⅱ、Ⅲ-Ⅲ 横截面上的轴力,并作轴力图。

解:为了下面求解轴力的方便,首先求出支座约束力 F_A。取整体(图

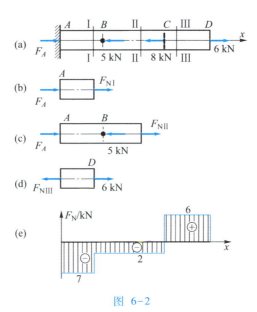

图 6-2

6-2a) 为研究对象，并设力 F_A 的指向如图所示。

由
$$\sum F_x = 0, (6-8-5)\text{kN} + F_A = 0$$

得
$$F_A = 7 \text{ kN}$$

于 I - I 截面处将杆截开，取左段为分离体（图 6-2b），并设 I - I 横截面上的轴力为正（拉力）。根据 $\sum F_x = 0$ 有
$$F_A + F_{NI} = 0$$

得到
$$F_{NI} = -7 \text{ kN}$$

负号表示该轴力的实际指向与所设指向相反，即为压力。

同样，在求 F_{NII} 时取左段为分离体（图 6-2c），得到
$$F_{NII} = -2 \text{ kN}$$

求 F_{NIII} 时，为了方便取右段为分离体（图 6-2d），得到
$$F_{NIII} = 6 \text{ kN}$$

作轴力图时，以沿杆件轴线的坐标 x 表示横截面的位置，以与杆件轴线垂直的纵坐标表示横截面上的轴力 F_N（图 6-2e）。注意到 AB 段任意横截面上的轴力均与 I - I 截面上的轴力 $F_{NI} = -7$ kN 相同，故按某一比例尺在轴力图中轴 x 的下方画一水平直线。同理，BC 段的轴力图是由位于轴 x 下

方的另一水平直线构成；CD 段横截面上的轴力为正，图线位于轴 x 的上方。

§6-2　横截面上的应力

在上一节中已讨论过轴向拉伸、压缩杆件横截面上的内力——轴力 F_N。显然，它是横截面上法向分布内力的合力（图 6-3a）。而要判断一根杆件是否会发生断裂等强度破坏，还必须联系杆件横截面的几何尺寸、分布内力的变化规律，找出分布内力在各点处的集度——*应力*。杆件截面上一点处法向分布内力的集度称为*正应力*(normal stress)，以符号 σ 表示。现结合图 6-3b 所示来进一步定义所示 m-m 截面上某一点 C 处的正应力。若围绕点 C 所取微面积 ΔA 上法向分布内力的合力为 ΔF_N，则 $\Delta F_N/\Delta A$ 便是 m-m 截面上微小面积 ΔA 范围内的平均正应力。当 ΔA 向着点 C

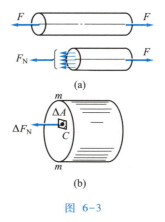

图 6-3

趋近于零时，比值 $\Delta F_N/\Delta A$ 的极限值便是 m-m 截面上法向分布内力在点 C 处的集度——m-m 截面上点 C 处的正应力 σ：

$$\sigma = \lim_{\Delta A \to 0} \frac{\Delta F_N}{\Delta A} = \frac{dF_N}{dA} \tag{6-1}$$

应力的量纲是 $ML^{-1}T^{-2}$，其常用单位为 Pa(帕)[①]或 MPa(兆帕)。

式(6-1)只是正应力的定义。为了导出拉伸、压缩杆件横截面上正应力的计算公式，按材料力学中的方法必须首先进行实验。

如图 6-4a 所示的等截面直杆，如果在受力前在它的外表面上于相距 l 的两横截面 A 和 B 处画出横向的周线，那么在杆受轴向拉伸时可观察到，该两横向周线虽然相对平行移动，但是每一条周线仍位于一个平面内(图 6-4b)。根据这一现象可假设：原为平面的横截面 A 和 B，在杆受拉伸时仍为平面，且仍与杆的轴线

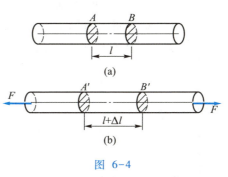

图 6-4

---

① 1 Pa=1 N/m²。1 MPa=10⁶ Pa。Pa 的全称是 Pascal。

垂直。此即所谓的平面假设。这意味着杆件受轴向拉伸时两横截面之间的所有纵向线段其绝对伸长相同,伸长变形的程度也相等。

在材料力学中常常假设材料是均匀的,而且是连续的。于是根据平面假设可以推断,受轴向拉伸的杆件其横截面上各点处与伸长变形相应的正应力 σ 在整个横截面面积范围内处处相等。这样,按静力学求合力的概念可知:

$$F_N = \int_A dF_N = \int_A \sigma dA = \sigma \int_A dA = \sigma A$$

由此得出拉杆横截面上正应力 σ 的计算公式

$$\sigma = \frac{F_N}{A} \qquad (6-2)$$

式中,F_N 为轴力,可由截面法根据分离体的平衡条件求得;A 为横截面面积。

对于轴向压缩的杆件,上式同样适用。如同轴力一样,习惯上以对应于伸长变形的拉应力为正,对应于缩短变形的压应力为负。

式(6-2)是根据正应力在杆件横截面上处处相等这一条件导出的。实际上,在轴向外力作用处附近,杆件横截面上应力的分布情况往往比较复杂。但一些实验和计算表明,外力作用于杆上的方式(例如,外力作用在杆件端面的局部或者整个端面),在一般情况下只会影响外力作用处附近横截面上的应力分布情况,而影响范围不大于杆的横向尺寸。这一论述称为圣维南原理(Saint-Venant principle)。

根据式(6-2)可知,受轴向拉伸、压缩的等截面直杆,如果各横截面上的轴力不同,那么最大正应力 σ_{max} 将出现在轴力最大($F_{N,max}$)的横截面上,即

$$\sigma_{max} = \frac{F_{N,max}}{A} \qquad (6-3)$$

这就是说,就等截面的轴向拉(压)杆而言,最大轴力所在的横截面是危险截面,其上的正应力就是最大的工作应力。

例 6-2 一横截面为正方形的砖柱分上下两段,其受力情况、各段长度及横截面尺寸如图 6-5a 所示。已知 $F = 50$ kN,试求荷载引起的最大工作应力。

解: 首先作柱的轴力图如图 6-5b 所示。

由于此柱上下两段的横截面尺寸不同,故不能应

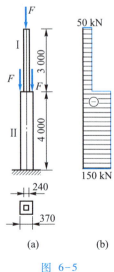

图 6-5

用式(6-3)计算柱的最大工作应力,必须利用式(6-2)求出每段柱的横截面上的正应力,然后进行比较以确定全柱的最大工作应力。

I、II 两段柱(图 6-5a)横截面上的正应力分别为

$$\sigma_I = \frac{F_{NI}}{A_I} = \frac{-50 \text{ kN}}{240 \times 240 \text{ mm}^2} = \frac{-50 \times 10^3 \text{ N}}{240 \times 240 \times 10^{-6} \text{ m}^2}$$

$$= -0.87 \times 10^6 \text{ N/m}^2 = -0.87 \text{ MPa}(压应力)$$

$$\sigma_{II} = \frac{F_{NII}}{A_{II}} = \frac{-150 \text{ kN}}{370 \times 370 \text{ mm}^2} = \frac{-150 \times 10^3 \text{ N}}{370 \times 370 \times 10^{-6} \text{ m}^2}$$

$$= -1.1 \times 10^6 \text{ N/m}^2 = -1.1 \text{ MPa}(压应力)$$

故最大工作应力为 $\sigma_{max} = -1.1$ MPa。

【思考题 6-1】

试论证若杆件横截面上的正应力处处相等,则相应的法向分布内力的合力必通过横截面的形心。反之,法向分布内力的合力虽通过形心,但正应力在横截面上却不一定处处相等。

例 6-3 某内燃机气缸套筒受沿半径方向的内压力作用,如图 6-6 所示。缸套内径 $d = 70$ mm,壁厚 $\delta = 2.5$ mm。燃气作用于筒壁的压强 $p = 3.5$ MPa。试求缸套径向截面上的正应力。

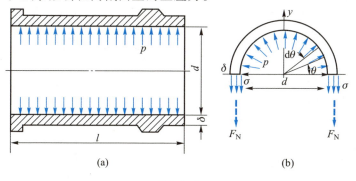

图 6-6

解:在内压力作用下,缸套要均匀胀大,可见,在包含缸套轴线的任何纵截面(径向截面)上,作用有相同的法向拉力 F_N,如图 6-6b 所示。为求这一法向拉力,将缸套假想地用径向截面切开,取其上半部(图 6-6b)作为研究对象。任意微圆柱面 $\left(l\dfrac{d}{2}\mathrm{d}\theta\right)$ 上压力的竖直投影为 $p\left(l\dfrac{d}{2}\mathrm{d}\theta\right)\sin\theta$,于

是上半部缸套的平衡方程为

$$\sum F_y = 0, \quad \int_0^\pi \left(pl \frac{d}{2} d\theta \right) \sin\theta - 2F_N = 0$$

故

$$F_N = \frac{pld}{2}$$

因缸壁厚度 δ 远小于缸套内径 d，可近似认为缸壁径向截面上与法向拉力 F_N 相应的正应力 σ 沿壁厚均匀分布（如果 $\delta \le d/20$，这种近似足够准确）。注意到一个 F_N 作用着的缸壁径向截面其面积为 $A = \delta l$，故

$$\sigma = \frac{F_N}{A} = \frac{pld/2}{\delta l}$$

即

$$\sigma = \frac{pd}{2\delta} \tag{6-4}$$

因为作用在缸套（圆筒）径向截面上的正应力 σ 沿圆周切线方向，故常称为**环向应力**。将题给数据代入式(6-4)得

$$\sigma = \frac{pd}{2\delta} = \frac{3.5 \text{ MPa} \times 70 \text{ mm}}{2 \times 2.5 \text{ mm}} = 49 \text{ MPa}$$

综合以上的分析和推导可知，拉、压杆横截面上正应力的计算公式 $\sigma = F_N/A$，是建立在变形符合平面假设的基础上的。因而杆件受轴向拉伸或压缩时，只有在变形符合这一假设，且材料均匀连续的条件下，才能应用该公式。

图 6-7a 所示受轴向拉伸的变截面杆，尽管在实用计算中，由于一般情况下横截面沿杆长的变化比较平缓（角 α 较小）而仍应用公式 $\sigma = F_N/A$，但事实上横截面上的正应力并非处处相等，当 $\alpha = 20°$ 时，用 $\sigma = F_N/A$ 计算的结果与横截面上实际的最大正应力相差 3%。随着 α 的进一步增大，差异将急剧增长。图 6-7b 所示的 Z 形截面杆，当其受轴向拉伸时，杆件在伸长的同时，它的两个翼缘在各自的纵向平

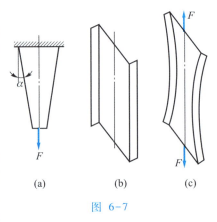

图 6-7

面内沿相反方向弯曲,使横截面不再保持为平面而发生翘曲,尽管横截面上法向分布内力的合力通过横截面的形心,但横截面上的正应力并非处处相等,甚至在横截面的某些部位会出现压应力(图6-7c)。因此,并非所有杆件受轴向拉伸(或压缩)时,对其变形均可作平面假设。

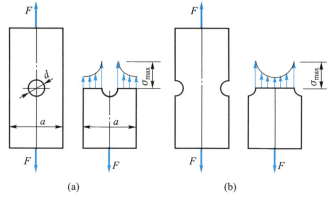

图 6-8

工程上常见的带有切口、油孔、螺纹等的轴向受拉杆件,在上述那些部位,由于截面尺寸急剧变化,同一横截面上的正应力并非处处相等,而有局部增大现象,即产生所谓的"**应力集中**"(stress concentration)(图 6-8)。应力集中处的局部最大应力 σ_{max} 与按等截面直杆算得的应力 σ_0(这是**名义应力**,并非实际应力)之比称为**应力集中因数**(stress concentration factor)α:

$$\alpha = \frac{\sigma_{max}}{\sigma_0} \tag{6-5}$$

显然 α 是一个大于 1 的因数。如图 6-8a 所示带圆孔的矩形截面杆,当孔的直径 d 远小于杆的宽度 a,且杆在弹性范围内工作时,$\alpha=3$。

§6-3 拉压杆的强度计算

以上分析了轴向拉伸(压缩)杆件横截面上的正应力,也就是**工作应力**。为使杆件在外力作用下不致发生断裂或者显著的永久变形(亦称塑性变形),即不致发生**强度破坏**,杆件内最大工作应力 σ_{max} 就不能超过杆件材料所能承受的**极限应力** σ_u,而且要有一定的安全储备。这一**强度条件**(strength condition)可用下式来表达

$$\sigma_{max} \leqslant \frac{\sigma_u}{n}$$

式中,n 是一个大于 1 的因数,称为 安全因数(safety factor)。材料受拉伸(压缩)时的极限应力要通过试验来测定(见§6-7)。极限应力 σ_u 除以安全因数 n 得到的是杆件材料能安全工作的 许用应力(allowable stress),用符号 $[\sigma]$ 表示。于是强度条件又可写作

$$\sigma_{\max} \leqslant [\sigma] \tag{6-6}$$

应用强度条件式(6-6)可对拉(压)杆进行如下三种类型的强度计算:

(1) 校核强度——已知杆件的横截面面积 A、材料的许用应力 $[\sigma]$,以及杆件所承受的荷载,检验是否满足式(6-6),从而判定杆件是否具有足够的强度。

(2) 选择截面尺寸——已知荷载及许用应力,根据强度条件选择截面尺寸。

(3) 确定许用荷载——已知杆件的横截面面积 A、材料的许用应力 $[\sigma]$,以及杆件承受荷载的情况,根据强度条件确定荷载的最大容许值。

例 6-4 某张紧器(图 6-9)工作时可能出现的最大张力 $F = 30$ kN,套筒和拉杆的材料均为 Q235 钢,$[\sigma] = 160$ MPa。试校核其强度。不考虑应力集中。

解:此张紧器的套筒与拉杆均受拉伸,轴力为

$$F_N = F = 30 \text{ kN}$$

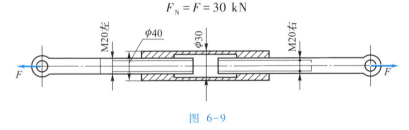

图 6-9

由于横截面面积有变化,必须找出最小的横截面面积 $A_{\min}$。对拉杆,按 M20 螺纹内径 $d_1 = 17.29$ mm 计算,$A_1 = 235$ mm^2。对套筒,按内径 $d_2 = 30$ mm、外径 $D_2 = 40$ mm 计算,$A_2 = 550$ mm^2。比较 A_1 及 A_2,得 $A_{\min} = A_1 = 235$ mm^2。故最大工作应力(拉)为

$$\sigma_{\max} = \frac{F_N}{A_{\min}} = \frac{30 \times 10^3 \text{ N}}{235 \times 10^{-6} \text{ m}^2} = 128 \times 10^6 \text{ Pa} = 128 \text{ MPa}$$

拉杆的最大工作应力小于许用应力,可见拉杆具有足够的强度。

例 6-5 一横截面为矩形的钢制阶梯状直杆,其受力情况及各段长度如图 6-10a 所示。AD 段和 DB 段的横截面面积为 BC 段横截面面积的 2 倍。矩形截面的高度与宽度之比 $h/b = 1.4$,材料的许用应力 $[\sigma] = 160$ MPa。试

选择各段杆的横截面尺寸 h 和 b。

解： 首先作杆的轴力图如图 6-10b 所示。

此杆为变截面杆，最大工作应力不一定出现在轴力最大的 AD 段横截面上。由于 DB 段的横截面面积与 AD 段相同，而轴力较小，故其工作应力一定小于 AD 段的。于是只需分别对 AD 段和 BC 段进行计算。

对于 AD 段，按强度条件要求其横截面面积 A_I 为

$$A_I \geqslant \frac{F_{NI}}{[\sigma]} = \frac{30 \times 10^3 \text{ N}}{160 \times 10^6 \text{ N/m}^2} = 1.875 \times 10^{-4} \text{ m}^2$$

对于 BC 段，要求

$$A_{III} \geqslant \frac{F_{NIII}}{[\sigma]} = \frac{20 \times 10^3 \text{ N}}{160 \times 10^6 \text{ N/m}^2} = 1.25 \times 10^{-4} \text{ m}^2$$

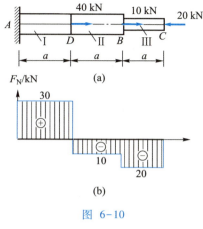

图 6-10

由上述结果以及 $A_I : A_{III} = 2 : 1$ 的规定，应取 $A_I = 2 \times 1.25 \times 10^{-4}$ m² $= 2.50 \times 10^{-4}$ m²，$A_{III} = 1.25 \times 10^{-4}$ m²。于是，可进而计算 AD 段及 DB 段的横截面尺寸 b_I、h_I。由

$$2.50 \times 10^{-4} \text{ m}^2 = b_I h_I = 1.4 b_I^2$$

得

$$b_I = 1.34 \times 10^{-2} \text{ m} = 13.4 \text{ mm}$$

$$h_I = 1.4 b_I = 18.7 \text{ mm}$$

同理可得 BC 段的横截面尺寸为 $b_{III} = 9.5$ mm，$h_{III} = 13.3$ mm。

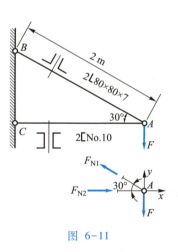

图 6-11

例 6-6 有一三角架如图 6-11 所示，其斜杆由两根 80×80×7 等边角钢组成，横杆由两根 10 号槽钢组成，材料均为 Q235 钢，许用应力 $[\sigma] = 120$ MPa。试求许用荷载 $[F]$。

解： (1) 首先求斜杆和横杆的轴力 F_{N1} 和 F_{N2} 与荷载 F 的关系。在这里根据平衡的理论，假设 F_{N1} 为拉力，F_{N2} 为压力。根据节点 A 的平衡条件有

$$\sum F_y = 0, \quad F_{N1} = \frac{F}{\sin 30°} = 2F \quad (1)$$

$$\sum F_x = 0, \quad F_{N2} = F_{N1}\cos 30° = 2F\cos 30° = 1.732F \quad (2)$$

（2）再计算各杆的许用轴力$[F_N]$。利用型钢表（见附录Ⅰ）得斜杆的横截面面积 $A_1 = 10.86 \times 2 \text{ cm}^2 = 21.7 \text{ cm}^2$，横杆的横截面面积 $A_2 = 12.74 \times 2 \text{ cm}^2 = 25.5 \text{ cm}^2$。由强度条件

$$\sigma = \frac{F_N}{A} \leqslant [\sigma]$$

知许用轴力$[F_N] = A[\sigma]$。将A_1、A_2分别代入此式，得到

$$[F_{N1}] = 21.7 \times 10^{-4} \text{ m}^2 \times 120 \times 10^6 \text{ N/m}^2 = 260 \times 10^3 \text{ N} = 260 \text{ kN}$$

$$[F_{N2}] = 25.5 \times 10^{-4} \text{ m}^2 \times 120 \times 10^6 \text{ N/m}^2 = 306 \times 10^3 \text{ N} = 306 \text{ kN}$$

（3）计算三角架的许用荷载$[F]$。以$F_{N1} = [F_{N1}]$代入式（1），得到按斜杆强度算出的许用荷载

$$[F_1] = \frac{[F_{N1}]}{2} = \frac{260 \text{ kN}}{2} = 130 \text{ kN}$$

以$F_{N2} = [F_{N2}]$代入式（2），得到按横杆强度算出的许用荷载

$$[F_2] = \frac{[F_{N2}]}{1.732} = \frac{306 \text{ kN}}{1.732} = 177 \text{ kN}$$

故斜杆和横杆都能安全工作的许用荷载应取$[F] = 130 \text{ kN}$。

§6-4 斜截面上的应力

为了全面地研究拉(压)杆发生强度破坏的原因，下面讨论斜截面上的应力。

如图6-12a所示，将杆沿着与横截面成角α的任意斜截面$k-k$假想地切开，取左段为研究对象（图6-12b），并以F_α表示该斜面上分布内力的合力。由左段杆的平衡，显然可知

$$F_\alpha = F$$

问题在于：$k-k$斜截面上组成F_α的分布内力在一点处的集度（总应力p_α）与合力F_α究竟是什么关系。仿照论证横截面上正应力分布规律的方法（§6-2）可以得知，拉(压)杆斜截面上的总应力p_α也处处相等。于是，若以A_α表示$k-k$斜截面的面积，则

$$p_\alpha = \frac{F_\alpha}{A_\alpha}$$

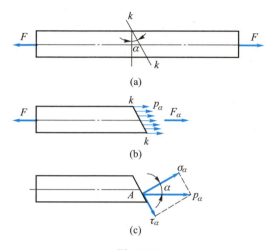

图 6-12

注意到 A_α 与横截面面积 A 有如下关系：
$$A = A_\alpha \cos \alpha$$
以及 $F_\alpha = F$，因此
$$p_\alpha = \frac{F}{A}\cos \alpha = \sigma_0 \cos \alpha$$
式中，$\sigma_0 = F/A$ 为拉压杆横截面（$\alpha = 0$）上的正应力。

总应力 p_α 可以分解为两个分量（图 6-12c）：一个是正应力 σ_α，另一个是沿截面切线方向的分量，称之为 **切应力**（shear stress），用 τ_α 表示。于是有

$$\left.\begin{array}{l} \sigma_\alpha = p_\alpha \cos \alpha = \sigma_0 \cos^2 \alpha = \dfrac{\sigma_0}{2}(1+\cos 2\alpha) \\ \tau_\alpha = p_\alpha \sin \alpha = \sigma_0 \cos \alpha \sin \alpha = \dfrac{\sigma_0}{2}\sin 2\alpha \end{array}\right\} \quad (6-7)$$

以上两式表达了拉（压）杆内任一点处不同斜截面上的正应力 σ_α 和切应力 τ_α 随斜截面方位角 α 变化的规律。通过一点的所有各截面上的应力其全部情况称为该点处的 **应力状态**。由式（6-7）可知，在所研究的拉（压）杆中，一点处的应力状态由其横截面上的正应力 σ_0 即可确定，这样的应力状态称为 **单向应力状态**。从式（6-7）还可以看出：

（1）当 $\alpha = 0$ 时，$\sigma_\alpha = \sigma_0$，它是 σ_α 中的最大值，即拉（压）杆横截面上的正应力是所有截面上正应力中的最大者。

（2）当 $\alpha = +45°$ 时（图 6-13a 中所示角 α 为正），有

$$\tau_\alpha = \tau_{45°} = \frac{\sigma_0}{2}\sin(2\times 45°) = \frac{\sigma_0}{2}$$

由推导公式所依据的图 6-12c 可见,τ_α 以使它所作用着的分离体有顺时针转动的趋势者为正(图 6-13b)。

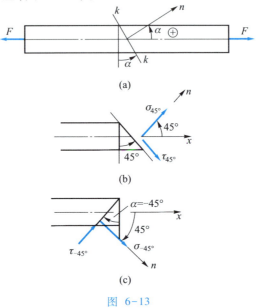

图 6-13

当 $\alpha = -45°$ 时,$\tau_\alpha = \tau_{-45°} = -\dfrac{\sigma_0}{2}$,其值与 $\tau_{45°}$ 相同,但它有使分离体逆时针转动的趋势(图 6-13c)。

这就是说,拉(压)杆件内最大的切应力发生在与轴线成 ±45° 的斜截面上,其大小为最大正应力的一半。

(3) 拉(压)杆任意两个相互垂直截面 k-k 和 n-n 上(图 6-14a)的切应力根据式(6-7)分别为

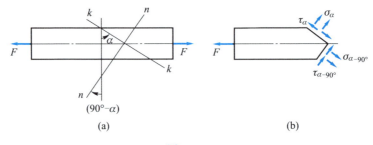

图 6-14

第 6 章 拉伸和压缩

$$\tau_\alpha = \frac{\sigma_0}{2}\sin 2\alpha$$

$$\tau_{-(90°-\alpha)} = \frac{\sigma_0}{2}\sin[2\times(\alpha-90°)] = -\frac{\sigma_0}{2}\sin 2\alpha$$

它们的指向如图 6-14b 所示。这就表明,拉(压)杆两个相互垂直截面上的切应力大小相等,而指向都对着(或都背离)该两截面的交线。事实上,任何受力物体内一点处,两个相互垂直截面上与这两个面的交线垂直方向的切应力,也必定大小相等,而指向都对着(或都背离)这两个垂直截面的交线。这个普遍规律称为**切应力互等定理**(theorem of conjugate shearing stress)。

§6-5 拉(压)杆的变形与位移

一、胡克定律

图 6-15 所示的拉杆在荷载 F 作用下,沿轴线方向(纵向)产生伸长变

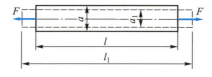

图 6-15

形,而在与轴线垂直的所谓横向则产生缩短变形。实验表明,工程上使用的许多材料都有一个线性弹性阶段,在此范围内,拉(压)杆的纵向变形 $\Delta l = (l_1 - l)$ 与轴力 F_N 和杆的原长 l 成正比,与横截面面积 A 成反比,即

$$\Delta l \propto \frac{F_N l}{A}$$

引入比例常数 E,这一关系可写作

$$\Delta l = \frac{F_N l}{EA} \qquad (6-8)$$

它就是适用于拉(压)杆的**胡克定律**(Hooke's law)。式中的 E 称为材料的拉伸(或压缩)**弹性模量**(modulus of elasticity),其量纲为 $ML^{-1}T^{-2}$,常用单位为 MPa。它表示材料抵抗弹性变形的能力。各种钢材的弹性模量基本相同,大致为 $E = (2.0 \sim 2.2) \times 10^5$ MPa。由式(6-8)可看出,在 F_N 及 l 不变的情况下,乘积 EA 越大,杆的纵向变形越小;所以,EA 称为杆件的**抗拉(压)**

刚度(axial rigidity)。

杆件的总变形 Δl 是个与杆件原长 l 有关的量,因此,它并不反映杆的变形程度。只有纵向的相对线变形 $\Delta l/l$,亦即纵向线应变①(axial strain) ε 才能反映出拉(压)杆的变形程度。注意到式(6-8)中 $F_N/A=\sigma$,以及 $\varepsilon=\Delta l/l$,于是该式可写作

$$\sigma = E\varepsilon \tag{6-9}$$

此式比式(6-8)具有更广泛的意义,因为它消除了杆件尺寸的影响。只要杆件内某点处是单向应力状态,而且材料在线性弹性范围内工作,便可利用它由正应力求相应的线应变,或由线应变求相应的正应力。式(6-9)称为单向应力状态的胡克定律。线应变 ε 通常以伸长为正,缩短为负。

二、横向变形与泊松比

图 6-15 所示受轴向拉伸的杆件,在纵向伸长的同时,横向缩短,变形前的横向尺寸 a 在杆变形后缩短为 a_1,相应的横向线应变(lateral strain)为

$$\varepsilon' = \frac{a_1 - a}{a} = \frac{\Delta a}{a}$$

这里 Δa 为负值,故 ε' 也是负值,与纵向线应变 ε 的正负号相反。

实验证实,材料在线性弹性阶段工作时,横向线应变 ε' 与纵向线应变 ε 保持一定的比例关系,即

$$\left|\frac{\varepsilon'}{\varepsilon}\right| = \nu$$

或

$$\varepsilon' = -\nu\varepsilon \tag{6-10}$$

比值 ν 称为材料的泊松比(Poisson's ratio),对大多数各向同性材料而言,其值在 0 与 0.5 之间。

弹性模量 E 和泊松比 ν 都是材料的弹性常数,因材料而异,都可通过试验测定。

【思考题 6-2】
若在受力物体内一点处已测得两个相互垂直的 x 和 y 方向均有线应变,则是否在 x 和 y 方向必定均有正应力?若测得 x 方向有线应变,则是否 y 方向无正应力?若测得 x 和 y 方向均无线应变,则是否 x 和 y 方向必定无正应力?

---

① 线应变也称为正应变。

例 6-7 图 6-16a 所示为一阶梯形钢杆，AB 段和 BC 段的横截面面积为 $A_1 = A_2 = 500$ mm^2，CD 段的横截面面积为 $A_3 = 200$ mm^2。已知钢的弹性模量 $E = 2.0 \times 10^5$ MPa。试求杆的纵向变形 Δl。

解： 此杆的轴力图如图 6-16b 所示。由于各段杆的轴力和横截面面积不尽相同，故须分段利用拉压胡克定律求各段杆的纵向变形，它们的代数和才是整个杆的纵向变形 Δl。

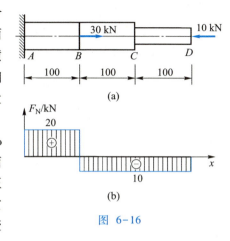

图 6-16

$$\Delta l = \Delta l_1 + \Delta l_2 + \Delta l_3 = \frac{F_{N1} l_1}{E A_1} + \frac{F_{N2} l_2}{E A_2} + \frac{F_{N3} l_3}{E A_3}$$

$$= \left[\frac{(20 \times 10^3) \times 100 \times 10^{-3}}{2.0 \times 10^{11} \times 500 \times 10^{-6}} + \frac{(-10 \times 10^3) \times 100 \times 10^{-3}}{2.0 \times 10^{11} \times 500 \times 10^{-6}} + \frac{(-10 \times 10^3) \times 100 \times 10^{-3}}{2.0 \times 10^{11} \times 200 \times 10^{-6}} \right] \text{ m}$$

$$= (2 \times 10^{-5} - 1 \times 10^{-5} - 2.5 \times 10^{-5}) \text{ m} = -1.5 \times 10^{-5} \text{ m} = -0.015 \text{ mm}$$

计算结果为负，说明整个杆是缩短的。

上例中求得的杆的纵向变形 $\Delta l = -0.015$ mm，显然也就是杆的两个端截面 A 和 D 沿杆的轴线方向的相对线位移 Δ_{AD}，负号则表示两截面靠拢。在截面 A 固定不动的题示条件下，上述纵向变形 Δl 也是截面 D 沿杆轴方向的绝对位移 Δ_D，负号表示截面 D 向左移动。同理，BC 段的纵向变形 $\Delta l_2 = -0.01$ mm 也就是截面 B 和截面 C 的相对纵向位移 Δ_{BC}，至于截面 C 的绝对纵向位移 Δ_C 则应是截面 B 的绝对纵向位移 Δ_B 加上截面 C 与截面 B 的相对纵向位移 Δ_{CB}，即

$$\Delta_C = 2 \times 10^{-5} \text{ m} + (-1 \times 10^{-5} \text{ m}) = +1 \times 10^{-5} \text{ m} = +0.01 \text{ mm}(\rightarrow)$$

从这里容易看出，变形与绝对位移既有联系，又有区别，前者只取决于杆的本身以及受力情况，后者则尚与外部约束有关，在杆系中则如下面的例题中所示，尚与杆件之间的相互约束有关。

【思考题 6-3】

图 6-17 所示材料相同的两根等截面杆,试问:(1) 它们的总伸长(变形)是否相同?(2) 它们的变形程度是否相同?(3) 两杆有无相应截面其纵向位移相同?

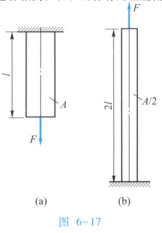

图 6-17

6-2:A 点位移变化

6-3:拉伸时轴力变化

例 6-8 图 6-18a 所示铰接杆系由两根钢杆 1 和 2 组成。各杆长度均为 $l=2$ m,直径均为 $d=25$ mm。已知变形前 $\alpha=30°$,钢的弹性模量 $E=2.1\times 10^5$ MPa,荷载 $F=100$ kN。试求节点 A 的位移 Δ_A。

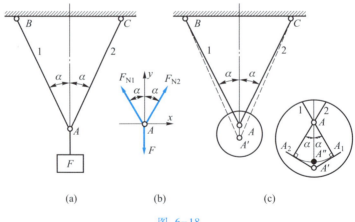

图 6-18

解: 此杆系及其所受荷载关于通过点 A 的竖直线都是对称的,因此节点 A 只有竖直位移。为求竖直位移 Δ_A,先求出各杆的伸长。

在变形微小的情况下,计算杆的轴力时可忽略角 α 的微小变化。将杆件视为刚体,用原始尺寸计算。假定各杆的轴力均为拉力(图 6-18b)。根据对称性,可知 $F_{N1}=F_{N2}$。这样,由节点 A 的一个平衡方程 $\sum F_y = 0$ 便可求出轴力

$$F_{N1}\cos\alpha + F_{N2}\cos\alpha - F = 0$$

$$F_{N1} = F_{N2} = \frac{F}{2\cos\alpha} \tag{1}$$

将所得 F_{N1} 和 F_{N2} 代入公式(6-8),得每杆的伸长为

$$\Delta l_1 = \Delta l_2 = \frac{F_{N1}l}{EA} = \frac{Fl}{2EA\cos\alpha} \tag{2}$$

式中,$A = \frac{\pi}{4}d^2$ 为杆的横截面面积。

为了求位移 Δ_A,可假想地将 1、2 两杆在点 A 处拆开,并使其沿各自原来的方向伸长 Δl_1 和 Δl_2,然后分别以另一端 B、C 为圆心转动,直至相交于一点 A''(图 6-18c)。$\overline{AA''}$ 即为点 A 的竖直位移。为了计算简单,在变形微小的情况下,可过 A_1、A_2 分别作 1、2 两杆的垂线以代替上述圆弧,并认为此两垂线的交点 A' 即为节点 A 产生位移后的位置。这样,从图 6-18c 所示可得

$$\Delta_A = AA' = \frac{\Delta l_1}{\cos\alpha} \tag{3}$$

将式(2)代入式(3),得

$$\Delta_A = \frac{Fl}{2EA\cos^2\alpha} \tag{4}$$

再将已知数据代入得

$$\Delta_A = \frac{(100\times10^3)\times 2}{2\times(2.1\times10^{11})\times\left[\frac{\pi}{4}\times(25\times10^{-3})^2\right]\cos^2 30°}\,\text{m}$$

$$= 0.0013\,\text{m} = 1.3\,\text{mm}(\downarrow)$$

§6-6 拉(压)杆内的应变能

弹性体在外力作用下产生变形时,其内部储存有能量,即**应变能**(strain energy)V_ε,当外力除去时,这种弹性应变能也就随变形的消失而释放出来。例如,某些玩具的发条(弹性体)被拧紧(发生变形)后所储存的应变能在发条松开时逐渐释放出来,带动齿轮系使指针转动。

现在来研究拉(压)杆在线性弹性范围内工作时的应变能。图 6-19b 所示的直线 OA 为图 6-19a 所示拉杆的荷载 F 与相应位移 Δ_A 的关系图线。当荷载为某一值 F_1 时,荷载作用点 A 的竖直位移为 Δ_{A1};当荷载有一微小增

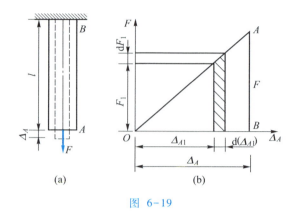

图 6-19

量 dF_1 时,荷载作用点位移有一相应的增量 $d(\Delta_{A1})$。在此过程中荷载所作的元功为

$$dW = F_1 d(\Delta_{A1})$$

如图 6-19b 中的阴影面积所示。由此可见,当荷载由零增至最终值 F 时,它所做的功在数值上等于图中三角形 OAB 的面积,即

$$W = \frac{1}{2} F \Delta_A$$

如果荷载缓慢地增大,杆件的动能并无明显变化,并且热能变化甚微可忽略,那么根据能量守恒定律,荷载所做的功 W 在数值上就等于受力物体(拉杆)内的应变能。因此,所述拉杆的应变能为

$$V_\varepsilon = \frac{1}{2} F \Delta_A$$

这里的因数 1/2 显然是由于力与位移呈线性关系而导致的。在力与位移不呈线性关系的情况下这个因数就不是 1/2。

对于在长度 l 范围内轴力 F_N 和刚度 EA 均为常量的拉(压)杆,其应变能 V_ε 根据上式可改写为

$$V_\varepsilon = \frac{1}{2} F_N \left(\frac{F_N l}{EA} \right) = \frac{F_N^2 l}{2EA} \tag{6-11}$$

应变能的单位与功相同,为 J(焦耳)。1 J = 1 N·m。

拉(压)杆单位体积内所积蓄的应变能——**应变能密度**(strain energy density) v_ε 为

$$v_\varepsilon = \frac{V_\varepsilon}{V} = \frac{F_N^2 l / (2EA)}{Al} = \frac{1}{2E} \left(\frac{F_N}{A} \right)^2 = \frac{\sigma^2}{2E} \tag{6-12a}$$

亦即

$$v_\varepsilon = \frac{1}{2}\sigma\varepsilon \tag{6-12b}$$

或

$$v_\varepsilon = \frac{E\varepsilon^2}{2} \tag{6-12c}$$

应变能密度的常用单位是 J/m³。

例 6-9　杆系如图 6-18 所示(例 6-8),试求:(1) 该系统内的应变能 V_ε;(2) 外力所做的功 W。

解:(1) 系统内的应变能为 AB 及 AC 两杆内应变能之和,即 $V_\varepsilon = V_{\varepsilon 1} + V_{\varepsilon 2}$。由于杆系及荷载的对称性,$V_{\varepsilon 1} = V_{\varepsilon 2}$。于是

$$V_\varepsilon = 2 \times \frac{F_{N1}^2 l}{2EA} = \frac{F_{N1}^2 l}{EA}$$

代入具体数值后得

$$V_\varepsilon = \frac{(57.74\times 10^3)^2 \times 2}{2.1\times 10^{11} \times \left[\frac{\pi}{4}(25\times 10^{-3})^2\right]} \text{ N·m} = 65 \text{ N·m}$$

(2) 外力功 $W = \frac{1}{2}F\Delta_A$。由例 6-8 已求得 $\Delta_A = 1.3$ mm,故

$$W = \frac{1}{2}\times(100\times 10^3)\times(1.3\times 10^{-3}) \text{ N·m} = 65 \text{ N·m}$$

显然,外力功在数值上必等于系统内积蓄的应变能。

例 6-10　如图 6-20 所示,重量为 P 的重物从高处自由落下,在与杆 AB 下端的盘 B 碰撞后不发生回跳。已知自由落距为 h,杆的长度为 l,盘及杆重均可不计,试求杆的最大伸长及其横截面上的最大拉应力。

解:这里的重物是冲击物,它与其他静荷载不同。杆 AB 是被冲击物。碰撞过程中,由于杆通过盘给冲击物以阻力,冲击物的速度逐渐降低。当速度降为零时,杆的下端就达到最低位置。此时,杆的伸长达到最大值 Δ_d,显然它不同于前面的静位移,这个量也就是圆盘 B 沿冲击方向的最大位移。相应于这个最大位移的假想静荷载通常称之为<u>冲击荷载</u>(impact load),并以 F_d(图 6-20b)表示。杆件横截面上相应于上述最大位移的应力称为冲击应力,以 σ_d 表示,它也与静应力不同。

现在来研究如何确定它们。若略去碰撞过程中的能量损失,并假设杆在伸长最大时仍在线性弹性范围内工作,则根据能量守恒定律可知,受冲击的杆在碰撞过程中所积蓄的应变能 $V_{\varepsilon d}$ 在数值上就等于冲击物在此过程中

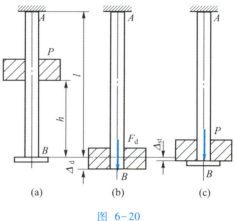

图 6-20

所做的功 W，即 $V_{\varepsilon d}=W$，其中 $V_{\varepsilon d}=\dfrac{1}{2}F_d\Delta_d$，$W=P(h+\Delta_d)$。由于根据对于材料性能的试验结果，材料受冲击时的弹性模量基本上与受静荷载时的相等，因此，如果冲击荷载 F_d 是冲击物重量 P 的 K_d 倍，则冲击位移 Δ_d 也应是把冲击物重量 P 作为静荷载沿冲击方向加于冲击点时相应静位移 Δ_{st}（图 6-20c）的 K_d 倍，即 $F_d=K_dP$，$\Delta_d=K_d\Delta_{st}$。以此代入上面 $V_{\varepsilon d}$ 及 W 的表达式，得

$$V_{\varepsilon d}=\dfrac{1}{2}(K_dP)(K_d\Delta_{st}),\qquad W=P(h+K_d\Delta_{st})$$

于是，根据 $V_{\varepsilon d}=W$ 得

$$\dfrac{1}{2}PK_d^2\Delta_{st}=P(h+K_d\Delta_{st})$$

整理后有

$$K_d^2-2K_d-\dfrac{2h}{\Delta_{st}}=0$$

注意到 K_d 应大于 1，故从上式解得

$$K_d=1+\sqrt{1+\dfrac{2h}{\Delta_{st}}} \qquad (6-13)$$

式中 K_d 称为**冲击因数**(impact factor)，h 为冲击物的自由落距，Δ_{st} 为冲击点沿冲击方向的静位移，且 $\Delta_{st}=\dfrac{Pl}{EA}$。

本例题中所要求的最大拉应力和杆的最大伸长变形就是 σ_d 和 Δ_d，而

$$\sigma_d=K_d\sigma_{st}=\left(1+\sqrt{1+\dfrac{2hEA}{Pl}}\right)\dfrac{P}{A},\qquad \Delta_d=K_d\Delta_{st}=\left(1+\sqrt{1+\dfrac{2hEA}{Pl}}\right)\dfrac{Pl}{EA}$$

显然，只有当材料在线性弹性范围内工作时，亦即当算出的最大拉应力 σ_d 不超过应力与应变呈线性关系的最高应力——材料的<u>比例极限</u>时，计算结果才是正确的。

> **【思考题 6-4】**
>
> （1）若图 6-20a 中所示的重物不是从高处自由下落而是骤然加在杆 AB 下端的盘 B 上，则冲击因数 K_d 为多少？
>
> （2）推导公式 $K_\mathrm{d} = 1 + \sqrt{1+(2h/\Delta_\mathrm{st})}$ 时略去了碰撞过程中能量的损失，那么由此算得的 K_d 是偏大还是偏小？

§6-7 低碳钢和铸铁受拉伸和压缩时的力学性能

前几节中曾先后提到过极限应力、比例极限、弹性模量和泊松比等，这些都是材料的**力学性能**（mechanical properties），即材料在外力作用下在强度与变形等方面所表现出来的性能。

材料的力学性能既与材料的成分及其结构组织有关，还与受力状态、温度和加载方式等有关。设计不同工作条件下的构件时，就应考虑到上述外界条件对于材料力学性能的影响。材料的力学性能只能通过试验测定。

低碳钢和铸铁是工程中广泛使用的两种材料，它们的力学性能也比较典型。本节介绍这两种材料在室温、静载（缓慢施加荷载）下拉伸和压缩时的力学性能，并在此基础上讨论材料的许用应力的确定。

一、拉伸试件和压缩试件

为了全面地比较各种材料的力学性能，做拉伸或压缩试验用的试件应按标准规格制作，对于拉伸试件最主要的是：试件中部等截面区段内用来测量变形的那段长度 l——标距（图 6-21）与试件横向尺寸之比应符合某一规定。通常取

$$l = 10d \text{ 或 } l = 5d \text{（圆截面试件，图 6-21a）}$$

$$l = 11.3\sqrt{A} \text{ 或 } l = 5.65\sqrt{A} \text{（矩形截面试件，图 6-21b）}$$

式中，A 为矩形截面试件的横截面面积，d 为圆截面试件的横截面直径。

压缩试件通常用圆截面（对于金属材料）或正方形截面（对于非金属材料）的短柱体（图 6-22），其长度 l 与横截面直径 d 或边长 b 的比值一般规

定为 1 到 3,以避免试件在试验过程中被压弯。

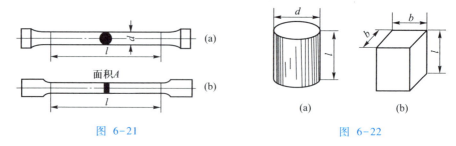

图 6-21   图 6-22

二、低碳钢受拉伸时的力学性能

6-4:拉伸仿真实验

低碳钢试件在拉伸试验过程中,标距范围内的伸长 Δl 与试件抗力(常称为"荷载")F 之间的关系曲线如图 6-23a 所示,该图线习惯上称为试件的**拉伸图**。

拉伸图的横坐标和纵坐标均与试件的几何尺寸有关,用同一材料做成的尺寸不同的试件,由拉伸试验所得到的拉伸图存在着量的差别。若将拉伸图的纵坐标即抗力 F 除以试件横截面的原面积 A,并将其横坐标即伸长量 Δl 除以试件标距的原长度 l,便可消除试件尺寸的影响,所得图线就代表了材料的力学性能。此图线称为材料的应力-应变曲线,即 σ-ε 曲线(图 6-23b)。

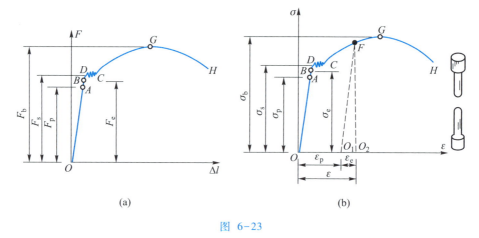

图 6-23

低碳钢的力学性能在整个拉伸过程中如 σ-ε 曲线所示,表现为 OB、DC、CG、GH 四个不同的阶段。

1. 弹性阶段 OB

在这一阶段如果卸去"荷载",变形即随之消失,也就是说,在"荷载"作用下所产生的变形是弹性的。弹性阶段所对应的最高应力称为**弹性极限**(elastic limit),常以 σ_e 表示。精密的量测表明,低碳钢在弹性阶段内工作时,只有当应力不超过另一个称为**比例极限**(proportional limit) σ_p 的值时,应力与应变才呈线性关系(图 6-23b 所示的斜直线 OA),即材料才服从胡克定律,而有 $\sigma = E\varepsilon$。Q235 钢的比例极限约为:$\sigma_p \approx 200$ MPa。弹性极限 σ_e 与比例极限 σ_p 虽然意义不同,但是它们的数值非常接近,工程上通常不加区别。

2. 屈服阶段 DC

应力超过弹性极限后,材料便开始产生不能消除的永久变形(塑性变形),随后在 σ-ε 图线上便呈现一条大体水平的锯齿形线段 DC,即应力几乎保持不变而应变却大量增长,它标志着材料暂时失去了对变形的抵抗能力。这种现象称为**屈服**(yield)。材料在屈服阶段所产生的变形为不能消失的塑性变形。

若试件表面非常光滑,屈服时可看到一系列迹线,它们是由于材料沿最大切应力面(与试件轴线成 45°)发生滑移所致。这些迹线称为**滑移线**(slip-lines)。

在屈服阶段里,应力 σ 有幅度不大的波动。试验结果指出,很多因素对屈服应力的高限有影响,屈服应力的低限则较为稳定。通常将屈服应力的第一个低限取为材料的**屈服极限**(yield limit) σ_s。对于 Q235 钢,$\sigma_s \approx 240$ MPa。

值得注意的是,如图 6-23b 所示的 σ-ε 曲线,无论纵坐标 $\sigma = F/A$,还是横坐标 $\varepsilon = \Delta l/l$,都是名义值。因为到了屈服阶段,试件的横截面面积和标距均已发生较显著的改变,此时,仍用原面积 A 去求应力和用原标距 l 去求应变,所得结果显然不是真实的值。尽管如此,由于在对拉杆作计算时所用的也是横截面面积和长度的初始值,所以材料的上述名义值仍不失为判别杆件是否会发生破坏的依据。

3. 强化阶段 CG

在试件内的晶粒滑移终了时,屈服现象便告终止,试件恢复了继续抵抗变形的能力,即发生强化。图 6-23b 所示的曲线线段 CG 所显示的便是材料的强化阶段。

σ-ε 曲线上的最高点 G 所对应的名义应力,即试件在拉伸过程中所产生的最大抗力 F_b 除以初始横截面面积 A 所得的值,称为材料的**强度极限**

(ultimate strength)σ_b。对于 Q235 钢，$\sigma_\mathrm{b} \approx 400$ MPa。

4. 局部变形阶段 GH

名义应力达到强度极限后，试件便发生局部变形，即在某一横截面及其附近出现局部收缩即所谓缩颈的现象。在试件继续伸长的过程中，由于"缩颈"部分的横截面面积急剧缩小，试件对于变形的抗力因而减小，于是按初始横截面面积计算的名义应力随之减小。当"缩颈"处的横截面收缩到某一程度时，试件便断裂。

屈服极限 σ_s 和强度极限 σ_b 是低碳钢重要的强度指标。

为了比较全面地衡量材料的力学性能，除了强度指标，还需要知道材料在拉断前产生塑性变形（永久变形）的能力。

工程上常用的塑性指标有**伸长率**（percentage elongation）δ 和**断面收缩率**（percentage reduction of area）ψ。前者表示试件拉断后标距范围内平均的塑性变形百分率，即

$$\delta = \frac{l_1 - l}{l} \times 100\% \tag{6-14}$$

式中，l 为试件拉伸前的标距，l_1 为试件拉断后标点之间的距离。容易看出，由于计算伸长率 δ 时所用的 l_1 包括了"缩颈"部分的局部伸长在内，因此当采用不同的标距 l 时，即使在同一试件上，所得的 δ 亦不相同，例如，采用 $l = 10d$ 所得的 δ_{10} 必小于采用 $l = 5d$ 所得的 δ_5。这在比较材料的塑料指标时是必须注意的。对于伸长率 δ，如果未加说明，通常是指 δ_{10}。

材料另一个塑性指标——断面收缩率 ψ，是指试件断口处横截面面积的塑性收缩百分率，即

$$\psi = \frac{A - A_1}{A} \times 100\% \tag{6-15}$$

式中，A 是拉伸前试件的横截面面积，A_1 是拉断后断口处的横截面面积。

对于 Q235 钢，$\delta = 25\% \sim 30\%$，$\psi \approx 60\%$。

δ 和 ψ 愈大，说明材料的塑性愈好。这种 δ 和 ψ 的数值较大的材料（例如 $\delta \geq 5\%$），通常称为**塑性材料**（ductile material）。

对于塑性材料，还有一个值得注意的力学性能，即卸载和再加载规律。如图 6-23b 所示，当材料进入强化阶段而应力达到图中点 F 所对应的值时，若进行卸载，则在卸载过程中应力与应变将按线性关系减小，图线沿着与 OA 平行的直线 FO_1 下降，当卸载完毕后只有如图中线段 O_1O_2 所代表的那部分应变消失，而线段 OO_1 所代表的那部分应变并不消失，即它是残余应变。这就是说，当加载而应力达到图中点 F 所对应的值时，相应的应变 ε

包括了弹性应变 ε_e 和塑性应变 ε_p 两部分，即 $\varepsilon = \varepsilon_e + \varepsilon_p$。

卸载后有了残余变形的试件如果立即重新加载，则应力-应变图线将沿着卸载直线 O_1F 上升，直到点 F 后才变为曲线，当应力达到原来的屈服极限 σ_s 时不再发生屈服。倘若卸载后经过一段时间再加载，则应力-应变图线甚至会在超过卸载应力一定值后才变为曲线。工程实践中有时就利用卸载再加载规律将碳钢进行预张拉以提高材料的比例极限。当然，经过预张拉的钢材，比例极限是提高了，但塑性却降低了。材料在室温下经受塑性变形后强度提高而塑性降低的现象，叫作**冷作硬化**（cold hardening）。

例 6-11 一根材料为 Q235 钢的拉伸试件，其直径为 $d = 10$ mm，标距 $l = 100$ mm。当试验机上荷载读数达到 $F = 10$ kN 时，量得标距范围内的伸长为 $\Delta l = 0.0607$ mm，直径的缩小为 $\Delta d = -0.0017$ mm。试求出材料的弹性模量 E 和泊松比 ν。已知 Q235 钢的比例极限为 $\sigma_p = 200$ MPa。

解： $F = 10$ kN 时，试件横截面上的正应力为

$$\sigma = \frac{F}{A} = \frac{10 \times 10^3 \text{ N}}{[\pi (10 \times 10^{-3})^2 / 4] \text{ m}^2} = 128 \times 10^6 \text{ Pa} = 128 \text{ MPa}$$

其值低于材料的比例极限，即材料在线性弹性范围内工作，故可由题给相应数据计算 E 和 ν。试件的纵向线应变 ε 和横向线应变 ε' 的值分别为

$$\varepsilon = \frac{\Delta l}{l} = \frac{0.0607}{100} = 6.07 \times 10^{-4}, \quad \varepsilon' = \frac{\Delta d}{d} = \frac{-0.0017}{10} = -1.7 \times 10^{-4}$$

根据已算得的 σ 和相应的 ε 有

$$E = \frac{\sigma}{\varepsilon} = \frac{128}{6.07 \times 10^{-4}} \text{ MPa} = 2.1 \times 10^5 \text{ MPa}$$

根据已算得的 ε 和 ε' 有

$$\nu = \left| \frac{\varepsilon'}{\varepsilon} \right| = \left| \frac{(-1.7 \times 10^{-4})}{6.07 \times 10^{-4}} \right| = 0.28$$

三、低碳钢受压缩时的力学性能

图 6-24 示出了低碳钢压缩时的应力-应变曲线。作为对比，图中也示出了低碳钢拉伸时的应力-应变曲线。由图可见，在屈服阶段前，两图线基本上重合，压缩时的屈服极限 σ_s 与拉伸时的屈服极限基本相等，弹性模量也相同。进入强化阶段后，低碳钢试件愈压愈扁，横截面面积不断增大，从而也就无法测定其压缩强度极限。由于从低

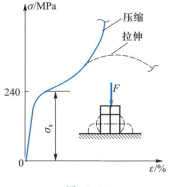

图 6-24

6-5：压缩仿真实验

碳钢的拉伸试验结果就可以了解它在压缩时的主要力学性能,所以通常不进行压缩试验。

四、铸铁受拉伸或压缩时的力学性能

图 6-25 示出了铸铁受拉伸时的应力-应变曲线。它的特点是,在应力很小时应力与应变之间就不呈直线关系,没有屈服阶段,在没有明显塑性变形的情况下就发生断裂,且抗拉强度极限 σ_{bt} 很低。它是典型的**脆性材料**(brittle material)。再者,铸铁拉伸试件的断口平齐,没有缩颈现象。由上所述可知,铸铁受拉伸时的强度指标就只有抗拉强度极限 σ_{bt}。此外,对于这种材料只能认为近似地遵循胡克定律。

图 6-26 所示是铸铁受压缩时的应力-应变曲线。铸铁的抗压强度极限 σ_{bc} 约为拉伸时的 4~5 倍。铸铁受压缩时是沿斜截面错动而破坏的,断口与横截面约略成 50°角。这种材料只适宜于用作受压构件。

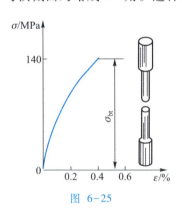

图 6-25

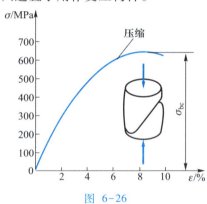

图 6-26

五、安全因数和许用应力

在对拉(压)杆作强度计算时(§6-3),曾用到材料的许用应力 $[\sigma]$,它并非材料破坏时的极限应力 σ_u(屈服极限 σ_s 或强度极限 σ_b),而是把 σ_u 除以大于 1 的安全因数 n 所得的值,即

$$[\sigma] = \frac{\sigma_u}{n}$$

对于塑性材料,取屈服极限 σ_s 作为极限应力。对于脆性材料,取强度极限 σ_b 作为极限应力。

确定许用应力时之所以要引用安全因数 n,主要有以下两个方面的原因:

（1）材料力学性能、荷载和其他数据的不确定性,以及计算图式、计算公式的近似。

（2）根据构件的重要性等有必要给以一定的安全储备。

对于在静荷载下工作的塑性材料,一般取 $n=1.2\sim2.5$,对脆性材料则取 $n=2.0\sim3.5$。事实上,在一些设计规范中已给定了各种情况下材料的安全因数或者许用应力。

一般的塑性材料其抗拉强度与抗压强度相等,所以拉伸与压缩的许用应力相同。对脆性材料来说,抗拉强度远小于抗压强度,所以许用拉应力$[\sigma_t]$也就远小于许用压应力$[\sigma_c]$。

在设计工作中,也有将安全因数分成几个系数来考虑的,例如超载系数、匀质系数及工作条件系数等。根据各个方面可能的不利情况分别确定相应的系数,再综合成总的安全因数。这比把所有因素混在一起选用安全因数要精确些。

§6-8 简单的拉、压超静定问题

一、超静定问题

以上所研究的杆件或杆系,其支座约束力或轴力都能通过静力学的平衡方程求解。这类问题属于**静定问题**。但也会遇到另一种情况,例如要计算图 6-27a 所示钢筋混凝土短柱中钢筋部分和混凝土部分各自的轴力 $F_{N混}$ 和 $F_{N钢}$（图 6-27b）,就不能单凭静力学平衡方程 $F_{N混}+F_{N钢}=F$ 求解了。因为在这里独立的未知量有两个（$F_{N混}$、$F_{N钢}$）,而能够利用的独立的平衡方程只有一个。这一类单凭平衡方程不能求解全部约束力和内力的问题即为§3-6 介绍的**超静定问题**。而未知量数目与独立的平衡方程数目之差,称为**超静定次数**。

图 6-28a 所示杆系,共有四个未知内力,但对于平面汇交力系只能列出两个独立的平衡方程,故此杆系为 4-2=2 次超静定。杆件或杆系之所以成为超静定的,是由于在维持平衡所需的外部或内部约束之外,又附加了"多余"的

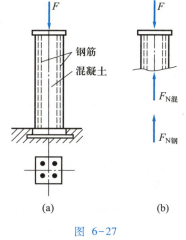

图 6-27

约束所致。从这一概念出发,图 6-28a 所示超静定杆系可以认为是由于在如图 6-28b 所示的静定杆系中附加了两根"多余"杆件 AC 及 AD 所致。

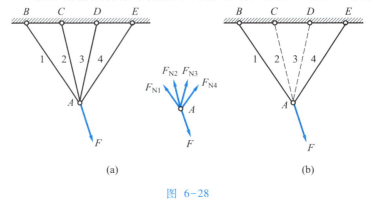

图 6-28

二、超静定问题的基本解法

解超静定问题的最基本的方法是以**多余约束**(redundant restraint)的约束力或内力作为未知数来求解,而所谓"多余"约束是指对于保持平衡来说不必要的约束。图 6-29a 所示的一次超静定杆件,其一个端部约束对于保持平衡来说是必需的,而另一个端部约束却是"多余"的。解题时如果取 B 端的约束为多余约束,那么相应的约束力 F_B 就是多余未知力。显然,求出多余未知力 F_B 后,求另一约束力 F_A 和杆件横截面上轴力的问题就是静定的了。

为了求解超静定杆件或杆系的多余未知力,可以假想地解除多余约束使它成为静定的杆件或杆系。这种在解题过程中解除了多余约束的静定杆件或杆系称为原超静定杆件或杆系的**基本系统**(primary system)。图 6-29a 所示的超静定杆件,当以 B 端的约束作为多余约束时,其基本系统如图 6-29b 所示。

基本系统在原来作用于超静定系统上的荷载以及多余未知力共同作用下,其受力情况及变形、位移等显然应与原超静定系统相同,因而是原超静定系统的**相当系统**(equivalent system)。图 6-29c 所示的静定杆件,在以 F_B 为图6-29a 所示超静定杆件的多余未知力的条件下,便是该超静定杆件的相当系统。

作用在相当系统上的多余未知力 F_B 实际上是待求的,故解题时要以与它相应的位移为依据,即相当系统多余未知力作用处的位移与原超静定系统的相同。这就是解超静定问题的<u>位移条件</u>,或**位移相容条件**(compati-

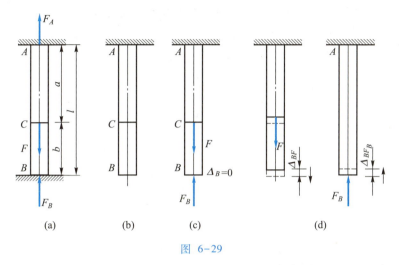

图 6-29

bility condition of displacement)（也称为<u>变形协调条件或变形相容条件</u>）。图 6-29c 所示的相当系统的位移条件为

$$\Delta_B = 0$$

或（图 6-29d）

$$\Delta_{BF} + \Delta_{BF_B} = 0$$

根据位移条件（或位移相容条件）便可得到求解多余未知力的补充方程。对于图 6-29a 所示超静定杆件，根据相当系统的位移条件并考虑到杆在线性弹性范围内工作时，力与变形的关系满足胡克定律，即可得到

$$\frac{Fa}{EA} - \frac{F_B l}{EA} = 0$$

从而解得

$$F_B = \frac{Fa}{l}$$

求出多余未知力之后，即可利用相当系统对原超静定杆件（或杆系）进行计算。例如，欲求图 6-29a 所示杆件的截面 C 的位移，利用图 6-29c 所示相当系统即可求得为

$$\Delta_C = \frac{(F-F_B)a}{EA} = \frac{F[1-(a/l)]a}{EA} = \frac{Fab}{lEA}(\downarrow)$$

应该指出，解超静定问题时多余约束的选择原则上是任意的，只要所得的基本系统是稳定且静定的即可。例如，对于图 6-29a 所示杆件，亦可取 A 端的约束为多余约束。但对于比较复杂的超静定系统，如果多余约束选择

恰当,亦即基本系统选取合适,会使计算工作大为简化。

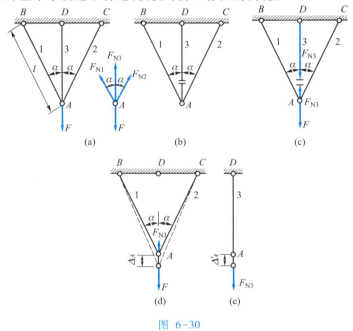

图 6-30

例 6-12 图 6-30a 所示杆系,其 1、2 两杆完全相同,即长度 $l_1 = l_2 = l$,横截面面积 $A_1 = A_2 = A$,弹性模量 $E_1 = E_2 = E$。杆 3 的横截面面积则为 A_3,其材料的弹性模量为 E_3。试求在力 F 作用下各杆的轴力。

解: 此杆系共有三个未知内力 F_{N1}、F_{N2}、F_{N3},但只能列出两个独立的平衡方程,故为一次超静定问题。

为了便于计算,取杆 3 为多余约束,相应的多余未知力为轴力 F_{N3},设为拉力。解除多余约束,即把杆 3 在节点 A 处截断(当然也可在别处截断),所得的基本系统如图 6-30b 所示。然后在基本系统上加上原来的荷载 F 及多余未知力 F_{N3} 以得到相当系统(图 6-30c)。应该注意的是,现在的多余未知力是杆 3 的轴力 F_{N3},故应成对施加于杆 3 截断处两侧的截面上。这一相当系统的位移条件是:由杆 1 和杆 2 构成的杆系(图 6-30d)在 $(F - F_{N3})$ 作用下节点 A 的位移 Δ_A,应等于杆 3(图 6-30e)在 F_{N3} 作用下节点 A 的位移 Δ_A',即

$$\Delta_A = \Delta_A'$$

利用例 6-8 中的结果可知,$\Delta_A = (F - F_{N3}) l / (2EA \cos^2 \alpha)$。至于 Δ_A',根据力与变形的物理关系,即胡克定律,显然有 $\Delta_A' = F_{N3} (l \cos \alpha) / (E_3 A_3)$,以此代入位移条件得

第6章 拉伸和压缩

$$\frac{(F-F_{N3})l}{2EA\cos^2\alpha}=\frac{F_{N3}l\cos\alpha}{E_3A_3}$$

由此便可解得多余未知力

$$F_{N3}=\frac{F}{1+2(EA/E_3A_3)\cos^3\alpha}$$

所得结果为正值,说明假设杆3的轴力为拉力正确。

解得多余未知力 F_{N3} 后,便可利用相当系统求杆1和杆2的轴力

$$F_{N1}=F_{N2}=\frac{F-F_{N3}}{2\cos\alpha}=\frac{F(EA/E_3A_3)\cos^2\alpha}{1+2(EA/E_3A_3)\cos^3\alpha}$$

【思考题6-5】

例6-12中的超静定杆系,若杆3的截面刚度 E_3A_3 远远大于杆1、杆2的截面刚度 EA,则三根杆的轴力各为多少?若 $E_3A_3 \ll EA$,则三根杆的轴力又各为多少?超静定杆系中各杆内力之比与杆件的刚度之比有关,这一情况在静定杆系中是否存在?原因何在?

三、温度应力和装配应力

超静定杆件和杆系由于多余约束的存在,不能自由地变形,因此当温度变化时便会产生附加应力,即所谓温度应力(temperature stress);当杆件长度不精确时组装后也会产生附加应力,即装配应力(assemble stress)。

图6-31a所示两端固定的等截面直杆,当温度升高 ΔT 时,若没有多余约束 B,则该处将产生纵向位移 $\Delta_{BT}=\alpha_l l\Delta T$,这里 α_l 为线胀系数,单位为 ℃^{-1}。但实际上由于多余约束 B 的存在,B 端的纵向位移在多余未知力 F_B 作用下等于零,也就是 $\Delta_{BT}+\Delta_{BF_B}=0$。因为

$$\Delta_{BF_B}=\frac{-F_B(l+\Delta_{BT})}{EA}\approx\frac{-F_Bl}{EA}$$

故有

$$\alpha_l l\Delta T-\frac{F_Bl}{EA}=0$$

从而得

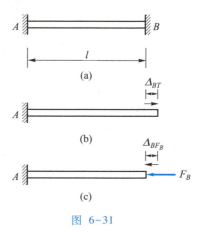

图6-31

$$F_B = E\alpha_l A \Delta T$$

由此可知,此杆横截面上的温度应力为

$$\sigma_T = \frac{F_B}{A} = E\alpha_l \Delta T$$

它是与此杆的横截面面积 A 及长度 l 无关的一个量。

在超静定杆件和杆系中,温度应力往往很大,因而必须十分注意。图 6-31a 所示杆,若是钢制的,$\alpha_l = 1.2 \times 10^{-5} \text{℃}^{-1}$,$E = 2.1 \times 10^5$ MPa,则当温度升高 $\Delta T = 40$ ℃时,温度应力即达

$$\sigma_T = E\alpha_l \Delta T = [(2.1 \times 10^5) \times (1.2 \times 10^{-5}) \times 40] \text{ MPa} = 100 \text{ MPa}(压应力)$$

铁路上的无缝线路为了防止因温度应力过大造成的轨距改变及线路移位(俗称"跑道"),需要在当地的平均气温下铺设。输送蒸汽的管道在无伸缩接头的情况下,可将管道弯成 Ω 形。

同理,如图 6-31a 所示杆件,在制造时其长度较应有长度 l 多了 $\Delta = \frac{l}{1\,000}$,根据位移条件 $\Delta - \frac{F_B(l+\Delta)}{EA} = 0$ 可知,多余未知力 $F_B = \frac{EA\Delta}{(l+\Delta)} \approx \frac{EA\Delta}{l}$,装配应力为

$$\sigma = \frac{F_B}{A} = \frac{E\Delta}{l} = \frac{E}{l}\left(\frac{l}{1\,000}\right) = \frac{E}{1\,000} = 210 \text{ MPa}(压应力)$$

装配应力在有些情况下是不利的,应该尽量使之降低,但有些情况下却有意加以利用。机械中的预紧螺栓、铁路车辆中轮箍与轮心的紧配合、土木建筑中的预应力钢筋混凝土构件等,都是工程实践中利用装配应力的例子。

§6-9　拉(压)杆接头的计算

拉(压)杆相互连接时,可采用螺栓(销钉)连接(图 6-32)、焊接、铆接等方式。像螺栓、销钉等这些连接件,在传力时主要受剪切,同时在侧面上还伴随有局部挤压。

对于这类连接件的强度,工程计算中常采用近似的"假定计算"方法。例如,对连接件作剪切强度计算时,便假设受剪面上各点处切应力相等,即把剪力除以受剪面面积所得的平均切应力 τ 作为工作应力;而确定许用切应力 $[\tau]$ 用的极限切应力 τ_u 也是由连接件剪切破坏时的剪力除以受剪面面积得出的。

图 6-33a 所示的连接,作为连接件的螺栓其受力情况可认为如图 6-33b 所示,它的上、下各半个圆柱形侧面受挤压(bearing),并沿横截

面 $m-m$ 受剪切（shear）作用。在不计被连接的两块钢板之间摩擦力的情况下，挤压力 F_b 的大小在此连接中等于 F。剪切面 $m-m$ 上的剪力 F_S 根据图 6-33c 所示分离体的平衡条件可知为

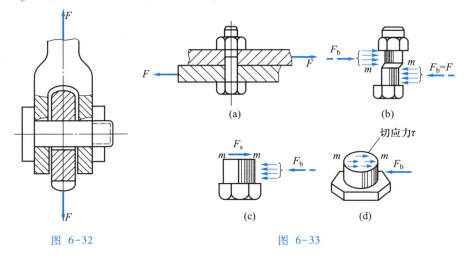

图 6-32   图 6-33

$$F_S = F_b = F$$

与剪力 F_S 相对应，剪切面上的平均切应力（图 6-33d）为

$$\tau = \frac{F_S}{A}$$

式中，$A = \pi d^2/4$ 为受剪面面积，即螺栓的横截面面积。螺栓的剪切强度条件为

$$\tau = \frac{F_S}{A} \leqslant [\tau]$$

螺栓在受剪切的同时，它与被连接件的螺栓孔孔壁之间还发生挤压。如果挤压面（半个圆柱面）上的挤压应力过大，被连接件在孔壁附近会被压皱，或者螺栓会被挤扁。分析和实验表明，挤压应力在挤压面上既不均匀，且方向亦不相同（图6-34）。所以如果把挤压力 F_b 除以实际的挤压面面积 $(\pi d/2)\delta$（此处 δ 为挤压面高度，即板厚），则所得的值必小于最大挤压应力。为此，在"假定计算"中就把挤压力 F_b 除以挤压面的投影面积 δd 所得的值作为最大挤压应力 σ_{bs}，即

$$\sigma_{bs} = \frac{F_b}{\delta d}$$

而挤压强度条件则为

$$\sigma_{bs} \leqslant [\sigma_{bs}]$$

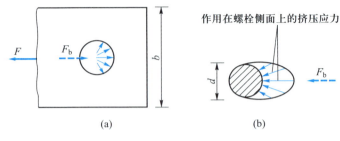

图 6-34

其中,$[\sigma_{bs}]$ 为许用挤压应力。

对于图 6-33a 所示螺栓连接,从图 6-34 所示容易看出,为了保证整个连接具有足够的强度,还必须校核被连接件为螺栓孔削弱后的抗拉强度,即检验如下的强度条件

$$\sigma = \frac{F}{(b-d)\delta} \leqslant [\sigma]$$

例 6-13 销钉连接如图 6-35a 所示。已知外力 $F = 18$ kN,被连接的构件 A 和 B 的厚度分别为 $\delta = 8$ mm 和 $\delta_1 = 5$ mm,销钉直径 $d = 15$ mm;销钉材料的许用切应力 $[\tau] = 60$ MPa,许用挤压应力 $[\sigma_{bs}] = 200$ MPa。试校核销钉的强度。

解:销钉的受力图如图 6-35b 所示。此销钉有两个受剪面 $m-m$ 和 $n-n$。这两个面上的剪力 F_S 大小各为 $F/2$(图 6-35c),即

$$F_S = \frac{F}{2}$$

销钉受剪面上的平均切应力为

$$\tau = \frac{F_S}{A} = \frac{F}{2A}$$

将 $F = 18$ kN $= 18 \times 10^3$ N 和 $A = \pi d^2/4 = [\pi(15)^2/4]$ mm^2 = 176.8 mm^2 = 1.768×10^{-4} m^2 代入上式,得

$$\tau = \frac{18 \times 10^3 \text{ N}}{2 \times 1.768 \times 10^{-4} \text{ m}^2} = 51 \text{ MPa}$$

其值小于许用切应力 $[\tau] = 60$ MPa。

现校核挤压强度。由于销钉中间受挤压部分的长度 δ 小于两边的长度之和 $2\delta_1$(图 6-35a),而这两部分上的挤压力却相等,均为 $F_b = F$(图 6-35d),故应取长度为 δ 的中间一段销钉(图 6-35e)进行挤压强度校核。销钉对构件 A 和构件 A 对销钉的挤压面投影面积为 δd,于是,有

$$\sigma_{bs} = \frac{F}{\delta d}$$

将 $F = 18$ kN $= 18 \times 10^3$ N, $\delta = 8$ mm 和 $d = 15$ mm 代入上式,得

$$\sigma_{bs} = \frac{18 \times 10^3 \text{ N}}{8 \times 15 \times 10^{-6} \text{ m}^2} = 150 \text{ MPa}$$

其值小于许用挤压应力 $[\sigma_{bs}] = 200$ MPa。

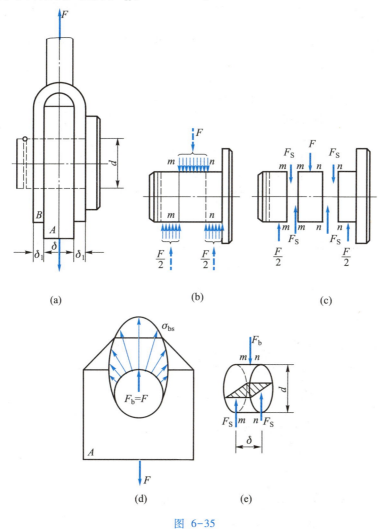

图 6-35

以上计算表明,销钉的剪切和挤压强度条件均能满足,故销钉是安全的。

习 题

6-6：习题参考答案

6-1 试作图示各杆的轴力图，并分别指出最大拉力和最大压力的值及其所在的横截面(或这类横截面所在的区段)。

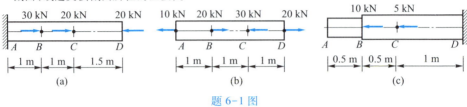

题 6-1 图

6-2 试求图示直杆横截面 1-1、2-2 和 3-3 上的轴力，并作轴力图。如横截面面积 $A = 200\text{ mm}^2$，试求各横截面上的应力。

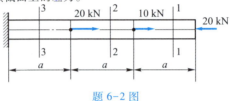

题 6-2 图

6-3 图示钢板受 $F = 14$ kN 的拉力作用，板上有钉孔三个，孔的直径为 20 mm，钢板厚 10 mm、宽 200 mm。试求危险截面上的平均正应力。

6-4 在图示结构中，各杆的横截面面积均为 $A = 3\,000\text{ mm}^2$，$F = 100$ kN。试求各杆横截面上的正应力。

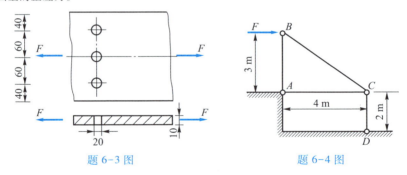

题 6-3 图　　　　　　　　题 6-4 图

6-5 铰接正方形杆系如图所示。各拉杆所能安全地承受的最大轴力为 $[F_{Nt}] = 125$ kN，压杆所能安全地承受的最大轴力为 $[F_{Nc}] = 150$ kN。试求此杆系所能安全地承受的最大荷载 F 的值。

6-6 结构如图所示，杆件 AB、AD 均由两根等边角钢组成。已知材料的许用应力 $[\sigma] = 170$ MPa，试为杆 AB、AD 选择等边角钢的型号。

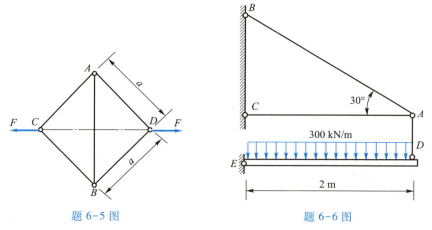

题 6-5 图   题 6-6 图

6-7 图示为一悬吊结构的计算简图。拉杆 AB 由钢材制成,已知许用应力 $[\sigma]$ = 170 MPa,试求:(1) 此拉杆所需的横截面面积;(2) AD、AE、AF 三根杆的轴力。

6-8 横截面面积 $A = 200$ mm² 的杆受轴向拉力 $F = 10$ kN 作用,如图所示。试求斜截面 $m-n$ 上的正应力及切应力。

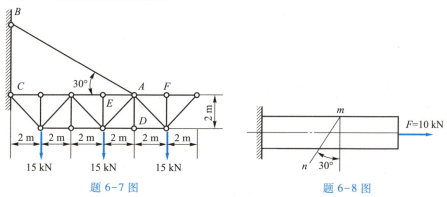

题 6-7 图   题 6-8 图

6-9 图示为一能承受荷载 $F = 1\,000$ kN 的吊环,其两边的斜杆均各由两个横截面为矩形的锻钢杆构成。杆的厚度和宽度分别为 $b = 25$ mm 和 $h = 90$ mm;斜杆轴线与吊环对称轴间的夹角为 $\alpha = 20°$。若钢的许用应力 $[\sigma] = 120$ MPa,试校核杆的强度。

6-10 一根等直杆如图所示,其直径为 $d = 30$ mm。已知 $F = 20$ kN,$l = 0.9$ m,$E = 2.1 \times 10^5$ MPa。试作轴力图,并求杆端 D 的水平位移 Δ_D 以及 B、C 两横截面的相对纵向位移 Δ_{BC}。

6-11 一木柱受力如图所示。柱的横截面为边长 200 mm 的正方形,材料可认为遵循胡克定律,其弹性模量 $E = 1.0 \times 10^4$ MPa。如不计柱的自重,试:(1) 作轴力图;(2) 求柱的各横截面上的正应力,并绘出该正应力随横截面位置的变化图;(3) 求柱的各横截面处的纵向线应变,并作该线应变随横截面位置的变化图;(4) 求柱的总变形;(5) 绘出各横截面的纵向位移随横截面位置的变化图。

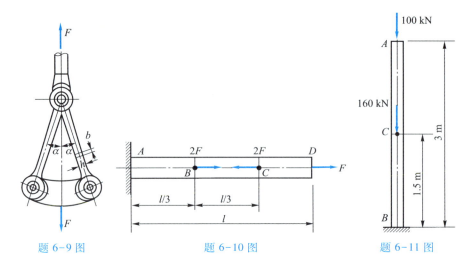

题 6-9 图　　　　题 6-10 图　　　　题 6-11 图

6-12　某吊架结构的计算简图如图所示。CA 是钢杆，横截面面积 $A_1 = 200\ \text{mm}^2$，弹性模量 $E_1 = 2.1 \times 10^5\ \text{MPa}$；$DB$ 是铜杆，横截面面积 $A_2 = 800\ \text{mm}^2$，弹性模量 $E_2 = 1.0 \times 10^5\ \text{MPa}$。设水平梁 AB 的刚度很大，其变形可忽略不计。(1) 现欲使吊杆变形之后，梁 AB 仍保持水平，试求荷载 F 离杆 DB 的距离 x。(2) 在上述条件下若水平梁的竖向位移不得超过 2 mm，则力 F 最大值等于多少？

6-13　试求图示杆系节点 B 的位移。已知两杆的横截面面积均为 $A = 100\ \text{mm}^2$，且均为钢杆，材料的 $\sigma_p = 200\ \text{MPa}$，$\sigma_s = 240\ \text{MPa}$，$E = 2.0 \times 10^5\ \text{MPa}$。

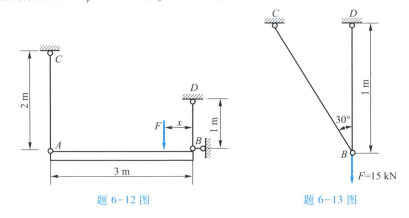

题 6-12 图　　　　题 6-13 图

6-14　图示直径 $d = 0.3$ m，长为 6 m 的木桩，其下端固定。如在离桩顶面高 1 m 处有一重量为 $P = 5$ kN 的重锤自由落下，试求桩内最大压应力。已知木材的弹性模量 $E = 10 \times 10^3$ MPa。如果重锤骤然放在桩顶上，则桩内最大压应力又为多少？

6-15　刚性杆 AB 的左端铰支。两根长度相等、横截面面积相同的钢杆 CD 和 EF 使该刚性杆处于水平位置如图所示。如已知 $F = 50$ kN，两根钢杆的横截面面积 $A = 1\ 000\ \text{mm}^2$，试求这两杆的轴力和应力。

6-16 试判定图示杆系是静定的,还是超静定的;若是超静定的,试确定其超静定次数,并写出求解杆系内力所需的位移相容条件(不必具体求出内力)。图中的水平杆是刚性杆,各杆的自重均不计。

6-17 图示杆系中各杆材料相同。已知:三根杆的横截面面积分别为 $A_1=200\ mm^2, A_2=300\ mm^2, A_3=400\ mm^2$,荷载 $F=40\ kN$。试求各杆横截面上的应力。

6-18 试校核图示拉杆头部的剪切强度和挤压强度。已知:$D=32\ mm, d=20\ mm, h=12\ mm$,材料的许用切应力 $[\tau]=100\ MPa$。许用挤压应力 $[\sigma_{bs}]=240\ MPa$。

6-19 图示为一螺栓接头,已知:$F=40\ kN$,螺栓的许用切应力 $[\tau]=130\ MPa$,许用挤压应力 $[\sigma_{bs}]=300\ MPa$。试按强度条件计算螺栓所需的直径。

6-20 矩形截面木拉杆的接头如图所示。已知 $F=50\ kN, b=250\ mm$。木材的顺纹许用挤压应力 $[\sigma_{bs}]=10\ MPa$,顺纹的许用切应力 $[\tau]=1\ MPa$。试求接头处所需的尺寸 l 和 a。

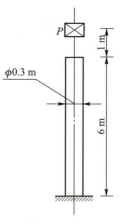

题 6-14 图

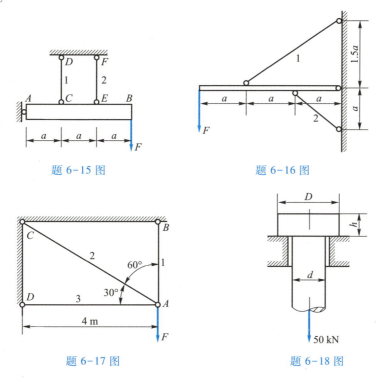

题 6-15 图　　　　　题 6-16 图

题 6-17 图　　　　　题 6-18 图

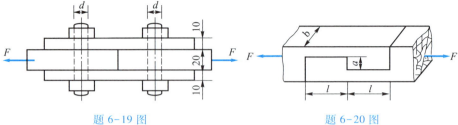

题 6-19 图   题 6-20 图

6-21 正方形截面的混凝土柱，其横截面边长为 200 mm，其基底为边长 $a = 1$ m 的正方形混凝土板。柱受轴向压力 $F = 100$ kN，如图所示。假设地基对混凝土板的约束力为均匀分布，混凝土的许用切应力为 $[\tau] = 1.5$ MPa，试问使柱不致穿过板而混凝土板所需的最小厚度 t 应为多少？

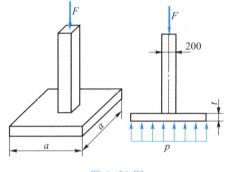

题 6-21 图

第 7 章 扭 转

7-1：教学要点

本章着重分析等圆截面直杆在受扭时的应力和变形等问题，对于非圆截面的受扭杆件则只介绍一些弹性力学中的分析结果。这是因为，等圆截面直杆受扭时横截面保持为平面，求解比较简单，而非圆截面杆受扭时，即使是等截面的直杆，横截面亦不再保持为平面而发生翘曲，情况要复杂得多。

下面将先介绍关于扭转、扭矩和扭矩图等基本概念，然后结合薄壁圆筒的扭转，介绍关于求解等圆截面直杆扭转问题的基本思路。

§7-1 扭矩和扭矩图

杆件在横向平面（垂直于轴线的平面）内的外力偶作用下发生扭转变形。图 7-1a 所示圆截面杆在两个转向相反的外力偶作用下发生扭转变形时，其表面上原有直线 ab 变为螺旋线 ab'，诸横截面绕杆的轴线作相对转动。它的任意两个横截面将由于各自绕杆的轴线所转动的角度不相等而产生相对角位移，即相对扭转角；图 7-1a 所示截面 B 相对于截面 A 的角位移 $\angle bO'b'$ 便是截面 B 相对于截面 A 的扭转角 ϕ_{BA} (angle of twist)。

由图 7-1b 所示任意横截面 m-m 左边一段杆的平衡条件可知，受扭杆件横截面上的内力是一个作用于横截面平面内的力偶。这一内力偶之矩称为扭矩 (torsional moment)，常用 T 表示，其值可根据 $\sum M_x(F) = 0$ 求得，即 $T = M_e$，转向如图。显然，也可取右段分离体为研究对象（图 7-1c）求横截面上的扭矩。

为使无论取横截面左边或右边的一段杆为分离体时，所得的扭矩其正负号相同，我们按照右手螺旋法则规定扭矩的正负：使卷曲右手的四指其转向与扭矩 T 的转向相同，若大拇指的指向离开横截面，则该扭矩为正（图 7-2a）；反之为负（图 7-2b）。扭矩的这一正负号规则实际上也联系于杆的变形情况——左右两个横截面的相对转向。

表示扭矩随横截面位置变化的图线称为扭矩图 (torgue diagram)。

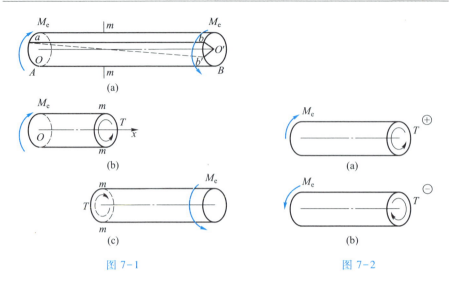

图 7-1   图 7-2

例 7-1   一传动轴的计算简图如图 7-3a 所示,作用于其上的外力偶之矩的大小分别是:$M_A = 2$ kN·m,$M_B = 3.5$ kN·m,$M_C = 1$ kN·m,$M_D = 0.5$ kN·m,转向如图。试作该传动轴的扭矩图。

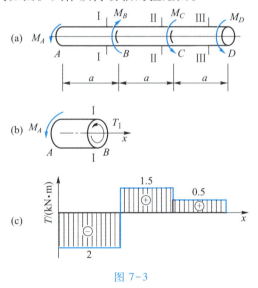

图 7-3

解: 首先分别求出 AB、BC、CD 段任意横截面上的扭矩。以 AB 段为例,在该段任意处用 Ⅰ-Ⅰ 横截面将轴截分为二,取左段分离体为研究对象。截开面上的未知扭矩 T_1 先设为正(图 7-3b),根据 $\sum M_x(F) = 0$,有

$$T_1 + M_A = 0$$

得到

$$T_1 = -M_A = -2 \text{ kN} \cdot \text{m}$$

负号说明该截面上扭矩的转向与假设相反,即实际上是负扭矩。

同理,得 BC、CD 段的扭矩分别是

$$T_{\text{II}} = 1.5 \text{ kN} \cdot \text{m}, \quad T_{\text{III}} = 0.5 \text{ kN} \cdot \text{m}$$

以沿杆轴线的横坐标 x 表示横截面的位置,以纵坐标表示扭矩。扭矩图如图 7-3c 所示。

该传动轴横截面上的最大扭矩为 2 kN·m,在 AB 段内。

【思考题 7-1】

图 7-3 所示传动轴其 AB 段横截面上的扭矩为负值,而 BC 及 CD 段横截面上的扭矩是正值,为什么说最大扭矩在 AB 段的横截面上?为什么不说最大扭矩为 3.5 kN·m?

§7-2 薄壁圆筒扭转时的应力和变形

图 7-4a 中所示是平均半径为 R_0,壁厚为 δ,且 $\delta \ll R_0$ 的薄壁圆筒,在两端各施加位于横向平面内的力偶(其矩均为 M,但转向相反)后的变形情况。受扭前画于圆筒表面上的圆周线在筒受扭后绕筒的轴线转动,纵向直线则成为螺旋线(图中以斜直线表示),圆周线与纵向直线之间原来的直角改变了一个量 γ。物体受力而变形时,直角的这种改变量(以 rad 计)称为**切应变**(shear strain)。根据圆筒横截面本身以及施加的力偶的极对称性容易判明,圆筒表面同一圆周线上各处的切应变均相同。因此,在材料为均匀连续这个假设条件下,圆筒横截面上与此切应变相应的切应力其大小在外圆周上各点处必相等。至于此种切应力的方向,从相应的切应变发生在圆筒的切向平面内可知,是沿外圆周的切线。对于薄壁圆筒,横截面上其他各点处的切应力可认为与外圆周处相同,即不沿径向变化。于是可以认为,薄壁圆筒受扭时横截面上的切应力 τ 其大小处处相等,方向则垂直于相应的半径(图 7-4b)。

在已经确定了横截面上切应力 τ 的分布规律后,便可利用静力学关系得出

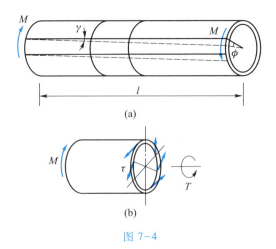

图 7-4

$$T = \int_A (\tau dA)\rho \tag{7-1}$$

切应力 τ 的计算公式。式(7-1)中: τdA 表示作用在薄壁圆筒横截面微面积 dA 上的切应力所对应的切向力; ρ 为该切向力相对于圆心的力臂, 可用薄壁圆筒的平均半径 R_0 代替。将式(7-1)中的 ρ 用 R_0 代替后, 把常量 τ 及 R_0 移至积分号外面便得到

$$T = \tau R_0 \int_A dA = \tau R_0 A$$

从而有

$$\tau = \frac{T}{AR_0} = \frac{T}{2\pi R_0^2 \delta} \tag{7-2}$$

薄壁圆筒横截面上扭转切应力的这一计算公式是在假设它们的大小沿径向(壁厚)不变的情况下导出的。由此引起的误差, 在 $\delta/R_0 = 10\%$ 时为 4.5%。

顺便指出, 图 7-4a 中所示的受扭薄壁圆筒, 在小变形情况下, 它的相距 l 的两个端面的相对扭转角 ϕ 与切应变 γ 之间有着如下的几何关系:

$$\phi R = \gamma l$$

这里, R 是圆筒的外半径。利用这种关系以及式(7-2)所示的切应力计算公式, 通过在薄壁圆筒扭转试验中所测定的端力偶矩 M (注意, 此时 $T=M$) 与两个横截面的相对扭转角 ϕ 之间的关系, 可以得知: 许多材料受剪切作用时, 若切应力 τ 不超过对于该材料来说为一定的所谓**剪切比例极限** τ_p, 则切应力 τ 与切应变 γ 两者呈线性关系(图 7-5)。这一线性关系可用

剪切胡克定律(Hook's law in shear)

$$\tau = G\gamma \qquad (7-3)$$

来表示，其中的比例常数 G 称为**切变模量**。各种钢的切变模量均约为 8.0×10^4 MPa。至于剪切比例极限，则随钢种而异；Q235 钢，$\tau_p \approx 120$ MPa。

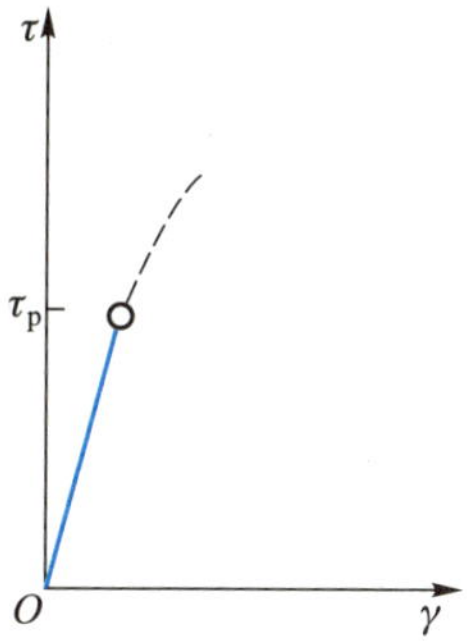

理论分析和实验都表明，对于各向同性材料，切变模量与其他两个弹性常数 E、ν 之间有着下列关系：

$$G = \frac{E}{2(1+\nu)} \qquad (7-4)$$

图 7-5

§7-3　圆杆扭转时的应力和变形

一、横截面上的切应力

实心圆截面杆和非薄壁的空心圆截面杆受扭时，我们没有理由认为它们的横截面上的切应力如同在受扭的薄壁圆筒中那样沿半径是均匀地分布的。事实上，导出这类杆件横截面上切应力计算公式的关键就在于确定切应力在横截面上的变化规律，即横截面上距圆心为任意半径 ρ 的一点处切应力 τ_ρ 与 ρ 的关系。这个问题解决后就可利用静力学关系得出求横截面上任一点处切应力 τ_ρ 的计算公式。为了确定切应力在横截面上的变化规律，需要首先观察圆截面杆受扭时表面的变形情况，据此作出涉及杆件内部变形情况的假设，推断杆件内任意半径 ρ 处圆柱面上的切应变 γ_ρ（也就是 γ_ρ 与 ρ 的几何关系），最后还要利用切应力与切应变之间的物理关系。下面按照问题中的几何关系、物理关系以及静力学关系这三个方面来具体分析圆杆受扭时横截面上的应力。

7-2：扭转仿真实验

几何关系　实验表明，等直圆杆受扭时（图 7-6a），原来画在它表面上的圆周线只是绕杆的轴线转动，其大小和形状都不改变；而且在变形微小的情况下，圆周线之间的纵向距离也不改变。根据这些表面变形情况，可以假设：等直圆杆受扭时，它的横截面如同刚性的圆盘那样绕杆的轴线转动。这就是等直圆杆扭转时的**平面假设**。显然，这个假设也意味着：等直圆杆受扭时，其横截面上任一根沿半径的直线仍保持为直线，只是绕圆心旋转了一个角度。

图 7-6b 所示为从受扭的等直圆杆中取出的长为 dx 的一个微段（放大

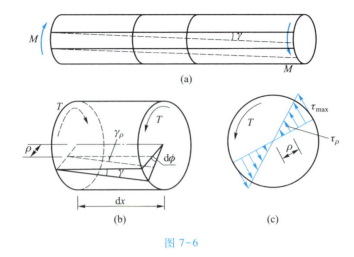

图 7-6

了的)。根据平面假设容易看出,当微段左、右两个横截面的相对扭转角为 $\mathrm{d}\phi$ 时,半径为 ρ 的任意圆柱面上切应变为

$$\gamma_\rho \approx \tan \gamma_\rho = \frac{\rho \mathrm{d}\phi}{\mathrm{d}x} = \rho \frac{\mathrm{d}\phi}{\mathrm{d}x} \tag{7-5}$$

式中,$\mathrm{d}\phi/\mathrm{d}x$ 为扭转角 ϕ 沿杆件长度方向的变化率,按照平面假设,它在一定的横截面处是个常量。由此可知,等直圆杆受扭时,γ_ρ 与 ρ 呈线性关系。

物理关系 根据前一节中所述的剪切胡克定律 $\tau = G\gamma$ 可知,只要等直圆杆受扭时切应力不超过材料的剪切比例极限,即所谓杆件在线性弹性范围内工作,那么由式(7-5)便可得出杆的横截面上与 γ_ρ 相对应的切应力 τ_ρ 的表达式

$$\tau_\rho = G\gamma_\rho = G\rho \frac{\mathrm{d}\phi}{\mathrm{d}x} \tag{7-6}$$

它表明,受扭的等直圆杆在线性弹性范围内工作时,横截面上的切应力在同一半径 ρ 的圆周上各点处大小相同,但它们随 ρ 作线性变化,同一横截面上的最大切应力在横截面的边缘处(图 7-6c)。至于这些切应力的方向,均垂直于各自所对应的半径。

静力学关系 式(7-6)虽然表达了等直圆杆受扭时横截面上切应力 τ_ρ 随 ρ 的变化规律,但是因为尚未把 $\mathrm{d}\phi/\mathrm{d}x$ 与横截面上的扭矩 T 联系起来,所以在一般情况下还不能利用它来计算 τ_ρ 的大小。为此需利用静力学关系

$$T = \int_A (\tau_\rho \mathrm{d}A)\rho \tag{7-7}$$

这里，$\tau_\rho dA$ 是作用在横截面上微面积 dA 范围内的切应力所构成的切向力，它距圆心的距离为 ρ（图 7-6c）。将式（7-6）代入式（7-7），并将常量 G 和 $d\phi/dx$ 移至积分号外面便得

$$T = G\frac{d\phi}{dx}\int_A \rho^2 dA \qquad (7-8)$$

式中的积分所表示的是，整个横截面面积 A 范围内每个微面积 dA 乘以它到圆心的距离平方（ρ^2）之总和，因此它是横截面的一个几何性质，称之为横截面的**极惯性矩**（polar moment of inertia），常用 I_p 来表示，即

$$I_p = \int_A \rho^2 dA \qquad (7-9)$$

它的常用单位是 mm^4 或 m^4。将式（7-9）代入式（7-8）可得

$$\frac{d\phi}{dx} = \frac{T}{GI_p} \qquad (7-10)$$

这样就把 $d\phi/dx$ 与横截面上的扭矩 T 联系起来了。将式（7-10）代入式（7-6）便可得到等直圆杆受扭时横截面上任一点处切应力的计算公式

$$\tau_\rho = \frac{T\rho}{I_p} \qquad (7-11)$$

横截面上周边处的切应力，也就是横截面上的最大切应力 τ_{max}，其计算公式只需令式（7-11）中的 ρ 等于横截面的半径 R 便可，即

$$\tau_{max} = \frac{TR}{I_p}$$

为了简便，常把上式中的 I_p/R 以 W_p 表示，从而有

$$\tau_{max} = \frac{T}{W_p} \qquad (7-12)$$

这里的 $W_p = I_p/R$ 称为**抗扭截面系数**（section modulus in torsion），它也是横截面的一个几何性质，其常用单位是 mm^3 或 m^3。

以上所得到的结论和计算公式都是根据平面假设和杆件在线性弹性范围内工作这些条件得出的，因而只适用于实心或空心圆截面等直杆在线性弹性范围内受扭的情况。

【思考题 7-2】

（1）图 7-7 所示为一由匀质材料制成的空心圆轴之横截面，该截面上作用有扭矩 T，试绘出水平直径 AB 上各点处切应力的变化图。

（2）一受扭圆轴，由实心圆杆 1 及空心圆杆 2 紧配合而成（图 7-8）。整个杆受扭时，两部分无相对滑动，试绘出以下两种情况下切应力沿水平直径的变化图：①两杆

材料相同,即 $G_1 = G_2 = G$;②两杆材料不同,$G_1 = 2G_2$。

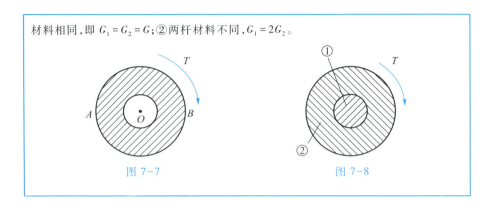

图 7-7　　　　　图 7-8

二、极惯性矩和抗扭截面系数

计算实心圆截面和空心圆截面杆的极惯性矩 I_p 时,注意到横截面内同一圆周上各点到圆心的距离 ρ 相同,故可取厚度为 $d\rho$ 的薄圆环作为微面积,如图 7-9 所示。这样,公式 $I_p = \int_A \rho^2 dA$ 中的 dA 就是薄圆环的面积 $2\pi\rho d\rho$。

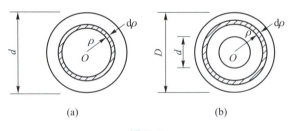

图 7-9

对于实心圆截面(图 7-9a),有

$$I_p = \int_0^{\frac{d}{2}} 2\pi\rho^3 d\rho = \frac{\pi d^4}{32} \tag{7-13}$$

从而也就可得到实心圆截面的抗扭截面系数

$$W_p = \frac{I_p}{d/2} = \frac{\pi d^3}{16} \tag{7-14}$$

对于外直径为 D、内直径为 d 的空心圆截面(图 7-9b),有

$$I_p = \int_{\frac{d}{2}}^{\frac{D}{2}} 2\pi\rho^3 d\rho = \frac{\pi}{32}(D^4 - d^4) = \frac{\pi D^4}{32}(1 - \alpha^4) \tag{7-15}$$

式中，$\alpha = d/D$。在求空心圆截面的抗扭截面系数 W_p 时，应该注意，它是用来求横截面上的最大切应力的[见式(7-12)]，也就是用来求横截面上外圆周处的切应力的，所以必须用 $D/2$ 去除 I_p，即

$$W_p = \frac{I_p}{D/2} = \frac{\pi(D^4 - d^4)}{16D} = \frac{\pi D^3}{16}(1 - \alpha^4) \tag{7-16}$$

> **【思考题 7-3】**
>
> 对于空心圆截面，$I_p = \frac{\pi}{32}(D^4 - d^4)$，这是否可根据 $A = A_D - A_d$，从而 $I_p = \int_A \rho^2 dA = \int_{(A_D - A_d)} \rho^2 dA = \int_{A_D} \rho^2 dA - \int_{A_d} \rho^2 dA$，理解成它等于直径 D 的实心圆之极惯性矩 I_{pD} 减去直径为 d 的实心圆之极惯性矩 I_{pd}？如果这样可以的话，那么对于空心圆截面的抗扭截面系数 W_p 是否也可认为 $W_p = W_{pD} - W_{pd} = \frac{\pi D^3}{16} - \frac{\pi d^3}{16}$ 呢？

三、扭转角

前已求得扭转角 ϕ 沿杆长的变化率为 $\frac{d\phi}{dx} = \frac{T}{GI_p}$，其中 $d\phi$ 代表相距 dx 的两横截面的相对扭转角。因此，相距 l 的两横截面的<u>相对扭转角</u> ϕ 可按下式计算：

$$\phi = \int_l d\phi = \int_0^l \frac{T}{GI_p} dx$$

当长度 l 范围内扭矩 T 为常量，且材料及截面均不变而 GI_p 亦为常量时（图7-10），从上式可得

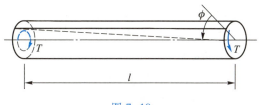

图 7-10

$$\phi = \frac{Tl}{GI_p} \tag{7-17}$$

用上式求得的扭转角 ϕ，其单位为 rad。由于扭转角 ϕ 与 GI_p 成反比，即 GI_p 越大，则扭转角愈小，故 GI_p 称为<u>扭转刚度</u>（torsional rigidity）。

7-3：例7-2扭转变形

例 7-2 图 7-11 所示为一端固定的钢圆轴,其直径 $d=60$ mm。该轴在横截面 B、C 处分别受矩为 3.80 kN·m 及 1.27 kN·m 而转向如图的外力偶作用,已知钢的切变模量 $G=8\times10^4$ MPa,$l_1=0.7$ m,$l_2=1$ m。试求截面 B 对于截面 A 的相对扭转角 ϕ_{BA},截面 C 对于截面 B 的相对扭转角 ϕ_{CB},以及截面 C 对于截面 A 的相对扭转角 ϕ_{CA};并求截面 C 的绝对扭转角 ϕ_C。

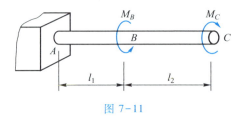

图 7-11

解：由截面法求得此轴 AB、BC 两段内横截面上的扭矩分别为 2.53 kN·m 及 -1.27 kN·m。计算所要求的扭转角时,必须分段应用公式(7-17),因为该式要求在长度 l 的范围内扭矩 T 为常量。由公式(7-17),有

$$\phi_{BA}=\frac{T_{AB}l_1}{GI_p},\qquad \phi_{CB}=\frac{T_{BC}l_2}{GI_p}$$

两式中的 I_p 可用公式(7-13)计算,即 $I_p=\pi d^4/32$。将有关数据代入,得

$$\phi_{BA}=\frac{2.53\times10^3\times0.7}{8\times10^4\times10^6\times\dfrac{\pi}{32}\times60^4\times10^{-12}}\text{ rad}=0.017\,4\text{ rad}$$

$$\phi_{CB}=\frac{-1.27\times10^3\times1}{8\times10^4\times10^6\times\dfrac{\pi}{32}\times60^4\times10^{-12}}\text{ rad}=-0.012\,5\text{ rad}$$

从而可得

$$\phi_{CA}=\phi_{BA}+\phi_{CB}=(0.017\,4-0.012\,5)\text{ rad}=0.004\,9\text{ rad}$$

至于截面 C 的绝对扭转角 ϕ_C,则因截面 A 固定,故其值等于截面 C 对于截面 A 的相对扭转角,即 $\phi_C=0.004\,9$ rad。

例 7-3 一水轮机的功率为 $P=7\,350$ kW,其竖轴是直径为 $d=650$ mm 而长度为 $l=6\,000$ mm 的等截面实心钢轴,材料的切变模量为 $G=8.0\times10^4$ MPa。试求当水轮机以转速 $n=57.7$ r/min 匀速旋转时,轴横截面上的最大切应力及轴的两个端面间的相对扭转角 ϕ。

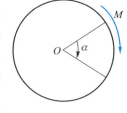

图 7-12

解： 轴传递功率 P（以 kW 为单位），相当于每分钟传递的功为

$$1\,000\times\{P\}_{\mathrm{kW}}^{①}\times 60\ \mathrm{N\cdot m} \tag{1}$$

它应与作用在轴上的外力偶在每分钟内所作的功相等。后者等于外力偶之矩 M 与轴在每分钟内转动的角度 α（图 7-12）的乘积，即 M（以 $\mathrm{N\cdot m}$ 为单位）与角速度 ω（以 $\mathrm{rad/min}$ 为单位）的乘积

$$\{M\}_{\mathrm{N\cdot m}}\{\omega\}_{\mathrm{rad/min}}=2\pi\{n\}_{\mathrm{r/min}}\{M\}_{\mathrm{N\cdot m}} \tag{2}$$

此处 n（以 $\mathrm{r/min}$ 为单位）为轴的转速。令式（1）、式（2）所示的两个量大小相等，即得

$$\{M\}_{\mathrm{N\cdot m}}=\frac{60\times 1\,000\{P\}_{\mathrm{kW}}}{2\pi\{n\}_{\mathrm{r/min}}}$$

或

$$\{M\}_{\mathrm{kN\cdot m}}=9.55\frac{\{P\}_{\mathrm{kW}}}{\{n\}_{\mathrm{r/min}}} \tag{3}$$

因此，作用在轴上的外力偶矩 M 为

$$\{M\}_{\mathrm{kN\cdot m}}=9.55\frac{\{P\}_{\mathrm{kW}}}{\{n\}_{\mathrm{r/min}}}=9.55\times\frac{7\,350}{57.7}=1\,217$$

从而由截面法可求得横截面上的扭矩 T 为

$$T=M=1\,217\times 1\,000\ \mathrm{N\cdot m}=1.217\times 10^{6}\ \mathrm{N\cdot m}$$

由公式（7-14）算得此轴的抗扭截面系数为

$$W_{\mathrm{p}}=\frac{\pi d^{3}}{16}=\frac{\pi}{16}\times(650\times 10^{-3})^{3}\ \mathrm{m^{3}}=0.053\,9\ \mathrm{m^{3}}$$

将已求得的 T 和 W_{p} 代入公式（7-12），便得最大切应力

$$\tau_{\max}=\frac{T}{W_{\mathrm{p}}}=\frac{1.217\times 10^{6}\ \mathrm{N\cdot m}}{0.053\,9\ \mathrm{m^{3}}}=22.6\ \mathrm{MPa}$$

由公式（7-13）算得此轴横截面的极惯性矩为

$$I_{\mathrm{p}}=\frac{\pi d^{4}}{32}=\frac{\pi\times(650\times 10^{-3})^{4}\ \mathrm{m^{4}}}{32}=0.017\,5\ \mathrm{m^{4}}$$

将 I_{p} 和 G、l 的值代入公式（7-17），得相对扭转角

$$\phi=\frac{Tl}{GI_{\mathrm{p}}}=\frac{1.217\times 10^{6}\ \mathrm{N\cdot m}\times 6\ \mathrm{m}}{8\times 10^{10}\ \mathrm{N/m^{2}}\times 0.017\,5\ \mathrm{m^{4}}}=0.005\,22\ \mathrm{rad}$$

例 7-4 两端固定的圆截面等直杆 AB，在截面 C 处受一个矩为 M 的扭

---

① 这是根据《有关量、单位和符号的一般原则》（GB 3101—1993）中规定的数值方程式的表示方法。

转力偶作用,如图 7-13a 所示。已知扭转刚度为 GI_p,试求杆两端的约束力偶矩 M_A 和 M_B。

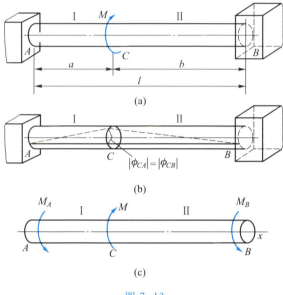

图 7-13

解：此杆的两个约束力偶矩 M_A 和 M_B 都是未知量,而平衡方程只有一个,即 $\sum M_x(F)=0$。因此,这是个一次超静定的扭转问题。在此情况下,与解拉、压超静定问题一样,必须根据位移相容条件并通过扭转角计算公式（物理关系）列出补充方程。

由于此杆的两端固定,故横截面 C 分别相对于固定端 A 和 B 的扭转角 ϕ_{CA} 和 ϕ_{CB}（图 7-13b）大小相等。这一位移相容条件可写作

$$|\phi_{CA}|=|\phi_{CB}| \tag{1}$$

当杆在线性弹性范围内工作时,由计算扭转角的公式(7-17)可得

$$\phi_{CA}=\frac{T_1 a}{GI_p}=\frac{-M_A a}{GI_p} \tag{2}$$

$$\phi_{CB}=\frac{T_{\mathrm{II}} b}{GI_p}=\frac{M_B b}{GI_p} \tag{3}$$

将关系式(2)、式(3)代入位移相容条件(1)即得补充方程

$$M_B=M_A\frac{a}{b} \tag{4}$$

此杆的平衡方程由 $\sum M_x(F)=0$ 得

$$M_A + M_B - M = 0 \tag{5}$$

联立求解式(4)、式(5)两式得

$$M_A = M\frac{b}{l}, \qquad M_B = M\frac{a}{l}$$

其结果为正,说明解得的约束力偶矩 M_A 和 M_B 的转向即为图7-13c所示。

四、斜截面上的应力

通过圆杆的扭转破坏试验,我们发现:低碳钢试件是沿横截面剪断(图7-14a),而铸铁试件则沿着与轴线成45°的螺旋面断裂(图7-14b),木材试件沿着与轴线平行的方向劈裂(图7-14c)。为了分析例如铸铁圆杆受扭时发生上述破坏的原因,需要研究斜截面上的应力。

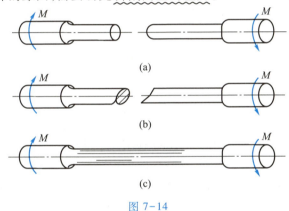

图 7-14

对于拉(压)杆件,我们曾用一斜截面把杆件假想地切开来研究斜截面上的应力。但对于受扭的杆件,由于横截面上的应力非均匀分布,因此不能采用那种办法,而必须围绕杆件中需要研究斜截面上应力的点切出一个**单元体**(微小的六面体)(图7-15)来加以分析。

现在从受扭圆杆的表面上点 A 处取出一个单元体(图7-15b),此单元体的左、右侧面属于杆的横截面,顶面和底面属于杆的径向截面,而单元体的前、后侧面属于杆的切向平面。由切应力互等定理可知,单元体的左、右、上、下四个侧面上作用着相等的切应力 τ。单元体的前、后面上没有应力。故此单元体处于**纯剪切应力状态**。现将其改用平面图来表示(图7-16a)。

下面来研究与单元体前、后两个面垂直的任意斜截面 de (图7-16a)上的应力,该斜截面的外法线 n 与 x 方向成角 α。假想地沿 de 面将单元体切开,考虑下边部分 dce (图7-16b),其面 dc 及 ce 上作用着已知的切应力 τ,

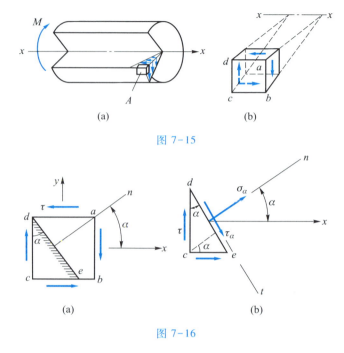

图 7-15

图 7-16

面 de 上作用着未知的正应力 σ_α 和切应力 τ_α(图示 σ_α 及 τ_α 均设为正值)。设面 de 的面积为 dA,则面 dc 和面 ce 的面积分别是 $dA\cos\alpha$ 和 $dA\sin\alpha$。根据各面上的力在斜截面法线 n 上投影之和应为零,可得

$$(\tau dA\cos\alpha)\sin\alpha + (\tau dA\sin\alpha)\cos\alpha + \sigma_\alpha dA = 0$$

利用三角关系 $2\sin\alpha\cos\alpha = \sin 2\alpha$,上式便简化为

$$\sigma_\alpha = -\tau\sin 2\alpha$$

同理,由各面上的力在斜截面切线 t 上投影之和应为零,可得

$$\tau_\alpha = \tau\cos 2\alpha$$

由以上两式可看出,通过点 A 的斜截面上的应力 σ_α、τ_α 随所取截面的方位角 α 而改变。在 $\alpha = 0°$ 与 $\alpha = 90°$ 的截面上,τ_α 有极值,其大小等于 τ,即在单元体 $abcd$ 的四个侧面上作用着绝对值最大的切应力(图 7-17)。在 $\alpha = \pm 45°$ 的斜截面上切应力 $\tau_\alpha = 0$,而正应力 σ_α 有极值,即

$$\left.\begin{array}{l}\alpha = +45°, \sigma_\alpha = \sigma_{\min} = -\tau \\ \alpha = -45°, \sigma_\alpha = \sigma_{\max} = +\tau\end{array}\right\}$$

这两个斜截面上的正应力,一为压应力,一为拉应力,它们的绝对值都等于 τ。在图 7-17 所示中,单元体 1234 的侧面上就作用着绝对值最大的正应力。

铸铁圆截面试件扭转时沿 45° 螺旋面断裂,就是该螺旋面上的最大拉

应力作用的结果(图 7-18)。由此可见,铸铁圆杆的所谓扭转破坏,实质上是沿 45°方向拉伸引起的断裂。值得注意的是,因为在纯剪切应力状态下直接引起断裂的最大拉应力 σ_{max} 总是等于横截面上相应的切应力 τ,所以在铸铁圆杆的抗扭强度计算中也就以横截面上的 τ 作为依据。

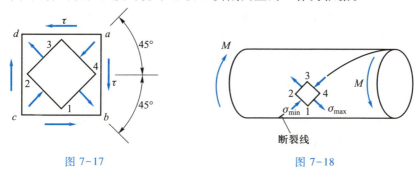

图 7-17　　　　　　　　　图 7-18

【思考题 7-4】

图 7-19 中所示受纯剪切的单元体和受双向等值拉(压)的单元体,它们的应力状态(受力情况)是否相当?

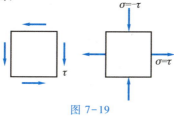

图 7-19

§7-4　受扭圆杆的强度条件及刚度条件

强度条件　实心或空心圆截面杆受扭时,杆内所有的点均处于纯剪切应力状态,而整个杆中的危险点(切应力最大的点),对于等截面的杆来说是在扭矩最大的横截面的边缘处。受扭圆杆的强度条件应是:危险点处的切应力,亦即杆中最大的工作切应力 τ_{max},不超过材料的许用切应力 $[\tau]$,即

$$\tau_{max} \leqslant [\tau] \tag{7-18}$$

对于等截面杆,由于危险点必在 T_{max} 所在横截面的边缘处,而 $\tau_{max} = T_{max}/W_p$。因此,上述强度条件可写作

$$\frac{T_{max}}{W_p} \leqslant [\tau] \tag{7-19}$$

根据上式,并联系式(7-14)或式(7-16)中的 W_p,就可以对实心或空心圆截面的受扭杆件校核强度、选择截面尺寸或计算许用荷载。

在静荷载作用下,同一种材料在纯剪切应力状态下的强度与单向拉伸应力状态下的强度之间存在着一定的关系,因而许用切应力 $[\tau]$ 的值与许用拉应力 $[\sigma]$ 的值之间也存在着一定的关系,例如对于塑性材料,$[\tau]=0.5[\sigma] \sim 0.6[\sigma]$。

刚度条件 对于像传动轴这类受扭杆件,有时即使满足了强度条件也还不一定能保证它正常工作。机器中的传动轴如果扭转角过大,将会在运转时产生较大的振动;精密机床上的轴若扭转角过大则将影响加工精度。因此,对于此类杆件的扭转变形就要加以限制。这一刚度要求通常是以扭转角沿杆长的变化率 $\theta(=\mathrm{d}\phi/\mathrm{d}x)$ 其最大值 $\theta_{\max}$ 不超过某一规定的许用值 $[\theta]$ 来表达的,即

$$\theta_{\max} \leqslant [\theta] \qquad (7\text{-}20)$$

式中的 $[\theta]$ 为<u>单位长度杆的许用扭转角</u>,其常用单位是 $(°)/\mathrm{m}$。

对于等直圆杆,其 $\theta_{\max}$ 应按公式(7-10),并用最大扭矩 $T_{\max}$ 来计算。但这样算得的结果其单位是 $\mathrm{rad/m}$,而所规定的 $[\theta]$ 其单位通常是 $(°)/\mathrm{m}$,故须先将前者换算为 $(°)/\mathrm{m}$,从而有刚度条件

$$\frac{T_{\max}}{GI_p} \times \frac{180°}{\pi} \leqslant [\theta] \qquad (7\text{-}21)$$

式中,$T_{\max}$、G、I_p 的单位应分别为 $\mathrm{N \cdot m}$、Pa 和 m^4。单位长度杆的许用扭转角 $[\theta]$,对于精密机器的轴,常取为 $0.15 \sim 0.30 (°)/\mathrm{m}$,对于一般的传动轴,则可取为 $1(°)/\mathrm{m}$ 左右。

例 7-5 一实心圆截面传动轴,其直径 $d=40~\mathrm{mm}$,所传递的功率为 $30~\mathrm{kW}$,转速 $n=1~400~\mathrm{r/min}$。该轴由 45 号钢制成,许用切应力 $[\tau]=40~\mathrm{MPa}$,切变模量 $G=8\times10^4~\mathrm{MPa}$,单位长度杆的许用扭转角 $[\theta]=1(°)/\mathrm{m}$。试校核此轴的强度和刚度。

解: 首先计算扭转力偶矩 M。根据例 7-3 中的式(3)有

$$\{M\}_{\mathrm{kN \cdot m}} = 9.55 \frac{\{P\}_{\mathrm{kW}}}{\{n\}_{\mathrm{r/min}}} = 9.55 \times \frac{30}{1~400} = 0.205$$

故此轴横截面上的扭矩为

$$T = M = 0.205~\mathrm{kN \cdot m} = 205~\mathrm{N \cdot m}$$

此轴横截面的抗扭截面系数为

$$W_p = \frac{\pi d^3}{16} = \frac{\pi}{16}(40\times10^{-3})^3~\mathrm{m}^3 = 12.56\times10^{-6}~\mathrm{m}^3$$

将 T 和 W_p 代入公式(7-12)有

$$\tau_{max} = \frac{T}{W_p} = \frac{205 \text{ N} \cdot \text{m}}{12.56 \times 10^{-6} \text{ m}^3} = 16.3 \text{ MPa}$$

其值小于 $[\tau] = 40$ MPa。将 T 和 G 的值以及 $I_p = W_p(d/2) = 25.1 \times 10^{-8} \text{m}^4$ 代入公式(7-21)有

$$\theta_{max} = \frac{T}{GI_p} \times \frac{180°}{\pi}$$

$$= \frac{205}{8 \times 10^4 \times 10^6 \times 25.1 \times 10^{-8}} \times \frac{180}{\pi} \text{ (°)/m}$$

$$= 0.58 \text{ (°)/m}$$

其值小于 $[\theta] = 1(°)/\text{m}$。可见,此轴对强度条件和刚度条件均满足。

例 7-6 传动轴如图 7-20a 所示,其转速 $n = 300$ r/min,主动轮 A 输入的功率 $P_1 = 500$ kW;若不计轴承摩擦所耗的功率,三个从动轮 B、C、D 输出的功率分别为 $P_2 = 150$ kW,$P_3 = 150$ kW,$P_4 = 200$ kW。该轴是用 45 号钢制成的空心圆截面杆,其内外直径之比 $\alpha = 1/2$。材料的许用切应力 $[\tau] = 40$ MPa,其切变模量 $G = 8 \times 10^4$ MPa。单位长度杆的许用扭转角 $[\theta] = 0.3(°)/\text{m}$。试作轴的扭矩图,并按强度条件和刚度条件选择轴的直径。

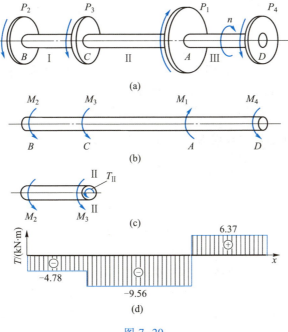

图 7-20

解： 按例 7-3 中的式（3）计算外力偶矩（图 7-20a、b）。

$$\{M_1\}_{\text{kN}\cdot\text{m}} = 9.55 \frac{\{P_1\}_{\text{kW}}}{\{n\}_{\text{r/min}}} = 9.55 \times \frac{500}{300} = 15.9$$

$$\{M_2\}_{\text{kN}\cdot\text{m}} = \{M_3\}_{\text{kN}\cdot\text{m}} = 9.55 \frac{\{P_2\}_{\text{kW}}}{\{n\}_{\text{r/min}}} = 9.55 \times \frac{150}{300} = 4.78$$

$$\{M_4\}_{\text{kN}\cdot\text{m}} = 9.55 \frac{\{P_4\}_{\text{kW}}}{\{n\}_{\text{r/min}}} = 9.55 \times \frac{200}{300} = 6.37$$

由截面法计算各段轴的横截面上的扭矩（参见图 7-20c 所示求 T_{II} 的情况），得

$$T_{\text{I}} = -M_2 = -4.78 \text{ kN}\cdot\text{m}$$
$$T_{\text{II}} = -(M_2 + M_3) = -9.56 \text{ kN}\cdot\text{m}$$
$$T_{\text{III}} = M_4 = 6.37 \text{ kN}\cdot\text{m}$$

根据这些扭矩的值即可画出扭矩图（图 7-20d）。从图可见，最大扭矩 $T_{\max}$ 在 CA 段内，其绝对值为 9.56 kN·m。

现在分别按强度条件和刚度条件选择轴的直径。根据已知的 $\alpha = 1/2$ 有

$$W_{\text{p}} = \frac{\pi D^3}{16}(1-\alpha^4) = \frac{\pi D^3}{16}\left[1-\left(\frac{1}{2}\right)^4\right] = \frac{\pi D^3}{16} \times \frac{15}{16}$$

$$I_{\text{p}} = \frac{\pi D^4}{32}(1-\alpha^4) = \frac{\pi D^4}{32} \times \frac{15}{16}$$

将 W_{p} 的上列表达式代入强度条件，得此空心圆轴所需的外直径为

$$D \geqslant \sqrt[3]{\frac{16 T_{\max}}{\pi(1-\alpha^4)[\tau]}} = \sqrt[3]{\frac{16 \times 9\,560 \times 16}{\pi \times 15 \times 40 \times 10^6}} \text{ m} = 10.9 \times 10^{-2} \text{ m} = 109 \text{ mm}$$

将 I_{p} 的前述表达式代入刚度条件，得所需的外直径为

$$D \geqslant \sqrt[4]{\frac{32 T_{\max}}{G \times \pi(1-\alpha^4)} \times \frac{180°}{\pi} \times \frac{1}{[\theta]}}$$

$$= \sqrt[4]{\frac{32 \times 9\,560 \times 180 \times 16}{8 \times 10^{10} \times \pi^2 \times 15 \times 0.3}} \text{ m} = 0.126 \text{ m} = 126 \text{ mm}$$

故空心圆轴的外直径 D 应取为 126 mm 或略大，而内直径 $d = D/2 = 63$ mm 或略小。在此例中，控制横截面尺寸的是刚度条件。

例 7-7 图 7-21a 所示的键连接中，轴所传递的扭转力偶其矩为 M。已知轴的直径为 d；键的长度为 l，高度和宽度分别为 h 和 b（图 7-21b、c）；键的材料的许用切应力和许用挤压应力分别为 $[\tau]$、$[\sigma_{\text{bs}}]$。试建立键的强

度条件。

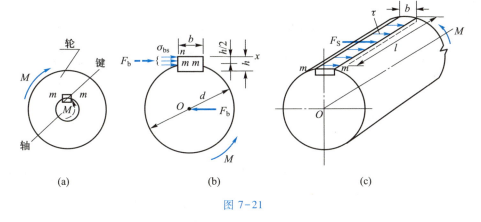

图 7-21

解：将键与轴一起作为考查对象（图 7-21b），作用在其上的主要外力有轴上的扭转力偶矩 M 和轮子对键侧面 m-n 的挤压力 F_b，以及轴承给轴的约束力 F_b。可见，键沿截面 m-m 受剪，并在侧面 m-n 上受挤压。

现在先建立键的剪切强度条件。对键的受剪面 m-m 上的剪力 F_S 在如图 7-21c 所示的分离体（图中未示出轴承的约束力，该力的作用线通过轴的中心）可写出如下平衡方程

$$\sum M_O(\boldsymbol{F}) = 0, \qquad M - F_S \frac{d}{2} = 0$$

求得

$$F_S = \frac{2M}{d}$$

按照实用的计算方法，认为键的受剪面 m-m 上各点处切应力相等。因此，把剪力 F_S 除以受剪面面积 $A = bl$ 就得到"名义切应力" τ（图 7-21c）为

$$\tau = \frac{F_S}{A} = \frac{2M}{bld}$$

从而可列出键的剪切强度条件如下：

$$\frac{2M}{bld} \leqslant [\tau]$$

为了建立键的挤压强度条件，先求出键的受挤压面上的挤压力 F_b（图 7-21b）。根据键在 m-m 截面以上部分的平衡条件 $\sum F_x = 0$，有 $F_b - F_S = 0$，从而得

$$F_b = F_S = \frac{2M}{d}$$

按实用计算方法,假设受挤压面 $m-n$ 上各点处挤压应力相等。因此把挤压力 F_b 除以受挤压面面积 $(h/2)l$,就得到"名义挤压应力" σ_{bs}(图7-21b)为

$$\sigma_{bs} = \frac{4M}{hld}$$

于是,键的挤压强度条件为

$$\frac{4M}{hld} \leqslant [\sigma_{bs}]$$

显然,若轴或轮子的材料其许用挤压应力低于键的材料的许用挤压应力,则还应考虑轴或轮子在键槽处的挤压强度。

§7-5　等圆截面直杆在扭转时的应变能

如同杆件受拉伸(压缩)时一样,杆件在受扭时杆内也积蓄有<u>应变能</u>。当杆在线性弹性范围内工作时,扭转角 ϕ 与外力偶之矩 M 呈线性关系。在图 7-22 所示情况下,外力偶所做的功为 $W = \frac{M\phi}{2}$,从而有应变能 $V_\varepsilon = \frac{M\phi}{2}$;注意到 $\phi = \frac{Ml}{GI_p}$,故此等圆截面直杆扭转时的应变能表达式可写作

$$V_\varepsilon = \frac{M^2 l}{2GI_p} \tag{7-22}$$

或

$$V_\varepsilon = \frac{GI_p}{2l}\phi^2 \tag{7-23}$$

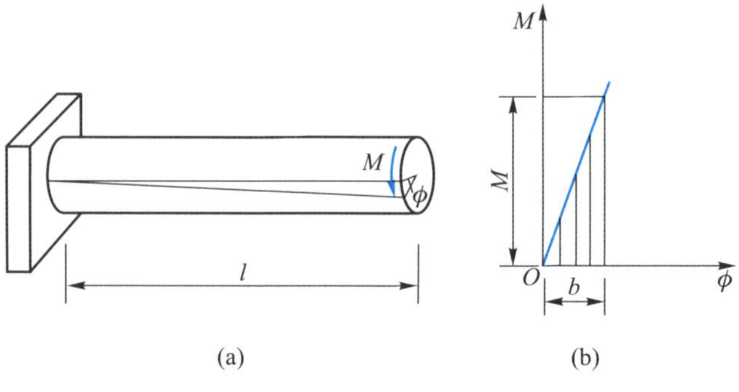

图 7-22

【思考题 7-5】

（1）分别求图 7-23 所示同一杆件在 a、b、c 三种受力情况下的应变能 $V_{\varepsilon a}$、$V_{\varepsilon b}$、$V_{\varepsilon c}$。此杆在线性弹性范围内工作，且变形微小。

（2）杆在第三种受力情况下的应力和变形是否分别等于前两种情况下的叠加？第三种情况下的应变能 $V_{\varepsilon c}$ 是否等于前两种情况下的 $V_{\varepsilon a}$、$V_{\varepsilon b}$ 的叠加？如果 $V_{\varepsilon c} \neq V_{\varepsilon a} + V_{\varepsilon b}$，那么问题在哪里？

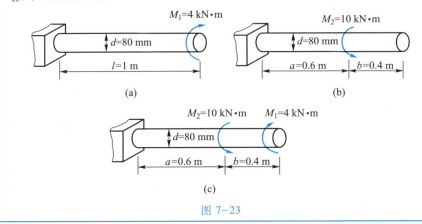

图 7-23

利用能量的概念可以求解弹性体的位移、内力等，这种能量方法是力学中普遍使用的一种重要方法。工程上常用的起缓冲或控制作用的圆柱形密圈螺旋弹簧，便可利用应变能导出它受拉伸（压缩）时两个端面之间轴向相对位移（变形）的计算公式。

例 7-8 图 7-24a 所示为一受轴向压缩的密圈圆柱螺旋弹簧。弹簧圈的平均半径为 R，簧杆的直径为 d，弹簧的有效圈数（即除去两端与平面接触部分后的圈数）为 n，簧杆材料的切变模量为 G。试推导该弹簧簧杆横截面上最大切应力的计算公式和弹簧的变形计算公式。弹簧的自重不计。

解：（1）簧杆横截面上的切应力。先求簧杆横截面上的内力。在螺旋角 α 较小（通常指 $\alpha < 5°$），即密圈的情况下，可以认为簧杆的横截面通过弹簧的轴线 AB。根据分离体（图 7-24b）的平衡可知，簧杆横截面上的内力有：剪力 $F_S = F$，扭矩 $T = FR$。对应于剪力 F_S，假设簧杆横截面上的切应力是均匀的（图 7-24c），即

$$\tau' = \frac{F_S}{\pi d^2/4} = \frac{F}{\pi d^2/4}$$

对应于扭矩 T，当簧圈的平均半径 R 与簧杆直径 d 之比很大时，可认为簧杆

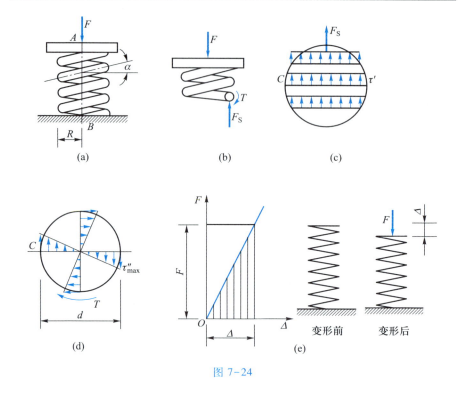

图 7-24

如同直杆受扭时那样，横截面上产生沿半径按直线分布的切应力 τ''，最大切应力发生在横截面的周边处（图 7-24d）：

$$\tau''_{max} = \frac{T}{W_p} = \frac{FR}{\pi d^3/16}$$

将这两种切应力 τ' 和 τ'' 合成，就可得到簧杆横截面上任一点处总的切应力。显然，危险点是在 τ' 与 τ''_{max} 的指向一致的点处，即簧杆横截面上位于簧圈内侧的点 C，该点处总的切应力为

$$\tau_{max} = \tau' + \tau''_{max} = \frac{16FR}{\pi d^3}\left(\frac{d}{4R}+1\right)$$

在 $d \ll R$ 的情况下，$d/(4R)$ 与 1 相比可以略去，这相当于只考虑簧杆的扭转切应力，于是点 C 处的最大切应力为

$$\tau_{max} = \frac{16FR}{\pi d^3}$$

显然，如果 d/R 并不很小，则不仅要考虑对应于剪力 F_S 的切应力，而且还要考虑簧杆曲率对于扭转切应力的影响。为此，一般将上式右端乘以修正

因数 K，即 $\tau_{\max} = K\dfrac{16FR}{\pi d^3}$。这样，簧杆的强度条件为

$$\tau_{\max} = K\dfrac{16FR}{\pi d^3} \leq [\tau] \qquad (7-24)$$

根据弹性力学的分析，上述修正因数可表达为

$$K = \dfrac{4C+2}{4C-3}$$

其中，$C = 2R/d$。

(2) 弹簧的变形。当弹簧在线性弹性范围内工作时，亦即弹簧的轴向变形 Δ 与轴向压力（或拉力）F 为线性关系时（图7-24e），轴向外力所做的功为 $W = F\Delta/2$。而弹簧内蓄积的应变能 V_ε，若只考虑簧杆扭转变形的影响，且按等直圆杆计算，则由公式(7-22)可得

$$V_\varepsilon = \dfrac{1}{2} \times \dfrac{T^2 l}{GI_p} = \dfrac{(FR)^2 2\pi Rn}{2GI_p}$$

式中，$l = 2\pi Rn$ 为簧杆的长度，I_p 为簧杆横截面的极惯性矩。

在不计能量损耗的情况下，弹簧在变形过程中所蓄积的应变能 V_ε 在数值上等于外力所做的功 W，于是在引入 $I_p = \pi d^4/32$ 后得

$$\Delta = \dfrac{2\pi Rn FR^2}{G\dfrac{\pi d^4}{32}} = \dfrac{64FR^3 n}{Gd^4} \qquad (7-25)$$

令 $c = Gd^4/(64R^3 n)$，则上式可改写为如下形式

$$\Delta = \dfrac{F}{c} \qquad (7-26)$$

这里的 c 称为弹簧刚度系数，其常用单位为 N/m。

从公式(7-25)看出，Δ 与 d^4 成反比。因此，如果希望弹簧有较好的缓冲作用，即要求它能有较大的变形，则应使簧杆直径 d 尽可能小一些。当然，在此情况下相应的 $\tau_{\max}$ 也就增大，从而要求簧杆材料具有较高的 $[\tau]$。此外，根据公式(7-25)可见，加大簧圈平均半径 R 也可以较好地取得增大 Δ 的效果，但这往往受到空间的限制。

§7-6 矩形截面杆的扭转

一、非圆截面杆和圆截面杆扭转的区别

前已讲到，圆杆受扭时根据其表面变形情况可以推知横截面仍保持为

平面。但是非圆截面杆受扭时情况就很不相同,根据其表面的变形情况(图7-25)可知,它的横截面会发生翘曲(warping)。因此,由平面假设所得的圆杆扭转时应力、变形等的计算公式对于非圆截面杆均不适用。

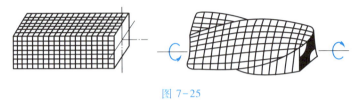

图 7-25

非圆截面杆受扭时横截面要发生翘曲,因此,如果翘曲受到牵制,例如,杆件是变截面的,或者外力偶不是加于杆的两端,或者杆的端面受到外部约束而不能自由翘曲,那么杆的横截面上除有切应力外,还会产生正应力。这种扭转称为约束扭转(constrained torsion)。要使非圆截面杆受扭时横截面上只产生切应力而无正应力,那么杆件必须是等截面的,而且只在两端受外力偶作用,同时端面还要能自由翘曲。这种横截面翘曲不受牵制的扭转称为自由扭转(或纯扭转)(pure torsion),它在实际工程中当然是很少遇到的。

本节主要介绍矩形截面杆自由扭转时,横截面上切应力以及单位长度杆的扭转角的分析结果。

二、矩形截面杆的扭转

矩形截面杆受扭时(图7-26),根据自由表面上无切应力的事实由切应力互等定理可以得知:

(1)横截面周边上各点处的切应力其方向一定与周边相切;

(2)横截面上棱角处必定无切应力。

这是因为,如图7-26所示,如果横截面周边上某点A处的切应力τ_A其方向不与周边相切,则必有与周边垂直的分量τ_n,而这是与自由表面上不应有与它互等的切应力τ'_n相矛盾的。同理,如果矩形截面杆受扭时横截面上棱角处存在切应力τ(图7-26),则它的两个沿周边的分量τ_1、τ_2将与自由表面上不应有分别与它们互等的切应力τ'_1、τ'_2相矛盾。

根据弹性力学的分析结果,矩形截面杆受扭时横截面上的最大切应力τ_{max}在长边中点处(图7-27),其计算公式可写为

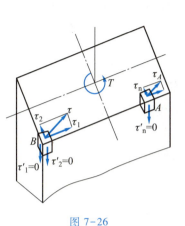
图 7-26

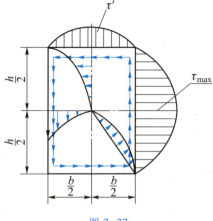
图 7-27

$$\tau_{\max} = \frac{T}{W_T} \tag{7-27}$$

而单位长度杆的扭转角其计算公式则可写为

$$\theta = \frac{T}{GI_T} \tag{7-28}$$

式中,W_T 也称为抗扭截面系数,I_T 则称为截面的相当极惯性矩。值得注意的是,这里的 I_T 和 W_T 除了在量纲上分别与圆截面的 I_p 和 W_p 相同外,别无共同之处。

矩形截面的 I_T 和 W_T 与截面尺寸的关系如下:

$$I_T = \alpha b^4, \qquad W_T = \beta b^3 \tag{7-29}$$

式中的因数 α、β 可从表 7-1 中查出,它们均随矩形截面的长、短边尺寸 h 和 b 的比值 $m = h/b$ 而变。

矩形截面杆受扭时横截面上短边中点处的切应力 τ'(图 7-27)可根据 $\tau_{\max}$ 和表 7-1 中的因数 ν 按下式计算

$$\tau' = \nu \tau_{\max} \tag{7-30}$$

表 7-1 矩形截面杆自由扭转时的因数 α、β 和 ν

$m = h/b$	1.0	1.2	1.5	2.0	2.5	3.0	4.0	6.0	8.0	10.0
α	0.140	0.199	0.294	0.457	0.622	0.790	1.123	1.789	2.456	3.123
β	0.208	0.263	0.346	0.493	0.645	0.801	1.150	1.789	2.456	3.123
ν	1.000	—	0.858	0.796	—	0.753	0.745	0.743	0.743	0.743

注:这里的 ν 并非泊松比。

弹性力学的分析结果还表明，当 $m>10$ 时，$\alpha=\beta\approx m/3$，这就是说，狭长矩形截面的 I_T 和 W_T 与截面尺寸的关系如下：

$$I_T = \frac{1}{3}h\delta^3, \qquad W_T = \frac{1}{3}h\delta^2 = \frac{I_T}{\delta} \qquad (7-31)$$

在上式中已将狭长矩形的短边尺寸 b 改为 δ，以与一般矩形相区别。狭长矩形截面上扭转切应力的变化情况如图 7-28 所示，长边上各点处的切应力，除在棱角附近以外其数值均相等。

例 7-9 比较如图 7-29 所示同为圆环形的开口和闭口薄壁杆件的扭转强度和刚度，设两者有相同的平均半径 r 和壁厚 δ。

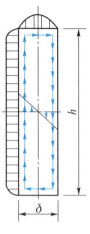

图 7-28

解： 计算环形开口薄壁杆件的应力和变形时，可以假想地把环形展直，作为狭长矩形看待。于是由公式（7-31）得

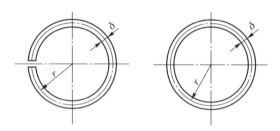

图 7-29

$$I_T = \frac{1}{3}h\delta^3 = \frac{1}{3}\times 2\pi r\times \delta^3 = \frac{2}{3}\pi r\delta^3$$

$$W_T = \frac{1}{3}h\delta^2 = \frac{1}{3}\times 2\pi r\times \delta^2 = \frac{2}{3}\pi r\delta^2$$

由此根据公式（7-27）及公式（7-28），求得开口环形薄壁杆件横截面上的最大切应力以及扭转角为

$$\tau_1 = \frac{T}{W_T} = \frac{3T}{2\pi r\delta^2}, \qquad \phi_1 = \frac{Tl}{GI_T} = \frac{3Tl}{2G\pi r\delta^3}$$

闭口环形薄壁杆件横截面上的切应力利用公式（7-2）算得为

$$\tau_2 = \frac{T}{2\pi r^2\delta}$$

事实上，闭口环形薄壁杆件就是壁厚 δ 很小的空心圆截面杆，其横截面的极

惯性矩 $I_p = \int_A \rho^2 dA$ 可以认为是

$$I_p = (2\pi r\delta)r^2 = 2\pi r^3 \delta$$

相应地抗扭截面系数为

$$W_p = \frac{I_p}{r} = 2\pi r^2 \delta$$

利用这里的 I_p 可得闭口环形薄壁杆的扭转角

$$\phi_2 = \frac{Tl}{GI_p} = \frac{Tl}{2G\pi r^3 \delta}$$

在 T 及 l 相同的情况下，圆环形开口和闭口薄壁截面杆件横截面上切应力之比是

$$\frac{\tau_1}{\tau_2} = 3\frac{r}{\delta}$$

而强度比则是应力比的倒数。两者的扭转角之比是

$$\frac{\phi_1}{\phi_2} = 3\left(\frac{r}{\delta}\right)^2$$

而刚度比则是其倒数。

习　　题

7-1　试作图示各杆的扭矩图，并指出最大扭矩的值及其所在的横截面（或这些横截面所在的区段）。

7-4：习题参考答案

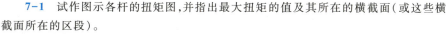

(a)　　　　　　　　　(b)

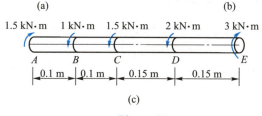

(c)

题 7-1 图

7-2 图示一传动轴做匀速转动，转速 $n = 200$ r/min，轴上装有五个轮子，主动轮 2 输入的功率为 60 kW，从动轮 1、3、4、5 依次输出 18 kW、12 kW、22 kW 和 8 kW。试作该轴的扭矩图。

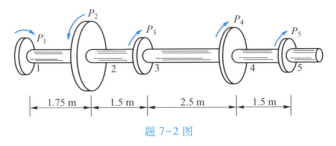

题 7-2 图

7-3 直径 50 mm 的钢圆轴，其横截面上的扭矩 $T = 1.5$ kN·m，试求横截面上的最大切应力。

7-4 图示实心圆轴的直径 $d = 100$ mm，长 $l = 1$ m，作用在两个端面上的外力偶之矩均为 $M_e = 14$ kN·m，但转向相反。材料的切变模量 $G = 8 \times 10^4$ MPa。试求：(1) 横截面上的最大切应力，以及两个端面的相对扭转角；(2) 图示(题 7-4 图 b)横截面上 A、B、C 三点处切应力的大小及指向。

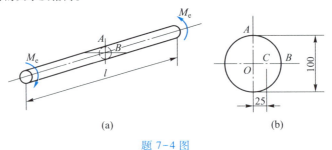

题 7-4 图

7-5 图示空心钢圆轴的外直径 $D = 80$ mm，内直径 $d = 62.5$ mm，外力偶之矩 $M_e = 10$ N·m。已知钢的切变模量 $G = 8 \times 10^4$ MPa。(1) 试作横截面上切应力的分布图；(2) 试求最大切应力和单位长度扭转角。

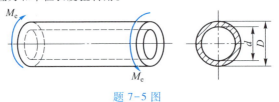

题 7-5 图

7-6 圆轴的直径 $d = 50$ mm，转速为 120 r/min。若该轴横截面上的最大切应力等于 60 MPa，试问所传递的功率是多少？

7-7 图示一直径为 $d=50$ mm 的圆轴,其两端受矩为 $M_e=1$ kN·m 的外力偶作用而发生扭转,轴的材料之切变模量 $G=8\times10^4$ MPa。试求:(1)横截面(见图)上半径 $\rho_A=d/4$ 处的切应力和切应变;(2)最大切应力和轴的单位长度扭转角。

7-8 图示长度相等的两根受扭圆轴,一为空心圆轴,一为实心圆轴,它们的材料相同,受力情况也一样。实心轴的直径为 d;空心轴的外直径为 D,内直径为 d_0,且 $d_0/D=0.8$。试求当实心轴与空心轴强度相等($\tau_{max}=[\tau]$ 时 T 相等)时实心轴与空心轴的重量比和刚度比。

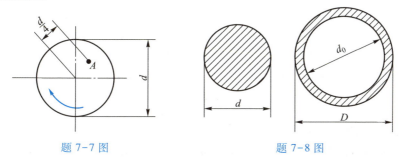

题 7-7 图   题 7-8 图

7-9 图示一根两端固定的阶梯形圆轴。它在截面突变处受一矩为 M_e 的外力偶作用。若 $d_1=2d_2$,试求固定端的约束力偶矩 M_A 和 M_B,并作扭矩图。

7-10 图示一钻探机的功率为 10 kW,转速 $n=180$ r/min,钻杆钻入土层的深度 $l=40$ m。如土壤对钻杆的阻力可看作是均匀分布的力偶,试求此分布力偶的集度 m,并作出钻杆的扭矩图。

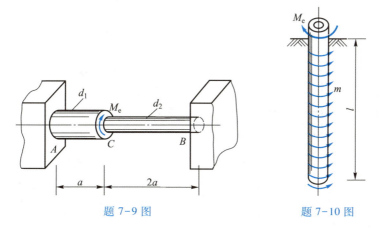

题 7-9 图   题 7-10 图

7-11 图示有一外直径为 100 mm,内直径为 80 mm 的空心圆轴,它与一直径为 80 mm 的实心圆轴用键相连接。连接成的这根轴在轮 A 处由电动机带动,输入功率 $P_1=150$ kW;在轮 B、C 处分别输出功率 $P_2=75$ kW,$P_3=75$ kW。若已知轴的转速为 $n=300$ r/min,许用切应力 $[\tau]=40$ MPa;键的尺寸为 10 mm×10 mm×30 mm,其许用应力为 $[\tau]=100$ MPa 和 $[\sigma_{bs}]=280$ MPa。试校核轴和键的强度。

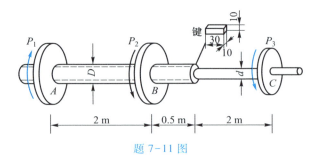

题 7-11 图

7-12 簧杆直径 $d=18$ mm 的圆柱形密圈螺旋弹簧,受拉力 $F=0.5$ kN 作用,弹簧圈的平均直径 $D=125$ mm,材料的切变模量 $G=8\times10^4$ MPa,簧重不计。试求:(1)簧杆内的最大切应力;(2)为使其伸长量等于 6 mm 所需的弹簧有效圈数。

7-13 图中 A、B、C 为三个圆柱螺旋弹簧。它们的材料、圈数及簧杆直径都相同,但弹簧 B 的簧圈平均半径为 $R_B=40$ mm,而 A 及 C 的簧圈平均半径则为 $R_A=R_C=30$ mm。图中所示悬挂物的重量为 $P=5$ kN。簧重不计。(1)若安装前三个弹簧长度相同,试求弹簧 B 所受的拉力;(2)若安装前弹簧 B 比 A 及 C 短 $l/10$,则安装并悬挂重物后弹簧 B 所受的拉力又如何?

7-14 图示矩形截面钢杆受矩为 $M_e=3$ kN·m 的一对外力偶作用;已知材料的切变模量 $G=8\times10^4$ MPa。试求:(1)杆内最大切应力的大小、位置和方向;(2)横截面短边中点处的切应力;(3)单位长度杆的扭转角。

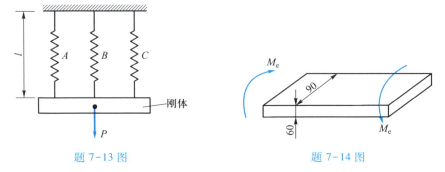

题 7-13 图　　　　题 7-14 图

第 8 章 弯 曲

8-1:教学要点

§8-1 剪力和弯矩·剪力图和弯矩图

在外力作用下主要发生弯曲变形的杆件称为梁,变形后梁的轴线将变成曲线。图 8-1a 所示受横向力作用的直梁,其横截面上的内力(图 8-1b)根据截面一边分离体的平衡条件可知:有一位于横截面平面内的与 F_A 平行而指向相反的内力,即**剪力**(shear force) F_S。该梁左段任意横截面 $m-m$ 上的剪力根据 $\sum F_y = 0$,即 $F_A - F_S = 0$,知 $F_S = F_A$。由于外力 F_A 与剪力 F_S 组成一力偶,根据分离体的平衡条件可知,横截面上必有一与其相平衡的内力偶,内力偶矩 M 称为**弯矩**(bending moment)。该梁横截面上的弯矩可由对横截面的形心 C 取矩,即由 $\sum M_C(F) = 0$ 得

$$M - F_A x = 0$$

$$M = F_A x = \frac{Fb}{l} x$$

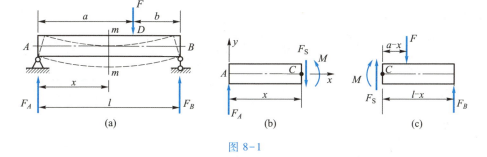

图 8-1

亦可取横截面的右边一段梁作为分离体(图 8-1c),来求 $m-m$ 截面上的内力,其结果与取横截面左边为分离体时的相同,只是计算的繁简程度不同而已。

与轴力和扭矩的正负号的规定一样,梁的横截面上的剪力和弯矩也是

联系于变形情况来规定它们的正负号的。剪力 F_S 以使梁的微段发生"左上右下"的错动者为正(图 8-2a);反之为负(图 8-2b)。弯矩 M 以使梁的微段发生"上凹下凸"的变形,即梁的上部纵向受压而下部纵向受拉时为正(图 8-2c);反之为负(图 8-2d)。显然,图 8-1 所示 m-m 横截面上的剪力和弯矩都是正值。

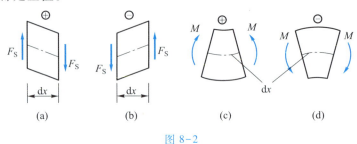

图 8-2

【思考题 8-1】

试求图 8-3 所示悬臂梁之任意横截面 m-m 上的剪力和弯矩。

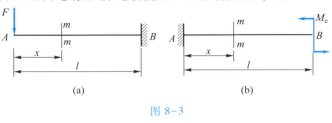

图 8-3

例 8-1 试求图 8-4a 所示外伸梁指定横截面 1-1、2-2、3-3、4-4 上的剪力和弯矩。

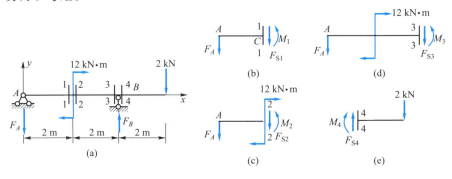

图 8-4

解： 首先求支座约束力。取整体为研究对象，根据 $\sum M_B(F) = 0$ 和 $\sum M_A(F) = 0$ 求得

$$F_A = 4 \text{ kN}(\downarrow), \qquad F_B = 6 \text{ kN}(\uparrow)$$

此梁在固定铰支座 A 处所受的水平约束力显然为零。

在求 1—1 横截面上的内力时，假想地将梁沿该截面截开。现取左段分离体为研究对象，并设截开面上未知的剪力和弯矩均为正（图 8-4b）。列平衡方程如下

$$\sum F_y = 0, \qquad -F_A - F_{S1} = 0$$
$$\sum M_C(F) = 0, \qquad F_A \times 2 \text{ m} + M_1 = 0$$

得到

$$F_{S1} = -4 \text{ kN}, \qquad M_1 = -8 \text{ kN} \cdot \text{m}$$

F_{S1} 与 M_1 均为负值，说明 1—1 横截面上剪力和弯矩的实际指向和转向均与所设的相反，即为负号的剪力和弯矩。

在 2—2 截面处将梁截开，并以左段分离体为研究对象（图 8-4c），可得

$$F_{S2} = -4 \text{ kN}, \qquad M_2 = 4 \text{ kN} \cdot \text{m}$$

1—1 和 2—2 两个横截面分别在集中力偶作用面的左侧和右侧，将这两个截面上的内力 F_{S1} 与 F_{S2} 以及 M_1 与 M_2 分别进行比较，则发现：<u>在集中力偶两侧的相邻横截面上，剪力相同而弯矩发生突变，且其突变量等于集中外力偶之矩。</u>

求算 3—3 横截面上的剪力和弯矩时，仍取左段分离体为研究对象（图 8-4d）来计算，得

$$F_{S3} = -4 \text{ kN}, \qquad M_3 = -4 \text{ kN} \cdot \text{m}$$

求算 4—4 横截面上的内力时，为简便起见，取右段分离体为研究对象（图 8-4e），有

$$F_{S4} = 2 \text{ kN}, \qquad M_4 = -4 \text{ kN} \cdot \text{m}$$

分别比较 F_{S3} 与 F_{S4} 以及 M_3 与 M_4 可知：<u>在集中力两侧相邻横截面上，剪力发生突变，且其突变量等于集中力的数值；但弯矩保持不变。</u>

从上例看到，梁的横截面上的内力，一般而言，在不同的横截面上有不同的数值。因此，有必要做出梁的内力图——**剪力图**（shear force diagram）和**弯矩图**（bending moment diagram），以直观地表示这些内力随横截面位置变化的情况。

例 8-2 图 8-5a 所示为一受满布均布荷载的悬臂梁。试作此梁的剪力图和弯矩图。

解： 取轴 x 与梁的轴线重合，坐标原点取在梁的左端（图 8-5a）。以坐

标 x 表示横截面的位置。然后,求任意 x 处横截面上的剪力和弯矩,也就是找出横截面上剪力和弯矩与横截面位置的函数关系,分别把这种函数关系式叫做梁的<u>剪力方程</u>和<u>弯矩方程</u>。为此,将梁在任意 x 处用横截面截开。显然,就此梁而言,若取左段分离体为研究对象(图 8-5b),则不必求支座约束力。

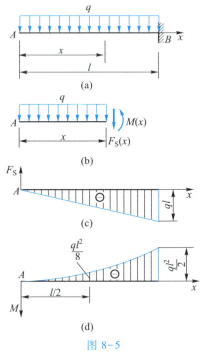

根据左段分离体的平衡条件便可列出剪力方程和弯矩方程如下:

$$F_S(x) = -qx \quad (0 \leqslant x < l)$$

$$M(x) = -\frac{1}{2}qx^2 \quad (0 \leqslant x < l)$$

以上两式后面括号里的不等式是用来说明对应的内力方程所适用的区段。

有了剪力方程和弯矩方程,便可在相应的坐标系里作出梁的剪力图(图 8-5c)和弯矩图(图 8-5d)。此梁的剪力方程 $F_S(x) = -qx$ 表明 $F_S(x)$ 为 x 的线性函数,所以剪力图为一倾斜直线。该直线可根据例如 $F_S(0) = 0$ 与 $F_S(l) = -ql$ 作出。(注:剪力方程在 $x = l$ 处是不适用的,因该处有固定端约束力。此处取 x 为 l,实际上是指 l 稍左一点的截面。)

作弯矩图时,表示弯矩 M 的纵坐标(图 8-5d)取向下为正,以使梁的弯矩图始终位于梁的受拉一侧。该梁的弯矩方程 $M(x) = -qx^2/2$ 表明 $M(x)$ 是 x 的二次函数,弯矩图为二次抛物线。在描点作图时至少需确定图线上的三个点,例如,$M(0) = 0$,$M(l/2) = -\frac{1}{8}ql^2$,$M(l) = -\frac{1}{2}ql^2$。

图 8-5

从内力图得知,固定端左侧横截面上的剪力和弯矩都有最大值,$F_{S,\max} = ql$,$M_{\max} = \frac{1}{2}ql^2$(内力的最大值一般都以绝对值为准)。

例 8-3 对于图 8-6a 所示受满布均布荷载的简支梁,试作剪力图和弯矩图。

解:此梁的支座约束力根据对称性可知

$$F_A = F_B = \frac{ql}{2}$$

梁的剪力方程和弯矩方程分别为

$$F_S(x) = \frac{ql}{2} - qx \quad (0 < x < l)$$

$$M(x) = \frac{qlx}{2} - \frac{qx^2}{2} \quad (0 \leqslant x \leqslant l)$$

剪力是 x 的一次函数，故剪力图为一斜直线。取 $F_S(0) = \frac{ql}{2}$，$F_S(l) = -\frac{ql}{2}$，作出剪力图如图 8-6b 所示。

弯矩是 x 的二次函数，弯矩图为二次抛物线。取 $M(0) = 0$，$M(l/2) = \frac{ql^2}{8}$ 与 $M(l) = 0$，作出的弯矩图如图 8-6c 所示。

由内力图得到

$$F_{S,\max} = \frac{ql}{2}, \qquad M_{\max} = \frac{ql^2}{8}$$

例 8-4 图 8-7a 所示为一受集中荷载 F 作用的简支梁。试作其剪力图和弯矩图。

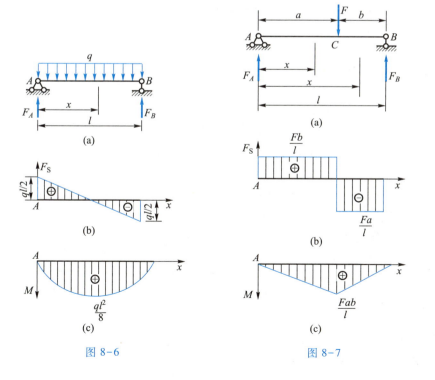

图 8-6　　　　　　　　　　　图 8-7

解： 根据整体平衡，求得支座约束力

$$F_A = \frac{Fb}{l}, \qquad F_B = \frac{Fa}{l}$$

梁上的集中荷载将梁分为 AC 与 CB 两段，根据每段内任意横截面左侧分离体的受力图（读者可自行画出）容易看出，两段梁的内力方程不会相同，故需分段写出。

AC 段：$F_S(x) = F_A = \dfrac{Fb}{l} \quad (0 < x < a)$

$M(x) = \dfrac{Fb}{l}x \quad (0 \leq x \leq a)$

CB 段：$F_S(x) = \dfrac{Fb}{l} - F = -\dfrac{Fa}{l} \quad (a < x < l)$

$M(x) = \dfrac{Fb}{l}x - F(x-a) = \dfrac{Fa}{l}(l-x) \quad (a \leq x \leq l)$

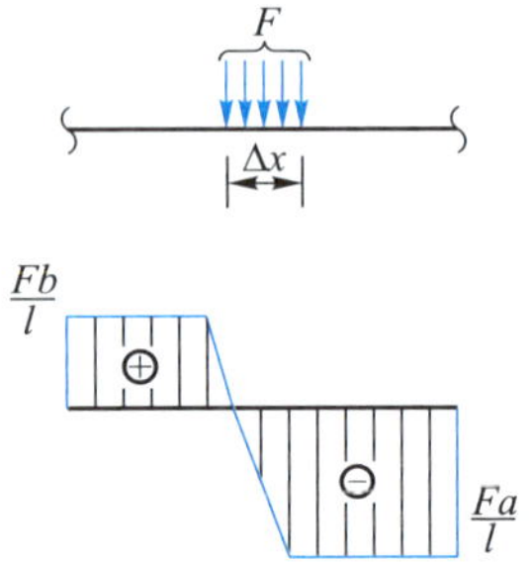

AC 和 CB 两段梁的剪力都是常量，其剪力图分别由与轴 x 平行的直线构成，如图 8-7b 所示。

两段梁的弯矩都是 x 的一次函数，弯矩图由斜直线构成，如图 8-7c 所示。

如图 8-7a 所示，$a > b$，则在梁的 CB 段得到最大剪力，其值为 $F_{S,max} = Fa/l$。梁的最大弯矩发生在集中荷载作用处的横截面 C 上，其值为 $M_{max} = Fab/l$。

在剪力图上看到，在集中荷载作用处剪力发生突变，突变的值等于集中荷载的大小。发生这种情况是由于把实际上分布在很短区间内的分布力，抽象成了作用于一点的集中力。若视集中力 F 为区间 Δx 上均匀的分布荷载（图 8-8），则在梁段 Δx 内，剪力从 Fb/l 沿斜直线过渡到 $-Fa/l$，不存在突变现象。

例 8-5 简支梁受力如图 8-9a 所示。试作该梁的剪力图和弯矩图。

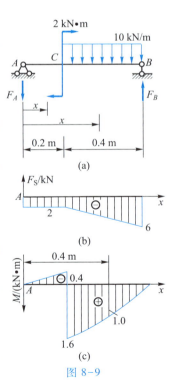

图 8-8

图 8-9

解：首先求出支座约束力：
$$F_A = 2 \text{ kN}(\downarrow), \qquad F_B = 6 \text{ kN}(\uparrow)$$

分段列出剪力方程和弯矩方程：

AC 段：
$$F_S(x) = -F_A = -2 \text{ kN} \quad (0 < x \leqslant 0.2 \text{ m})$$
$$M(x) = -F_A x = -2 \text{ kN} \cdot x \quad (0 \leqslant x < 0.2 \text{ m})$$

CB 段：
$$F_S(x) = -2 \text{ kN} - 10 \text{ kN} \cdot \text{m}^{-1} \cdot (x - 0.2 \text{ m})$$
$$= -10 \text{ kN} \cdot \text{m}^{-1} \cdot x \quad (0.2 \text{ m} \leqslant x < 0.6 \text{ m})$$
$$M(x) = -2 \text{ kN} \cdot x + 2 \text{ kN} \cdot \text{m} - \frac{1}{2} \times 10 \text{ kN} \cdot \text{m}^{-1} \cdot (x - 0.2 \text{ m})^2$$
$$= -5 \text{ kN} \cdot \text{m}^{-1} \cdot x^2 + 1.8 \text{ kN} \cdot \text{m} \quad (0.2 \text{ m} < x \leqslant 0.6 \text{ m})$$

剪力图如图 8-9b 所示。

AC 段的弯矩是 x 的一次函数，弯矩图由斜直线构成；CB 段的弯矩为 x 的二次函数，弯矩图由二次抛物线构成，为此取三个截面的弯矩值，例如，$M(0.2 \text{ m}) = 1.6 \text{ kN} \cdot \text{m}$，$M(0.4 \text{ m}) = 1.0 \text{ kN} \cdot \text{m}$，$M(0.6 \text{ m}) = 0$。弯矩图如图 8-9c 所示。

由图可见，$F_{S,\max} = 6 \text{ kN}$，位于支座 B 稍左的横截面上。$M_{\max} = 1.6 \text{ kN} \cdot \text{m}$，位于集中力偶作用处稍右的横截面上。

由弯矩图看到，在集中力偶作用处弯矩值发生突变，其突变量等于集中力偶之矩。突变发生的原因，类似于例 8-4 中对集中力作用处剪力突变的分析。

【思考题 8-2】
根据以上四个例题中绘出的剪力图和弯矩图，你能否总结出若干规律？

§8-2 剪力图和弯矩图的进一步研究

在上一节中已讨论了直梁横截面上的内力——剪力 F_S 和弯矩 M，以及它们随横截面位置变化的函数式和图线——剪力方程和弯矩方程、剪力图和弯矩图。现在来研究剪力图和弯矩图的规律。

从图 8-10 所示的三组 F_S、M 图中容易看出：

(1) 在梁上无分布荷载作用的区段，剪力图的图线为平行于梁的轴线

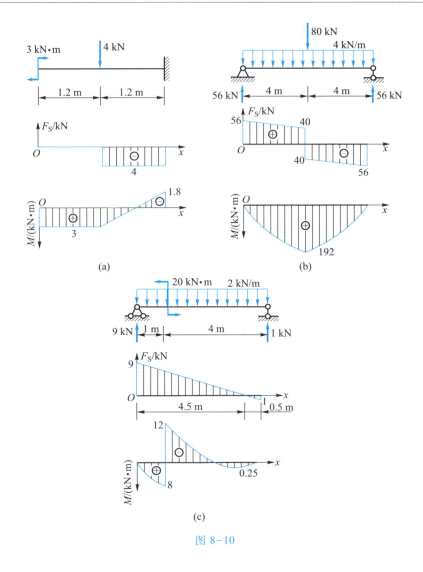

图 8-10

的直线;在梁上有均布荷载作用的区段,剪力图的图线为斜直线,而且斜率 dF_S/dx 就等于均布荷载的集度 q。

(2) 在剪力为零的区段,弯矩图的图线为平行于梁轴线的直线;在剪力为常量的区段,弯矩图的图线为斜直线,且斜率 dM/dx 就等于该区段内剪力 F_S 的值;而在剪力不为常量的区段,弯矩图的图线为曲线,且曲线上各点处切线斜率的变化与剪力值的变化相对应。

直梁的类似这样的一些关于剪力图和弯矩图的规律,亦即作用于梁上

的分布荷载集度 q 与梁的横截面上剪力 F_S、弯矩 M 之间的关系,完全可以根据如图 8-11 所示微段梁的平衡条件得出。

对于图 8-11 所示长 $\mathrm{d}x$ 的微段,在规定分布荷载集度 $q(x)$ 向上为正的条件下,根据平衡方程 $\sum F_y = 0$ 有

$$F_S(x) - [F_S(x) + \mathrm{d}F_S(x)] + q(x)\mathrm{d}x = 0$$

于是得

$$\frac{\mathrm{d}F_S(x)}{\mathrm{d}x} = q(x) \tag{8-1}$$

取点 C 如图 8-11b 所示,根据微段的平衡方程 $\sum M_C(F) = 0$ 有

$$M(x) + F_S(x)\mathrm{d}x - [M(x) + \mathrm{d}M(x)] + [q(x)\mathrm{d}x]\frac{\mathrm{d}x}{2} = 0$$

略去二阶无穷小的量 $\frac{1}{2}q(x)\mathrm{d}x\mathrm{d}x$ 后得

$$\frac{\mathrm{d}M(x)}{\mathrm{d}x} = F_S(x) \tag{8-2}$$

式(8-1)概括了前述关于剪力图的规律:梁上无分布荷载的区段,$q(x) = 0$,故 $\dfrac{\mathrm{d}F_S(x)}{\mathrm{d}x} = 0$,即剪力图图线的斜率为零;梁上有均布荷载的区段,$q(x) =$ 常量,故 $\dfrac{\mathrm{d}F_S(x)}{\mathrm{d}x} =$ 常量,即剪力图的图线为斜直线,且斜率等于 q。需要注意的是,图 8-10b、c 中所示的均布荷载指向向下,其集度实为负值,故剪力图图线的斜率为负。式(8-2)则概括了前述关于弯矩图的规律:在剪力为零的区段,$F_S(x) = 0$,故 $\dfrac{\mathrm{d}M(x)}{\mathrm{d}x} = 0$,即弯矩图图线的斜率为零;在剪力为常量的区段,$F_S(x) =$ 常量,故 $\dfrac{\mathrm{d}M(x)}{\mathrm{d}x} =$ 常量,即弯矩图的图线为斜直线,且斜率等于剪力的值;在剪力 $F_S(x)$ 变化的区段,弯矩图图线的斜率 $\dfrac{\mathrm{d}M(x)}{\mathrm{d}x}$ 随 $F_S(x)$ 变化,因而弯矩图的

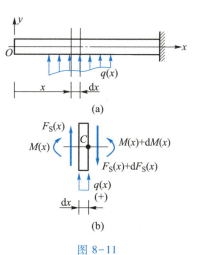

图 8-11

图线为曲线。图 8-10b 所示梁的左段,$F_S(x)$ 为正值,且随 x 的增大而减

小,故弯矩图图线上各点处切线的斜率亦为正值,且亦随 x 的增大而减小。图8-10b 所示梁的右段,则由于 $F_\mathrm{S}(x)$ 为负值,且其绝对值随 x 的增加而增大,故弯矩图图线上各点处切线的斜率亦为负值,且斜率的绝对值亦随 x 的增加而增大。在图 8-10c 所示梁中,距右端支座为 0.5 m 处,剪力为零,故 $\dfrac{\mathrm{d}M(x)}{\mathrm{d}x}=0$,即弯矩图图线的切线在该处斜率为零,从而弯矩在该处为极值(注意:极值未必是最大值或最小值)。

根据式(8-1)和式(8-2),可得知

$$\frac{\mathrm{d}^2 M(x)}{\mathrm{d}x^2}=q(x) \tag{8-3}$$

也就是说,当作用于梁上的分布荷载向下而 $q(x)$ 为负值时,弯矩图图线的曲率 $\dfrac{\mathrm{d}^2 M(x)}{\mathrm{d}x^2}$ 亦必为负值,而图线的凹向如图8-10b、c中所示。

【思考题8-3】

(1)图 8-10b 所示梁中,左、右两段剪力图的图线其斜率为何相同?(2)上述梁的弯矩图,其左、右两段图线在集中荷载作用着的跨中截面处,切线的斜率是否相同,即弯矩图的图线在该处是否光滑?(3)图8-10c所示梁在集中力偶作用截面处,左、右两段弯矩图的图线其切线的斜率是否相同?

【思考题8-4】

一个集中荷载 F 如图 8-12 所示,它可以在简支梁上移动。试问不论荷载在什么位置时最大弯矩是否总是在荷载所在位置的横截面上?

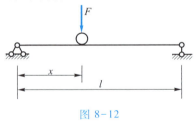

图 8-12

§8-3 弯曲正应力

直梁横截面上的内力,一般地说既有弯矩又有剪力(图 8-13a),这种弯曲称为<u>横力弯曲</u>(bending by transverse force)。但在某些情况下,梁的某一区段内甚至整个梁内，横截面上也可能只有弯矩而无剪力，把这种梁段和这种梁的弯曲称为**纯弯曲**（pure bending）（图8-13b、c）。

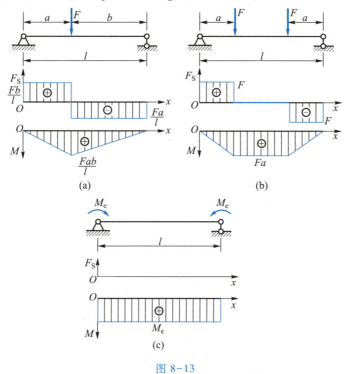

图 8-13

梁的横截面上的剪力 F_S 是横截面上切向（即横截面平面内）分布内力的合力，而横截面上这种切向分布内力的集度则称为**弯曲切应力**（shearing stress in bending）。剪力 F_S 与沿着该剪力方向的切应力 τ 之间有如下关系（图8-14）：

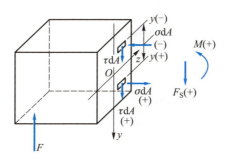

图 8-14

$$F_S = \int_A \tau dA \tag{8-4}$$

式中，A 是横截面的面积。梁的横截面上的弯矩 M 是横截面上法向(即沿梁的纵向)分布内力组成的力偶矩，它与法向分布内力的集度 σ——弯曲正应力之间有如下关系：

$$M = \int_A \sigma y dA \tag{8-5}$$

式中，y 是横截面上各点到与弯曲平面垂直的轴 z 之距离，而轴 z 位置的确定见下面的叙述。

静力学关系式(8-5)还不能直接用来计算梁的横截面上的弯曲正应力，因为还不知道弯曲正应力 σ 在横截面上的变化规律。注意到横截面上的正应力 σ 是与纵向线应变 ε 相联系的，因而可先研究直梁弯曲时横截面上各点处纵向线应变的情况。

几何方面 图 8-15a 所示在侧表面上画有横向周线和纵向线段的直梁，当其在竖直平面内发生纯弯曲时，可观察到如下的表面变形情况：

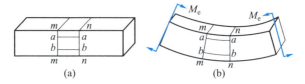

图 8-15

(1) 各横向周线仍各在一个平面内，只是各自绕着与弯曲平面垂直的轴转动了一个角度；
(2) 纵向线段变弯，但仍与横向周线垂直；
(3) 部分纵向线段伸长(例如图中的 bb)，部分纵向线段缩短(例如图中的 aa)。

由于横向周线实质上是梁的横截面与侧表面的交线，因此根据上述表面变形情况可以做出推论：直梁在纯弯曲时，原为平面的横截面仍保持为平面，且仍垂直于弯曲后梁的轴线，只是相邻横截面各自绕着与弯曲平面垂直的某一根横向轴——中性轴作相对转动。这个涉

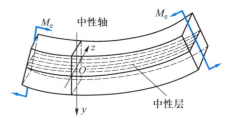

图 8-16

及梁的内部变形情况的推论,称为<u>直梁纯弯曲时的平面假设</u>。而所谓<u>中性轴</u>(neutral axis)乃是梁弯曲时由没有伸长和缩短的纵向线段所构成的<u>中性层</u>(neutral surface)与梁的横截面的交线(图8-16)。

现在来研究相距 dx 的两横截面之间,距中性层为任意距离 y 的纵向线段 AB(图8-17a)在梁发生纯弯曲时的线应变 ε。由于材料是均匀的、连续的,故变形具有连续性。根据平面假设,横截面如同刚性平面那样绕中性轴转动。因此,若把相距 dx 的两横截面之相对转角记为 $d\theta$,中性层的曲率半径记为 ρ,并注意到中性层上的纵向线段 O_1O_2 其弯曲后的弧长 $\rho d\theta$ 等于原长 dx(图8-17b),则原长亦为 dx 的任意纵向线段 AB 其线应变(图8-17b)为

$$\varepsilon = \frac{(\rho+y)d\theta - \rho d\theta}{\rho d\theta} = \frac{y}{\rho} \qquad (8-6)$$

这就是说,直梁纯弯曲时纵向线段的线应变与该线段距中性层的距离成正比。

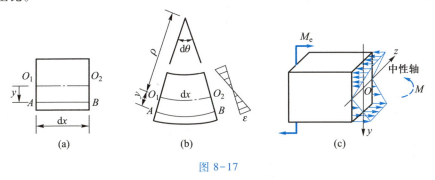

图 8-17

物理方面 在小变形情况下,直梁纯弯曲时各纵向线段之间的挤压可忽略不计,从而认为材料受单向拉伸或压缩。于是,当梁的横截面上的弯曲正应力 σ 不超过材料的比例极限(所谓梁在弹性范围内工作),且材料的拉伸和压缩弹性模量相等时,有

$$\sigma = E\varepsilon = E\frac{y}{\rho} \qquad (8-7)$$

此式表明,直梁横截面上的弯曲正应力 σ 在与中性轴垂直的 y 方向按直线规律变化(图8-17c)。

静力学方面 为了确定中性轴的位置,以及把弯曲正应力与弯矩联系起来,需要利用静力学中力系合成的关系:

$$F_N = \int_A \sigma \,\mathrm{d}A = 0, \quad M = \int_A \sigma y \,\mathrm{d}A \tag{8-8}$$

将式(8-7)代入式(8-8)中的第一式,有

$$F_N = \int_A E \frac{y}{\rho} \,\mathrm{d}A = \frac{E}{\rho} \int_A y \,\mathrm{d}A = 0$$

注意到 $\dfrac{E}{\rho}$ 不可能等于零,故上式要求 $\int_A y \,\mathrm{d}A = 0$,即横截面对于中性轴 z 的静矩(亦称面积矩)应等于零。

$$S_z = \int_A y \,\mathrm{d}A = 0 \tag{8-9}$$

这就是说,中性轴通过横截面的形心。至于中性轴的方位则如前所述,是垂直于梁的弯曲平面。将式(8-7)代入式(8-8)的第二式,有

$$M = \int_A \sigma y \,\mathrm{d}A = \int_A E \frac{y^2}{\rho} \,\mathrm{d}A = \frac{E}{\rho} \int_A y^2 \,\mathrm{d}A \tag{8-10}$$

式中的最后一个积分称为横截面对于中性轴 z 的**惯性矩**(moment of inertia of the area),用 I_z 表示,即

$$I_z = \int_A y^2 \,\mathrm{d}A \tag{8-11}$$

其常用单位为 mm^4 或 m^4。如同在圆截面杆扭转问题中所遇到的极惯性矩 $I_p = \int_A \rho^2 \,\mathrm{d}A$ 一样,轴惯性矩 I_z 也是横截面的几何性质。利用式(8-11)可将式(8-10)写作

$$\frac{1}{\rho} = \frac{M}{EI_z} \tag{8-12}$$

式中,EI_z 称为**弯曲刚度**(flexural rigidity)。将式(8-12)代入式(8-7)便得弯曲正应力的计算公式

$$\sigma = \frac{My}{I_z} \tag{8-13}$$

其中,M 为横截面上的弯矩,y 为所求应力的点离中性轴的距离,I_z 则是横截面对于中性轴的惯性矩。

8-2:梁弯曲正应力实验

【思考题 8-5】

图 8-18 所示为直梁的各种不同的横截面,若梁在竖直平面内发生弯曲,试在图中示出中性轴的具体位置和方向,并绘出弯曲正应力在与中性轴垂直方向的变化规律。

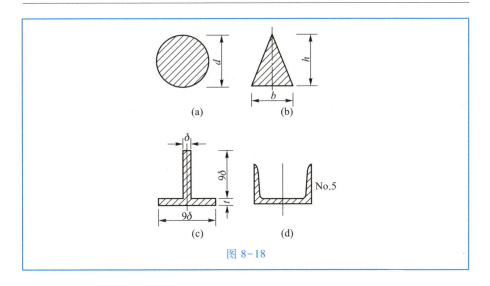

图 8-18

轴惯性矩 形状简单的截面对于中性轴的惯性矩常可直接根据惯性矩的定义导出计算公式。图 8-19a 所示矩形截面,当梁在竖直平面内弯曲时,中性轴为通过形心 C 的水平轴 z。求轴惯性矩 I_z 时,因为如图中所示平行于轴 z 的窄条上各处到轴 z 的距离相同,故可取 $dA = bdy$,从而有

$$I_z = \int_A y^2 dA = \int_{-\frac{h}{2}}^{+\frac{h}{2}} y^2 b dy = \frac{bh^3}{12}$$

图 8-19b 所示空心矩形截面可以看作面积为 $A_I = B \times H$ 的大矩形挖去面积为 $A_{II} = b \times h$ 的小矩形而成,因此它对于形心轴 z 的惯性矩为

$$I_z = \int_A y^2 dA = \int_{A_I - A_{II}} y^2 dA = \int_{A_I} y^2 dA - \int_{A_{II}} y^2 dA$$

注意到轴 z 也都通过大矩形和小矩形的形心,而有

$$\int_{A_I} y^2 dA = \frac{1}{12} BH^3, \qquad \int_{A_{II}} y^2 dA = \frac{1}{12} bh^3$$

故图示空心矩形截面有

$$I_z = \frac{BH^3}{12} - \frac{bh^3}{12}$$

对于直径为 d 的实心圆截面(图 8-19c)在第 7 章中已求得其极惯性矩为

$$I_p = \int_A \rho^2 dA = \frac{\pi d^4}{32}$$

注意到 $\rho^2 = y^2 + z^2$ 而有

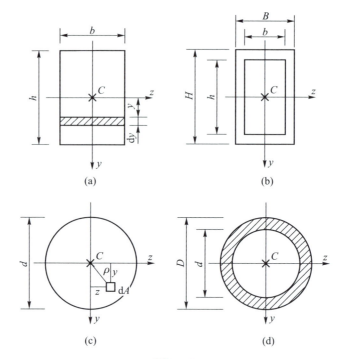

图 8-19

$$I_p = \int_A (y^2 + z^2)\,dA = \int_A y^2\,dA + \int_A z^2\,dA = I_z + I_y$$

因为对于圆截面，显然 $I_y = I_z$，故得

$$I_y = I_z = \frac{I_p}{2} = \frac{\pi d^4}{64}$$

对于图 8-19d 所示空心圆截面，则

$$I_y = I_z = \frac{\pi}{64}(D^4 - d^4) = \frac{\pi D^4}{64}(1 - \alpha^4)$$

式中，$\alpha = d/D$。型钢的横截面对于某些形心轴的惯性矩可由"型钢表"查得。

【思考题 8-6】

(1) 对于图 8-19a、b 所示横截面，当梁在水平面内弯曲时，中性轴是哪个轴？截面对于此轴的惯性矩其计算式是什么？

(2) 图 8-20a 所示空心矩形截面，轴 z 及轴 y 分别是通过截面形心 C 的水平轴和竖直轴，试问下列惯性矩计算式是否正确？

$$I_y = \frac{1}{12}(HB^3 - hb^3), \qquad I_z = \frac{1}{12}(BH^3 - bh^3)$$

（3）图 8-20b 所示 100 mm×80 mm×10 mm 不等边角钢，在"型钢表"中已给出：$I_z = 166.87×10^4 \text{ mm}^4$，$I_y = 94.65×10^4 \text{ mm}^4$，$I_{y_0} = 49.10×10^4 \text{ mm}^4$，但未给出 I_{z_0}。试问 I_{z_0} 等于多少？轴 y、z 是一对相互垂直的轴，轴 y_0、z_0 也是相互垂直的轴。

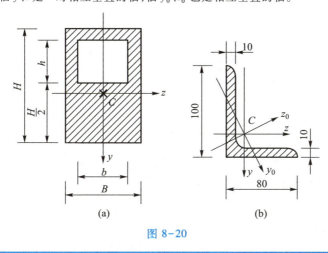

图 8-20

例 8-6 试求图 8-21 所示 T 形截面梁横截面上的最大拉应力 $\sigma_{t,\max}$ 及最大压应力 $\sigma_{c,\max}$。梁的横截面尺寸及形心 C 的位置如图所示，且已知：$I_y = 90.7×10^{-8} \text{ m}^4$，$I_z = 290.6×10^{-8} \text{ m}^4$。

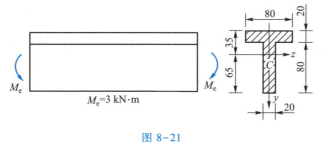

图 8-21

解：直梁纯弯曲时的平面假设及由此导出的弯曲正应力计算公式，适用于任何截面形状的梁，只是必须注意，中性轴通过形心而垂直于弯曲平面。此梁所受的外力偶矩 M_e 作用在梁的竖直纵向对称平面内，故弯曲亦必发生在这个平面内。由此可知，这时中性轴为水平的形心轴 z，计算弯曲正应力时惯性矩应取用 I_z。中性轴 z 不是横截面的对称轴，故横截面上的最大拉应力(在上边缘处,$y=-35$ mm)和最大压应力(在下边缘处,$y=+65$ mm)的绝对值必不相等。根据横截面上弯曲正应力在与中性轴垂直方向按直线变化的规律可知

$$\frac{|\sigma_{c,max}|}{\sigma_{t,max}} = \frac{65}{35} = \frac{13}{7}$$

利用弯曲正应力计算公式 $\sigma = My/I_z$,并注意到弯矩 $M = -M_e = -3$ kN·m,有

$$\sigma_{t,max} = \frac{(-3 \times 10^3)(-35 \times 10^{-3})}{290.6 \times 10^{-8}} \text{ Pa} = 36.1 \text{ MPa}$$

而

$$\sigma_{c,max} = -\frac{13}{7} \times 36.1 \text{ MPa} = -67.0 \text{ MPa}$$

在按公式 $\sigma = My/I_z$ 计算弯曲正应力时,因为横截面上的受拉区和受压区可直接按该截面的弯矩正或负值概念判定,故亦可把式中的 M 及 y 作为绝对值对待。

抗弯截面系数 直梁横截面上的最大弯曲正应力既然在距中性轴最远处,故横截面如图 8-19a 所示的矩形截面梁,当在竖直平面内弯曲时有

$$\sigma_{t,max} = |\sigma_{c,max}| = \frac{|M||y_{max}|}{I_z} = \frac{|M|}{I_z/|y_{max}|} = \frac{|M|}{W_z}$$

式中,$W_z = \dfrac{I_z}{|y_{max}|}$ 称为对于中性轴 z 的**抗弯截面系数**(section modulus in bending),其常用单位为 mm³ 或 m³。它是专门用来计算横截面上最大弯曲正应力的一个几何量。图 8-19 中所示四种截面对于轴 z 的抗弯截面系数分别为

矩形:
$$W_z = \frac{bh^3/12}{h/2} = \frac{1}{6}bh^2$$

空心矩形:
$$W_z = \frac{(BH^3 - bh^3)/12}{H/2} = \frac{BH^3 - bh^3}{6H}$$

实心圆:
$$W_z = \frac{\pi d^4/64}{d/2} = \frac{\pi d^3}{32}$$

空心圆:
$$W_z = \frac{\pi(D^4 - d^4)/64}{D/2} = \frac{\pi D^3}{32}(1 - \alpha^4)$$

有些截面,例如图 8-21 中所示的 T 形截面,其形心轴 z 不是横截面的对称轴,它的上、下两个边缘到轴 z 的距离 y_{max1} 和 y_{max2} 就不相等,从而对这

个轴就有两个抗弯截面系数,即

$$W_{z1} = \frac{I_z}{|y_{\max 1}|}, \qquad W_{z2} = \frac{I_z}{|y_{\max 2}|}$$

图 8-22 所示的 No.5 槽钢,$I_z = 8.3 \times 10^4 \text{ mm}^4$,$|y_{\max 1}| = 23.5 \text{ mm}$,$y_{\max 2} = 13.5 \text{ mm}$,因而

$$W_{z1} = \frac{8.3 \times 10^4}{23.5} \text{ mm}^3 = 3.53 \times 10^3 \text{ mm}^3$$

$$W_{z2} = \frac{8.3 \times 10^4}{13.5} \text{ mm}^3 = 6.15 \times 10^3 \text{ mm}^3$$

值得特别注意的是,在此种情况下"型钢表"中只给出数值小的那个抗弯截面系数,亦即只给出对应数值大的那个最大弯曲正应力的抗弯截面系数。因为型钢的材料其拉、压许用应力相等,通常无须求数值小的那个最大弯曲正应力。

纯弯曲理论的推广 以上关于弯曲正应力的分析是按纯弯曲得出的。在横力弯曲情况下,由于横截面上存在切应力,故当梁变形时横截面不再保持为平面而发生翘曲;且在如图 8-23 所示梁受分布荷载作用时,各纵向线段之间显然还存在挤压,即与中性层平行的纵截面上有挤压应力 σ_y。但分析表明,对于长梁,例如跨度与高度之比大于 5 的矩形截面简支梁,当受满布均布荷载作用时,按纯弯曲理论算得的弯曲正应力 σ_x 其误差不超过 1%。至于挤压应力 σ_y 其值最多等于 q,在长梁中它又远小于最大弯曲正应力。因此,在实用计算中,当求弯曲正应力时,就把纯弯曲理论直接推广而用于横力弯曲。当然,在横力弯曲情况下,各横截面上的弯矩不同,即 $M = M(x)$,从而

$$\sigma = \frac{M(x) y}{I_z}$$

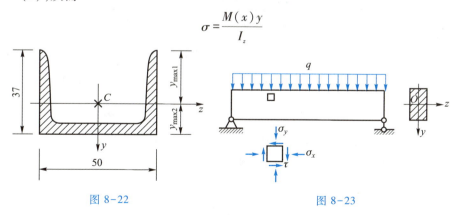

图 8-22   图 8-23

例 8-7 对于图 8-24 所示 T 形截面梁,试求横截面上的最大拉应力

8-3：例8-7弯曲变形

8-4：例8-7弯曲应力

$\sigma_{t,max}$ 和最大压应力 $\sigma_{c,max}$。已知：$I_z = 290.6×10^{-8}\ m^4$。

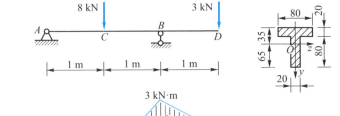

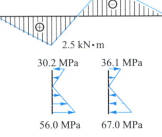

图 8-24

解：此梁的横截面与例 8-6 中相同，但此梁发生横力弯曲。在弯矩绝对值最大的截面 B 上（弯矩为负值）受拉的上边缘距中性轴较近，而在弯矩值较小的截面 C 上（弯矩为正值）受拉的下边缘却距中性轴较远。因此整个梁的横截面上的 $\sigma_{t,max}$ 既可能在截面 B 的上边缘处，也可能在截面 C 的下边缘处。至于 $\sigma_{c,max}$，则因为截面 B 上弯矩的绝对值最大，而且该截面的受压边缘又是离中性轴最远的，故该处的正应力 $\sigma_{B下}$ 一定就是 $\sigma_{c,max}$。

截面 B 上：

$$\sigma_{B上} = \frac{(-3×10^3)(-35×10^{-3})}{290.6×10^{-8}}\ Pa = +36.1\ MPa$$

$$\sigma_{B下} = -\frac{13}{7}×36.1\ MPa = -67.0\ MPa$$

截面 C 下边缘处的正应力 $\sigma_{C下}$ 可按 $\sigma_{B下}$ 乘以 M_C 与 M_B 之比求得，即

$$\sigma_{C下} = \sigma_{B下}\left(\frac{2.5}{-3}\right) = -67.0×\left(\frac{2.5}{-3}\right)\ MPa = 56.0\ MPa$$

可见，$\sigma_{t,max} = 56.0\ MPa$，在 C 截面下边缘处，而 $\sigma_{c,max} = -67.0\ MPa$ 在截面 B 下边缘处。图 8-24 中示出了 B、C 两个横截面上的正应力。

【思考题 8-7】

(1) 对于如图 8-24 所示既有正弯矩区段又有负弯矩区段的梁,如果横截面为上下对称的工字形,则整个梁的横截面上的 $\sigma_{t,max}$ 和 $\sigma_{c,max}$ 是否一定在弯矩绝对值最大的横截面上?

(2) 对于全梁横截面上弯矩均为正值(或均为负值)的梁,如果中性轴不是横截面的对称轴,则整个梁的横截面上的 $\sigma_{t,max}$ 和 $\sigma_{c,max}$ 是否一定在弯矩最大的横截面上?

§8-4 惯性矩的平行移轴公式

工程上常遇到的梁其横截面往往是由若干个简单图形组合而成,例如图 8-25 所示的 T 形截面就是由两个矩形 Ⅰ 和 Ⅱ 组成。这个 T 形对于通过形心的水平轴 z 的惯性矩虽可按定义 $I_z = \int_A y^2 dA$ 用积分的方法计算,但比较复杂。事实上,T 形的面积 A 等于矩形 Ⅰ 的面积 $A_Ⅰ$ 和矩形 Ⅱ 的面积 $A_Ⅱ$ 之和,故有

$$I_z = \int_A y^2 dA = \int_{A_Ⅰ} y^2 dA + \int_{A_Ⅱ} y^2 dA = I_{zⅠ} + I_{zⅡ}$$

现在虽不知矩形 Ⅰ、Ⅱ 分别对于轴 z 的惯性矩 $I_{zⅠ}$ 及 $I_{zⅡ}$,但每一矩形对于平行于轴 z 的各自形心轴 $z_{CⅠ}$ 和 $z_{CⅡ}$ 的惯性矩却是已知的,即

$$I_{z_{CⅠ}} = \frac{b_Ⅰ h_Ⅰ^3}{12}, \qquad I_{z_{CⅡ}} = \frac{b_Ⅱ h_Ⅱ^3}{12}$$

因此只要找出 $I_{zⅠ}$ 与 $I_{z_{CⅠ}}$ 以及 $I_{zⅡ}$ 与 $I_{z_{CⅡ}}$ 之间的关系,便可求得 I_z。本节所要讨论的就是图形对于自身形心轴的惯性矩和对于与该轴平行的轴的惯性矩相互间的关系,即求惯性矩的平行移轴公式。

图 8-26 所示为一任意图形,已知它分别对于形心轴 y_C、z_C 的惯性矩 I_{y_C}、I_{z_C},现在求该图形对于分别与轴 y_C、z_C 平行的轴 y,z 的惯性矩 I_y 和 I_z。相应的两个平行轴之间的距离分别为 b 及 a,如图中所示。显然,图形上任一微面积 dA 在两个直角坐标系中的坐标有如下关系:

$$y = y_C + a, \qquad z = z_C + b$$

于是有

$$I_y = \int_A z^2 dA = \int_A (z_C + b)^2 dA = \int_A z_C^2 dA + 2b \int_A z_C dA + b^2 \int_A dA$$

$$I_z = \int_A y^2 dA = \int_A (y_C + a)^2 dA = \int_A y_C^2 dA + 2a \int_A y_C dA + a^2 \int_A dA$$

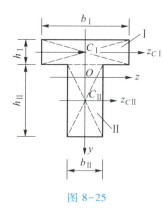
图 8-25

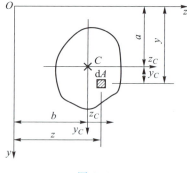
图 8-26

式中，$\int_A z_C \mathrm{d}A$ 和 $\int_A y_C \mathrm{d}A$ 分别是图形对于形心轴 y_C、z_C 的静矩，因而必等于零；$\int_A \mathrm{d}A = A$，$\int_A z_C^2 \mathrm{d}A = I_{y_C}$，$\int_A y_C^2 \mathrm{d}A = I_{z_C}$。可见

$$I_y = I_{y_C} + Ab^2, \qquad I_z = I_{z_C} + Aa^2 \qquad (8-14)$$

这就是**惯性矩的平行移轴公式**。应该注意的是，从公式的推导过程可知，式中的 I_{y_C}、I_{z_C} 必须是图形对于形心轴的惯性矩。

例 8-8 试求图 8-24 中所示 T 形截面对于形心轴 z 的惯性矩 I_z。

解： 参照图 8-25，$I_z = I_{z\mathrm{I}} + I_{z\mathrm{II}}$。根据惯性矩的平行移轴公式有

$$I_{z\mathrm{I}} = \left[\frac{80 \times 20^3}{12} + (80 \times 20)(-35+10)^2\right] \mathrm{mm}^4 = 105.3 \times 10^{-8} \mathrm{m}^4$$

$$I_{z\mathrm{II}} = \left[\frac{20 \times 80^3}{12} + (20 \times 80)(65-40)^2\right] \mathrm{mm}^4 = 185.3 \times 10^{-8} \mathrm{m}^4$$

故得

$$I_z = (105.3 \times 10^{-8} + 185.3 \times 10^{-8}) \mathrm{m}^4 = 290.6 \times 10^{-8} \mathrm{m}^4$$

【思考题 8-8】

(1) 根据惯性矩的平行移轴公式，是否可得如下结论：图形对于形心轴的惯性矩是图形对于与该形心轴平行的轴之惯性矩中的最小者？

(2) 图 8-24 中所示 T 形截面对于形心轴 y 的惯性矩 I_y 为多少？

【思考题 8-9】

(1) 直径为 d 的圆对于包含直径的轴 z（形心轴，图 8-27a 所示）的惯性矩为 $I_z = \pi d^4/64$，那么半圆对于包含直径的轴 z（不是形心轴，图 8-27b 所示）的惯性矩为多少？

(2) 图 8-27c 所示直径为 d 的半圆对于其形心轴 y_C、z_C 的惯性矩为多少？

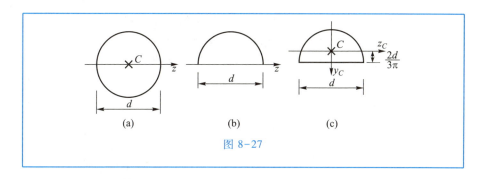

图 8-27

§8-5 弯曲切应力

在§8-3 开始时已经讲到,直梁横力弯曲时横截面上的剪力 F_S 与相应的切应力 τ 之间,有如下的静力学关系:

$$F_S = \int_A \tau \, dA$$

从图 8-28a 所示在竖直平面内弯曲的矩形截面梁可以判明,弯曲切应力 τ 在横截面上不可能是均匀的。因为如果 τ 在横截面上均匀分布,而上、下边缘处在与边缘垂直的方向有切应力 τ(图 8-28b),那么按切应力互等定理,在梁的顶面和底面上就应有切应力 τ',而这是与梁的自由表面上不可能有任何应力相矛盾的。至于不在横截面上、下边缘处的切应力 τ'(图 8-28c),因为与之互等的切应力 τ' 是在梁的纵截面上,它作为纵截面上切向分布内力的集度,当然可以存在。事实上,木梁横力弯曲时的剪切破坏就发生在纵截面上(木材的顺纹抗剪强度远低于横纹抗剪强度)。直梁弯曲切应力的分析也是从分析与中性层平行的纵截面上的切应力 τ' 入手的。

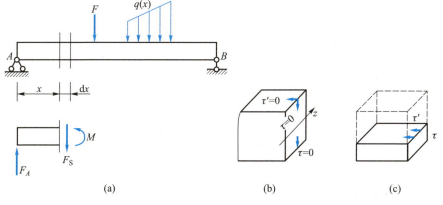

图 8-28

矩形截面梁 图 8-29a 所示为用相距 dx 的两相邻横截面从横力弯曲的梁（图 8-28）中取出的微段。众所周知，在横力弯曲情况下各横截面上的弯矩并不相等，故微段右侧横截面上的弯矩较左侧横截面上的弯矩有一增量 dM，从而左、右两横截面上对应点处的弯曲正应力 σ_I 和 σ_{II} 也就不相等。这样，如果用一个与中性层平行，且离它为任意距离 y 的纵截面，从微段中取出如图8-29b 所示的分离体，该分离体左、右两个面积均为 A^* 的面上法向力 F_I^* 和 F_{II}^* 必不相等，即

$$F_I^* = \int_{A^*} \sigma_I dA = \int_{A^*} \frac{My_1}{I_z} dA = \frac{M}{I_z}\int_{A^*} y_1 dA = \frac{M}{I_z} S_z^*$$

$$F_{II}^* = \int_{A^*} \sigma_{II} dA = \frac{M+dM}{I_z} S_z^*$$

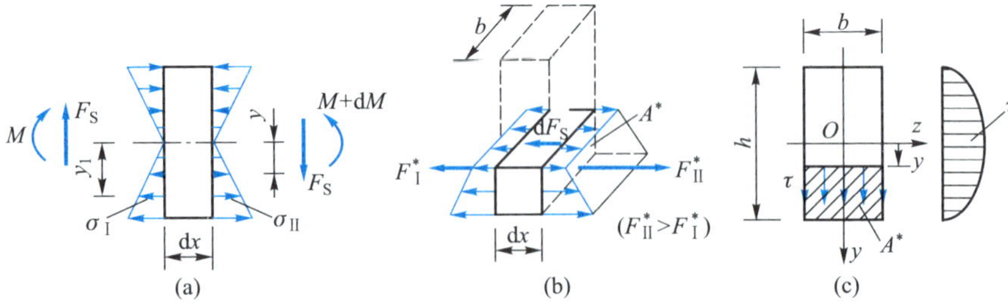

图 8-29

式中，S_z^* 为面积 A^* 对于中性轴 z 的静矩，它等于 A^* 乘以它的形心到轴 z 的距离，即

$$S_z^* = \int_{A^*} y_1 dA = \left[b\left(\frac{h}{2}-y\right)\right]\left[\frac{1}{2}\left(\frac{h}{2}+y\right)\right] = \frac{b}{2}\left(\frac{h^2}{4}-y^2\right)$$

(8-15)

根据 F_I^* 与 F_{II}^* 不相等可知，上述分离体的顶面（也就是梁的距中性层为 y 的纵截面）上必定有纵向内力 dF_S'，且

$$dF_S' = F_{II}^* - F_I^*$$

与之对应的是面积为 bdx 的上述面上的纵向切应力 τ'（图中未画出，参见图8-28c）。当矩形截面的宽度 b 相对于高度 h 不大时，可以认为 τ' 沿宽度 b 是均匀的，至于沿长度 dx 当可认为 τ' 不变，于是有

$$\tau' = \frac{dF_S'}{bdx} = \frac{F_{II}^* - F_I^*}{bdx} = \frac{1}{bdx}\frac{dM}{I_z}S_z^* = \frac{dM}{dx}\frac{S_z^*}{bI_z}$$

由于 $dM/dx = F_S$，故 τ' 的表达式可改写为

$$\tau' = \frac{F_S S_z^*}{b I_z} \tag{8-16}$$

而按照切应力互等定理,横截面上距中性轴为 y 处的切应力 τ 应与距中性层为 y 的纵截面上的切应力 τ' 互等(参见图 8-28c),于是得横截面上弯曲切应力的计算公式

$$\tau = \frac{F_S S_z^*}{b I_z} \tag{8-17}$$

将式(8-15)所示 S_z^* 的表达式代入公式(8-17)有

$$\tau = \frac{F_S}{2 I_z}\left(\frac{h^2}{4} - y^2\right) \tag{8-18}$$

此式表明,矩形截面梁横截面上的弯曲切应力 τ 在与中性轴垂直的 y 方向按二次抛物线规律变化,如图 8-29c 中所示;同一横截面上的最大切应力 $\tau_{\max}$ 在中性轴上各点处

$$\tau_{\max} = \tau \bigg|_{y=0} = \frac{F_S}{2 I_z}\frac{h^2}{4} = \frac{F_S}{2(bh^3/12)}\frac{h^2}{4} = \frac{3}{2}\frac{F_S}{bh} = \frac{3}{2}\frac{F_S}{A}$$

由于梁的横截面上弯曲切应力 τ 的指向易于根据 F_S 的指向直接判明,故利用公式(8-17)等求 τ 时,F_S 及 S_z^* 就按它们各自的绝对值代入。

例 8-9 矩形截面外伸梁如图 8-30a 所示。试求:(1)横截面 Ⅰ-Ⅰ 上点 1 处的应力;(2)横截面 Ⅱ-Ⅱ 上点 2、3、4 处的应力;(3)以单元体分别示出 1、2、3、4 点处的应力状态(应力情况)。

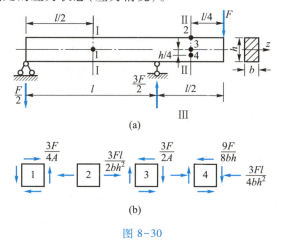

图 8-30

解:(1)点 1 位于中性轴处,故尽管该点所在横截面 Ⅰ-Ⅰ 上又有剪力

又有弯矩

$$F_{SI} = -\frac{F}{2}, \qquad M_1 = -\frac{F}{2}\frac{l}{2} = -\frac{Fl}{4}$$

但在该点处横截面上却只有切应力，其值为

$$\tau = \frac{3}{2}\frac{|F_{SI}|}{bh} = \frac{3}{4}\frac{F}{bh} = \frac{3F}{4A}$$

（2）点 2、3、4 所在横截面 II - II 上的剪力和弯矩分别为

$$F_{SII} = F, \qquad M_{II} = -F\frac{l}{4} = -\frac{Fl}{4}$$

但因为点 2 在横截面的上边缘处，故该点处横截面上只有正应力，其值为

$$\sigma = \frac{|M_{II}|}{W_z} = \frac{Fl/4}{bh^2/6} = \frac{3Fl}{2bh^2}$$

由物理概念判明，该正应力为拉应力。

点 3 位于中性轴处，该点处横截面上只有切应力

$$\tau = \frac{3}{2}\frac{F_{SII}}{bh} = \frac{3}{2}\frac{F}{bh} = \frac{3F}{2A}$$

点 4 既不在中性轴处，亦不在横截面的上、下边缘处，故该点处横截面上既有正应力又有切应力，它们的值分别为

$$\sigma = \frac{|M_{II}|y_4}{I_z} = \frac{(Fl/4)(h/4)}{bh^3/12} = \frac{3}{4}\frac{Fl}{bh^2}（压应力）$$

$$\tau = \frac{F_{SII}S_z^*}{bI_z} = \frac{F_{SII}}{2I_z}\left[\frac{h^2}{4} - \left(\frac{h}{4}\right)^2\right] = \frac{9F}{8bh}$$

（3）用相邻横截面、相邻的平行于及垂直于中性层的纵截面三对相互垂直的面，围绕各该点取出单元体，并根据前面算得的各该点处梁的横截面上的应力值示于单元体的左、右两个侧面上，如图 8-30b 中所示。单元体左、右侧面上切应力的指向是根据相应横截面上剪力的指向确定的。单元体的上、下两个面上，在忽略挤压应力的情况下无正应力；至于这两个面上的切应力其大小和指向则可根据左、右侧面上的切应力按切应力互等定理确定，即单元体侧面上和顶面（底面）上的切应力两者数值相等而指向要么都对着这两对相互垂直面的交线，要么都背离该交线。

工字形截面梁 工字形截面梁横力弯曲时（图 8-31a），其横截面上的切应力可比照矩形截面梁进行分析。图 8-31b 示出了工字梁在竖直平面内弯曲时为分析腹板上切应力 τ 而取的分离体。该分离体顶面上纵向切向内力 $\mathrm{d}F_S'$ 的表达式，如同分析矩形截面梁时那样仍为

$$\mathrm{d}F'_S = F^*_{\mathrm{II}} - F^*_{\mathrm{I}} = \frac{\mathrm{d}M}{I_z}S^*_z$$

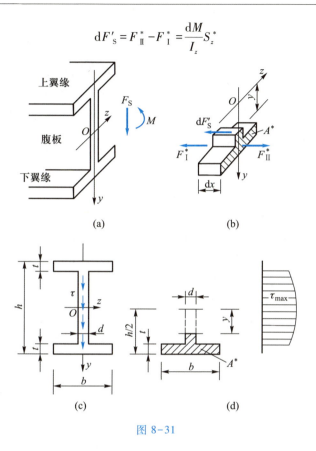

图 8-31

且仍有

$$S^*_z = \int_{A^*} y_1 \mathrm{d}A$$

只是这里的 A^* 应是如图 8-31b 中所示,包括一个翼缘在内的部分横截面面积,即

$$S^*_z = bt\left(\frac{h}{2}-\frac{t}{2}\right) + d\left(\frac{h}{2}-t-y\right)\left[\frac{1}{2}\left(y+\frac{h}{2}-t\right)\right]$$

$$= \frac{bt}{2}(h-t) + \frac{d}{2}\left[\left(\frac{h}{2}-t\right)^2 - y^2\right] \quad (8-19)$$

由此,工字梁腹板纵截面上的切应力 τ' 为

$$\tau' = \frac{\mathrm{d}F'_S}{\mathrm{d}x \times d} = \frac{\mathrm{d}M}{\mathrm{d}x}\frac{S^*_z}{I_z d} = \frac{F_S S^*_z}{I_z d}$$

而腹板上距中性轴为 y 处的切应力 τ,根据切应力互等定理亦有

$$\tau = \frac{F_S S_z^*}{I_z d} \tag{8-20}$$

值得注意的是,这里的 d 为腹板厚度,而并非翼缘的宽度 b。

根据式(8-19)、式(8-20)可知,工字梁在竖直平面内弯曲时,腹板上的切应力 τ 沿腹板高度方向(y 方向)按二次抛物线规律变化(图 8-31d),且在腹板与翼缘交界处 $\left[y = \pm\left(\frac{h}{2}-t\right)\right]$ 有

$$\tau\bigg|_{y=\pm\left(\frac{h}{2}-t\right)} = \frac{F_S}{I_z d}\left[\frac{bt}{2}(h-t)\right]$$

它并不等于零。在腹板高度中央($y=0$)有

$$\tau\bigg|_{y=0} = \tau_{max} = \frac{F_S}{I_z d}\left[\frac{bt}{2}(h-t) + \frac{d}{2}\left(\frac{h}{2}-t\right)^2\right] = \frac{F_S S_{z,max}^*}{I_z d}$$

式中,$S_{z,max}^*$ 为半个工字形截面对于中性轴 z 的静矩。对于工字钢,为了计算时的方便,型钢表中已给出上列算式中的 $I_z/S_{z,max}^*$(表中写作 I_x/S_x)。

例 8-10 对于图 8-32a 所示 T 形截面梁:(1)试求 $F_{S,max}$ 所在横截面上腹板内切应力的最大值 τ_{max};(2)绘出该横截面上腹板内切应力的变化图。

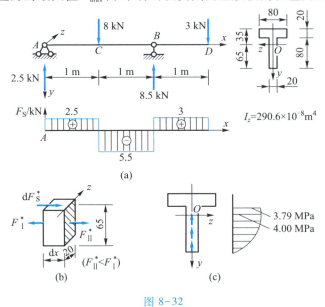

图 8-32

解:(1)由剪力图知:$F_{S,max} = 5.5$ kN(按绝对值)。可见,所求 τ_{max} 在梁的 CB 段横截面上中性轴处。求该处切应力时需用的截面宽度为腹板的厚

度 $d = 20$ mm(图 8-32b),而部分横截面面积 A^* 为中性轴以下部分(或以上部分)的面积,它对于中性轴 z 的静矩 $S_{z,\max}^*$ 为

$$S_{z,\max}^* = (65 \times 20) \times \frac{65}{2} \text{ mm}^3 = 42\,250 \text{ mm}^3 = 42.25 \times 10^{-6} \text{ m}^3$$

于是得

$$\tau_{\max} = \frac{F_{S,\max} S_{z,\max}^*}{I_z d} = \frac{(5.5 \times 10^3)(42.25 \times 10^{-6})}{(290.6 \times 10^{-8})(20 \times 10^{-3})} \text{ Pa} = 4.00 \text{ MPa}$$

根据 $F_{S,\max}$ 为负可知,腹板上的切应力在图 8-32c 所示中应向上(所示横截面按坐标系可知,是以截面左边为分离体的)。

(2)为绘出腹板内切应力的变化图,求腹板上与翼缘交界处的切应力 τ_1。此时,除仍有 $d = 20$ mm 外, A^* 应是腹板的整个面积(或翼缘的整个面积),因而

$$S_z^* = (80 \times 20) \times (65 - 40) \text{ mm}^3 = 40 \times 10^3 \text{ mm}^3 = 40 \times 10^{-6} \text{ m}^3$$

于是有

$$\tau_1 = \frac{F_{S,\max} S_z^*}{I_z d} = \frac{(5.5 \times 10^3)(40 \times 10^{-6})}{(290.6 \times 10^{-8})(20 \times 10^{-3})} \text{Pa} = 3.79 \text{ MPa}$$

在腹板下边缘处,显然 $\tau_2 = 0$。根据 $\tau_{\max}$、τ_1、τ_2 绘出的切应力变化图如图 8-32c 中所示。

§8-6 梁的强度条件

为保证梁在荷载作用下不发生强度破坏,且有一定的安全储备,在工程计算中首先要求梁的横截面上的最大弯曲正应力 $\sigma_{\max}$ 不超过材料的许用正应力 $[\sigma]$,即

$$\sigma_{\max} \leq [\sigma]$$

对于等截面直梁,当中性轴(例如轴 z)为横截面的对称轴时,如前所述, $\sigma_{\max} = M_{\max}/W_z$,故按正应力的强度条件可写作

$$\frac{M_{\max}}{W_z} \leq [\sigma] \tag{8-21}$$

若中性轴不是横截面的对称轴,且梁的材料的拉、压强度不相等,那么在计算中就应该分别要求:横截面上的最大拉伸正应力 $\sigma_{t,\max}$ 不超过材料的拉伸许用应力 $[\sigma_t]$,横截面上的最大压缩正应力 $\sigma_{c,\max}$ 不超过材料的压缩许用应力 $[\sigma_c]$。利用按正应力的强度条件可以对梁进行三种不同形式的强度计算,即:(1)校核强度;(2)选择截面尺寸或选择型钢号码;(3)确定许用

荷载。

对于横力弯曲的梁,工程计算中还要求横截面上的最大切应力 τ_{max}(一般在中性轴处)不超过材料的许用切应力 $[\tau]$,即

$$\tau_{max} \leqslant [\tau]$$

对于等截面直梁,按切应力的强度条件可写作

$$\frac{F_{S,max} S_{z,max}^*}{I_z b} \leqslant [\tau] \tag{8-22}$$

这里,b 为中性轴处的截面宽度。塑性材料的许用切应力 $[\tau]$(确切地说,是纯剪切许用应力)约为拉、压许用应力 $[\sigma]$ 的 50%~60%。一般的梁,其强度主要受到按正应力的强度条件控制,所以在选择梁的截面尺寸或确定许用荷载时,都先按正应力强度条件进行计算,再按切应力强度条件校核。

例 8-11 图 8-33a 所示简支梁是由两根相同的槽钢并列构成。已知材料的许用应力:$[\sigma] = 170$ MPa,$[\tau] = 100$ MPa。试选择槽钢的号码。

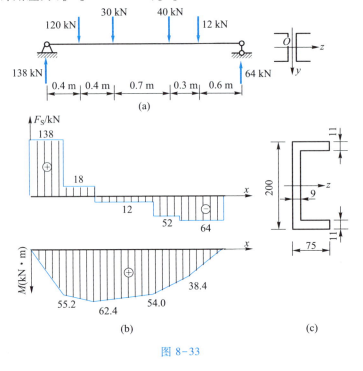

图 8-33

解:(1)作剪力图和弯矩图

内力图如图 8-33b 所示。由图可见

$$F_{S,\max} = 138 \text{ kN}$$
$$M_{\max} = 62.4 \text{ kN} \cdot \text{m}$$

（2）按正应力强度条件试选槽钢号码

整个梁（两根槽钢）所需的抗弯截面系数 W_z 由式(8-21)为

$$W_z \geqslant \frac{M_{\max}}{[\sigma]} = \frac{62.4 \times 10^3}{170 \times 10^6} \text{ m}^3 = 367 \times 10^{-6} \text{ m}^3$$

从而每根槽钢所需的抗弯截面系数 W'_z 为

$$W'_z = \frac{W_z}{2} \geqslant \frac{367 \times 10^{-6}}{2} \text{ m}^3 = 183 \times 10^{-6} \text{ m}^3$$

由型钢表查得，No.20 槽钢其 $W'_z = 191.4 \text{ cm}^3 = 191.4 \times 10^{-6} \text{ m}^3$，能满足上列强度要求。

（3）按切应力强度条件校核试选的 No.20 槽钢

每根槽钢所承受的最大剪力为

$$F'_{S,\max} = \frac{F_{S,\max}}{2} = 69 \text{ kN}$$

对于槽钢，型钢表中只给出了求最大切应力

$$\tau_{\max} = \frac{F'_{S,\max} S'_{z,\max}}{I_z d}$$

时所需的惯性矩 I_z（No.20 槽钢，$I_z = 1\ 910 \times 10^{-8} \text{ m}^4$），但未给出 $S'_{z,\max}$ 或者 $I_z/S'_{z,\max}$。因此需根据型钢表中给出的截面尺寸，并略去圆角和翼缘厚度变化的影响，自行计算 $S'_{z,\max}$。图 8-33c 所示为试选的 No.20 槽钢简化后的截面尺寸，据此算得每根槽钢的半个截面对于中性轴 z 的静矩为

$$S'_{z,\max} = \left[11 \times 75 \times \left(100 - \frac{11}{2}\right) + (100-11) \times 9 \times \frac{100-11}{2}\right] \text{ mm}^3 = 113.6 \times 10^{-6} \text{ m}^3$$

于是有

$$\tau_{\max} = \frac{(69 \times 10^3)(113.6 \times 10^{-6})}{(1\ 910 \times 10^{-8})(9 \times 10^{-3})} \text{ Pa} = 45.5 \text{ MPa}$$

显然，$\tau_{\max}$ 小于 $[\tau]$。由此可知，选用 No.20 槽钢（两根槽钢并列）时此梁既满足按正应力的强度条件，又满足按切应力的强度条件。

§8-7 挠度和转角

直梁发生弯曲变形时，其横截面的形心在垂直于弯曲前的轴线方向所产生的线位移称为**挠度**（deflection），如图 8-34 所示；那根弯曲后的轴线

$w=w(x)$ 则称为**挠度曲线**,简称**挠曲线**(deflection curve)。除挠度外,梁在发生弯曲变形时其横截面还绕中性轴转动,这种角位移称为**转角**(angle of rotation),$\theta=\theta(x)$;根据在梁弯曲时横截面与挠曲线正交的假设,在小变形情况下有

$$\theta \approx \tan\theta = w'$$

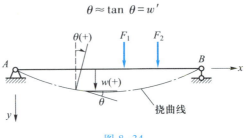

图 8-34

研究梁的位移(挠度和转角)的目的有两个:一是对梁作刚度校核,即检查梁弯曲时的最大挠度是否超过按使用要求所规定的许用值,例如,跨度的 1/800;二是解超静定梁。图 8-35 所示的双跨连续梁,它的三个支座约束力 F_A、F_B、F_C 显然不可能仅仅利用能够列出的两个独立的平衡方程(例如 $\sum F_y = 0$ 及 $\sum M_A(F) = 0$)来求解,而必须附加由支座处的位移约束条件得出的补充方程。

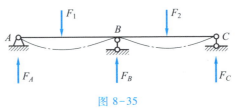

图 8-35

计算梁的位移的方法很多。本节所要讲述的是最基本的方法,即根据挠曲线的近似微分方程通过积分求挠度方程 $w=w(x)$ 和转角方程 $\theta=\theta(x)=w'(x)$。在 §8-3 中已经知道,在纯弯曲情况下(图 8-36a),中性层的曲率半径 ρ 与弯矩 M 有如下关系[参见式(8-12)]:

$$\frac{1}{\rho} = \frac{M}{EI} \qquad (8-23)$$

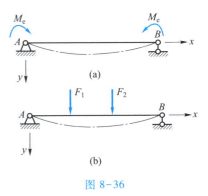

图 8-36

这里的 ρ 当然也就是挠曲线的曲率半径。在横力弯曲情况下（图 8-36b），如果忽略剪切对于变形的影响，则式（8-23）所示关系仍可用，只是在此情况下各横截面上的弯矩不同，$M=M(x)$，因而挠曲线的曲率半径在各横截面处亦不相等，$\rho=\rho(x)$，从而有

$$\frac{1}{\rho(x)}=\frac{M(x)}{EI} \tag{8-24}$$

此外，由解析几何知，一根平缓的曲线 $w=w(x)$，其曲率 $1/\rho(x)$ 近似地等于 $w(x)$ 对于 x 的二阶导函数，即

$$\frac{1}{\rho(x)}=\pm\frac{\mathrm{d}^2 w}{\mathrm{d}x^2}, \text{或} \frac{1}{\rho(x)}=\pm w''(x) \tag{8-25}$$

注意到曲率半径 $\rho(x)$ 总是正值，在取用图 8-36 所示坐标系时，$w''(x)$ 为负，故式（8-25）等号右边应取负号。于是由式（8-24）、式（8-25）便得挠曲线的近似微分方程

$$EIw''=-M(x) \tag{8-26}$$

因此，对于某根具体的梁，只要列出它的弯矩方程 $M=M(x)$，将其代入公式（8-26）后，对 x 连续积分便可得

$$EIw'=-\int M(x)\mathrm{d}x+C_1, \qquad EIw=-\int\left[\int M(x)\mathrm{d}x\right]\mathrm{d}x+C_1 x+C_2$$

在利用梁的位移条件（例如，支座处的位移约束条件）确定式中的积分常数后，就得转角方程 $\theta=\theta(x)=w'(x)$ 和挠度方程 $w=w(x)$，从而也就可以求某个具体横截面处的转角和挠度了。

【思考题 8-10】

图 8-37 所示两根梁，其尺寸及材料完全相同，所受外力也完全相同，只是支座约束不同，或者说支座处的几何约束条件不同。试问：(1) 这两根梁的弯曲变形程度是否相同？（弯曲变形程度可用 ρ 或 $1/\rho$ 衡量）；(2) 这两根梁相应横截面的位移是否相等？（描出挠曲线后加以判别）。

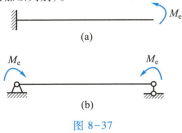

图 8-37

例 8-12 试求图 8-38 所示悬臂梁的转角方程 $\theta=\theta(x)$，及挠度方程 $w=w(x)$，并求最大转角 $\theta_{\max}$ 及最大挠度 $w_{\max}$。梁在竖直平面内弯曲时的弯曲刚度 EI 为已知。

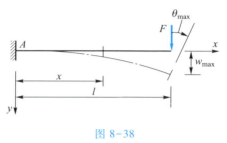

图 8-38

解：(1) 列弯矩方程。此梁在全长范围内只有一个弯矩方程
$$M(x)=-F(l-x)=-Fl+Fx$$

(2) 写出挠曲线近似微分方程，并积分
$$EIw''=-M(x)=Fl-Fx \tag{1}$$

$$EIw'=Flx-\frac{F}{2}x^2+C_1 \tag{2}$$

$$EIw=\frac{Fl}{2}x^2-\frac{F}{6}x^3+C_1x+C_2 \tag{3}$$

(3) 由位移条件确定积分常数。此梁的位移条件是：①固定端处转角为零 $(x=0, w'=0)$；②固定端处挠度为零 $(x=0, w=0)$。将位移条件 $x=0$，$w'=0$ 代入式(2)得 $C_1=0$；将位移条件 $x=0$，$w=0$ 代入式(3)得 $C_2=0$。

(4) 转角和挠度方程。将 $C_1=0$ 及 $C_2=0$ 分别代回式(2)、式(3)便得此梁的转角方程和挠度方程
$$\theta=w'=\frac{Fl}{EI}x-\frac{F}{2EI}x^2, \qquad w=\frac{Fl}{2EI}x^2-\frac{F}{6EI}x^3 \tag{4}$$

(5) 求最大转角和最大挠度。最大转角 $\theta_{\max}$ 和最大挠度 $w_{\max}$ 分别是指转角和挠度的最大值，它们不一定是极值。由挠曲线的大致情况可知，此梁的 $\theta_{\max}$ 和 $w_{\max}$ 均在梁的右端，即 $x=l$ 处。于是由式(4)以 $x=l$ 代入便得
$$\theta_{\max}=\theta\Big|_{x=l}=\frac{Fl^2}{2EI}, \qquad w_{\max}=w\Big|_{x=l}=\frac{Fl^3}{3EI}$$

所得 $\theta_{\max}$ 为正值表示 $x=l$ 截面的转角在图示坐标系中为顺时针转向，$w_{\max}$ 为正值则表示该截面的挠度顺着 y 轴的正向，即向下。

例 8-13 试求图 8-39a 所示简支梁的转角方程及挠度方程,并求最大转角及最大挠度。此梁在竖直平面内弯曲时的弯曲刚度 EI 为已知。

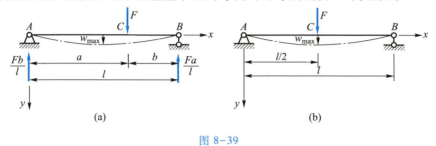

图 8-39

解: 此梁 AC 段和 CB 段的弯矩方程不同,它们分别是

$$AC \text{ 段}(0 \leq x \leq a): M_1(x) = \frac{Fb}{l}x$$

$$CB \text{ 段}(a \leq x \leq t): M_2(x) = \frac{Fb}{l}x - F(x-a)$$

在列出 CB 段的弯矩方程时,为了后面确定积分常数的方便,仍取横截面左边为分离体,没有取右边为分离体和把该段梁的弯矩方程写成 $M_2(x) = \frac{Fa}{l}(l-x)$,虽然从原则上讲这样做也是可以的。

注意到两段梁的弯矩方程不同,可知它们的挠曲线近似微分方程以及由此所得的转角方程和挠度方程亦不会相同:

AC 段 $(0 \leq x \leq a)$

$$EIw''_1 = -\frac{Fb}{l}x \tag{1}$$

$$EIw'_1 = -\frac{Fb}{2l}x^2 + C_1 \tag{2}$$

$$EIw_1 = -\frac{Fb}{6l}x^3 + C_1x + C_2 \tag{3}$$

CB 段 $(a \leq x \leq l)$

$$EIw''_2 = -\frac{Fb}{l}x + F(x-a) \tag{4}$$

$$EIw'_2 = -\frac{Fb}{2l}x^2 + \frac{F}{2}(x-a)^2 + D_1 \tag{5}$$

$$EIw_2 = -\frac{Fb}{6l}x^3 + \frac{F}{6}(x-a)^3 + D_1 x + D_2 \qquad (6)$$

式中的四个积分常数 C_1、C_2、D_1、D_2 需由四个位移条件确定,它们是:

支座处的位移条件:① $x=0, w_1=0$;② $x=l, w_2=0$。

两段梁交界处的位移连续条件:③ $x=a, w'_1=w'_2$;④ $x=a, w_1=w_2$。

由位移条件①,根据式(3)得 $C_2=0$;再由位移连续条件③,根据式(2)、式(5)得 $C_1=D_1$;由位移连续条件④,以及已得到的 $C_1=D_1$ 和 $C_2=0$,根据式(3)、式(6)得 $D_2=0$;最后由位移条件②以及 $D_2=0$ 有

$$0 = -\frac{Fb}{6}l^2 + \frac{F}{6}b^3 + D_1 l$$

从而得

$$C_1 = D_1 = \frac{Fb}{6}l - \frac{Fb^3}{6l} = \frac{Fb}{6l}(l^2 - b^2)$$

将所得的四个积分常数代回式(2)、式(3)及式(5)、式(6)得

AC 段($0 \leqslant x \leqslant a$)

$$EIw'_1 = -\frac{Fb}{2l}x^2 + \frac{Fb}{6l}(l^2-b^2), \qquad EIw_1 = -\frac{Fb}{6l}x^3 + \frac{Fb}{6l}(l^2-b^2)x$$

CB 段($a \leqslant x \leqslant l$)

$$EIw'_2 = -\frac{Fb}{2l}x^2 + \frac{F}{2}(x-a)^2 + \frac{Fb}{6l}(l^2-b^2)$$

$$EIw_2 = -\frac{Fb}{6l}x^3 + \frac{F}{6}(x-a)^3 + \frac{Fb}{6l}(l^2-b^2)x$$

此梁的最大转角(指绝对值)根据挠曲线的大致情况(图 8-39a)可见,为 θ_A 或 θ_B。它们是

$$\theta_A = w'_1 \Big|_{x=0} = \frac{Fab}{6EIl}(l+b) \; (\frown), \qquad \theta_B = w'_2 \Big|_{x=l} = -\frac{Fab}{6EIl}(l+a) \; (\frown)$$

当集中荷载作用于右半段梁上,从而 $a>b$ 时,显然

$$\theta_{\max} = |\theta_B| = \frac{Fab}{6EIl}(l+a)$$

此梁的最大挠度根据挠曲线的大致情况可判明,是在挠曲线切线为水平的点处,亦即横截面的转角为零处。令 $w'_1=0$,并以 x_1 表示该处的位置,有

$$-\frac{Fb}{2l}x_1^2 + \frac{Fb}{6l}(l^2-b^2) = 0$$

从而得

$$x_1 = \sqrt{\frac{l^2-b^2}{3}} = \sqrt{\frac{(l+b)(l-b)}{3}} = \sqrt{\frac{(a+2b)a}{3}} \qquad (7)$$

可见,当 $a>b$ 时, $x_1<a$,即 $w_1'=0$ 的点在 AC 段内,从而

$$w_{max} = w_1 \bigg|_{x=x_1} = \frac{Fb}{9\sqrt{3}EIl}\sqrt{(l^2-b^2)^3} \qquad (8)$$

当集中荷载 F 作用于简支梁跨中($a=b=l/2$)时(图 8-39b),两支座截面转角的数值相等,绝对值均为最大,即

$$\theta_{max} = \theta_A = |\theta_B| = \frac{Fl^2}{16EI} \qquad (8\text{-}27)$$

最大挠度在跨中,且

$$w_{max} = \frac{Fl^3}{48EI} \qquad (8\text{-}28)$$

现结合图 8-39b 所示,并利用上面两个公式计算最大转角和最大挠度的值。运算中需要注意单位的统一。设该梁为一根 No.20a 工字钢,材料的弹性模量 $E=2.0\times 10^5$ MPa,跨度 $l=4$ m,荷载 $F=40$ kN。此梁在竖直平面内弯曲,中性轴为通过横截面形心的水平轴(轴 z),故公式(8-27)、式(8-28)中的 I 应为 I_z。由型钢表查得,对于 No.20a 工字钢, $I_z=2.37\times 10^{-5}$ m^4。于是

$$\theta_{max} = \frac{(40\times 10^3)\times 4^2}{16\times (2.0\times 10^5\times 10^6)(2.37\times 10^{-5})} \text{ rad}$$
$$= 0.843\times 10^{-2} \text{ rad} = 29'$$

$$w_{max} = \frac{(40\times 10^3)\times 4^3}{48\times (2.0\times 10^5\times 10^6)(2.37\times 10^{-5})} \text{ m}$$
$$= 1.12\times 10^{-2} \text{ m} = 11.2 \text{ mm} \quad (w_{max}\approx l/357)$$

【思考题 8-11】

利用例 8-13 中的式(7)、式(8)论证:简支梁受集中荷载作用时(图 8-39a),即使荷载的作用点很靠近支座,最大挠度仍在跨中附近,且这个最大挠度的值与跨中挠度的值相差不到 3%。

按叠加原理计算位移 为了工程技术人员计算梁的位移的方便,在一些教科书和手册中,往往列有简单的梁在简单荷载下最大挠度和最大转角等的计算公式(见附录Ⅱ)。利用这类资料可以按叠加原理较方便地计算某些较复杂情况下梁的挠度和转角,条件是:<u>梁必须在线性弹性范围内工</u>

作,且变形微小。图8-40a 所示受集度为 q 的均布荷载以及端力偶矩 M_e 作用的梁,其任何横截面的位移便可由两种荷载分别作用下(图 8-40b、c)的相应位移叠加而得,例如,

$$\theta_B = \theta_{Bq} + \theta_{BM_e}, \qquad w_C = w_{Cq} + w_{CM_e}$$

而由附录Ⅱ可知

$$\theta_{Bq} = -\frac{ql^3}{24EI}, \qquad \theta_{BM_e} = -\frac{M_e l}{6EI}$$

$$w_{Cq} = \frac{5ql^4}{384EI}, \qquad w_{CM_e} = \frac{M_e l^2}{16EI}$$

于是有

$$\theta_B = -\frac{ql^3}{24EI} - \frac{M_e l}{6EI}, \qquad w_C = \frac{5ql^4}{384EI} + \frac{M_e l^2}{16EI}$$

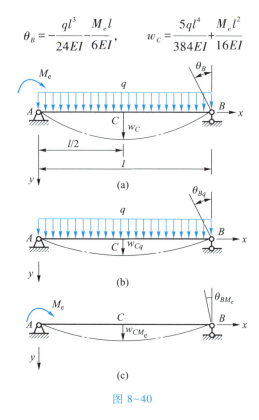

图 8-40

§8-8 弯曲应变能

直梁纯弯曲时,它的各个横截面上的弯矩 M 都等于外力偶之矩 M_e(图

8-41a);而在线性弹性范围内,其挠曲线为曲率半径 $\rho = EI/M = EI/M_e$ 的一段圆弧。可见,相距 l 的两个横截面它们的相对转角为 $\theta = l/\rho = M_e l/(EI)$。图8-41b 中示出了 M_e 与 θ 的这个线性关系。在此情况下,作用于梁上的外力偶所做的功 W 显然为

$$W = \frac{1}{2}\left(M_e \frac{\theta}{2}\right) + \frac{1}{2}\left(M_e \frac{\theta}{2}\right) = \frac{1}{2}M_e \theta$$

从而根据弹性体内积蓄的应变能 V_ε 其大小等于外力偶所作的功 W 可知

$$V_\varepsilon = \frac{1}{2}M_e \theta = \frac{1}{2}\frac{M_e^2 l}{EI}$$

亦即

$$V_\varepsilon = \frac{M^2 l}{2EI} \qquad (8-29)$$

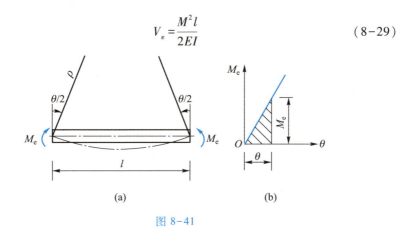

图 8-41

在横力弯曲情况下,梁除发生弯曲变形外,还有剪切变形;因此梁内积蓄的应变能实际上包含两部分,即弯曲应变能和剪切应变能。但是,对于工程中常用的跨度比高度大得多(例如 10 倍)的梁来说,剪切应变能要比弯曲应变能小得多,因而可以忽略。这样,只要注意到在横力弯曲情况下,弯矩 M 是随横截面位置变化的一个量,即 $M = M(x)$,便可比照式(8-29)列出直梁在线性弹性范围内横力弯曲时应变能的表达式

$$V_\varepsilon = \int_l \frac{M^2(x)}{2EI}dx \qquad (8-30)$$

例 8-14 试求图 8-42 所示等截面简支梁内的弯曲应变能,并利用应变能求跨中截面 C 的挠度 w_C。

解:(1)根据对称关系可知,此梁左段(AC 段)和右段(CB 段)内的弯曲应变能相同,故只需要把左段梁内的应变能乘以 2 即得整个梁内的应

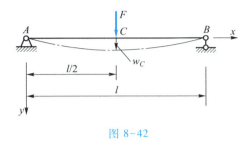

图 8-42

变能。

对于左段梁($0 \leqslant x \leqslant l/2$),弯矩方程为

$$M(x) = \frac{F}{2}x$$

从而弯曲应变能为

$$V_{\varepsilon,1} = \int_0^{l/2} \frac{\left(\dfrac{F}{2}x\right)^2}{2EI} dx = \frac{F^2 l^3}{192EI}$$

于是,整个梁内的弯曲应变能为

$$V_\varepsilon = 2V_{\varepsilon,1} = \frac{F^2 l^3}{96EI}$$

(2)所求的挠度 w_C 就是荷载 F 的作用点 C 沿荷载作用方向的位移。因此,在加载过程中荷载所做的功为

$$W = \frac{1}{2}F w_C$$

根据弹性体内应变能的大小等于外力所做的功,$V_\varepsilon = W$,有

$$\frac{F^2 l^3}{96EI} = \frac{1}{2}F w_C$$

从而求得

$$w_C = \frac{F l^3}{48EI}$$

这里 w_C 为正值是表示挠度 w_C 的指向与力 F 相同,即向下。这一结果与利用积分法所得的公式(8-28)完全相同。在这两种计算中都忽略了剪切变形的影响。

本例中利用应变能求挠度的方法显然有很大局限性,它只能用来求梁上只有一个集中荷载作用时该荷载作用点的挠度,要想利用能量法求任意荷载作用下任意点的位移,尚需作进一步分析研究,本教材中对此不再介绍。

例 8-15 弯曲刚度为 EI 的简支梁,在跨中 C 受到重量为 P、距梁的顶面为 h 处自由下落的物体冲击(图 8-43a)。试求梁上的冲击点 C 沿冲击方向的最大冲击位移 Δ_d(图 8-43b)。设自由落体(冲击物)在与梁(被冲击物)接触后不发生回跳。梁的自重不计。

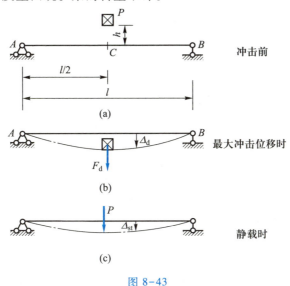

图 8-43

解:当冲击点 C 沿冲击方向产生最大位移 Δ_d 时,冲击物重力所做的功为

$$W = P(h+\Delta_d) \tag{1}$$

此时,若被冲击物仍在线性弹性范围内工作,则其中积蓄的应变能为

$$V_{\varepsilon d} = \frac{1}{2} F_d \Delta_d \tag{2}$$

因为同一材料在冲击时的弹性模量与在静载下的基本相同,计算中可认为它们相等。于是,如果如图 8-43c 所示那样,把冲击物的重量 P 作为静荷载加在冲击点 C 并沿冲击方向,且把冲击点沿冲击方向静位移记为 Δ_{st},那么便有

$$\frac{F_d}{\Delta_d} = \frac{P}{\Delta_{st}} \tag{3}$$

以此代入式(2)有

$$V_{\varepsilon\mathrm{d}} = \frac{1}{2}\left(P\frac{\Delta_\mathrm{d}}{\Delta_\mathrm{st}}\right)\Delta_\mathrm{d} = \frac{P\Delta_\mathrm{d}^2}{2\Delta_\mathrm{st}} \qquad (4)$$

忽略冲击时热能等的损失,则根据 $V_{\varepsilon\mathrm{d}} = W$ 可得

$$\frac{P\Delta_\mathrm{d}^2}{2\Delta_\mathrm{st}} = P(h+\Delta_\mathrm{d})$$

或

$$\Delta_\mathrm{d}^2 - 2\Delta_\mathrm{st}\Delta_\mathrm{d} - 2\Delta_\mathrm{st}h = 0$$

由此解得

$$\Delta_\mathrm{d} = \left[1+\sqrt{1+\frac{2h}{\Delta_\mathrm{st}}}\right]\Delta_\mathrm{st} = K_\mathrm{d}\Delta_\mathrm{st}$$

式中

$$K_\mathrm{d} = 1+\sqrt{1+\frac{2h}{\Delta_\mathrm{st}}}$$

为**冲击因数**。在本题中,$\Delta_\mathrm{st} = Pl^3/(48EI)$。

§8-9 超静定梁

在工程实践中,为了减小梁内的应力和梁的位移,或者由于其他原因,常常在保持梁的平衡所必需的约束之外,附加对于保持梁的平衡来说并非必需的约束,即所谓"多余"约束。这样,梁在荷载作用下,多余约束处就会产生与之相应的未知力——"多余"未知力(或称冗力)。于是梁也就成为超静定的了。图 8-44a 所示的悬臂梁显然是静定的,因为约束力 F_A 和约束力偶矩 M_A 仅仅利用静力平衡方程即可求得。现在如果如图 8-44b 所示,在 B 端附加一个多余约束,即活动铰支座,从而在荷载作用下该处有多余未知力 F_B,那么所有三个未知量(F_A、M_A、F_B)已经不可能单凭能够列出的两个独立的平衡方程来求解了。此梁是超静定的,并因未知量的数目比独立的平衡方程的数目多了一个而称之为一次超静定梁。图 8-44c 所示简支梁当然是静定的,现在如果在 A 端附加一个阻止该处横截面转动的角约束,那么它亦成为图 8-44b 所示的一次超静定梁,只是在此情况下多余未知量是约束力偶矩 M_A。这表明,研究超静定梁时可以选取不同的约束和相应的未知力(或未知力偶)作为多余约束和多余未知量。

解超静定问题的关键在于根据多余约束所提供的位移限制条件,结合力与变形间的物理关系,列出求解多余未知力的补充方程。现结合例题作

具体分析。

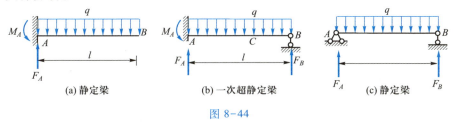

图 8-44
(a) 静定梁　(b) 一次超静定梁　(c) 静定梁

例 8-16　对于图 8-45a 所示等截面梁：(1)试求支座处的约束力；(2)绘剪力图和弯矩图；(3)试求截面 B 的转角及跨中截面 C 的挠度。

解：(1)求支座约束力。此梁是一次超静定的，有一个多余约束。现取活动铰支座 B 为多余约束，相应的多余未知力为 F_B，这个多余约束使梁在 B 处不产生挠度（$w_B=0$）。可以设想，如果移去这个多余约束（图8-45b）使梁成为静定的，但梁上作用有原有的荷载以及与被解除的多余约束相应的力 F_B（图 8-45c），并保证多余约束所提供的位移条件（$w_B=0$）得以满足（图8-45d），那么这样的静定梁其受力情况和位移情况就与原来的超静定梁完全相同。于是求图 8-45a 所示一次超静定梁多余未知力 F_B 的问题，就成为求图 8-45c 所示静定梁其 F_B 为多大时 $w_B=0$ 的问题，而满足 $w_B=0$ 的 F_B 就是所求的多余未知力。图 8-45d 所示满足多余约束提供的位移条件的静定梁称为原超静定梁的**相当系统**。

现根据相当系统应满足的位移条件 $w_B=0$ 列补充方程。按叠加原理把位移条件写作

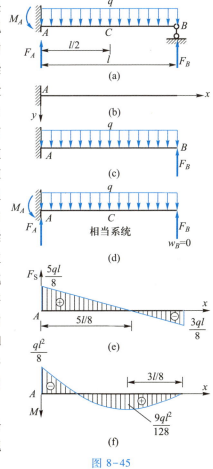

图 8-45

$$w_B = w_{Bq} + w_{BF_B} = 0 \tag{1}$$

其中,w_{Bq} 是作为相当系统的悬臂梁在集度为 q 的均布荷载单独作用下 B 端的挠度,即

$$w_{Bq} = \frac{ql^4}{8EI} \tag{2}$$

w_{BF_B} 为悬臂梁在多余未知力 F_B 作用下 B 端的挠度,即

$$w_{BF_B} = -\frac{F_B l^3}{3EI} \tag{3}$$

式(2)、式(3)即为力与位移间的物理关系式。将式(2)、式(3)代入式(1)便得补充方程为

$$\frac{ql^4}{8EI} - \frac{F_B l^3}{3EI} = 0$$

由此解得多余未知力 F_B 为

$$F_B = \frac{3}{8}ql$$

所得结果是正值表示所假设的 F_B 其指向正确,即向上。

求出多余未知力 F_B 后便可利用静力平衡方程求得另外两个未知量为

$$F_A = \frac{5}{8}ql\,(\uparrow), \qquad M_A = \frac{1}{8}ql^2\,(\frown)$$

(2)绘剪力图和弯矩图。既已求出所有的约束力,那么就可如同对于静定梁那样绘出剪力图和弯矩图(图8-45e、f)。

(3)求截面 B 的转角 θ_B 及跨中截面的挠度 w_C。注意到相当系统的受力情况和位移情况与原来的超静定梁完全相同,所以可利用相当系统(静定的)来求超静定梁的位移。

图8-45d所示相当系统在满布均布荷载单独作用下,转角 θ_{Bq} 以及在集中力 F_B 单独作用下的转角 θ_{BF_B} 有现成计算公式(附录Ⅱ)可以查用,只需注意在每一具体情况下转角的正负就可以了。据此有

$$\theta_{Bq} = \frac{ql^3}{6EI}, \qquad \theta_{BF_B} = -\frac{F_B l^2}{2EI} = -\frac{3ql^3}{16EI}$$

从而相当系统在截面 B 处的转角为

$$\theta_B = \theta_{Bq} + \theta_{BF_B} = -\frac{ql^3}{48EI}\,(\frown)$$

这也就是原超静定梁在截面 B 处的转角。

原超静定梁跨中截面的挠度 w_C 原则上也可利用图8-45d所示的相当系统,并按叠加原理

$$w_C = w_{Cq} + w_{CF_B}$$

来求,但作为此相当系统的悬臂梁,w_{Cq} 和 w_{CF_B} 却没有简单的现成公式可供查用。为此,改取图 8-46 所示的简支梁作为相当系统,即把 A 端的角约束作为多余约束,把 A 端的约束力偶矩 M_A 作为多余未知力。而事实上,这个多余未知力前已求得为 $M_A = ql^2/8(\curvearrowleft)$。利用这个相当系统(图 8-46)就容易求得 w_C 了,因为简支梁在满布均布荷载作用下的跨中挠度可从附录 II 中查得为

$$w_{Cq} = \frac{5ql^4}{384EI}$$

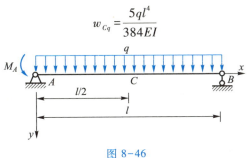

图 8-46

在端力偶矩 M_A 作用下的跨中挠度可查得为

$$w_{CM_A} = -\frac{M_A l^2}{16EI} = -\frac{ql^4}{128EI}$$

从而有

$$w_C = w_{Cq} + w_{CM_A} = \frac{ql^4}{192EI}(\downarrow)$$

【思考题 8-12】

已知简支梁的剪力图如图 8-47 所示。试作梁的弯矩图和荷载图。已知梁上没有集中力偶的作用。

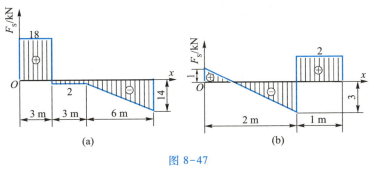

图 8-47

【思考题 8-13】

已知简支梁的弯矩图如图 8-48 所示，试据此作出梁的剪力图与荷载图。

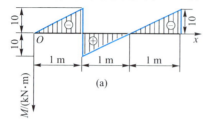
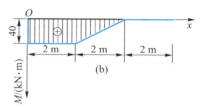

图 8-48

【思考题 8-14】

试根据弯矩、剪力和荷载集度之间的微分关系，指出图 8-49 所示剪力图和弯矩图的错误。

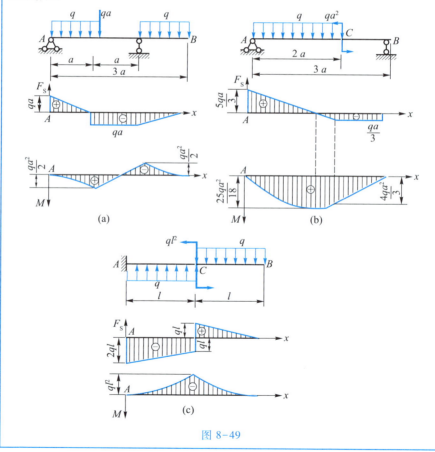

图 8-49

习 题

8-1 试求图示诸梁中各指定的横截面上(1-1、2-2 等)的剪力和弯矩。

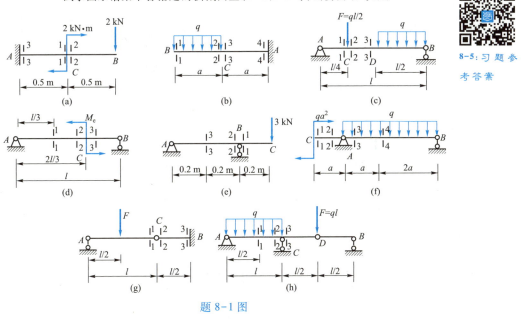

题 8-1 图

8-2 试求图示折杆中各指定的横截面(1-1、2-2 等)上的内力。

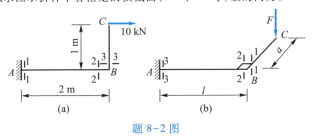

题 8-2 图

8-3 试写出图示各梁的剪力方程和弯矩方程,并作出剪力图和弯矩图。指出最大剪力和最大弯矩的值以及它们各自所在的横截面。

8-4 对于图示各梁,试列出剪力方程和弯矩方程,绘出剪力图和弯矩图,并检查它们是否符合应有规律。梁的自重均不计。

8-5 如欲使图示外伸梁的跨度中点处的正弯矩值等于支点处的负弯矩值,试问支座到端点的距离 a 与梁长 l 的比 $\dfrac{a}{l}$ 应等于多少?

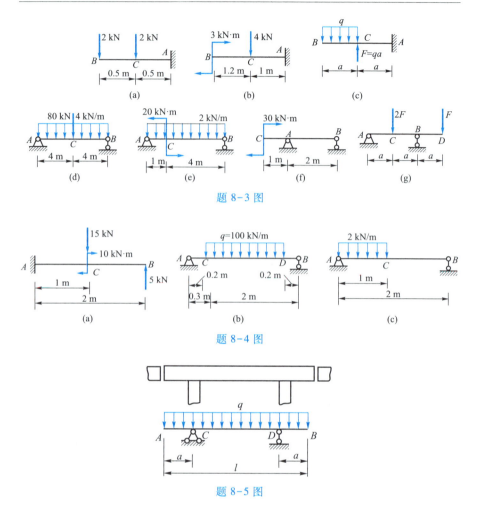

题 8-3 图

题 8-4 图

题 8-5 图

8-6 在作剪力图和弯矩图时,作用于图 a 所示简支梁上的满布均布荷载是否可以用图 b 所示的合力来代替?这两种情况下的剪力图和弯矩图各有什么不同?

8-7 一根 No.25a 槽钢,在包含对称轴 y 在内的纵向平面内受矩为 $M_e = 5$ kN·m 的外力偶作用,如图 a 所示。试求横截面上 A、B、C、D 四点处的弯曲正应力。若外力偶仍作用在竖直平面内,但槽钢如图 b 所示放置,则上述四个点处的弯曲正应力又各为多少?槽钢的自重不计。

8-8 矩形截面悬臂梁受集中力和集中力偶作用,如图所示。试求 I - I 截面和固定端处 II - II 截面上 A、B、C、D 四点处的正应力。梁的自重不计。

8-9 试求图示组合截面对于水平形心轴 z_C 的惯性矩 I_{z_C}。

8-10 试确定图示组合截面的形心位置,并利用型钢表中的数据求该截面对于其水平形心轴的惯性矩。

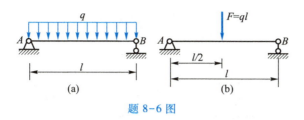

题 8-6 图

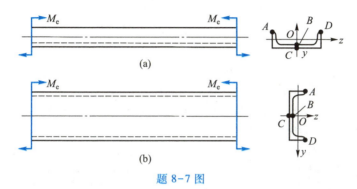

题 8-7 图

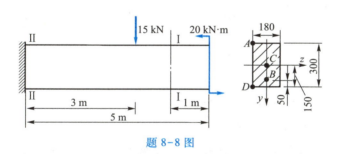

题 8-8 图

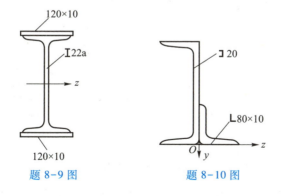

题 8-9 图 题 8-10 图

8-11 矩形截面外伸梁如图所示。(1)试求点 1、2、3、4、5 五个点处横截面上的应力;(2)以单元体分别示出各该点处的应力状态。

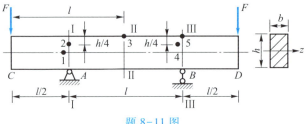

题 8-11 图

8-12 由两根 No.36a 槽钢组成的梁,如图所示。已知:$F=44$ kN,$q=1$ kN/m;钢的许用应力$[\sigma]=170$ MPa,$[\tau]=100$ MPa。试校核此梁的强度。

8-13 由工字钢制作的简支梁受力如图所示。已知材料的许用应力$[\sigma]=170$ MPa,$[\tau]=100$ MPa。试选择工字钢号码。

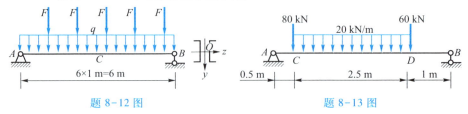

题 8-12 图　　　　　　　题 8-13 图

8-14 图示悬臂梁为一根 No.14 工字钢。已知:$q=2$ kN/m,$l=4$ m。试校核该梁的强度和刚度。规定:许用正应力$[\sigma]=170$ MPa,许用切应力$[\tau]=100$ MPa,许用挠度$[\delta]=l/200$。材料的弹性模量 $E=2.0\times10^5$ MPa。

8-15 一矩形截面简支梁系由圆柱形木料锯成。已知 $F=5$ kN,$a=1.5$ m,$[\sigma]=10$ MPa。试确定弯曲截面系数为最大时矩形截面的高宽比 $\dfrac{h}{b}$,以及锯成此梁所需木料的最小直径 d。

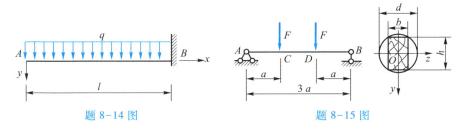

题 8-14 图　　　　　　　题 8-15 图

8-16 图示一平顶凉台,宽度 $l=6$ m,顶面荷载 $p=2\ 000$ Pa,由间距为 $s=1$ m 的木次梁 AB 支持。木梁的许用弯曲正应力$[\sigma]=10$ MPa,并已知 $\dfrac{h}{b}=2$。(1)在次梁用料最经济的情况下,试确定主梁位置的 x 值;(2)选择这时矩形截面木次梁的尺寸。

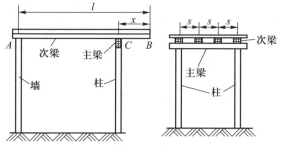

题 8-16 图

8-17 (1)试求图示等截面梁的转角方程和挠度方程,并求外力偶作用着的截面 C 处的挠度。该挠度 w_C 是否等于零?(2)试描出挠曲线的大致情况。

8-18 利用附录 Ⅱ,根据叠加原理试列出图示悬臂梁自由端挠度 w_B 的表达式。注意:在均布荷载单独作用下,梁的 CB 段无弯曲变形,但由于 AC 段弯曲而在截面 C 处产生挠度和转角的影响,CB 段将下移并倾斜。

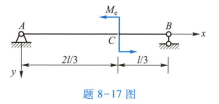

题 8-17 图

8-19 图示木梁的右端由钢拉杆支承。已知梁的横截面为边长等于 0.20 m 的正方形,$q = 40$ kN/m,$E_1 = 1.0 \times 10^4$ MPa;钢拉杆的横截面面积为 $A_2 = 250$ mm^2,$E_2 = 2.1 \times 10^5$ MPa。试求拉杆的伸长 Δl 及梁中点沿铅垂方向的位移 Δ。

8-20 荷载 F 作用在梁 AB 和 CD 的连接处。试求每个梁在连接处受多大的力。设已知它们的跨长比和刚度比分别为 $\dfrac{l_1}{l_2} = \dfrac{3}{2}$ 和 $\dfrac{EI_1}{EI_2} = \dfrac{4}{5}$。

8-21 图示为双跨等截面连续梁。(1)试求支座约束力;(2)绘剪力图和弯矩图;(3)试求支座截面转角 θ_A 及 θ_B。

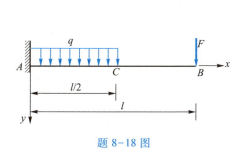

题 8-18 图

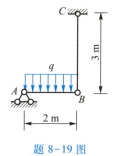

题 8-19 图

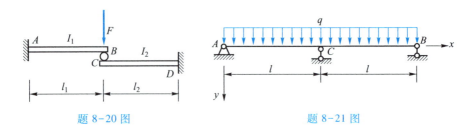

题 8-20 图　　　　题 8-21 图

第 9 章 应力状态分析和强度理论

§9-1 概　　述

9-1：教学要点

对于受轴向拉伸或压缩的杆件,在§6-4 中已经分析过杆中任一点处截面上的应力随截面方位变化的规律。对于受扭的圆截面杆,在§7-3 中也作过类似的分析。这种应力状态分析对于了解杆件中导致材料发生强度破坏的力学因素是必要的。低碳钢在单向应力状态下沿 45°斜截面滑移而产生屈服(流动),就与该斜截面上的切应力最大有关;铸铁在纯剪切应力状态下沿 45°斜截面断裂,就与该截面上存在最大的拉伸正应力有关。对于复杂的应力状态,这类分析尤为必要。例如,图 9-1a 所示的 T 形截面钢筋混凝土梁,为了研究如何放置受拉钢筋,就需研究梁内各点处最大拉伸正应力的方向,也就是要研究图中所示单元体其斜截面上的应力 σ_α、τ_α 与左右、上下两对面上的已知应力 σ、τ 之间的关系,以及 σ_α 的极大值和它的方向。本章将研究图 9-1b 所示最一般的平面应力状态下,斜截面上的应力 σ_α、τ_α 和 x 截面($\alpha=0$)上的应力 σ_x、τ_x 以及 y 截面($\alpha=90°$)上的应力 σ_y、τ_y 之间的关系,并进而确定最大、最小正应力和最大切应力的值以及它们的作用面。

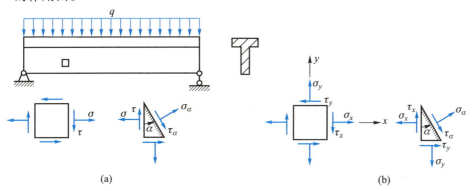

图 9-1

在应力状态分析的基础上，本章还将讨论工程实践和实验力学中有重要意义的一个问题，即如何根据沿一点处某些方向量测的线应变推算出该点处的应力状态。

此外，本章还将介绍关于引起材料强度破坏的力学因素，并建立复杂应力状态下强度条件的假说——强度理论(theory of strength)。

§9-2　平面应力状态分析

图 9-2a 所示为最一般的平面应力状态(state of plane stress)，应力 σ_x、σ_y、τ_x、τ_y 均在平面 xy 内，而在与平面 xy 平行的面上既无正应力又无切应力。此种应力状态常以图 9-2b 所示的方式表示。这两个图上的正应力 σ_x、σ_y 均为正值（拉应力），切应力 τ_x 也是正值（使单元体顺时针错动），而切应力 τ_y 则为负值，且根据切应力互等定理有 $\tau_y = -\tau_x$。现在来分析与平面 xy 垂直的任意 α 斜截面（角 α 规定以逆时针转向为正值）上的正应力 σ_α 和切应力 τ_α（图9-2c，设 σ_α、τ_α 均为正值）。为此，我们来研究图 9-2c 所示分离体的平衡条件，但需注意：图中所示的是应力，而平衡当然是指力的平衡，因此应将应力乘以各自相应的微面积，如图 9-2d 中所示。于是列出平衡方程如下：

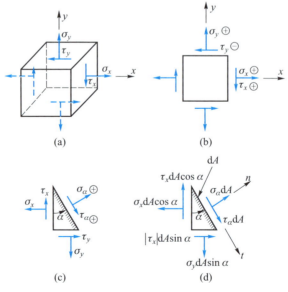

图 9-2

第 9 章 应力状态分析和强度理论

$$\sum F_n = 0, \quad \sigma_\alpha dA + (\tau_x dA\cos\alpha)\sin\alpha - (\sigma_x dA\cos\alpha)\cos\alpha + \\ (|\tau_y|dA\sin\alpha)\cos\alpha - (\sigma_y dA\sin\alpha)\sin\alpha = 0 \tag{9-1}$$

$$\sum F_t = 0, \quad \tau_\alpha dA - (\tau_x dA\cos\alpha)\cos\alpha - (\sigma_x dA\cos\alpha)\sin\alpha + \\ (|\tau_y|dA\sin\alpha)\sin\alpha + (\sigma_y dA\sin\alpha)\cos\alpha = 0 \tag{9-2}$$

利用三角关系

$$\cos^2\alpha = \frac{1+\cos 2\alpha}{2}, \quad \sin^2\alpha = \frac{1-\cos 2\alpha}{2}, \quad 2\sin\alpha\cos\alpha = \sin 2\alpha$$

以及切应力互等定理 $|\tau_y| = \tau_x$,可将式(9-1)、式(9-2)两式简化为

$$\left.\begin{array}{l}\sigma_\alpha = \dfrac{\sigma_x+\sigma_y}{2} + \dfrac{\sigma_x-\sigma_y}{2}\cos 2\alpha - \tau_x\sin 2\alpha \\[2mm] \tau_\alpha = \dfrac{\sigma_x-\sigma_y}{2}\sin 2\alpha + \tau_x\cos 2\alpha\end{array}\right\} \tag{9-3}$$

有了这个公式便可根据 σ_x、σ_y 以及 τ_x 求 σ_α、τ_α。

例 9-1 利用公式(9-3)试求图 9-3a 所示应力状态下,单元体斜截面 ab(该面与平面 xy 垂直)上的应力,并取分离体示出该面上求得的应力。

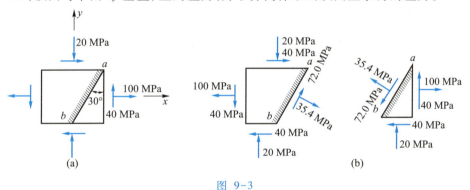

图 9-3

解: 根据正负号的规定有

$$\sigma_x = 100 \text{ MPa}, \quad \sigma_y = -20 \text{ MPa}, \quad \tau_x = -40 \text{ MPa}, \quad \alpha = -30°$$

以此代入公式(9-3)得

$$\sigma_{-30°} = \left[\frac{100+(-20)}{2} + \frac{100-(-20)}{2}\cos(-60°) - (-40)\sin(-60°)\right] \text{ MPa} \\ = 35.4 \text{ MPa}$$

$$\tau_{-30°} = \left[\frac{100-(-20)}{2}\sin(-60°) + (-40)\cos(-60°)\right] \text{ MPa} = -72.0 \text{ MPa}$$

所得 $\sigma_{-30°}$ 为正值表示斜截面 ab 上的正应力为拉应力,$\tau_{-30°}$ 为负值表示该斜

截面上的切应力有使分离体逆时针转动的趋势,它们的指向如图 9-3b 中所示。图中同时取斜截面 ab 左侧和右侧的分离体示出了该斜面上的应力,实际上用其中的一个分离体示出即可。

主应力和主平面 在图 9-4a 所示最一般的平面应力状态下,由式(9-3)可知,与平面 xy 垂直的斜截面中,切应力 $\tau_\alpha = 0$ 所在截面的倾角($\alpha = \alpha_0$)为

$$\tan 2\alpha_0 = \frac{-2\tau_x}{\sigma_x - \sigma_y} \tag{9-4}$$

且当 α_0 满足上式时,$\alpha_0 + 90°$ 亦必满足上式。这就是说,在与平面 xy 垂直的斜截面中必有两个相互垂直的截面(图 9-4b)其上无切应力而只有正应力。把受力物体内一点处切应力为零的截面称之为<u>主平面</u>(principal plane),其上的正应力称为<u>主应力</u>(principal stress)。可以证明,受力物体内任何一点处必有三个相互垂直的主平面和相应的三个主应力。对于平面应力状态,除了上面已提到的作用在平面 xy 内的两个主应力之外,还有一个就是作用在与平面 xy 垂直方向、数值为零的主应力。习惯上把一点处的三个主应力按代数值的大小顺次标为 σ_1、σ_2、σ_3。利用主应力可以把平面应力状态更确切地定义为有两个主应力不等于零的应力状态。

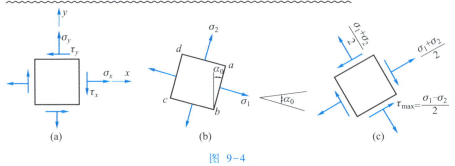

图 9-4

平面应力状态下不等于零的两个主应力的计算公式可由式(9-4)和式(9-3)得出,即

$$\left.\begin{array}{c}\sigma_1\\\sigma_2\end{array}\right\} = \frac{\sigma_x + \sigma_y}{2} \pm \sqrt{\left(\frac{\sigma_x - \sigma_y}{2}\right)^2 + \tau_x^2} \tag{9-5}$$

应该注意,上式中将两个主应力标为 σ_1、σ_2 只是作为示意。在每一具体情况下应根据它们以及数值为零的那个主应力按代数值来标示。例如,若 $\sigma_x = 40$ MPa,$\sigma_y = -20$ MPa,$\tau_x = 40$ MPa,则由式(9-5)求得的两个主应力应是 $\sigma_1 = 60$ MPa,$\sigma_3 = -40$ MPa。另一主应力为 $\sigma_2 = 0$。

此外，为求正应力 σ_α 为极值的截面之倾角（$\alpha = \alpha_1$），可将式（9-3）中 σ_α 的表达式对 α 求导，并令其等于零，即

$$\frac{d\sigma_\alpha}{d\alpha} = -(\sigma_x - \sigma_y)\sin 2\alpha - 2\tau_x \cos 2\alpha = 0$$

可求得

$$\tan 2\alpha_1 = \frac{-2\tau_x}{\sigma_x - \sigma_y}$$

显然，此式中 α_1 的值与式（9-4）中 α_0 的值相同。这就表明主应力 σ_1、σ_2 又是垂直于平面 xy 之截面上诸正应力中代数值最大和最小者。

至于斜截面上切应力为极值的截面其倾角（$\alpha = \alpha_2$），可由 $\frac{d\tau_\alpha}{d\alpha} = 0$ 得出。由

$$\frac{d\tau_\alpha}{d\alpha} = (\sigma_x - \sigma_y)\cos 2\alpha - 2\tau_x \sin 2\alpha = 0$$

得

$$\tan 2\alpha_2 = \frac{\sigma_x - \sigma_y}{2\tau_x} \tag{9-6}$$

此式表明，$2\alpha_2$ 与式（9-4）中的 $2\alpha_0$ 相差 90°，亦即 α_2 与 α_0 相差 45°。这就是说，最大切应力 τ_{max} 作用在与主平面成 45°的斜截面上（图 9-4c）。τ_{max} 的计算公式可利用式（9-6）由式（9-3）及式（9-5）得到

$$\tau_{max} = \frac{\sigma_1 - \sigma_2}{2}$$

上式表明，τ_{max} 是垂直于平面 xy 的诸截面中切应力的最大值。应该注意的是，在 τ_{max} 作用面上还有正应力存在（图 9-4c）。

【思考题 9-1】

图 9-5 所示的三个单元体是否处于平面应力状态？

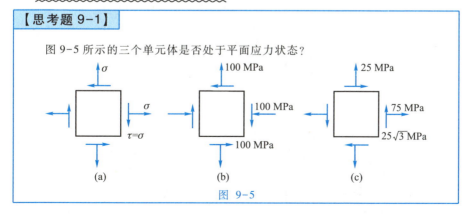

图 9-5

§9-3　平面应力状态下的胡克定律

各向同性材料在平面应力状态下（图 9-6a），当变形微小时，线应变 ε_x 及 ε_y 都只与该点处的正应力 σ_x 和 σ_y 相关，而与切应力 τ_x、τ_y 无关。为了导出各向同性材料处于平面应力状态下在线性弹性范围内且变形微小时应力与应变间的相互关系，可将任意的平面应力状态（图 9-6a）看作两个单向应力状态（图 9-6b、c）和一个纯剪切应力状态（图 9-6d）的叠加。对于这三个应力状态，根据单向应力状态时的胡克定律 $\sigma=E\varepsilon$ 和泊松比 ν，以及剪切胡克定律 $\tau=G\gamma$，便可求得各自沿 x、y、z 方向的线应变以及平面 xy 内的切应变（图9-6b、c、d）。从而可得原来的平面应力状态下的应变为

$$\left.\begin{array}{l} \varepsilon_x = \dfrac{\sigma_x}{E} - \nu\dfrac{\sigma_y}{E} = \dfrac{1}{E}(\sigma_x - \nu\sigma_y) \\[2mm] \varepsilon_y = \dfrac{\sigma_y}{E} - \nu\dfrac{\sigma_x}{E} = \dfrac{1}{E}(\sigma_y - \nu\sigma_x) \\[2mm] \varepsilon_z = -\dfrac{\nu}{E}(\sigma_x + \sigma_y) \\[2mm] \gamma_{xy} = \dfrac{\tau_x}{G} \end{array}\right\} \quad (9\text{-}7)$$

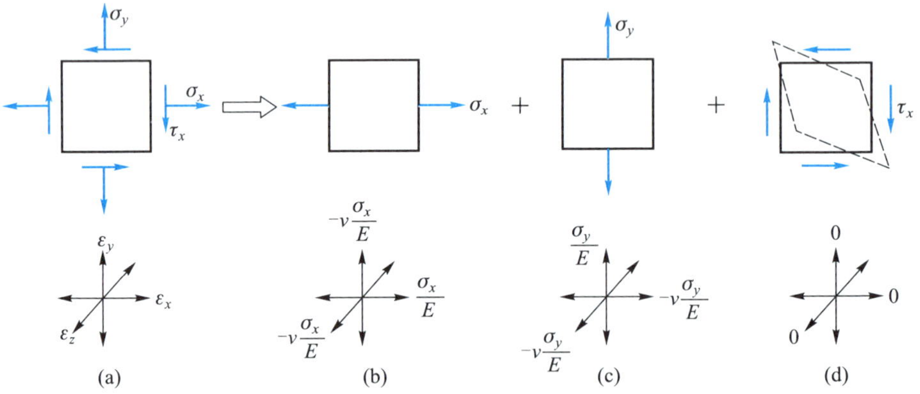

图 9-6

应该注意，在平面应力状态下，尽管 $\sigma_z=0$，但由于横向变形效应，ε_z 一般并不等于零。

将式(9-7)稍加变换可得到平面应力状态下胡克定律的另一表达式：

第 9 章 应力状态分析和强度理论　　267

$$\left.\begin{aligned}\sigma_x &= \frac{E}{1-\nu^2}(\varepsilon_x+\nu\varepsilon_y) \\ \sigma_y &= \frac{E}{1-\nu^2}(\varepsilon_y+\nu\varepsilon_x) \\ \sigma_z &= 0 \\ \tau_x &= G\gamma_{xy}\end{aligned}\right\} \tag{9-8}$$

【思考题 9-2】

图 9-7 所示为从某受力物体内不同部位取出的三个单元体,实线和虚线分别表示物体受力前和受力后单元体的形状,试指出每一单元体的切应变,并示出相应的切应力。

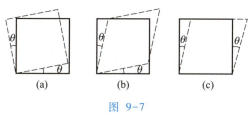

图 9-7

【思考题 9-3】

图 9-8 所示应力状态下的单元体,其材料为各向同性,已知:线应变 $\varepsilon_x = 1.7 \times 10^{-4}$, $\varepsilon_y = 0.4 \times 10^{-4}$;泊松比 $\nu = 0.3$。试问是否有 $\varepsilon_z = -\nu(\varepsilon_x+\varepsilon_y) = -0.63 \times 10^{-4}$?倘若不对,原因何在?正确的结果应为多少?

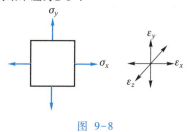

图 9-8

例 9-2　对于物体内处于平面应力状态(图 9-9a)的一个点,已测得沿轴 x、y 及 $45°$方向(图 9-9b)的线应变 ε_x、ε_y 及 $\varepsilon_{45°}$,试求该点处的 σ_x、σ_y 及 τ_x。

解：由公式(9-8)的前两式有

$$\sigma_x = \frac{E}{1-\nu^2}(\varepsilon_x+\nu\varepsilon_y), \qquad \sigma_y = \frac{E}{1-\nu^2}(\varepsilon_y+\nu\varepsilon_x) \tag{1}$$

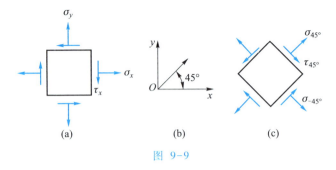

图 9-9

为了求出 τ_x 还必须利用已知的 $\varepsilon_{45°}$。为此,先求出该单元体 $\pm 45°$ 面上的正应力 $\sigma_{45°}$ 及 $\sigma_{-45°}$(图 9-9c)。根据式(9-3)有

$$\sigma_{45°}=\frac{\sigma_x+\sigma_y}{2}-\tau_x, \qquad \sigma_{-45°}=\frac{\sigma_x+\sigma_y}{2}+\tau_x$$

于是,对于图 9-9c 所示单元体,利用平面应力状态下的胡克定律得

$$\varepsilon_{45°}=\frac{\sigma_{45°}}{E}-\nu\frac{\sigma_{-45°}}{E}=\frac{1}{E}\left[\left(\frac{\sigma_x+\sigma_y}{2}-\tau_x\right)-\nu\left(\frac{\sigma_x+\sigma_y}{2}+\tau_x\right)\right]$$

将式(1)代入并整理即得

$$\tau_x=\frac{E}{1+\nu}\left(\frac{\varepsilon_x+\varepsilon_y}{2}-\varepsilon_{45°}\right) \tag{2}$$

上例中的式(1)和式(2)是工程实践和实验力学中经常用到的根据实测线应变推算应力从而确定一点处应力状态的公式。由于测试技术上的问题,实践中并不测定切应变以推算切应力。

一般地说,要确定一点处的平面应力状态,必须测定三个方向的线应变。只有在确切知道该点处两个不为零的主应力之方向的情况下,才只需测定沿这两个主应力方向的线应变。

§9-4 三向应力状态

<u>三向应力状态</u>(state of triaxial stress)亦称空间应力状态,它是指三个主应力均不等于零的那种应力状态(图 9-10a)。平面应力状态和单向应力状态均可视为三向应力状态的特例。两个物体互相接触传递压力时,接触点及其附近的材料均处于三向应力状态。应力集中点附近的材料也处于三向应力状态。

最大切应力 根据对于三向应力状态的分析可知,无论何种应力状态,

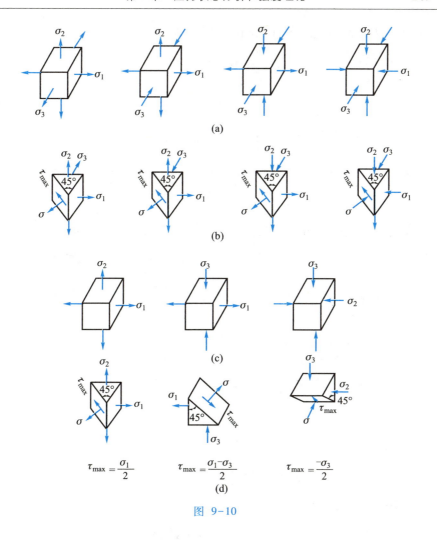

图 9-10

一点处所有截面上切应力中代数值最大者恒为

$$\tau_{max} = \frac{\sigma_1 - \sigma_3}{2} \tag{9-9}$$

该最大切应力是作用在平行于中间主应力 σ_2，且自 σ_1 作用面逆时针转 45° 的面上，该切应力的指向使分离体有顺时针转动的趋势（图 9-10a、b）。在与该面垂直的面上（也平行于主应力 σ_2）有与之互等的切应力。平面应力状态作为三向应力状态的特例，上述结论仍然适用（图 9-10c、d），只是须注意在此情况下式（9-9）中可能 $\sigma_1 = 0$ 或者 $\sigma_3 = 0$。

胡克定律　各向同性材料在三向应力状态下的胡克定律，当以主应力

和沿主应力方向的线应变(即所谓主应变)表示时,其表达式为

$$\left.\begin{array}{l}\varepsilon_1 = \dfrac{1}{E}[\sigma_1 - \nu(\sigma_2 + \sigma_3)] \\[4pt] \varepsilon_2 = \dfrac{1}{E}[\sigma_2 - \nu(\sigma_3 + \sigma_1)] \\[4pt] \varepsilon_3 = \dfrac{1}{E}[\sigma_3 - \nu(\sigma_1 + \sigma_2)]\end{array}\right\} \tag{9-10}$$

体应变 体应变(volume strain)是指材料体积的相对变化,即

$$\theta = \frac{\Delta V}{V}$$

材料在三向应力状态下体应变的表达式可如下导出。图 9-11 所示棱边尺寸原为 a_1、a_2、a_3 的单元体,变形前的体积为

$$V = a_1 a_2 a_3$$

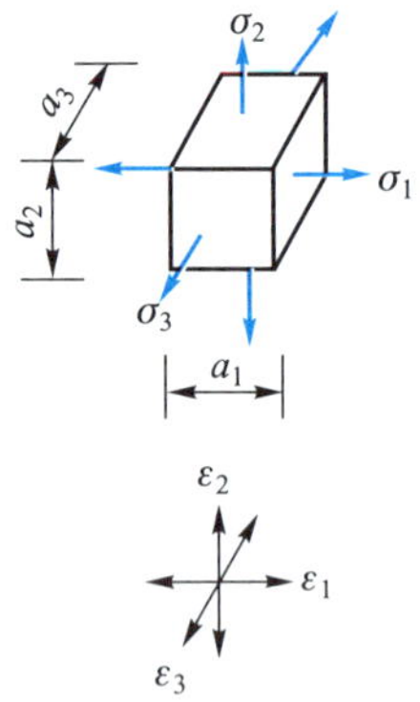

变形后,其各棱边的尺寸变为 $a_1(1+\varepsilon_1)$、$a_2(1+\varepsilon_2)$、$a_3(1+\varepsilon_3)$,故体积变为

$$\begin{aligned} V' &= a_1(1+\varepsilon_1)a_2(1+\varepsilon_2)a_3(1+\varepsilon_3) \\ &= a_1 a_2 a_3 (1+\varepsilon_1+\varepsilon_2+\varepsilon_3+\varepsilon_1\varepsilon_2+\varepsilon_2\varepsilon_3+\varepsilon_3\varepsilon_1+\varepsilon_1\varepsilon_2\varepsilon_3) \end{aligned}$$

在小变形情况下,ε_1、ε_2、ε_3 为微量,略去上式中的高阶微量后有

$$V' = a_1 a_2 a_3 (1 + \varepsilon_1 + \varepsilon_2 + \varepsilon_3)$$

于是体应变

$$\theta = \frac{V' - V}{V} \approx \varepsilon_1 + \varepsilon_2 + \varepsilon_3$$

图 9-11

将式(9-10)代入上式得

$$\theta = \frac{1-2\nu}{E}(\sigma_1 + \sigma_2 + \sigma_3) \tag{9-11}$$

可见,在小变形情况下各向同性材料在线性弹性范围内工作时,体积应变只与三个主应力之和有关,而与它们之比无关。若三个主应力之和(代数和)等于零,则材料的体积不变。图 9-12a、b 所示,材料相同的两个单元体由于三个主应力之和相等,故它们的体应变相同。图 9-12c 所示单元体,三个主应力之和等于零,故无体应变,亦即体积不发生改变。注意到图 9-12a 所示应力状态是图 9-12b、c 所示两种应力状态的叠加,且图 9-12b 所示应力状态下单元体边长的比例不变,即没有形状变化,图 9-12c 所示应力状态下单元体虽无体积变化,但其边长的比例发生变化,即发生形状变

化。可见，任何应力状态均可分解为只有体积变化的应力状态和只有形状变化的应力状态。

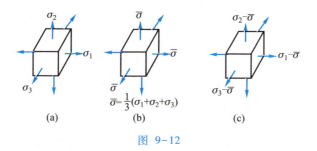

图 9-12

应变能密度 在§6-6中曾讨论拉(压)杆在线性弹性范围内工作时单位体积内所积蓄的应变能，即**应变能密度**(strain energy density)

$$v_\varepsilon = \frac{1}{2}\sigma\varepsilon = \frac{1}{2}\frac{\sigma^2}{E} = \frac{1}{2}E\varepsilon^2$$

式中的因数 1/2 是由于在线性弹性条件下应力与应变呈线性关系导致的。在三向应力状态下(图 9-11)，应变能密度

$$v_\varepsilon = \frac{1}{2}\sigma_1\varepsilon_1 + \frac{1}{2}\sigma_2\varepsilon_2 + \frac{1}{2}\sigma_3\varepsilon_3 \tag{9-12}$$

应该注意的是，这里的 ε_1、ε_2、ε_3 是在三个主应力同时作用下的线应变，即

$$\varepsilon_1 = \frac{1}{E}[\sigma_1 - \nu(\sigma_2+\sigma_3)], \quad \varepsilon_2 = \frac{1}{E}[\sigma_2 - \nu(\sigma_3+\sigma_1)], \quad \varepsilon_3 = \frac{1}{E}[\sigma_3 - \nu(\sigma_1+\sigma_2)]$$

以此式代入式(9-12)即得

$$v_\varepsilon = \frac{1}{2E}[\sigma_1^2 + \sigma_2^2 + \sigma_3^2 - 2\nu(\sigma_1\sigma_2 + \sigma_2\sigma_3 + \sigma_3\sigma_1)] \tag{9-13}$$

应变能密度的常用单位是 N·m/m³，即 J/m³。

应变能密度 v_ε 可以分解为对应于体积变化(图 9-12b)的那部分应变能密度——**体积改变能密度**

$$v_v = \frac{1}{2E}(1-2\nu)3\overline{\sigma}^2 = \frac{1-2\nu}{6E}(\sigma_1+\sigma_2+\sigma_3)^2 \tag{9-14}$$

和对应于形状变化(图 9-12c)的那部分应变能密度——**形状改变能密度**

$$v_d = \frac{1+\nu}{6E}[(\sigma_1-\sigma_2)^2 + (\sigma_2-\sigma_3)^2 + (\sigma_3-\sigma_1)^2] \tag{9-15}$$

§9–5　强度理论及其应用

材料在单向应力状态（图 9-13a）下的强度——屈服极限 σ_s 或强度极限 σ_b，以及纯剪切应力状态（图 9-13b）下的强度——剪切屈服极限 τ_s 或剪切强度极限 τ_b，总是可以通过试验来测定的。因此，对于构件中处于上述任何一种应力状态的点，可以不必分析材料发生屈服或断裂的力学因素，直接列出如下的强度条件：

$$\sigma \leqslant [\sigma] \quad \text{或} \quad \tau \leqslant [\tau]$$

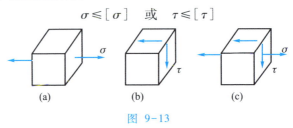

图 9-13

式中，许用拉应力（压应力）$[\sigma]$ 是由极限正应力 σ_s 或 σ_b（以下统写为 σ_u）除以安全因数而得；$[\tau]$ 是由极限切应力 τ_s 或 τ_b（统写为 τ_u）除以安全因数而得。

然而在复杂应力状态（纯剪切除外）下，情况就不一样了。例如，材料在图 9-13c 所示的那种平面应力状态下，正应力 σ 和切应力 τ 对于材料的强度（极限应力）有着综合的影响，而且这种影响又随 σ 与 τ 的比例不同而变化，因此既不应该分别按正应力和切应力来建立强度条件 $\sigma \leqslant [\sigma]$ 和 $\tau \leqslant [\tau]$，也不可能总是通过试验来确定 σ 与 τ 呈每一比例时材料的强度。其次，同一材料在不同的应力状态下，甚至连强度破坏的形式也不相同。低碳钢在室温、静载（徐加荷载）下，当其受单向拉伸、单向压缩以及三向压缩时发生屈服，而在接近于三向等值拉伸时却发生脆断（螺栓拧得过紧会沿螺纹根部断裂，断口平齐，无缩颈）。铸铁在室温、静载下，单向拉伸时呈脆断，单向压缩时被剪断（呈一定的塑性），三向压缩时能产生显著的塑性变形（淬火钢球可在铸铁表面上压出凹坑而铸铁并不断裂）。

综上所述可见，由于材料在复杂应力状态下的强度不可能总是通过试验来测定，因而需要分析材料发生强度破坏的力学因素，以便根据单向应力状态或某些复杂应力状态下测得的极限应力来推断各种复杂应力状态下材料的强度。研究材料发生强度破坏的力学因素的假说通常称之为强度理论。

常用来分析的有四个基本的强度理论。

1. 最大拉应力理论

这一理论又称<u>第一强度理论</u>。它根据铸铁等脆性材料在单向拉伸及纯剪切(圆杆扭转)时沿最大拉伸正应力 σ_1 的作用面断裂的现象(图 9-14a、b)认为,无论在何种应力状态下材料发生脆性断裂是由于最大拉伸正应力 $\sigma_1(+)$ 达到对于该材料来说为一定的极限值 $\sigma_{u,b}$ 所致。对于脆性材料,这个极限值就是拉伸强度极限 σ_b。对于塑性材料,这个极限值应是在某种接近三向等值拉伸的应力状态下脆性断裂时的最大拉应力,而不应是塑性材料的拉伸强度极限,因为这种材料单向拉伸时首先发生的乃是屈服而不是断裂。

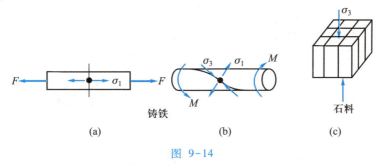

图 9-14

按照这一理论,材料断裂的破坏条件为

$$\sigma_1(+) = \sigma_{u,b}$$

相应的强度条件则是

$$\sigma_1 \leq [\sigma] \qquad (9-16)$$

式中,许用应力 $[\sigma]$ 由 $\sigma_{u,b}$ 除以安全因数而得。

这一理论基本上符合铸铁等材料的试验结果,但它无法解释石料、砂浆等单向压缩时①(图 9-14c)沿着力的作用方向分裂。

2. 最大伸长线应变理论

这一理论又称<u>第二强度理论</u>。注意到图 9-14 所示的三种断裂破坏都发生在与最大伸长线应变 ε_1 相垂直的方向,认为在任何应力状态下,材料发生脆性断裂是由于最大伸长线应变 $\varepsilon_1(+)$ 达到对于该材料为一定的极限值 $\varepsilon_{u,b}$ 所致,亦即材料发生断裂的破坏条件为

$$\varepsilon_1(+) = \varepsilon_{u,b}$$

---

① 试验时,试件端面涂有润滑剂,以保证材料处于单向压缩应力状态,$\sigma_1 = \sigma_2 = 0$。

鉴于材料在断裂前仍然遵循胡克定律或基本遵循胡克定律,该破坏条件又可写作

$$\frac{1}{E}[\sigma_1-\nu(\sigma_2+\sigma_3)]=\frac{1}{E}\sigma_{u,b}$$

亦即

$$\sigma_1-\nu(\sigma_2+\sigma_3)=\sigma_{u,b}$$

相应的强度条件则是

$$\sigma_1-\nu(\sigma_2+\sigma_3)\leqslant[\sigma] \tag{9-17}$$

这一理论考虑了一点处所有三个主应力对于材料强度的影响,但也存在一些问题。按照这一理论,材料在二向拉伸应力状态($\sigma_1\neq0,\sigma_2\neq0,\sigma_3=0$)下,断裂破坏的条件为 $\sigma_1-\nu\sigma_2=\sigma_{u,b}$。把它与单向拉伸时的破坏条件 $\sigma_1=\sigma_{u,b}$ 相比,似乎二向拉伸时材料对于断裂破坏的强度要比单向拉伸时高一些,但这一结论与试验结果并不完全相符。

目前在工程计算中,针对断裂破坏,第一强度理论和第二强度理论均有应用。

3. 最大切应力理论

又称**第三强度理论**。根据低碳钢等材料在单向拉伸而屈服时沿最大切应力 τ_{max} 所在的 45°斜截面发生滑移,以及常用金属材料在三向等值压缩时不发生屈服,这一理论认为,材料发生屈服或者显著的塑性变形,不管应力状态如何,是由于最大切应力 $\tau_{max}=(\sigma_1-\sigma_3)/2$ 达到对于该材料为一定的极限值 $\tau_{u,s}$ 所致。对于塑性材料,这一极限就是单向拉伸而屈服时的最大切应力,$\tau_{max}=\sigma_s/2$,此处 σ_s 为屈服极限。

按照这一理论,材料发生屈服的破坏条件为

$$\frac{\sigma_1-\sigma_3}{2}=\frac{\sigma_s}{2}$$

亦即

$$\sigma_1-\sigma_3=\sigma_s$$

相应的强度条件则是

$$\sigma_1-\sigma_3\leqslant[\sigma] \tag{9-18}$$

这个理论显然没有反映中间主应力 σ_2 对于材料屈服的影响,而试验却表明,σ_2 可以对屈服强度产生 10%~15%的影响。其次,这个理论也无法解释某些金属材料单向拉伸时的屈服极限与单向压缩时的屈服极限不相等这一现象。

我国西安交通大学俞茂宏教授于 1961 年提出"双剪应力屈服准则"①，考虑了中间主应力 σ_2 的影响。按照该准则，屈服条件为

$$\frac{\sigma_1-\sigma_3}{2}+\frac{\sigma_1-\sigma_2}{2}=\sigma_s \qquad (\sigma_1-\sigma_2 \geqslant \sigma_2-\sigma_3)$$

$$\frac{\sigma_1-\sigma_3}{2}+\frac{\sigma_2-\sigma_3}{2}=\sigma_s \qquad (\sigma_1-\sigma_2 \leqslant \sigma_2-\sigma_3)$$

亦即

$$\sigma_1-\frac{\sigma_2+\sigma_3}{2}=\sigma_s \qquad (\sigma_1-\sigma_2 \geqslant \sigma_2-\sigma_3)$$

$$\frac{\sigma_1+\sigma_2}{2}-\sigma_3=\sigma_s \qquad (\sigma_1-\sigma_2 \leqslant \sigma_2-\sigma_3)$$

4. 形状改变能密度理论

这一理论有时称作<u>第四强度理论</u>，但苏联学者费洛宁柯-鲍罗第契称之为第五强度理论②，因为在 1904 年胡勃提出这个理论之前，1900 年莫尔提出有另一种强度理论。

这一理论的基本观点是，材料发生强度破坏乃是应力与应变的综合效应，亦即与应变能密度有关；而常用金属材料在三向等值压缩时，亦即在没有形状改变能密度 v_d 的情况下，即使体积变化很大，也不发生屈服；因此材料发生屈服或者显著的塑性变形应该是由于形状改变能密度 v_d 达到对于该材料为一定的极限值 $v_{d,u}$ 所致。对于塑性材料，注意到在单向拉伸而屈服时 $\sigma_1=\sigma_s$ 而 $\sigma_2=\sigma_3=0$，故由式(9-15)可知

$$v_{d,u}=\frac{1+\nu}{6E}(2\sigma_s^2)$$

于是可写出材料发生屈服的破坏条件

$$\frac{1+\nu}{6E}[(\sigma_1-\sigma_2)^2+(\sigma_2-\sigma_3)^2+(\sigma_3-\sigma_1)^2]=\frac{1+\nu}{6E}(2\sigma_s^2)$$

亦即

---

① 俞茂宏等，双剪应力强度理论及其推广，《中国科学》A 辑，1985 年第 12 期。
② 费洛宁柯-鲍罗第契著，奚绍中译，《力学强度理论》，人民教育出版社，1963 年。

$$\sqrt{\frac{1}{2}[(\sigma_1-\sigma_2)^2+(\sigma_2-\sigma_3)^2+(\sigma_3-\sigma_1)^2]}=\sigma_s$$

相应的强度条件则是

$$\sqrt{\frac{1}{2}[(\sigma_1-\sigma_2)^2+(\sigma_2-\sigma_3)^2+(\sigma_3-\sigma_1)^2]}\leqslant[\sigma] \quad (9-19)$$

这个理论对于钢、铜、镍、铝四种塑性材料在平面应力状态下发生屈服破坏的推断与实际试验结果基本相符。但它与第三强度理论一样,无法解释某些金属材料拉、压屈服极限不相等的现象。

强度条件的统一表达式 前述针对断裂破坏的第一强度理论和第二强度理论,以及针对屈服破坏的第三强度理论和"第四"(第五)强度理论,它们所建立的强度条件可统一写作

$$\sigma^* \leqslant [\sigma] \quad (9-20)$$

其中,σ^* 称之为<u>相当应力</u>(equivalent stress),因为从式(9-20)的形式上看,它相当于单向拉伸时的拉应力。由式(9-16)~式(9-19)可见,按照各强度理论的相当应力分别为

$$\sigma_1^* = \sigma_1, \qquad \sigma_2^* = \sigma_1 - \nu(\sigma_2+\sigma_3)$$

$$\sigma_3^* = \sigma_1 - \sigma_3, \qquad \sigma_4^* = \sqrt{\frac{1}{2}[(\sigma_1-\sigma_2)^2+(\sigma_2-\sigma_3)^2+(\sigma_3-\sigma_1)^2]}$$

【思考题 9-4】

根据应力状态分析可知,纯剪切平面应力状态(图9-15a)与双向等值拉、压平面应力状态(图9-15b)完全相当。那么试论证:按照最大切应力理论,塑性材料的纯剪切屈服极限 τ_s 与单向拉伸屈服极限 σ_s 的关系为 $\tau_s = 0.5\sigma_s$;按照形状改变能密度理论,它们的关系是 $\tau_s = 0.577\sigma_s$。

【思考题 9-5】

某塑性材料处于图 9-16 所示的平面应力状态,试证明:
(1) 按照最大切应力理论,该应力状态下的相当应力和强度条件为

$$\sigma_3^* = \sqrt{\sigma^2+4\tau^2}, \qquad \sqrt{\sigma^2+4\tau^2} \leqslant [\sigma]$$

第 9 章 应力状态分析和强度理论

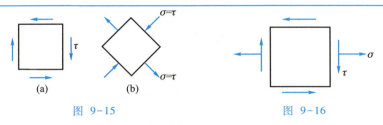

图 9-15　　　　　　　　　图 9-16

（2）按照形状改变能密度理论，则有

$$\sigma_4^* = \sqrt{\sigma^2 + 3\tau^2}, \qquad \sqrt{\sigma^2 + 3\tau^2} \leqslant [\sigma]$$

【思考题 9-6】

对于图 9-17 所示焊接钢板梁，在最大弯矩和最大剪力同时存在的截面 C 和截面 D 上正应力和切应力如图中所示。该梁材料的许用应力为：$[\sigma] = 170$ MPa，$[\tau] = 100$ MPa。试问：

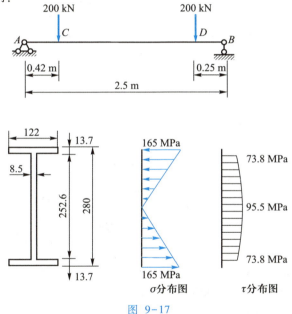

图 9-17

（1）此梁是否满足按正应力的强度条件 $\sigma_{\max} \leqslant [\sigma]$ 和按切应力的强度条件 $\tau_{\max} \leqslant [\tau]$？

（2）在截面 C 和截面 D 上腹板与翼缘交界点处是否满足强度条件？

（3）有人在校核此梁强度时作了如下的计算：

$$\sigma_4^* = \sqrt{\sigma_{\max}^2 + 3\tau_{\max}^2} = \sqrt{(165)^2 + 3\times(95.5)^2} \text{ MPa} = 233.6 \text{ MPa} > [\sigma] = 170 \text{ MPa}$$

从而认为此梁强度不足。此算法是否正确？

习　题

9-2：习题参考答案

9-1　利用公式(9-3)，试求图示应力状态下单元体斜截面 ab 上的应力，并用分离体在该面上示出。

9-2　试求图示单元体斜截面 ab 上的应力，并用分离体在该面上示出。

9-3　对于题 9-1 图及题 9-2 图中所示应力状态，试求：(1) 主应力 σ_1、σ_2、σ_3 的值；(2) 用图示出不等于零的两个主应力的作用面(主平面)。

9-4　试求图示 T 形梁跨中偏左横截面上，腹板上点 a (在与翼缘交界处)的主拉应力和主压应力之大小及方向，并用单元体示出。

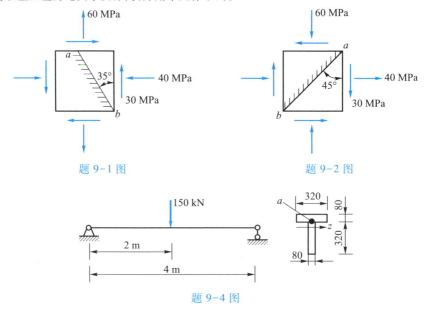

题 9-1 图　　　　题 9-2 图

题 9-4 图

9-5　已知某受力物体表面上一点处的线应变：$\varepsilon_x = -267 \times 10^{-6}$，$\varepsilon_y = 79 \times 10^{-6}$，$\varepsilon_{45°} = -570 \times 10^{-6}$ (参见图 9-9a、b)，试求应力 σ_x、σ_y、τ_x 以及该点处的主应力。已知材料为 Q235 钢，$E = 2.1 \times 10^5$ MPa，$\nu = 0.30$。

9-6　对于图 9-11 所示三向应力状态，试按 σ_1、σ_2、σ_3 顺次加载(即先加 σ_1，再加 σ_2，再加 σ_3)情况，导出应变能密度 v_e 的表达式(9-13)。

9-7　试求图示应力状态下的应变能密度 v_e、体积改变能密度 v_V 和形状改变能密度 v_d。已知：$E = 2.0 \times 10^5$ MPa，$\nu = 0.25$。

9-8　图示曲拐在 C 处受有荷载 $F = 10$ kN 作用，试求实心圆杆 AB 所需的直径 D。该圆轴的材料为 Q235 钢，$[\sigma] = 160$ MPa。圆杆 AB 及曲拐臂 BC 均在水平面内，且相互垂直。

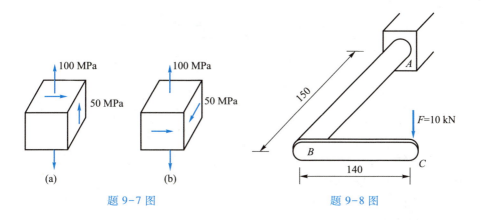

题 9-7 图　　　　　　　题 9-8 图

第 10 章 组 合 变 形

10-1:教学要点

在实际工程中,由于杆件所承受的荷载往往比较复杂,所以大多数杆件在外力作用下所发生的变形同时包含两种或两种以上的基本变形,这类杆件的变形称为组合变形(complex deformation)。如图 10-1a 所示钻床的立柱,图10-1b所示厂房的牛腿形立柱,它们是弯曲与拉伸(压缩)的组合变形;图 10-1c 所示机器中的传动轴是弯曲与扭转的组合变形;图 10-1d 所示船舶的螺旋桨轴,承受的是弯曲与扭转、压缩的组合变形。

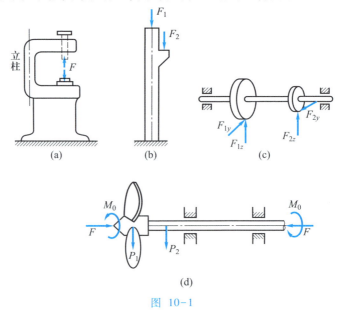

图 10-1

在线弹性、小变形条件下,组合变形中各个基本变形引起的应力和变形,可以认为是各自独立互不影响的,因此可以应用叠加原理。这就需要先将杆件上的外力分成几组,使每一组外力只产生一种基本形式的变形,然后分别算出杆件在每一种基本形式的变形下某一横截面上的应力,再将所得结果叠加,即得此杆件在原有外力作用下该横截面上的应力。

本章将主要讨论工程实际中常见的几种组合变形。

§10-1 弯曲与拉伸(压缩)的组合变形

1. 弯曲与拉伸(压缩)的组合变形

若杆上作用的外力除了横向力外,还有轴向拉(压)力,则杆将发生弯曲与拉伸(压缩)的组合变形。如图 10-2 所示烟囱,受风力作用时就是弯曲与压缩组合变形的例子。

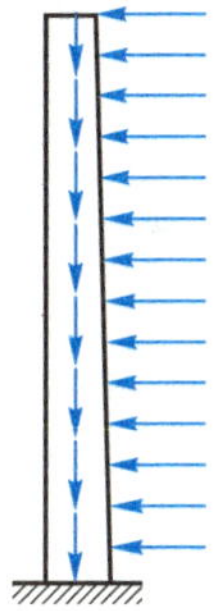

对于弯曲刚度较大的杆,由于横向力所引起的挠度与横截面的尺寸相比很小,因此,由轴向拉(压)力所引起的弯矩可以忽略不计。于是,可将横向力和轴向力分为两组力,分别计算由每一组力所引起的杆横截面上的正应力,由叠加原理得知,在横向力和轴向力共同作用下,杆横截面上的正应力就等于上述两正应力的代数和。图 10-3a 所示矩形截面悬臂梁,其自由端受轴向力 F_x 和横向力 F_y 作用。轴向力 F_x 使梁拉伸(图 10-3b),横向力 F_y 使梁弯曲(图 10-3c),因此它是拉伸与弯曲的组合变形。

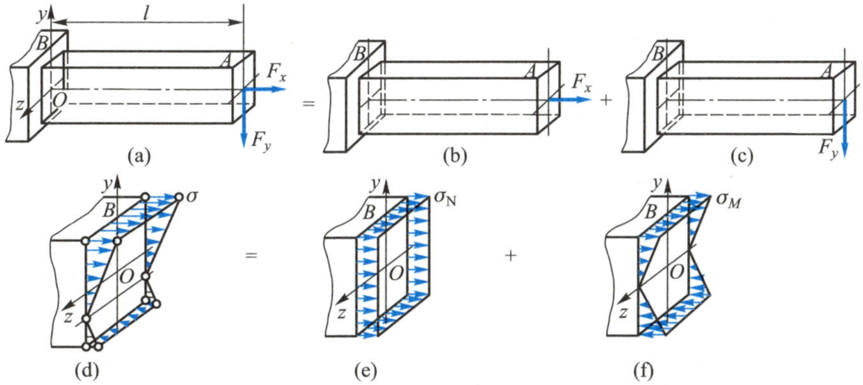

图 10-2

图 10-3

在轴向拉力 F_x 作用下,杆的各个横截面上有相同的轴力,$F_N = F_x$。横截面的应力均匀分布,如图 10-3e 所示,其值为 $\sigma_N = F_N/A$(A 为横截面面积)。横向力 F_y 所产生的弯矩在固定端 B 处最大,$M_{max} = F_y l$。该截面为危险截面,最大弯曲正应力发生在上、下边缘处,如图 10-3f 所示,其值为 $\sigma_M = M_{max}/W_z$(W_z 为抗弯截面系数)。

由于变形很小,拉伸和弯曲变形各自独立,即轴力引起的正应力和弯曲引起的正应力互不影响,因此同一个截面上同一点的应力可以叠加,如图 10-3d 所示。危险截面 B 上、下边缘处的最大拉应力和最大压应力分别为

$$\sigma_{\max}^{+} = \frac{F_N}{A} + \frac{M_{\max}}{W_z}, \qquad \sigma_{\max}^{-} = \left| \frac{F_N}{A} - \frac{M_{\max}}{W_z} \right|$$

由拉(压)应力与弯曲应力叠加后仍为拉(压)应力,对于抗拉和抗压强度相等的材料,强度条件为

$$\sigma_{\max}^{+} = \frac{F_N}{A} + \frac{M_{\max}}{W_z} \leqslant [\sigma] \qquad (10-1)$$

对于抗拉和抗压强度不相等的材料,需对最大拉应力和最大压应力分别进行校核。

例 10-1 简易摇臂吊车受力如图 10-4a 所示,已知起吊物重 $F = 8$ kN,$\alpha = 30°$,横梁 AB 由 No.18 工字钢组成,$[\sigma] = 120$ MPa,试按正应力强度条件校核横梁 AB 的强度。

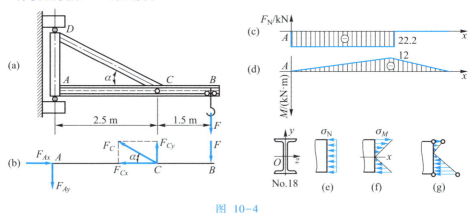

图 10-4

解: 取横梁为研究对象,其受力如图 10-4b 所示。拉杆 CD 对横梁的拉力 F_C 可分解为 F_{Cx} 和 F_{Cy}。轴向力 F_{Cx} 和 A 端的支座约束力 F_{Ax} 使横梁 AC 受压缩,而吊重 F、F_{Cy}、F_{Ay} 使梁发生弯曲变形,故 AC 梁是弯曲和压缩的组合变形。由平衡条件可求得 F_{Cx}、F_{Cy}、F_{Ax} 和 F_{Ay}。即

$$\sum M_A = 0, \qquad F_{Cy} \times 2.5 \text{ m} - F \times 4 \text{ m} = 0$$

得

$$F_{Cy} = 12.8 \text{ kN}$$

又

$$F_{Cx} = F_{Cy} \cot 30° = 12.8 \times 1.732 \text{ kN} = 22.2 \text{ kN}(压)$$

则支座 A 的约束力为

$$F_{Ax} = F_{Cx} = 22.2 \text{ kN}, \quad F_{Ay} = F_{Cy} - F = 4.8 \text{ kN}$$

分别计算每组外力引起的内力,作横梁 AB 的轴力图和弯矩图如图 10-4c、d 所示。由图可知,C 截面左侧为危险截面,其轴力和弯矩分别为

$$F_N = -22.2 \text{ kN}, \quad M_{\max} = M_C = 12 \text{ kN} \cdot \text{m}$$

C 截面上的压缩应力和弯曲应力的分布如图 10-4e、f 所示。查型钢表可得 No.18 工字钢的横截面面积和抗弯截面系数分别为 $A = 30.6 \text{ cm}^2$,$W_z = 185 \text{ cm}^3$。C 截面处由轴力引起的压应力和由弯曲引起的应力最大值分别为

$$\sigma_N = \frac{F_N}{A} = \frac{-22.2 \times 10^3}{30.6 \times 10^2} \text{ MPa} = -7.26 \text{ MPa}, \quad \sigma_M = \frac{M}{W_z} = \frac{12 \times 10^6}{185 \times 10^3} \text{ MPa} = 64.9 \text{ MPa}$$

将 C 截面上的两种正应力叠加,如图 10-4g 所示,显然下边缘各点是危险点,最大压应力为

$$\sigma_{\max}^- = \sigma_N + (-\sigma_M) = -7.26 \text{ MPa} - 64.9 \text{ MPa} = -72.2 \text{ MPa}$$

由于危险点处于单向受力状态,故可根据式(10-1)进行强度计算。显然,$\sigma_{\max}^- \leq [\sigma]$,所以横梁强度足够。

2. 偏心拉压

当轴向力 F 的作用线与杆的轴线偏离时称为**偏心拉压**(eccentric tension),如图 10-1b 所示的厂房牛腿形立柱,杆的横截面上除轴力外还有弯矩 M 存在,所以偏心拉压就是弯曲与拉伸(压缩)的组合变形。下面通过例题来说明其应力和变形的分析方法。

例 10-2 矩形截面的偏心拉杆如图 10-5a 所示。已知拉杆的弹性模量 $E = 200$ MPa,拉力 F 的偏心距 $e = 1$ cm,$b = 2$ cm,$h = 6$ cm。在拉杆上侧与轴线平行的方向贴有一电阻应变片,若测得应变 $\varepsilon = 100 \times 10^{-6}$,则求拉力 F 的大小。

解:将拉力 F 向杆轴线简化,得到轴向拉力 F 和力偶 $M_O = Fe$。轴向拉力 F 使杆拉伸,力偶 M_O 使杆发生弯曲变形,如图 10-5b 所示。

研究 n-n 截面以上杆段的受力,由图 10-5c 所示,根据平衡条件得轴力 $F_N = F$,弯矩 $M = Fe$。显然,所有横截面上的内力均相同。

横截面上的应力是拉伸应力 σ_N 和弯曲应力 σ_M 的代数和,最大拉应力发生在拉杆右侧各点处,如图 10-5d 所示,其值为

$$\sigma_{\max} = \sigma_N + \sigma_M = \frac{F}{A} + \frac{Fe}{W_z}$$

式中,$A = bh$,$W_z = bh^2/6$。考虑到危险点处于简单受力状态,由胡克定律有

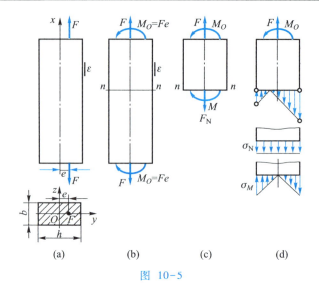

图 10-5

$\sigma_{\max} = E\varepsilon$，代入上式得

$$\sigma_{\max} = \frac{F}{A} + \frac{Fe}{W_z} = \frac{F}{bh} + \frac{6Fe}{bh^2} = \frac{h+6e}{bh^2}F = E\varepsilon$$

故

$$F = \frac{Ebh^2}{h+6e}\varepsilon = \frac{200\times10^6\times2\times10^{-2}\times6^2\times10^{-4}}{(6+6\times1)\times10^{-2}}\times100\times10^{-6}\ \text{N} = 12\ \text{N}$$

上例说明，通过测量应变可求得构件上的荷载。

例 10-3　图 10-6a 所示圆形截面杆，直径为 d，受偏心压力 F 作用。试求该杆中不出现拉应力时的最大偏心距 e。

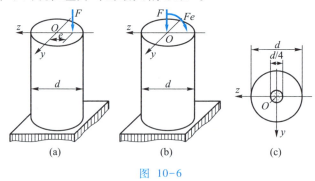

图 10-6

解：将偏心压力 F 按静力等效的原则移动至截面形心处，如图 10-6b

所示。杆任一横截面上的内力为

$$F_N = -F, \quad M = Fe$$

令杆内的最大拉应力 $\sigma_t = 0$，即

$$\sigma_t = \frac{F_N}{A} + \frac{M}{W} = -\frac{F}{\frac{\pi d^2}{4}} + \frac{Fe}{\frac{\pi d^3}{32}} = 0$$

则得

$$e = \frac{d}{8}$$

上例中，当偏心压力作用在图 10-6c 中直径为 $d/4$ 的圆形阴影区域内时，杆中不出现拉应力，该区域称为圆截面杆的 截面核心（core of section）。即如果偏心压力 F 作用在截面核心内，则无论压力 F 为多大，整个杆都只有压应力，没有拉应力；如果偏心压力 F 作用在截面核心外，则整个杆都既有压应力，又有拉应力。

【思考题 10-1】

试推导矩形截面杆偏心受压时的截面核心。

§10-2 弯曲与扭转的组合变形

传动轴、齿轮轴等轴类构件，在传递扭矩时，往往还同时发生弯曲变形，所以它们通常是弯曲和扭转组合变形的构件。下面以操纵手柄（图 10-7a）为例，说明这种组合变形下的应力和强度计算的方法。

手柄的 AB 段为等直圆杆，直径为 d，A 端的约束可视为固定端。现在讨论在集中力 F 作用下，AB 杆的受力情况。

首先将 F 向 AB 杆 B 端截面形心简化，AB 杆的受力简图如图 10-7b 所示。根据变形的类型可将外力分为两组，一组是横向力 F，使杆发生弯曲，一组是作用在杆端 yz 平面内的力偶 Fa，使杆发生扭转，因此 AB 杆是弯曲和扭转的组合变形。

由截面法可知杆横截面上有弯矩 M 和扭矩 T，其扭矩图和弯矩图如图 10-7c、d 所示。显然 A 截面的内力最大，是危险截面，其扭矩和弯矩分别为

$$T = Fa, \quad M = Fl$$

画出弯曲正应力 σ 和扭转切应力 τ 在危险截面 A 上的分布情况，如图 10-7e 所示。由图可知，在 A 截面的铅垂直径两端点 k_1、k_2，σ、τ 都达到最

大,对于抗拉、压能力相等的构件,它们都是危险点。在 k_1 点用横截面、径向纵截面和同轴圆柱面取出单元体,受力如图 10-7f 所示。该点的切应力和正应力可分别按扭转和弯曲应力公式计算。其值分别为

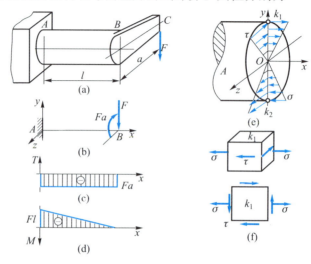

图 10-7

$$\tau = \frac{T}{W_p}, \qquad \sigma = \frac{M}{W_z} \qquad (1)$$

对于受弯、扭组合的圆轴,其危险点同时存在 σ、τ 时,显然不能采用应力叠加的方法(因为 σ 和 τ 的方向不同),也不能分别按以下两式来进行强度校核

$$\sigma = M/W_z \leqslant [\sigma] \qquad (2)$$
$$\tau = T/W_p \leqslant [\tau] \qquad (3)$$

因为即使满足了上述两式,也不一定能保证构件的强度安全。那么对于像 k_1、k_2 这种同时受 σ 和 τ 作用的危险点,强度条件应该如何建立?

对于钢材等塑性材料,通常认为按第三强度理论(即最大切应力理论)或第四强度理论(即最大形状改变能理论)较为接近实际。图 10-7f 所示平面应力状态,按第三、第四强度理论,强度条件分别为

$$\sigma_3^* = \sqrt{\sigma^2 + 4\tau^2} \leqslant [\sigma] \qquad (10-2)$$

$$\sigma_4^* = \sqrt{\sigma^2 + 3\tau^2} \leqslant [\sigma] \qquad (10-3)$$

σ_3^* 和 σ_4^* 分别称为第三强度理论和第四强度理论的相当应力。

将式(1)代入式(10-2)和式(10-3),并注意到 $W_p = 2W_z$,得到圆轴受

弯曲与扭转组合变形时以内力表示的强度条件

$$\sigma_3^* = \frac{1}{W_z}\sqrt{M^2+T^2} \leqslant [\sigma] \qquad (10\text{-}4)$$

$$\sigma_4^* = \frac{1}{W_z}\sqrt{M^2+0.75T^2} \leqslant [\sigma] \qquad (10\text{-}5)$$

利用式(10-4)、式(10-5)可省去应力计算,只要求出圆轴危险截面上的弯矩 M 和扭矩 T,就可直接写出强度条件。但应注意,如果圆轴除了受弯曲和扭转外,还兼有轴向拉伸或压缩,这时式(10-4)、式(10-5)不再适用,而应采用式(10-2)、式(10-3),其中 σ 应是弯曲正应力和拉(压)应力的代数和。

例 10-4 由电动机带动的传动轴如图 10-8a 所示。胶带轮重 $P = 2$ kN,直径 $D = 380$ mm,紧边拉力 $F_1 = 6$ kN,松边拉力 $F_2 = 4$ kN,轴的直径 $d = 60$ mm,材料的许用应力 $[\sigma] = 160$ MPa,试按第三强度理论校核该主轴的强度。

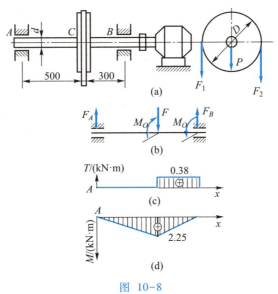

图 10-8

解: 将轮上的胶带拉力向轴线简化,以作用在轴线的集中力 F 和转矩 M 来代替,轴的计算简图如图 10-8b 所示。计入胶带轮的自重,轴所承受的横向力为

$$F - (F_1 + F_2 + P) = 0, \qquad F = 12 \text{ kN}$$

轴承约束力为

$$\sum M_B = 0, \quad F_A \times 0.8\ \mathrm{m} - 12\ \mathrm{kN} \times 0.3\ \mathrm{m} = 0, \quad F_A = 4.5\ \mathrm{kN}$$

胶带拉力产生的转矩为

$$M_O = (F_1 - F_2) \times D/2 = (6-4) \times 0.38/2\ \mathrm{kN \cdot m} = 0.38\ \mathrm{kN \cdot m}$$

由受力简图 10-8b 可知，横向力 F 使轴产生弯曲，而转矩 M_O 使轴的 BC 段发生扭转，因此主轴受弯曲和扭转的组合变形。

作轴的扭矩图、弯矩图如图 10-8c、d 所示。由图可见，C 截面右侧为危险截面，其弯矩和扭矩分别为

$$M_{\max} = F_A \times 0.5\ \mathrm{m} = 4.5 \times 0.5\ \mathrm{kN \cdot m} = 2.25\ \mathrm{kN \cdot m}$$

$$T = M_O = 0.38\ \mathrm{kN \cdot m}$$

将 $M_{\max}$、T 和 $W_z = \pi d^3/32$ 代入式(10-4)得第三强度理论的相当应力

$$\sigma_3^* = \frac{1}{W_z}\sqrt{M_{\max}^2 + T^2} = \frac{32}{\pi \times (60 \times 10^{-3})^3}\sqrt{2.25^2 + 0.38^2} \times 10^3\ \mathrm{Pa} = 108\ \mathrm{MPa} \leqslant [\sigma]$$

故轴的强度足够。

10-2：例 10-5 水平方向变形

例 10-5 如图 10-9 所示交通标志牌，由固定在地面上的无缝钢管支撑。已知标志牌尺寸为 3 m×2 m，自重 $P_1 = 3$ kN，标志牌重心位于标志牌的对称轴上；钢管外径 $D = 194$ mm，壁厚 $\delta = 10$ mm，自重 $P_2 = 3.6$ kN。作用于标志牌正面的风压 $p = 370$ Pa，钢管许用应力 $[\sigma] = 100$ MPa。试用第三强度理论校核钢管强度。

解：作用于标志牌上的风压的合力为

$$F = 370\ \mathrm{Pa} \times 3\ \mathrm{m} \times 2\ \mathrm{m} = 2.22\ \mathrm{kN}$$

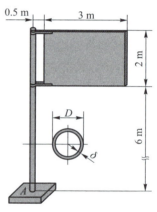

图 10-9

钢管的横截面面积及抗弯截面系数分别为

$$A = \frac{\pi}{4}(D^2 - d^2) = \frac{\pi}{4}(0.194^2 - 0.174^2)\ \mathrm{m}^2 = 5.78 \times 10^{-3}\ \mathrm{m}^2$$

$$W = \frac{\pi D^3}{32}(1 - \alpha^4) = \frac{\pi \times (0.194)^3\ \mathrm{m}^3}{32}\left[1 - \left(\frac{174}{194}\right)^4\right] = 2.53 \times 10^{-4}\ \mathrm{m}^3$$

钢管发生弯曲与扭转、压缩的组合变形，危险截面位于固定端 A，其上内力分别为

$$F_N = P_1 + P_2 = 6.6\ \mathrm{kN}(压), \quad T = F \times 2\ \mathrm{m} = 4.44\ \mathrm{kN \cdot m}$$

$$M = \sqrt{(F \times 7\ \mathrm{m})^2 + (P_1 \times 2\ \mathrm{m})^2} = 16.7\ \mathrm{kN \cdot m}$$

由第三强度理论

$$\sigma_3^* = \sqrt{\sigma^2 + 4\tau^2} = \sqrt{\left(\frac{F_N}{A} + \frac{M}{W}\right)^2 + 4\left(\frac{T}{W_t}\right)^2}$$

$$= \sqrt{\left(\frac{6.6\times10^3 \text{N}}{5.78\times10^{-3}\text{m}^2} + \frac{16.7\times10^3 \text{N}\cdot\text{m}}{2.53\times10^{-4}\text{m}^3}\right)^2 + 4\times\left(\frac{4.44\times10^3 \text{N}\cdot\text{m}}{2\times2.53\times10^{-4}\text{m}^3}\right)^2}$$

$$= 69.4 \text{ MPa} < [\sigma]$$

由此可见,该杆满足强度条件。注意这里没有考虑剪力 F_S 引起的切应力的影响。

【思考题 10-2】

第三强度理论,其强度条件有下列四种形式:

(1) $\sigma_1 - \sigma_3 \leq [\sigma]$

(2) $\sqrt{\sigma^2 + 4\tau^2} \leq [\sigma]$

(3) $\dfrac{\sqrt{M^2 + T^2}}{W} \leq [\sigma]$

(4) $\sqrt{\left(\dfrac{F_N}{A} + \dfrac{M}{W}\right)^2 + 4\left(\dfrac{T}{W_t}\right)^2} \leq [\sigma]$

请问上述四种形式各适用于什么情况?

§10-3 斜 弯 曲

在前面所研究的弯曲问题中,梁上的外力系作用在包含横截面的对称轴在内的纵向平面内,此时,梁显然就在外力作用着的纵向平面内弯曲,或者说,梁的弯曲平面与外力的作用平面是一致的。这类弯曲称之为**平面弯曲**(plane bending)。那么,如图 10-10 a 所示,当荷载 F 不在梁的纵向对称平面内,而与横截面的对称轴 y 有一倾角 ϕ 时,梁是否还发生平面弯曲呢?亦即自由端的挠度 δ 是否还与荷载 F 的方向一致呢?为此可将荷载 F 分解成分别沿横截面对称轴 y 和 z 的两个分量:

$$F_y = F\cos\phi, \qquad F_z = F\sin\phi$$

在 F_y 单独作用下(图 10-10b),梁在竖直平面内弯曲,中性轴为 z,自由端的相应挠度为

$$\delta_y = \frac{F_y l^3}{3EI_z} = \frac{(F\cos\phi)l^3}{3EI_z} \quad (\downarrow)$$

而在 F_z 单独作用下(图 10-10c),梁在水平平面内弯曲,中性轴为 y,自由端

的相应挠度为

$$\delta_z = -\frac{F_z l^3}{3EI_y} = -\frac{(F\sin\phi)l^3}{3EI_y}(\swarrow)$$

因此，在 F_y 及 F_z 共同作用下，亦即在荷载 F 作用下，此梁自由端挠度的值及方向按叠加原理运用矢量合成法则如图 10-10d 所示为

$$\delta = \sqrt{\delta_y^2 + \delta_z^2} = \frac{Fl^3}{3E}\sqrt{\frac{\cos^2\phi}{I_z^2} + \frac{\sin^2\phi}{I_y^2}} \quad (1)$$

$$\tan\beta = \frac{|\delta_z|}{\delta_y} = \frac{\sin\phi}{I_y} \cdot \frac{I_z}{\cos\phi} = \frac{I_z}{I_y}\tan\phi \quad (2)$$

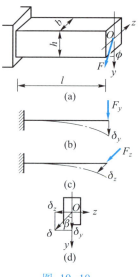

图 10-10

因为矩形截面的 I_y 与 I_z 并不相等（此处 $I_z > I_y$），且荷载并不与对称轴 y 或 z 重合（$\phi \neq 0, \phi \neq \pi/2$），于是由式（2）可见 $\beta \neq \phi$（此处 $\beta > \phi$），即此梁的弯曲方向不与荷载方向一致。此种弯曲便称为**斜弯曲**（unsymmetrical bending）。

斜弯曲时，对梁的横截面上的应力，亦可按叠加原理进行计算。图 10-10a 所示悬臂梁在荷载 F 的分量 F_y 单独作用下，固定端横截面上的弯曲正应力如图 10-11a 所示，最大正应力

$$\sigma'_{\max} = \frac{F_y l}{W_z} = \frac{(F\cos\phi)l}{bh^2/6} = \frac{6Fl\cos\phi}{bh^2}$$

在荷载分量 F_z 单独作用下，固定端横截面上的弯曲正应力则如图 10-11b 所示，最大正应力

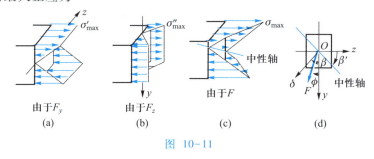

图 10-11

$$\sigma''_{\max} = \frac{F_z l}{W_y} = \frac{(F\sin\phi)l}{hb^2/6} = \frac{6Fl\sin\phi}{hb^2}$$

将图 10-11a、b 所示应力叠加即得在力 F 作用下该横截面上的弯曲正应力

(图10-11c),这也就是该梁在斜弯曲情况下固定端横截面上的正应力,其最大值为

$$\sigma_{\max} = \sigma'_{\max} + \sigma''_{\max} = \frac{6Fl}{bh}\left(\frac{\cos\phi}{h} + \frac{\sin\phi}{b}\right)$$

按同一方法可得此梁任意 x 截面上任意点(y,z)处的正应力

$$\sigma = \frac{-(F\cos\phi)(l-x)y}{I_z} + \frac{(F\sin\phi)(l-x)z}{I_y}$$

为确定此梁在斜弯曲时中性轴的位置,令上式等于零。若以 y_0、z_0 表示中性轴上各点坐标 y、z,则中性轴的方程式为

$$\frac{-y_0\cos\phi}{I_z} + \frac{z_0\sin\phi}{I_y} = 0$$

可见,中性轴与 z 轴的夹角 β'(图 10-11 d)为

$$\tan\beta' = \frac{y_0}{z_0} = \frac{I_z}{I_y}\tan\phi \tag{3}$$

比较式(2)、式(3)两式知,$\beta' = \beta$,即弯曲方向与中性轴垂直。这是必然的。

进一步的分析表明,横截面具有一个对称轴的梁,当横向外力(与梁的轴线正交的外力)垂直于对称轴作用时,也可以产生平面弯曲。至于横截面没有对称轴的梁,当横向外力作用于某两个相互垂直的特定方向之任何一个时,也可以产生平面弯曲。

习 题

10-3:习题参考答案

10-1 图示矩形截面杆件,中间开有深度为 $b/2$ 的豁口,试求豁口处的最大拉应力和最大压应力。

10-2 图示矩形截面梁,高度 $h = 100$ mm,跨度 $l = 1$ m。梁中点承受集中力 F 作用,两端受一对拉力 $F_1 = 30$ kN 作用,三力均作用在纵向对称面内,$a = 40$ mm。若跨中横截面的最大正应力与最小正应力之比为 $5/3$。求 F 之值。

10-3 图示矩形截面杆,右侧表面受均布荷载作用,荷载的集度为 q(单位长度杆所受力),材料的弹性模量为 E。试求最大拉应力及左侧表面 AB 长度的改变量。

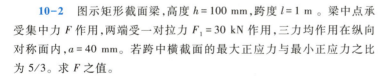

题 10-1 图

10-4 图示砖砌烟囱高 $h = 30$ m,底截面 $m-m$ 的外径 $d_1 = 3$ m,内径 $d_2 = 2$ m,自重 $P_1 = 2\,000$ kN,受 $q = 1$ kN/m 的风力作用。试求:

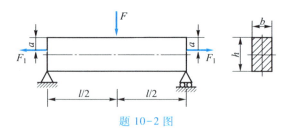

题 10-2 图

(1) 烟囱底截面上的最大压应力;(2) 若烟囱的基础埋深 $h_0 = 4$ m,基础及填土自重 $P_2 = 1\,000$ kN。土壤的许用压应力 $[\sigma] = 0.3$ MPa。试求圆形基础的直径 D 应为多大。(注:计算风力时,可略去烟囱直径的变化,把它看作是等截面的。)

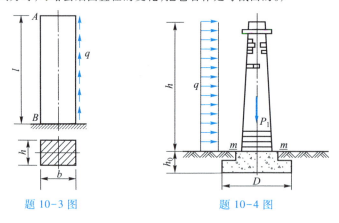

题 10-3 图 题 10-4 图

10-5 手摇绞车如图所示,$l = 800$ mm,$R = 180$ mm,轴的直径 $d = 30$ mm,材料的许用应力 $[\sigma] = 80$ MPa。试分别按第三及第四强度理论求绞车的最大起吊重量。

10-6 图示水平直角折杆受铅直力 F 作用。圆轴 AB 的直径 $d = 100$ mm,$a = 400$ mm,$E = 200$ GPa。在截面 D 的最上方测得轴向线应变 $\varepsilon_0 = 2.75 \times 10^{-4}$。试求该折杆危险点的相当应力 σ_3^* 和 σ_4^*。

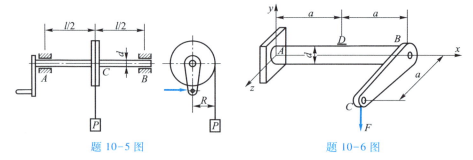

题 10-5 图 题 10-6 图

10-7 螺旋夹紧器立臂的横截面尺寸如图所示。已知该夹紧器工作时所承受的力

$F = 16$ kN；材料的许用应力$[\sigma] = 160$ MPa，立臂厚 $a = 20$ mm，偏心距 $e = 140$ mm。试求立臂横截面尺寸 b。

10-8 铁道路标圆信号板如图所示，装在外径 $D = 60$ mm 的空心圆柱上，信号板所受的最大风载 $p = 2$ kN/m^2，$[\sigma] = 60$ MPa。试按第三强度理论选定空心柱的厚度。

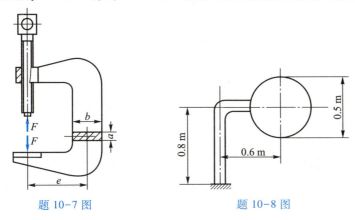

题 10-7 图 　　　　　题 10-8 图

10-9 一手摇绞车如图所示。已知轴的直径 $d = 25$ mm，材料为 Q235 钢，许用应力 $[\sigma] = 80$ MPa。试按第四强度理论求绞车的最大起吊重量 P。

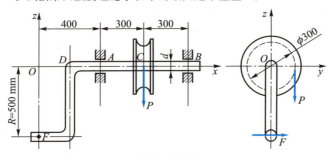

题 10-9 图

第 11 章 压杆的稳定性

11-1:教学要点

§11-1 压杆稳定性的概念

实际压杆由于其本身不可能绝对地直,材质不可能绝对均匀,轴向压力的作用也会有偶然偏心,因此它是在压缩与弯曲组合变形的状态下工作的。而且,以图 11-1a 所示情况为例显然可见,杆的横截面上的弯矩与杆的弯曲变形程度有关,所以即使材料在线性弹性范围内工作,挠度也不与荷载呈线性关系,挠度的增长比荷载的增长要来得快(图 11-1b)。对于细而长的压杆,即始终在弹性范围内工作的压杆,当荷载趋近于某一极限值 F_u 时,它便因挠度迅速增长而丧失继续承受荷载的能力(图 11-1b)。对于中等长度的压杆,当挠度增大到一定值时,杆便在弯压组合作用下因强度不足而丧失承载能力(图 11-1c)。

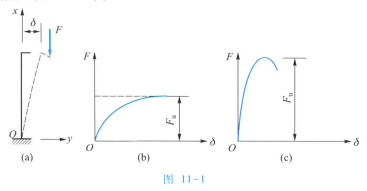

图 11-1

欲求压杆的承载力 F_u,可以采用两种不同的计算图式:一是把实际的压杆看作是荷载 F 有一"偶然"偏心(其偏心距为 e)的小刚度杆;一是把实际的压杆看作是理想的中心压杆。对于一端固定、另一端自由的细长压杆,当取第一种计算图式时(图 11-2a),根据弯矩方程

$$M(x)=F(\delta+e-w)$$

式中,δ 为自由端沿 y 方向的位移,w 为任意一横截面 x 沿 y 方向的位移。于是可得挠曲线近似微分方程

$$EI_z w'' = M(x) = F(\delta + e - w)$$

即

$$w'' + \frac{F}{EI_z} w = \frac{F}{EI_z}(\delta + e)$$

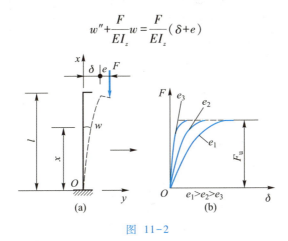

图 11-2

令 $\dfrac{F}{EI_z} = k^2$,有

$$w'' + k^2 w = k^2(\delta + e)$$

于是解得挠曲线方程

$$w = A\sin kx + B\cos kx + (\delta + e)$$

利用边界条件 $x = 0, w = 0$ 及 $x = 0, w' = 0$ 可得积分常数

$$A = 0, \quad B = -(\delta + e)$$

从而有

$$w = (\delta + e)(1 - \cos kx) = (\delta + e)\left(1 - \cos\sqrt{\frac{F}{EI_z}} x\right)$$

进而可得杆端挠度

$$\delta = e\left(\sec\sqrt{\frac{F}{EI_z}} l - 1\right)$$

图 11-2b 中示出了上述 F-δ 的关系。显然,无论初始偏心距 e 的大小如何,当 $F \to \dfrac{\pi^2 EI_z}{(2l)^2}$ 时,δ 迅速增长,从而有<u>极限荷载</u>

$$F_u = \frac{\pi^2 EI_z}{(2l)^2}$$

根据图 11-2b 所示偏心距 e 为不同值的 $F-\delta$ 图线可以推想，如果把实际压杆视作初始偏心距 e 为零的理想中心压杆（图 11-3a），则其 $F-\delta$ 关系应如图 11-3b 中折线 OAB 所示，即：当 $F < F_u$ 时杆的直线状态的平衡是稳定的；当 $F = F_u$ 时杆的直线状态的平衡是不稳定的，如果稍受干扰杆便将在任意微弯状态下保持平衡。

可见，F 达到 F_u，杆便会失去原有直线状态平衡的稳定性——**失稳**（buckling）。正是从这个意义上，人们把理想中心压杆从直线状态的稳定平衡过渡到不稳定平衡的那个荷载值称为**临界荷载**（critical load）F_{cr}，它也就是理想中心压杆能保持微弯状态的荷载值。当然，如果在理论分析中有若干个荷载值均能满足杆保持微弯状态的条件，那么有实际意义的应该是其中的最小值。对于细长的压杆，临界荷载 F_{cr} 就等于极限荷载 F_u。

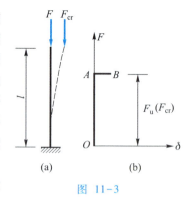

图 11-3

【思考题 11-1】
实际拉杆也有初弯曲、材质不匀和荷载偶然偏心，那么当把它看作理想的中心拉杆来分析时，是否也有稳定性问题？

§11-2 细长中心压杆的临界荷载

如前所述，理想中心压杆的临界荷载 F_{cr} 就是杆能保持微弯状态的荷载。因此在理论分析中首先要找出每一具体情况下杆的挠曲线方程，而方程成立时的荷载就是所求的临界荷载。

对于图 11-4a 所示一端固定、另一端自由的细长压杆，根据其弯矩方程 $M(x) = F_{cr}(\delta-w)$ 可知，挠曲线近似微分方程（线性弹性、小变形情况下，且不考虑剪切对于变形的影响）为

$$EI_z w'' = M(x) = F_{cr}(\delta-w)$$

即

$$w'' + \frac{F_{cr}}{EI_z} w = \frac{F_{cr}}{EI_z} \delta$$

令 $\dfrac{F_{cr}}{EI_z} = k^2$，有

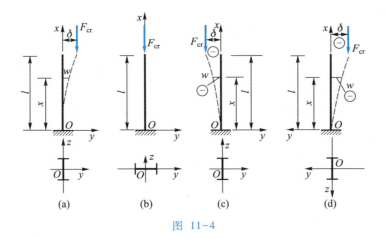

图 11-4

$$w''+k^2w=k^2\delta$$

于是得挠曲线方程

$$w=A\sin kx+B\cos kx+\delta \tag{11-1}$$

式中,A、B 为待定的积分常数,$k=\sqrt{F_{cr}/(EI_z)}$ 也是一个待定的量。根据该压杆(图 11-4a)的两个独立的边界条件 $x=0, w=0$ 及 $x=0, w'=0$ 可知

$$A=0, \qquad B=-\delta$$

注意到,理想中心压杆在临界荷载 F_{cr} 作用下,挠度 δ 可以是任意的微小值,因此事实上积分常数 B 乃是不确定的。将 $A=0$ 及 $B=-\delta$ 代回式(11-1)有

$$w=\delta(1-\cos kx)$$

显然,当此方程成立时应有 $w\mid_{x=l}=\delta$,从而要求

$$\delta=\delta(1-\cos kl)$$

亦即

$$\cos kl=0$$

于是得

$$kl=\frac{\pi}{2},\frac{3}{2}\pi,\frac{5}{2}\pi,\cdots$$

取其最小值 $kl=\pi/2$,代入 $k=\sqrt{F_{cr}/(EI_z)}$ 即得该压杆的临界荷载

$$F_{cr}=\frac{\pi^2 EI_z}{(2l)^2} \tag{11-2}$$

式中,I_z 是杆在 F_{cr} 作用下微弯时横截面对于中性轴 z 的惯性矩。显然,倘若杆是如图 11-4b 所示放置的,则在"偶然"因素下杆将在平面 xz 内弯曲,

因而 F_{cr} 计算公式中的惯性矩应为 I_y。

> 【思考题 11-2】
> （1）图 11-4a 所示压杆，如果在分析中取微弯状态如图 11-4c 所示，试问是否仍有 $EI_z w'' = F_{cr}(\delta - w)$？
>
> （2）图 11-4a 所示压杆，若在分析中取坐标系如图 11-4d 所示，是否有 $EI_z w'' = F_{cr}(\delta - w)$？

例 11-1 试求图 11-5a 所示两端为球形铰支的细长压杆其临界荷载 F_{cr}。图中的平面 xy 是该杆最容易发生弯曲的纵向平面，即所谓最小刚度平面。杆的自重忽略不计。

解： 当支承在各纵向平面内对杆的约束相同时，最小刚度平面就是横截面绕惯性矩最小的中性轴转动时的弯曲平面。

此杆本身及其所受约束是上下对称的，因此即使在杆微弯的状态下铰支端也不可能有水平约束力，这从 $\sum M_A(F) = 0$ 及 $\sum F_y = 0$ 容易判明。

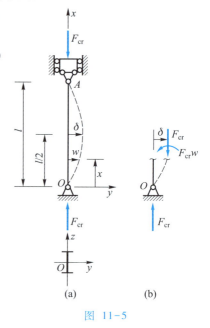

图 11-5

现在便可由分离体（图 11-5b）的平衡条件得知 $M(x) = F_{cr} w$。从而有挠曲线近似微分方程

$$EI_z w'' = -F_{cr} w$$

式中的负号是由于挠度 w 在图示为正的情况下，w'' 为负而引入的。将此式改写为

$$w'' + k^2 w = 0$$

式中，$k^2 = F_{cr}/(EI_z)$。由此可得挠曲线方程

$$w = A\sin kx + B\cos kx$$

式中，A、B、k 为三个待定的未知量。此压杆的独立的边界条件为 $x = 0, w = 0$ 及 $x = l, w = 0$。由边界条件 $x = 0, w = 0$ 得 $B = 0$。从而知此压杆的挠曲线方程实为

$$w = A\sin kx \tag{1}$$

再由边界条件 $x = l, w = 0$ 可得 $0 = A\sin kl$。显然 A 不能等于零，否则 w 就恒等于零而杆并不处于微弯状态。可见此式要求 $\sin kl = 0$，亦即要求

$$kl = 0, \pi, 2\pi, \cdots$$

注意到 $k=\sqrt{F_{cr}/(EI_z)}$，可知 $kl=0$ 不是问题的解，因为 F_{cr} 为零无意义。取 kl 的最小的非零解，即 $kl=\pi$，便得临界荷载

$$F_{cr}=\frac{\pi^2 EI_z}{l^2} \tag{2}$$

现在再来研究一下积分常数 A。若如图 11-5a 中所示，杆长中点处的挠度为 δ，则由挠曲线方程（1）便知 $\delta=A\sin\dfrac{kl}{2}$，而因 $kl=\pi$，故有 $A=\delta$。这就是说积分常数 A 表示杆长中点处的挠度。当然，由于理想中心压杆受临界荷载作用时可在任意的微弯状态下平衡，A 是个不确定的值。在稳定问题中，正是由于这一原因，挠曲线方程中的未知量总是不可能全部加以确定的，而那些其值不确定的量就是与微弯程度有关的量。

图 11-6 中示出了几种理想杆端约束条件下求细长中心压杆临界荷载 F_{cr} 的计算公式，这些压杆都是等截面杆，且由同一材料制成。公式中的惯性矩 I，当支承对于杆的约束在各个纵向平面内相同时，应该是压杆横截面对于其各形心轴的惯性矩中的最小值。由图 11-6 中所示 F_{cr} 的计算公式可见，它们可统一写作

$$F_{cr}=\frac{\pi^2 EI}{(\mu l)^2} \tag{11-3}$$

式中，μ 称为**长度因数**（factor of length），随杆端约束情况而异（图 11-6）；μl 则称为**相当长度**（equivalent length），即相当于两端球形铰支压杆的长度。

关于压杆失稳的概念以及求细长中心压杆临界荷载的公式和它们的统一形式（11-3）是由欧拉提出的，故这些公式就称为求压杆临界荷载的**欧拉公式**。

11-2：压杆稳定实验

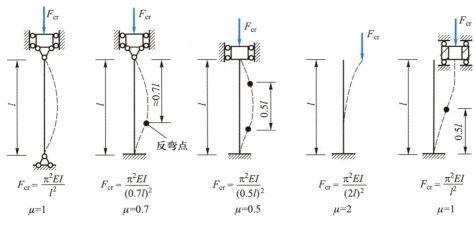

图 11-6

【思考题 11-3】

（1）图 11-7a 所示为偏心受压的小刚度杆，其上端自由，下端通过与杆刚性连接的厚板和一组弹簧相连。试问：与下端直接固定在基础上的情况相比，极限荷载是增大了还是减小了？（2）作为与弹性支承相连的细长中心压杆（图 11-7b）其临界荷载是否为 $F_{cr}=\pi^2 EI/(2l)^2$。此压杆的长度因数 μ 是否大于 2？如果弹簧的刚度系数很小（弹簧很"软"），则长度因数将趋近于何值？

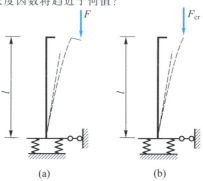

图 11-7

【思考题 11-4】

图 11-8a 所示为起重机械中的一个部件——千斤顶，在求该部件的临界荷载时，你认为取图11-8b、c 所示中的哪一种计算简图较为合理？取图 11-8b 所示简图的人说，油缸不受压，故简图中不必考虑油缸。取图 11-8c 所示简图的人说，实际的活塞杆由于荷载有偶然偏心等因素会发生弯曲与压缩的组合变形，并通过活塞迫使油缸产生弯曲变形，从而使荷载作用点的侧向位移增大，降低了极限荷载的值，因此当作为理想中心压杆求临界荷载时，在计算简图中应该计及油缸的弯曲刚度而把油缸考虑在内。这个问题在有升缩臂的汽车吊车以及翻斗车的长千斤顶设计中很重要。

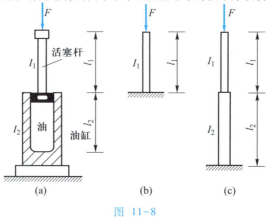

图 11-8

§11-3 欧拉公式的适用范围·临界应力总图

求压杆临界荷载的欧拉公式 $F_{cr} = \pi^2 EI/(\mu l)^2$ 只适用于压杆失稳时仍在线性弹性范围内工作的情况。按照失稳的概念，在临界荷载作用下尽管压杆的直线状态的平衡是不稳定的，但如果不受干扰，杆仍可在直线状态下保持平衡。因此，可以把临界状态下按直杆算得的横截面上的正应力 $\sigma_{cr} = F_{cr}/A$ 不超过材料的比例极限 σ_p 作为欧拉公式适用范围的判别条件，即

$$\sigma_{cr} \leqslant \sigma_p \tag{11-4}$$

式中的 $\sigma_{cr} = F_{cr}/A$ 称为**临界应力**（critical stress）。引入式（11-3）后可以把临界应力表达为

$$\sigma_{cr} = \frac{F_{cr}}{A} = \frac{\pi^2 EI}{(\mu l)^2 A} = \frac{\pi^2 E}{(\mu l)^2}\left(\frac{I}{A}\right) \tag{11-5}$$

式中 I/A 是一个只与截面形状及尺寸有关的量，通常把它的平方根用 i 表示，即 $i = \sqrt{I/A}$，并称之为截面对于某个轴的**惯性半径**（radius of gyration）。此处，这个轴是压杆失稳时横截面绕以转动的那个中性轴。这样，式（11-5）便可写作

$$\sigma_{cr} = \frac{\pi^2 E}{\left(\dfrac{\mu l}{i}\right)^2} = \frac{\pi^2 E}{\lambda^2} \tag{11-6}$$

此式中用一个量

$$\lambda = \frac{\mu l}{i} \tag{11-7}$$

概括地表达了压杆所受的约束条件（μ）、杆的几何长度（l）以及截面形状和尺寸（i）对于临界应力的影响，并称为压杆的**柔度**（亦称**长细比**）（slenderness ratio）。将式（11-6）代入式（11-4）得到

$$\sigma_{cr} = \frac{\pi^2 E}{\lambda^2} \leqslant \sigma_p$$

或改写为

$$\lambda \geqslant \sqrt{\frac{\pi^2 E}{\sigma_p}}$$

这就是说，如果压杆的柔度 λ 大于或等于只与材料性质有关的一个量

$$\lambda_p = \sqrt{\frac{\pi^2 E}{\sigma_p}}$$

那么欧拉公式可用。对于 Q235 钢,如取弹性模量 $E = 2.06\times 10^5$ MPa,比例极限 $\sigma_p = 200$ MPa,则 $\lambda_p \approx 100$。

图 11-9 中用图线示出了细长压杆临界应力 σ_{cr} 随柔度 λ 变化的情况,以及欧拉公式的适用范围。应该注意的是,"$\lambda \geqslant \lambda_p$ 时欧拉公式可用"是按理想中心压杆得到的。事实上,对于 λ 比 λ_p 大得不太多的实际压杆,由于有偶然偏心和型钢在轧制过程中产生的残余应力等,就会在弯压组合下因弹塑性变形而丧失承载能力,因此欧拉公式已不适用。钢结构设计标准中对于由 Q215、Q235 和 16Mn 钢制作的压杆,根据试验资料规定,对于 $\lambda \geqslant \lambda_c$ 而不是 $\lambda \geqslant \lambda_p$ 的压杆才能用欧拉公式求临界应力,而 $\lambda_c = \sqrt{\pi^2 E/(0.57\sigma_s)}$ (图 11-10)。众所周知,对于 Q235 钢,$\sigma_s \approx 240$ MPa,$\sigma_p \approx 200$ MPa,所以 λ_c 比 λ_p 约大 20%。标准还规定,对于 $\lambda < \lambda_c$ 的钢压杆,临界应力的计算式采用抛物线型的半经验公式(图 11-10)

$$\sigma_{cr} = \sigma_s \left[1 - \alpha \left(\frac{\lambda}{\lambda_c}\right)^2 \right] \qquad (11-8)$$

对于 Q215、Q235 和 16Mn 钢制作的压杆,式中的因数 α 取为 0.43。

图 11-10 所示那种表示压杆的临界应力 σ_{cr} 随柔度 λ 变化的全图,称为**临界应力总图**。习惯上把那些能应用欧拉公式求临界应力的压杆,称为**大柔度压杆**(slender column)或**细长压杆**。在非大柔度压杆中,柔度特别小的(其临界应力接近于材料的强度,例如塑性材料的屈服极限 σ_s)称为**小柔度压杆**,而柔度较大的,则称为**中柔度压杆**。小柔度压杆与中柔度压杆之间并无明确的物理界限。

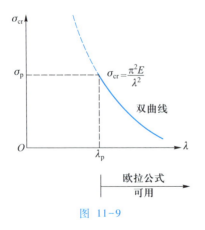

图 11-9

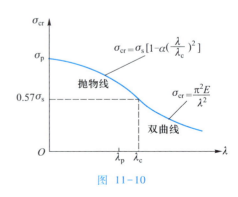

图 11-10

第 11 章 压杆的稳定性

【思考题 11-5】

图 11-11 所示为通过两端的柱形铰受压的矩形截面杆。此柱形铰在图示平面 xy 内对杆的约束为铰支，在平面 xz 内对杆的约束可认为使杆在该横截面处不能绕轴 y 转动。

图 11-11

试问：(1) 此杆横截面的惯性半径 i_y、i_z 是否为

$$i_y = \frac{b}{\sqrt{12}}, \qquad i_z = \frac{h}{\sqrt{12}}$$

(2) 如果杆在平面 xy 内失稳，则柔度是否应取 $\lambda_z = \sqrt{12}\,l/h$？而如果杆在平面 xz 内失稳，则柔度是否应取 $\lambda_y = \sqrt{3}\,l/b$？

(3) 如果 $h : b = 3 : 1$，则此压杆将在哪个纵向平面内失稳？

§11-4 压杆的稳定条件和稳定性校核

要保证压杆在荷载 F 作用下不致失稳且有一定的安全储备，其条件是

$$F \leqslant \frac{F_{cr}}{n_{st}} \tag{11-9}$$

这是**稳定条件**(stability condition)的最基本的形式，式中的 n_{st} 为**稳定安全因数**。在实用计算中，为了方便，常将上式两边除以压杆的横截面面积 A，而将稳定条件以应力的形式来表达，即

$$\sigma \leqslant \frac{\sigma_{cr}}{n_{st}}$$

或

$$\sigma \leqslant [\sigma_{st}] \tag{11-10}$$

这里，$[\sigma_{st}]$ 为**稳定许用应力**，它是随压杆柔度 λ 变化的一个量。在有些工程计算中，更把稳定许用应力 $[\sigma_{st}]$ 通过一个随压杆柔度 λ 变化的稳定因数 $\varphi(\lambda)$ 与压杆材料的强度许用应力 $[\sigma]$ 加以联系，即

$$[\sigma_{st}] = \varphi(\lambda)[\sigma] \tag{11-11}$$

采用稳定条件式(11-9)或式(11-10)对压杆进行稳定性计算的方法,称为**安全因数法**。

图 11-12 示出了根据我国钢结构设计标准和木结构设计标准中资料绘出的结构钢(Q215,Q235)和低合金钢(16Mn)以及木质压杆的 $\varphi-\lambda$ 曲线。图中也绘出了材料为 Q275 钢的压杆的 $\varphi-\lambda$ 曲线①。

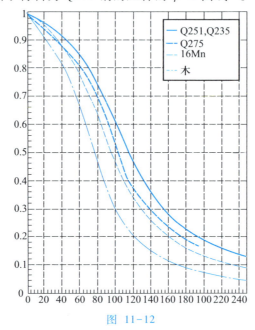

图 11-12

例 11-2 某钢柱是由两根 No.16 槽钢以若干缀板连接而成的(图 11-13),承受轴向压力 270 kN。柱长 7 m,材料为 Q235 钢,其强度许用应力为 $[\sigma]=170$ MPa。柱的顶端与梁连接,可以有一定的线位移和角位移;柱的下端(柱脚)与基础相连。根据这一情况取长度因数 $\mu=1.3$。在柱顶和柱脚处有直径为 $\phi=30$ mm 的连接螺栓,但同一横截面上最多为 4 个。缀板与槽钢的连接螺栓其直径较小。试校核此柱的稳定性。柱的自重忽略不计。

解:(1) 确定组成此柱的两槽钢之间的距离 h。在各纵向平面内约束条件相同,且缀板能把两槽钢连成整体工作的情况下,原则上应使柱的横截面对形心的惯性矩 I_y 和 I_z 相等。由型钢表查得一个 No.16 槽钢对于图示

---

① 此图取自单辉祖编著的《材料力学》(I)(北京:高等教育出版社,1999)中的图 9-12。

轴 z 的惯性矩 $I_{z1}=934.5\times10^{-8}\ \mathrm{m}^4$，故有
$$I_z=2I_{z1}=2\times(934.5\times10^{-8})\ \mathrm{m}^4$$

每个槽钢对于图示自身形心轴 y_0 的惯性矩由型钢表查得为 $83.4\times10^{-8}\ \mathrm{m}^4$，槽钢形心离腹板外侧的距离如型钢表中所示为 17.5 mm，横截面面积为 $25.15\times10^{-4}\ \mathrm{m}^2$。据此，柱的横截面的另一惯性矩 I_y 由惯性矩的平行移轴公式可知，应为

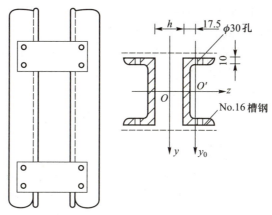

图 11-13

$$I_y=2\times\left[83.4\times10^{-8}+25.15\times10^{-4}\left(17.5+\frac{h}{2}\right)^2\times10^{-6}\right]\ \mathrm{m}^4$$

根据 $I_y=I_z$ 的条件可得 $h=81.3\ \mathrm{mm}$。取 $h=82\ \mathrm{mm}$ 或稍大些。

（2）校核稳定性。当各纵向平面内约束条件相同时，应根据横截面的最小惯性半径 $i_{\min}$ 计算压杆的柔度。对于此柱，$i_{\min}=i_z$。注意到 $i_z=\sqrt{\dfrac{I_z}{A}}$，而 $I_z=2I_{z1}$，$A=2A_1$，故有

$$i_z=\sqrt{\frac{2I_{z1}}{2A_1}}=\sqrt{\frac{I_{z1}}{A_1}}=i_{z1}$$

因此由型钢表查得一个 No.16 槽钢的 $i_{z1}=61\ \mathrm{mm}$ 即知 $i_z=61\ \mathrm{mm}$，而不必用 I_z 和 A 去作具体计算。于是，此柱的柔度为

$$\lambda=\frac{\mu l}{i}=\frac{1.3\times7}{61\times10^{-3}}=149$$

据此由图 11-12 所示查得 $\varphi=0.30$，从而有稳定许用应力

$$[\sigma_{\mathrm{st}}]=\varphi[\sigma]=0.30\times170\ \mathrm{MPa}=51.0\ \mathrm{MPa}$$

而此柱横截面上的压应力为

$$\sigma = \frac{F}{A} = \frac{270 \times 10^3 \text{ N}}{2 \times (25.15 \times 10^{-4}) \text{ m}^2} = 53.7 \text{ MPa}$$

按稳定条件应有 $\sigma \leqslant [\sigma_{st}]$，现在虽然 σ 大于 $[\sigma_{st}]$，但超过不多，仅约 5%，这在实用计算中还是允许的。

在压杆的稳定计算中，考虑到横截面的局部削弱（例如，某些横截面处有螺栓孔）在一般情况下对稳定性的影响很小，所以在求惯性矩、惯性半径等时均以未削弱的横截面为依据，工作应力也按未削弱的横截面面积来计算。但为了保证被削弱了的横截面的强度，尚需按净面积进行强度校核。在本例中的钢柱有 4 个螺栓的横截面其净面积为（图 11-13）

$$A_0 = [2 \times (25.15 \times 10^{-4}) - 4 \times (10 \times 30 \times 10^{-6})] \text{ m}^2 = 38.3 \times 10^{-4} \text{ m}^2$$

而强度校核时的工作应力应是

$$\sigma = \frac{F}{A_0} = \frac{270 \times 10^3 \text{ N}}{38.3 \times 10^{-4} \text{ m}^2} = 70.5 \text{ MPa}$$

它小于强度许用应力 $[\sigma] = 170$ MPa。故该柱也满足强度条件。

对于例 11-2 中这类组合截面压杆（柱），在设计中事实上尚需保证它的分支（例题中的每个槽钢）在相邻两缀板之间的局部稳定性不低于整个压杆的整体稳定性。

【思考题 11-6】

（1）例 11-2 中的钢柱，在轴向压力 $F = 270$ kN 作用时稳定安全因数 n_{st} 是多少？

（2）此柱若没有用缀板把两根槽钢连成一体，则临界荷载为多少？

11-3：习题参考答案

习　题

11-1　两端球形铰支的压杆，它是一根 No.22a 工字钢，已知压杆的材料为 Q235 钢，$E = 2.0 \times 10^5$ MPa，$\sigma_p = 200$ MPa，$\sigma_s = 240$ MPa。杆的自重不计。试分别求出当其长度 $l = 5$ m 和 $l = 2$ m 时的临界荷载 F_{cr1} 和 F_{cr2}。

11-2　图 11-11 所示两端为柱形铰的轴向受压矩形截面杆，若在平面 xy 内取长度因数 $\mu = 1$，在平面 xz 内取 $\mu = 0.8$，已知：材料为 Q235 钢，其力学性能如上题中所示。杆的自重不计。试求此杆的临界荷载 F_{cr}。

11-3　截面形状如图所示的组合截面压杆，长度 $l = 6$ m，两端球形铰支，材料为 Q235 钢，$E = 2.1 \times 10^5$ MPa。规定的稳定安全因数 $n_{st} = 1.75$。杆的自重不计。试求此杆所能承受的最大安全压力。

11-4 如图所示,一支柱由四根 80 mm×80 mm×6 mm 的角钢所组成。柱的两端为球形铰支,长度 $l=6$ m,压力为 450 kN。柱的自重不计,材料为 Q235 钢,强度许用应力 $[\sigma]=170$ MPa。试求支柱横截面边长 a 应有的尺寸。

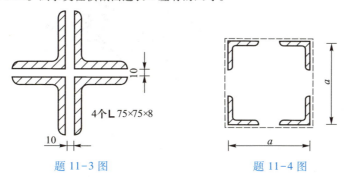

题 11-3 图 题 11-4 图

11-5 图示一简单托架,已知:$q=60$ kN/m,撑杆 AB 为直径 $d=100$ mm 的实心圆截面钢杆。该杆的自重不计,杆两端为光滑铰链。杆的材料为 Q235 钢,弹性模量 $E=2.0\times10^5$ MPa。规定的稳定安全因数为 $n_{st}=2.5$。试按安全因数法校核该撑杆的稳定性。

11-6 图示一刚杆弹性系统,试求其临界荷载。图中:c 代表使螺旋弹簧产生单位长度轴向变形所需之力;k 代表使蝶形弹簧产生单位转角所需之力偶矩。

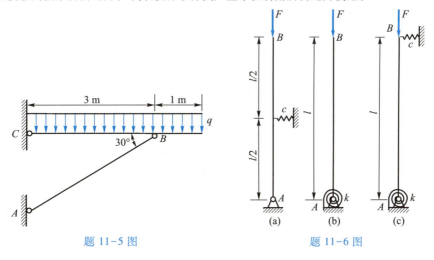

题 11-5 图 题 11-6 图

11-7 图示结构,AB 为刚性杆,BC 为弹性梁,在刚性杆顶端承受铅垂荷载 F 作用,设梁 BC 的弯曲刚度为 EI。试求其临界荷载。

11-8 图示结构,各杆横截面的弯曲刚度 EI 相同,且均为细长杆,试问当荷载 F 为何值时结构中的个别杆件将失稳?如果将荷载 F 的方向改为向内,则使杆件失稳的荷载 F 又为何值?

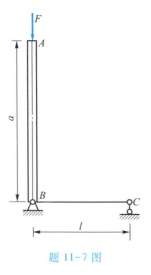

题 11-7 图

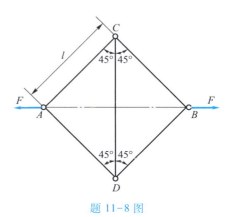

题 11-8 图

3

工程力学教程　第三篇

运动学与动力学

第 12 章　点 的 运 动

§12-1　运动学的基本内容·参考系

从本章至第 15 章将研究**运动学**(kinematics)。在运动学中仅从几何学的角度研究物体的运动规律,并不涉及物体的质量及其所受的力等物理因素,同时把所研究的物体抽象为点或刚体。运动学中谈及的点即几何点,它既无大小,也不考虑其质量;而刚体则是由无数这样的点所组成的不变形物体。

12-1:教学要点

运动学的任务在于建立描述物体机械运动规律的方法,确定物体运动的有关特征:点的运动方程、轨迹、速度和加速度,刚体的角速度和角加速度,刚体上任一点的速度和加速度,以及它们之间的关系等。

众所周知,宇宙是物质的,而物质是运动的。物质与运动是不可分割的,这是运动的绝对性。但是**机械运动**(mechanical motion)的描述是相对的。例如,行驶中车厢内坐着的人,相对于地面而言,人是运动着的,相对于车厢而言却是静止的。可见,为了描述物体的运动,必须说明该运动是相对于哪一个物体而言的。用来确定物体的位置和运动的另一物体,称为**参考体**;固结于参考体上的坐标系则称为**参考坐标系**,简称**参考系**。在一般工程问题中,如不特殊说明,就以固结于地面的坐标系为参考系。

描述机械运动时,还必然要涉及"瞬时"和"时间间隔"(简称时间)两个概念。所谓瞬时,是指某一时刻,而时间间隔是指先后两个瞬时之间的一段时间。例如,说火车 6 点 10 分开,这说的是瞬时;从甲站到乙站火车运行 15 分钟,这说的是时间。时间的单位有 s(秒)、min(分)、h(时)等。

§12-2 点的运动的矢量表示法

点运动时,它在空间所走过的路线,称为点的轨迹(path)。轨迹为直线时,称该点做直线运动;为曲线时称该点做曲线运动。

一、点的位置的确定

设动点 M 做平面曲线运动(图 12-1)。在任意瞬时,动点的位置可用从某参考系原点 O 向动点 M 所作的矢量 $\overrightarrow{OM}$ 来确定,记为 $\boldsymbol{r}$,并称为动点对于原点 O 的位置矢量(position vector),或称矢径。点运动时,矢径 $\boldsymbol{r}$ 的大小和方向都随时在变化,即 $\boldsymbol{r}$ 是时间的函数

$$\boldsymbol{r} = \boldsymbol{r}(t) \tag{12-1}$$

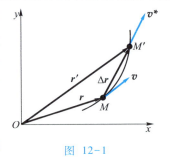

图 12-1

这就是动点以矢量表示的运动方程(equations of motion)。矢径 $\boldsymbol{r}$ 的端点所描出的曲线(矢端曲线)就是动点的轨迹。

二、点的速度

设瞬时 t 动点在 M 处(图 12-1),经时间 Δt 后,动点沿某曲线运动到了 M' 处,$\overrightarrow{MM'}$ 为动点在 Δt 时间内的位移(displacement)。由图可见,$\overrightarrow{MM'} = \boldsymbol{r}' - \boldsymbol{r} = \Delta \boldsymbol{r}$。比值 $\Delta \boldsymbol{r}/\Delta t$ 称为动点在 Δt 时间内的平均速度 $\boldsymbol{v}^*$。当 $\Delta t \to 0$ 时,$\boldsymbol{v}^*$ 的极限值称为动点在瞬时 t 的瞬时速度,简称速度(velocity),即

$$\boldsymbol{v} = \lim_{\Delta t \to 0} \frac{\Delta \boldsymbol{r}}{\Delta t} = \frac{\mathrm{d} \boldsymbol{r}}{\mathrm{d} t} = \dot{\boldsymbol{r}} \text{ ①} \tag{12-2}$$

也就是说,动点的速度等于其矢径对时间的一阶导数。矢径 $\boldsymbol{r}$、位移 $\Delta \boldsymbol{r}$ 均是矢量,速度 $\boldsymbol{v}$ 也是矢量。从图 12-1 所示可以看出,$\boldsymbol{v}^*$ 沿直线 $\overrightarrow{MM'}$ 方向;当 $\Delta t \to 0$ 时,$\overrightarrow{MM'}$ 趋近于轨迹曲线在点 M 的切线方向,即点的速度 $\boldsymbol{v}$ 沿其轨迹的切线方向,指向运动的前方。速度的大小 $v = \left| \dfrac{\mathrm{d} \boldsymbol{r}}{\mathrm{d} t} \right|$ 称为速率,表示点运

---

① 力学中常将变量 r、x、y 等对时间的一阶导数记为 $\dot{r}$、$\dot{x}$、$\dot{y}$ 等;二阶导数记为 $\ddot{r}$、$\ddot{x}$、$\ddot{y}$ 等。

动的快慢。速度的单位为 m/s(米/秒)、km/h(千米/时)等。

三、点的加速度

设动点在瞬时 t 的速度为 $\boldsymbol{v}$(图 12-2),在瞬时 $t+\Delta t$ 的速度为 $\boldsymbol{v}'$,则速度在时间 Δt 内的变化量是 $\Delta \boldsymbol{v}=\boldsymbol{v}'-\boldsymbol{v}$。比值 $\Delta \boldsymbol{v}/\Delta t$ 称为动点在时间 Δt 内的平均加速度 $\boldsymbol{a}^*$。当 $\Delta t \to 0$ 时,$\boldsymbol{a}^*$ 的极限值称为动点在瞬时 t 的瞬时加速度 $\boldsymbol{a}$,简称加速度(acceleration),即

$$\boldsymbol{a} = \lim_{\Delta t \to 0}\boldsymbol{a}^* = \lim_{\Delta t \to 0}\frac{\Delta \dot{\boldsymbol{v}}}{\Delta t} = \frac{\mathrm{d}\dot{\boldsymbol{v}}}{\mathrm{d}t} = \dot{\boldsymbol{v}}$$

或

$$\boldsymbol{a} = \frac{\mathrm{d}\dot{\boldsymbol{v}}}{\mathrm{d}t} = \frac{\mathrm{d}^2\boldsymbol{r}}{\mathrm{d}t^2} = \ddot{\boldsymbol{r}} \qquad (12-3)$$

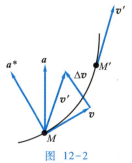

图 12-2

也就是说,动点的加速度等于其速度对时间的一阶导数,或等于径矢对时间的二阶导数。加速度也是矢量,其方向将在下面两节中讨论。加速度的单位为 m/s²(米/秒²)。

【思考题 12-1】

当点做直线运动时,已知点在某瞬时的速度 $v = 5$ m/s,试问这时的加速度是否为 $a = \dfrac{\mathrm{d}v}{\mathrm{d}t} = 0$?为什么?

§12-3　点的运动的直角坐标表示法

以上介绍了点的运动的矢量表示法,很方便地得到了式(12-1)~式(12-3)。但在具体解题时常需利用这些关系式在坐标轴上的投影式。

一、点的位置的确定

设动点 M 在某平面内运动。若在此平面内取一固定的直角坐标系 Oxy,则动点的位置亦可由它的直角坐标 x、y 所确定(图12-3)。当点运动时,其位置坐标 x、y 都将随着时间的变化而连续变化,即均为时间 t 的函数

$$x = f_1(t), \qquad y = f_2(t) \qquad (12-4)$$

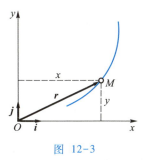

图 12-3

这就是动点以直角坐标表示的运动方程（equation of motion）。若将 $x=f_1(t),y=f_2(t)$ 联立，消去 t，则所得到的 $y=f(x)$ 就是动点的轨迹方程。事实上，式（12-4）就是动点以 t 为参数的轨迹方程。

二、点的速度

由图 12-3 所示可见

$$r = xi + yj \quad (12-5)$$

式中 i、j 分别为沿轴 x、y 正向的单位矢量。将式（12-5）代入式（12-2），并注意到 i、j 均为大小、方向都不变的常矢量，得

$$v = \frac{dr}{dt} = \frac{d}{dt}(xi+yj) = \frac{dx}{dt}i + \frac{dy}{dt}j \quad (12-6)$$

另一方面，速度 v 作为矢量可表述为

$$v = v_x i + v_y j \quad (12-7)$$

式中，v_x、v_y 分别为 v 在轴 x、轴 y 上的投影。比较以上两式，得

$$v_x = \frac{dx}{dt} = \dot{x}, \quad v_y = \frac{dy}{dt} = \dot{y} \quad (12-8)$$

即动点的速度在直角坐标轴上的投影，各等于该动点的对应坐标对于时间的一阶导数。有了速度的投影，便可求出速度的大小和方向（图 12-4）为

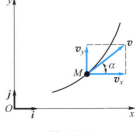

图 12-4

$$v = \sqrt{v_x^2 + v_y^2} = \sqrt{\dot{x}^2 + \dot{y}^2} \quad (12-9)$$

$$\tan\alpha = \frac{v_y}{v_x} = \frac{\dot{y}}{\dot{x}} \quad (12-10)$$

三、点的加速度

利用式（12-7）及式（12-8），由式（12-3）得

$$a = \frac{d}{dt}(v_x i + v_y j) = \frac{dv_x}{dt}i + \frac{dv_y}{dt}j = \frac{d^2 x}{dt^2}i + \frac{d^2 y}{dt^2}j \quad (12-11)$$

同理可得

$$\left.\begin{array}{l} a_x = \dfrac{dv_x}{dt} = \dot{v}_x = \dfrac{d^2 x}{dt^2} = \ddot{x} \\[6pt] a_y = \dfrac{dv_y}{dt} = \dot{v}_y = \dfrac{d^2 y}{dt^2} = \ddot{y} \end{array}\right\} \quad (12-12)$$

这就是说，动点的加速度在直角坐标轴上的投影，各等于该动点速度的对应

投影对时间的一阶导数,或各等于该动点的对应坐标对时间的二阶导数。有了加速度的投影,可求出加速度的大小和方向(图 12-5)为

$$a = \sqrt{a_x^2 + a_y^2} = \sqrt{\ddot{x}^2 + \ddot{y}^2} \quad (12-13)$$

$$\tan\theta = \frac{a_y}{a_x} = \frac{\ddot{y}}{\ddot{x}} \quad (12-14)$$

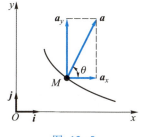

图 12-5

例 12-1 在平面 Oxy 内运动的一个点,其矢径 $\boldsymbol{r} = 5t^2\boldsymbol{i} + 2t^3\boldsymbol{j}$,$t$ 以 s 计,$\boldsymbol{r}$ 的大小以 m 计。试求:(1)动点在任意瞬时的速度和加速度;(2) $t = 2$ s 时动点的速度和加速度。

解:(1)根据式(12-6)及式(12-11),动点在任意瞬时的速度、加速度分别为

$$\boldsymbol{v} = \frac{\mathrm{d}\boldsymbol{r}}{\mathrm{d}t} = \frac{\mathrm{d}}{\mathrm{d}t}(5t^2\boldsymbol{i} + 2t^3\boldsymbol{j}) = 10t\boldsymbol{i} + 6t^2\boldsymbol{j}\,(\text{单位为 m/s})$$

$$\boldsymbol{a} = \frac{\mathrm{d}\boldsymbol{v}}{\mathrm{d}t} = \frac{\mathrm{d}}{\mathrm{d}t}(10t\boldsymbol{i} + 6t^2\boldsymbol{j}) = 10\boldsymbol{i} + 12t\boldsymbol{j}\,(\text{单位为 m/s}^2)$$

(2)当 $t = 2$ s 时,动点的速度、加速度。

速度

$$\boldsymbol{v}_2 = (10 \times 2\boldsymbol{i} + 6 \times 2^2\boldsymbol{j})\ \text{m/s} = (20\boldsymbol{i} + 24\boldsymbol{j})\ \text{m/s}$$

其大小(图 12-6)为

$$v_2 = \sqrt{v_{2x}^2 + v_{2y}^2} = \sqrt{20^2 + 24^2}\ \text{m/s} = 31.2\ \text{m/s}$$

其方向

$$\tan\alpha = \frac{v_{2y}}{v_{2x}} = \frac{24}{20} = 1.2,\qquad \alpha = 50.2°$$

加速度

$$\boldsymbol{a}_2 = (10\boldsymbol{i} + 12 \times 2\boldsymbol{j})\ \text{m/s}^2 = (10\boldsymbol{i} + 24\boldsymbol{j})\ \text{m/s}^2$$

其大小(图 12-7)为

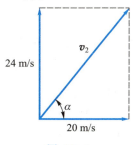

图 12-6

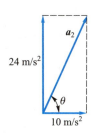

图 12-7

$$a_2 = \sqrt{a_{2x}^2 + a_{2y}^2} = \sqrt{10^2 + 24^2} \text{ m/s}^2 = 26 \text{ m/s}^2$$

其方向

$$\tan \theta = \frac{a_{2y}}{a_{2x}} = \frac{24}{10} = 2.4, \qquad \theta = 67.4°$$

例 12-2 曲柄导杆机构如图 12-8 所示。曲柄 OP 长为 R，绕轴 O 以匀角速度 ω 顺时针转动，带动滑块 P 在导杆 BC 的水平槽中滑动，从而带动导杆 BC 沿铅垂方向往复运动。导杆 BC 段长 l。试求导杆上点 C 的运动方程、速度及加速度方程。

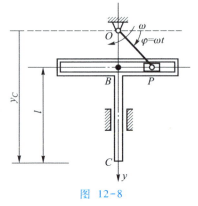

图 12-8

解：因点 C 沿铅垂方向作直线运动，故取坐标轴如图 12-8 中所示，轴 y 的正向向下。考察任意瞬时 t，即图中 $\varphi = \omega t$ 为任意值时点 C 的坐标。由图可得

$$y_C = OP\sin \varphi + BC = R\sin \omega t + l \tag{1}$$

这就是所求的点 C 的运动方程。将式(1)对时间求导，得

$$v_C = \dot{y}_C = R\omega\cos \omega t \tag{2}$$

这就是点 C 的速度方程。再将式(2)对时间求导，得

$$a_C = \ddot{y}_C = -R\omega^2 \sin \omega t \tag{3}$$

这就是点 C 的加速度方程。

从以上方程(2)、(3)可知，当 $0 < \omega t < \pi/2$ 时，v_C 为正值，a_C 为负值，即点 C 的速度其指向与轴 y 的正向相同，也就是向下，而加速度则向上，点 C 作减速运动；当 $\pi/2 < \omega t < \pi$ 时，v_C 变为负值，a_C 仍为负值，即此时点 C 的速度变为向上，而加速度仍为向上，点 C 做加速运动。

当 $t = 0$ 时，$\varphi = 0$，此时点 C 的速度和加速度分别为

$$v_C = R\omega\cos 0 = R\omega, \qquad a_C = -R\omega^2 \sin 0 = 0$$

当 $t = \pi/(2\omega)$ 时，$\varphi = \omega t = \omega[\pi/(2\omega)] = \pi/2$ rad，导杆在最低位置，此时

$$v_C = R\omega\cos \frac{\pi}{2} = 0, \qquad a_C = -R\omega^2 \sin \frac{\pi}{2} = -R\omega^2$$

例 12-3 图 12-9 所示机构中，曲柄 OA 可绕固定轴 O 转动，其 A 端与直杆 BC 的中点铰接；直杆的两端 B、C 可分别在互相垂直的槽内滑动。已知：OA 的转角 $\varphi = \omega t$，ω 为常量；且 $OA = BA = AC = l$。试求 BC 杆上一点 $M(MC = b)$ 的运动方程、轨迹方程、速度及加速度方程。

解：取坐标系 Oxy 如图 12-9 所示，考察任意瞬时 t（相应的 $\varphi = \omega t$ 为任

第 12 章 点 的 运 动　　　317

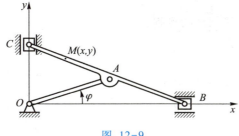

图 12-9

意值)时点 M 的坐标 x、y。由图可见

$$x = CM\cos\varphi = b\cos\omega t \qquad (1)$$

$$y = (2l-b)\sin\varphi = (2l-b)\sin\omega t \qquad (2)$$

式(1)、式(2)就是点 M 的运动方程,也是点 M 以 ωt 为参数的轨迹方程。从两式中消去 ωt,可得轨迹方程为

$$\frac{x^2}{b^2} + \frac{y^2}{(2l-b)^2} = 1$$

可见点 M 的轨迹为椭圆,其长半轴为 $(2l-b)$,沿轴 y 方向;其短半轴为 b,沿轴 x 方向。若改变点 M 的位置,即 b 值,可得不同形状的椭圆。若 $b = l$,则轨迹变为圆。需要指出,无论 ω 是否为常量,都不影响轨迹的形状。有一种椭圆规就是据此原理制作的。

将式(1)、式(2)对时间 t 求导,得点 M 的速度方程为

$$v_x = \dot{x} = -b\omega\sin\omega t, \qquad v_y = \dot{y} = (2l-b)\omega\cos\omega t$$

上式再对时间 t 求导,得点 M 的加速度方程为

$$a_x = \ddot{x} = -b\omega^2\cos\omega t, \qquad a_y = \ddot{y} = (b-2l)\omega^2\sin\omega t$$

§12-4　点的运动的自然表示法(弧坐标表示法)

在动点的轨迹已知的情况下,采用自然表示法比较方便。

一、点的位置的确定

在动点的已知轨迹上取某一定点 O' 作为原点(图 12-10),并规定在点 O' 某一侧的弧长为正,在另一侧的为负,于是动点的位置可由弧长 $\overset{\frown}{O'M}$ 冠以适当的正负号来确定。记 $s = \pm\overset{\frown}{O'M}$,称 s 为动点的<u>弧坐标</u>。点运动时,其弧坐标 s 随时间的变化而连续地变化,即<u>弧坐标 s 为时间的函数</u>

$$s = f(t) \tag{12-15}$$

这就是点沿已知轨迹的运动方程。

二、点的速度

设在瞬时 t，动点在 M 处（图 12-10），其矢径为 r，弧坐标为 $s = \overset{\frown}{O'M}$。经过时间 Δt 后，动点到达 M' 处，其矢径变为 r'，弧坐标变为 $s' = \overset{\frown}{O'M'}$，而弧坐标的增量则为 $\Delta s = \overset{\frown}{O'M'} - \overset{\frown}{O'M} = \overset{\frown}{MM'}$，位移为 $\overrightarrow{MM'} = \Delta r$。

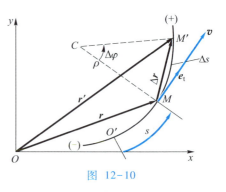

图 12-10

根据式（12-2），并注意到 $\Delta t \to 0$ 时 $\Delta s \to 0$，可知点的速度为

$$v = \lim_{\Delta t \to 0} \frac{\Delta r}{\Delta t} = \left(\lim_{\Delta s \to 0} \frac{\Delta r}{\Delta s} \right) \left(\lim_{\Delta t \to 0} \frac{\Delta s}{\Delta t} \right) = \left(\lim_{\Delta s \to 0} \frac{\Delta r}{\Delta s} \right) \frac{ds}{dt} \tag{12-16}$$

因为当 $\Delta t \to 0$ 时，Δr 的方向趋近轨迹在点 M 处的切线方向，且 $\lim\limits_{\Delta s \to 0} \left| \dfrac{\Delta r}{\Delta s} \right| = 1$，故若将轨迹的切向单位矢量记为 e_t（并规定其正向指向弧坐标增加的一方），则有

$$\lim_{\Delta s \to 0} \frac{\Delta r}{\Delta s} = e_t \tag{12-17}$$

于是式（12-16）可改写为

$$v = \frac{ds}{dt} e_t \tag{12-18}$$

记

$$v = \frac{ds}{dt} \tag{12-19}$$

则有

$$v = v e_t \tag{12-20}$$

从式（12-18）、式（12-20）两式及式（12-19）可知，动点在任意瞬时的速度，其方向沿着轨迹在该点的切线；其大小为 $v = \dfrac{ds}{dt} = \dot{s}$，它是代数量，等于动点的弧坐标 s 对时间的导数。若 $\dot{s} > 0$，则 v 的指向与 e_t 相同，即指向弧坐标增加的一方；若 $\dot{s} < 0$，则相反。

三、点的加速度

将式(12-20)代入式(12-3),有

$$a = \frac{d\boldsymbol{v}}{dt} = \frac{d}{dt}(v\boldsymbol{e}_t) = \frac{dv}{dt}\boldsymbol{e}_t + v\frac{d\boldsymbol{e}_t}{dt} \quad (12-21)$$

可见,加速度有两个分量。第一个分量 $\frac{dv}{dt}\boldsymbol{e}_t$,反映速度的代数值 v 的变化,沿 $\boldsymbol{e}_t$ 即轨迹的切线方向,称为**切向加速度**(tangential acceleration),记为 $\boldsymbol{a}_t$。考虑到式(12-19),有

$$\boldsymbol{a}_t = \frac{dv}{dt}\boldsymbol{e}_t = \frac{d^2 s}{dt^2}\boldsymbol{e}_t = \ddot{s}\,\boldsymbol{e}_t \quad (12-22)$$

加速度的第二个分量 $v\frac{d\boldsymbol{e}_t}{dt}$,反映 $\boldsymbol{e}_t$ 的变化,即反映速度的方向变化。现讨论其大小和方向。

设在任意瞬时 t,动点在 M 处(图12-11a)。该处切向单位矢量为 $\boldsymbol{e}_t$,指向弧坐标 s 增加的一方,$\boldsymbol{e}_t$ 与轴 x 的夹角为 φ;该处法向单位矢量为 $\boldsymbol{e}_n$,指向该处的曲率中心。因点在运动,故 $\boldsymbol{e}_t$ 与 $\boldsymbol{e}_n$ 和 φ 都是时间的函数。为求 $\frac{d\boldsymbol{e}_t}{dt}$,先将 $\boldsymbol{e}_t$、$\boldsymbol{e}_n$ 用 x、y 方向的分量表示(图12-11b):

$$\boldsymbol{e}_t = \cos\varphi\boldsymbol{i} + \sin\varphi\boldsymbol{j}, \qquad \boldsymbol{e}_n = -\sin\varphi\boldsymbol{i} + \cos\varphi\boldsymbol{j}$$

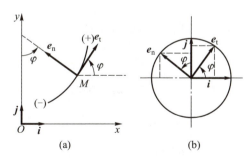

图 12-11

将 $\boldsymbol{e}_t$ 对时间 t 求导,注意到 $\boldsymbol{i}$、$\boldsymbol{j}$ 均为常矢量,得

$$\frac{d\boldsymbol{e}_t}{dt} = -\frac{d\varphi}{dt}\sin\varphi\boldsymbol{i} + \frac{d\varphi}{dt}\cos\varphi\boldsymbol{j} = \frac{d\varphi}{dt}(-\sin\varphi\boldsymbol{i} + \cos\varphi\boldsymbol{j})$$

即

$$\frac{d\boldsymbol{e}_t}{dt} = \frac{d\varphi}{dt}\boldsymbol{e}_n \qquad (12-23)$$

这里的 $\dfrac{d\varphi}{dt}$ 显然与动点的速度 $\boldsymbol{v}$ 的代数值 $v = \dfrac{ds}{dt}$ 有关。由图 12-10 所示可见，当 $\Delta\varphi$ 很小时，曲线段 $\widehat{MM'}$ 可看作是以曲率中心 C 为圆心的一段圆弧，于是 $\Delta s = \widehat{MM'} = \rho\Delta\varphi$，式中 ρ 为轨迹在 M 点处的曲率半径。因而

$$\frac{\Delta s}{\Delta t} = \rho \frac{\Delta\varphi}{\Delta t}$$

当 $\Delta t \to 0$ 时，有

$$\frac{ds}{dt} = \rho \frac{d\varphi}{dt}$$

即

$$\frac{d\varphi}{dt} = \frac{1}{\rho}\frac{ds}{dt}$$

这样式(12-23)便可写作

$$\frac{d\boldsymbol{e}_t}{dt} = \frac{1}{\rho}\frac{ds}{dt}\boldsymbol{e}_n = \frac{1}{\rho}v\boldsymbol{e}_n$$

由此可见，加速度的第二个分量为

$$v\frac{d\boldsymbol{e}_t}{dt} = v\frac{v}{\rho}\boldsymbol{e}_n = \frac{v^2}{\rho}\boldsymbol{e}_n \qquad (12-24)$$

由于它沿 $\boldsymbol{e}_n$ 方向，故称为**法向加速度**（normal acceleration），记为 $\boldsymbol{a}_n$，即

$$\boldsymbol{a}_n = \frac{v^2}{\rho}\boldsymbol{e}_n \qquad (12-25)$$

将式(12-24)、式(12-25)代入式(12-21)，有

$$\boldsymbol{a} = \frac{dv}{dt}\boldsymbol{e}_t + \frac{v^2}{\rho}\boldsymbol{e}_n = \boldsymbol{a}_t + \boldsymbol{a}_n \qquad (12-26)$$

加速度 $\boldsymbol{a}$ 称为**全加速度**（total acceleration）。若已知其分量 $\boldsymbol{a}_t$ 及 $\boldsymbol{a}_n$，可由下式求其大小和方向（图 12-12）：

$$a = \sqrt{a_t^2 + a_n^2} \qquad (12-27)$$

$$\tan\theta = \frac{|a_t|}{a_n} \qquad (12-28)$$

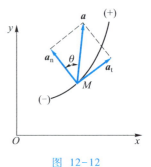

图 12-12

由式(12-25)知,法向加速度 a_n 的大小为 $\dfrac{v^2}{\rho}$,由于它恒为正值,故 a_n 的指向总是与 e_n 相同,即恒指向轨迹的曲率中心。因而 a_n 也称向心加速度。由式(12-22)知,加速度在 e_t 方向的投影为 $a_t = \dot{v} = \ddot{s}$。若 $\dot{v} > 0$,即 $a_t > 0$,则 a_t 的指向同于 e_t;若 $\dot{v} < 0$,即 $a_t < 0$,则 a_t 的指向与 e_t 相反。还应指出,若 a_t 与 v 同号,则点做加速运动;若 a_t 与 v 异号,则点做减速运动。

四、特殊情况

(1) 直线运动

动点的轨迹为直线,其曲率半径 $\rho = \infty$,故 $a_n = 0$,$a = a_t$。

(2) 匀速曲线运动

$v = \dfrac{ds}{dt} = $ 常量,故 $a_t = 0$,$a = a_n$。由积分得点的运动方程:

$$s = s_0 + vt \quad (12\text{-}29)$$

式中,s_0 为 $t = 0$ 时动点的弧坐标。

(3) 匀变速曲线运动

$a_t = \dfrac{dv}{dt} = b$(常量),但 a_n 及 a 不是常量。由积分得

$$v = v_0 + bt \quad (12\text{-}30)$$

$$s = s_0 + v_0 t + \dfrac{1}{2} bt^2 \quad (12\text{-}31)$$

式中,s_0、v_0 为 $t = 0$ 时动点的弧坐标及其速度的代数值。由以上两式消去 t 得

$$v^2 - v_0^2 = 2b(s - s_0) \quad (12\text{-}32)$$

式(12-29)~式(12-32)这四个公式,与大家熟悉的直线运动中的相应公式类似,差别仅在于把直线坐标 x 换成弧坐标 s;把加速度 a 换成切向加速度的代数值 a_t。

【思考题 12-2】

何谓点的坐标,点的位移和点的路程?

【思考题 12-3】

在下述情况下,点分别做何种运动?(1) $a_t \equiv 0$,$a_n \equiv 0$;(2) $a_t \neq 0$,$a_n \equiv 0$;(3) $a_t \equiv 0$,$a_n \neq 0$;(4) $a_t \neq 0$,$a_n \neq 0$。

【思考题 12-4】

火车头（可看作一个点）沿图 12-13 所示的轨道运动。试问：图中所画的 v 和 a，哪些是可能的？哪些是不可能的？并说明理由。

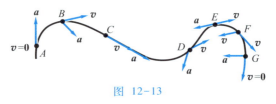

图 12-13

例 12-4　火车车厢以匀加速度在曲线轨道上行驶（图 12-14），在 M_1 处速度为 $v_1 = 30$ km/h。经过路程 1 000 m 后到达 M_2，此时速度 $v_2 = 48$ km/h。已知线路在 M_1、M_2 处的曲率半径分别为 $\rho_1 = 300$ m，$\rho_2 = 500$ m。试求车厢从 M_1 到达 M_2 所需的时间及在 M_2 处的加速度。

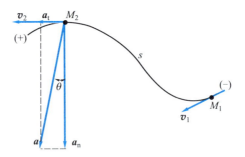

图 12-14

解：将车厢看成一个点，已知它为匀加速运动，即 $a_t =$ 常量，而

$$v_1 = \frac{30 \times 1\,000}{3\,600} \text{ m/s} = 8.33 \text{ m/s}, \qquad v_2 = \frac{48 \times 1\,000}{3\,600} \text{ m/s} = 13.33 \text{ m/s}$$

以此代入式（12-32）有

$$(13.33 \text{ m/s})^2 - (8.33 \text{ m/s})^2 = 2a_t \times 1\,000 \text{ m}$$

得

$$a_t = 0.054\,2 \text{ m/s}^2$$

车厢从 M_1 到 M_2 需要的时间 t 由式（12-30）有

$$13.33 \text{ m/s} = 8.33 \text{ m/s} + 0.054\,2 \text{ m/s}^2 \times t$$

故

$$t = 92.3 \text{ s}$$

车厢在 M_2 处的加速度为

$$a_t = 0.0542 \text{ m/s}^2, \quad a_n = \frac{v_2^2}{\rho_2} = \frac{13.33^2}{500} \text{ m/s}^2 = 0.355 \text{ m/s}^2$$

全加速度的大小为

$$a = \sqrt{a_t^2 + a_n^2} = \sqrt{0.0542^2 + 0.355^2} \text{ m/s}^2 = 0.359 \text{ m/s}^2$$

全加速度的方向为

$$\tan\theta = \frac{0.0542}{0.355} = 0.1527, \text{ 即 } \theta = 8.68° (\text{图 } 12-14)$$

例 12-5 一单摆(图 12-15a),其摆线长 $l = 1$ m,在平衡位置 OO' 附近做往复摆动。点 M 的运动方程为 $s = 0.40 \sin\frac{\pi}{3}t$,$t$ 以 s 计,s 以 m 计。求 $t = 1$ s 时,点 M 的速度和加速度。

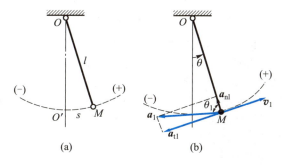

图 12-15

解:已知点的运动方程,将其对时间 t 求导即可得到任意瞬时的速度和切向加速度

$$v = \frac{ds}{dt}, \quad a_t = \frac{dv}{dt}$$

当 $t = 1$ s 时

$$s_1 = 0.40 \times \sin\frac{\pi}{3} \text{ m} = 0.40 \times \frac{\sqrt{3}}{2} \text{ m} = 0.346 \text{ m}$$

$$v_1 = 0.40 \times \frac{\pi}{3} \cos\frac{\pi}{3} \text{ m/s} = 0.40 \times \frac{\pi}{3} \times \frac{1}{2} \text{ m/s} = 0.209 \text{ m/s}$$

$$a_{t1} = -0.40 \times \frac{\pi^2}{9} \sin\frac{\pi}{3} \text{ m/s}^2 = -0.40 \times \frac{\pi^2}{9} \times \frac{\sqrt{3}}{2} \text{ m/s}^2 = -0.380 \text{ m/s}^2$$

$$a_{n1} = \frac{v_1^2}{l} = \frac{0.209^2}{1} \text{ m/s}^2 = 0.0437 \text{ m/s}^2$$

a_{t1} 与 v_1 异号,说明点在此时做减速运动,全加速度的大小及方向(图

12-15b) 为

$$a_1 = \sqrt{a_{t1}^2 + a_{n1}^2} = \sqrt{(-0.380)^2 + 0.043\ 7^2}\ \text{m/s}^2 = 0.383\ \text{m/s}^2$$

$$\tan\theta_1 = \frac{|a_{t1}|}{a_{n1}} = \frac{0.380}{0.043\ 7} = 8.70, \text{即}\ \theta_1 = 83.4°$$

至于摆线 OM 在 $t=1$ s 时与铅垂线的夹角 θ 则为

$$\theta = \frac{s_1}{l} = \frac{0.346}{1}\ \text{rad} = 0.346\ \text{rad} = 19.8°$$

12-2：习题参考答案

习 题

12-1 已知点的运动方程为 $r(t) = \sin 2t\boldsymbol{i} + \cos 2t\boldsymbol{j}$，其中 t 以 s 计，r 以 m 计；$\boldsymbol{i}$、$\boldsymbol{j}$ 分别为 x、y 方向的单位矢量。试求 $t = \dfrac{\pi}{8}$ s 时，点的速度和加速度。

12-2 点做直线运动，已知其运动方程为 $x = t^3 - 6t^2 - 15t + 40$，$t$ 以 s 计，x 以 m 计。试求：(1) 点的速度为零的时刻；(2) 在该瞬时点的位置和加速度以及从 $t=0$ 到此瞬时这一时间间隔内，该点经过的路程和位移。

12-3 根据安全要求，列车在直道上以 90 km/h 的速度前进时，其制动距离不得超过 400 m。设列车在制动时间内做匀减速运动，试求停车所需时间和制动时的加速度。

12-4 列车在直道上以 72 km/h 的速度行驶。若制动时列车的减速度为 0.4 m/s^2，试问列车应在到站前多少时间以及在离站多远处开始制动？

12-5 临时提升重物的装置如图所示。跨过构架上滑轮 C 的绳子其一端挂着重物 B，另一端 A 由汽车拉着沿水平直线方向匀速运动，其速度 $v_A = 1$ m/s。A 端离地面的高度 $h = 1$ m，滑轮离地面高度 $H = 9$ m，滑轮及重物尺寸均可略去不计。运动开始时，重物在地面上 B_0 处，绳的 AC 段在铅垂位置 A_0C 处。试求重物 B 的运动方程、速度方程和加速度方程，以及重物升到架顶所需的时间。

12-6 图示半圆凸轮以匀速 $v_0 = 10$ mm/s 沿水平方向向左运动，从而使活塞杆 AB 沿铅垂方向运动。运动开始时，活塞杆的 A 端位于凸轮的最高点。凸轮的半径 $R = 80$ mm。试求活塞 B 相对于地面的运动方程和速度方程。

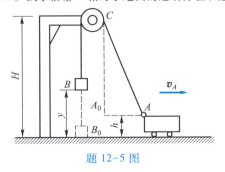

题 12-5 图　　　　　题 12-6 图

12-7 图示杆 AB 以等角速度 ω 绕轴 A 转动,并带动套在固定的水平杆 OC 上的小环 M 运动。开始时,杆 AB 在铅垂位置。设 OA = l,试求:(1)小环 M 的速度方程;(2)小环 M 相对于杆 AB 运动的速度方程。

12-8 图示杆 AB 长 l = 0.2 m,以等角速度 ω = 0.5 rad/s 绕点 B 转动,故 φ = 0.5 t(单位为rad)。与杆铰接的滑块 B 则按规律 $x_B = 0.2+0.5 \sin \omega t$(单位为 m)沿水平线做谐振动。试求点 A 的轨迹及 t = 0 时的速度。

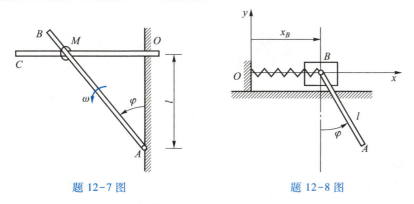

题 12-7 图   题 12-8 图

12-9 飞轮做加速转动,其轮缘上一点 M 的运动规律为 $s = 0.02 t^3$(t 以 s 计,s 以 m 计)。飞轮半径 R = 0.4 m。试求当点 M 的速度达到 v = 6 m/s 时,该点的加速度。

12-10 火车以匀加速度在曲率半径 R = 300 m 的圆弧轨道上行驶。在瞬时 t_1,速度为 v_1 = 30 km/h,经过 10 s,离开曲线轨道进入直线轨道时,其速度 v_2 = 48 km/h。试求火车离开曲线轨道前一瞬时和后一瞬时的加速度。

12-11 图示摇杆滑道机构,滑块 M 可同时在固定的圆弧槽 BC 中和摇杆 OA 的滑道中滑动。弧 BC 的半径为 R,摇杆 OA 的转轴 O 在弧 BC 所在的圆周上。摇杆 OA 以匀角速度 ω 转动,当运动开始时,OA 在水平位置。试分别用直角坐标法和自然法求点 M 的运动方程以及速度和加速度。

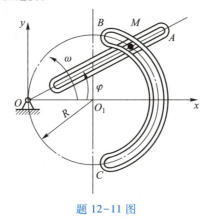

题 12-11 图

第 13 章　刚体的基本运动

13-1:教学要点

刚体的基本运动包括刚体的移动和刚体的定轴转动。刚体的平面运动则可看作这两种运动的组合。同时,单纯的移动或定轴转动在工程上也经常见到。

13-2:移动及转动

§13-1　刚体的移动

刚体运动时,若其上的任一直线始终与它原先的位置平行,则称此种运动为移动(translation),也称平行移动或平移。实际上,如果刚体上不平行的两条直线在运动中各自保持平行,即可判定刚体做移动。刚体移动时,其上各点的轨迹若为直线,则称为直线移动;若为曲线,则称为曲线移动。

根据以上所述,很易推知刚体移动的三个运动学特点:

(1) 刚体上各点的轨迹完全相同(或平行);
(2) 在同一瞬时,各点的速度相同;
(3) 在同一瞬时,各点的加速度相同。

现论证如下:

设刚体做移动(图 13-1),则其上任意两点 A、B 的连线 AB 在运动过程中必定保持平行。图 13-1 中所示的该连线分别在瞬时 t_0、$t_1 = t_0 + \Delta t$、$t_2 = t_1 + \Delta t$ 的位置 AB、A_1B_1、A_2B_2,亦必有 $A_2B_2 \parallel A_1B_1 \parallel AB$;又因为讨论的是刚体,其上任意两点的距离保持不变,即 $A_2B_2 = A_1B_1 = AB$。总之,有 $AA_1 \underline{\underline{\parallel}} BB_1$,$A_1A_2 \underline{\underline{\parallel}} B_1B_2$,从而折线 $AA_1A_2\cdots$ 与折线 $BB_1B_2\cdots$ 完全相同(或说平行)。当 $\Delta t \to 0$ 时,两折线分别就是 A、B 两点的轨迹,而它们也必定完全相同(平行)。注意到 A、B 两点是刚体上的任意两点,于

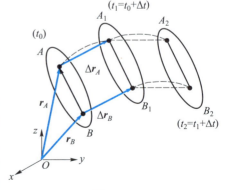

图 13-1

是证明了刚体移动的第一个特点。下面论证第二个和第三个特点。

从任一固定点 O 分别向 A、B 两点作矢径 r_A、r_B。由图 13-1 所示可见，$r_A = r_B + \overrightarrow{BA}$，而这个关系式是任意瞬时都成立的。将此式对时间 t 求导，并注意到 $\overrightarrow{BA}$ 为大小和方向都不变的常矢量，$\dfrac{\mathrm{d}}{\mathrm{d}t}(\overrightarrow{BA}) = \mathbf{0}$，于是有

$$\frac{\mathrm{d}r_A}{\mathrm{d}t} = \frac{\mathrm{d}r_B}{\mathrm{d}t}, \quad 即 \ v_A = v_B \tag{13-1}$$

式（13-1）也是在任意瞬时都成立的。再对时间 t 求导，得

$$a_A = a_B \tag{13-2}$$

证毕。

根据刚体移动的三个特点可知，研究刚体移动时，可只研究其上任一点的运动，即刚体的移动可归结为一个点的运动。于是，第 12 章关于点的运动的原理和公式对移动的刚体都适用。

> 【思考题 13-1】
>
> 行驶在弯道上的车厢是否做移动？为什么？

> 【思考题 13-2】
>
> 在平面问题中，能否根据刚体上的一条直线判定该刚体是否做移动？为什么？

§13-2 刚体的定轴转动

一、刚体定轴转动的特点

刚体运动时，若刚体内或其扩展部分有一直线，其上各点始终不动，则称此种运动为**刚体定轴转动**，简称**转动**(rotation)，而不动的那条直线称为**转轴**(axis of rotation)。

做转动的刚体上，转轴以外的各点，其轨迹均为圆（或一段圆弧），且这些圆（弧）所在的平面均垂直于转轴。这是刚体定轴转动的特点。

刚体定轴转动在工程上极为常见。电机的转子、飞轮、带轮以及混凝土搅拌机的滚筒等都做定轴转动。但是滚动的车轮及钻进中的钻头它们的运动则不是定轴转动，因为它们都没有一条始终不动的直线。

下面先讨论转动刚体整体的运动，然后再讨论其上各点的运动。

二、刚体位置的确定・刚体的转动方程

设刚体绕轴 Oz 转动(图 13-2a)。为了确定刚体的位置,可通过 Oz 假想地作两个平面 P 和 Q,使平面 P 固定不动,使平面 Q 固结于刚体,随它一起转动。显然这两个平面的夹角 φ 就可以确定刚体的位置。角 φ 称为刚体的**位置角**或**转角**(angle of rotation)。为了方便起见,用垂直于转轴 Oz 的横截面代表转动刚体,如图 13-2b 所示。图中,O_1 是横截面与转轴 Oz 的交点,代表转轴 Oz;线段 O_1M_0 是平面 P 与横截面的交线,代表固定平面 P;O_1M 是平面 Q 与横截面的交线,代表随刚体转动的平面 Q。这样,图中的动直线 O_1M 与固定直线 O_1M_0 之间的夹角就是位置角 φ。它是个代数量,规定从轴 z 正向往负向看,如转角 φ 为逆时针则为正;反之为负。

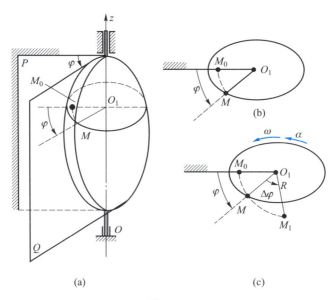

图 13-2

刚体转动时,角 φ 随时间 t 变化而连续地变化。它与时间 t 的函数关系

$$\varphi = f(t) \tag{13-3}$$

称为刚体的**转动方程**(equations of rotation)。

三、刚体的角位移和角速度

设刚体在某瞬时 t 的位置角为 φ(图 13-2c),经过一段时间 Δt,线段

O_1M 随刚体转到 O_1M_1 位置,位置角有一增量 $\Delta\varphi$。这个角度 $\Delta\varphi$ 就是刚体在时间 Δt 内的<u>角位移</u>。比值 $\Delta\varphi/\Delta t$ 为刚体在时间 Δt 内的<u>平均角速度</u>。当 $\Delta t \to 0$ 时,$\Delta\varphi/\Delta t$ 的极限值为刚体在瞬时 t 的<u>瞬时角速度</u>,简称**角速度**(angular velocity),记为 ω,即

$$\omega = \lim_{\Delta t \to 0} \frac{\Delta\varphi}{\Delta t} = \frac{\mathrm{d}\varphi}{\mathrm{d}t} = \dot\varphi \qquad (13-4)$$

应当指出,刚体的角速度 ω,不仅是线段 O_1M 的角速度,而且也是横截面上的任意线段 MN(图13-3)(不论它是否通过轴心 O_1)在同一瞬时的角速度。因为,刚体横截面上的任意线段 MN 与线段 O_1M 的夹角 θ 在运动中是不会改变的,所以两条线段在相同的时间间隔 Δt 内转过的角度必定相同(大小相等,且转向相同),即 $\Delta\varphi_1 = \Delta\varphi$。

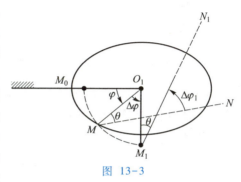

图 13-3

由于位置角 φ 是代数量,故角速度 ω 也是代数量。ω 的大小表示转动的快慢,其正负表示转动的方向:若 $\omega > 0$,表明 φ 的代数值随时间而增加,即刚体逆时针转动;若 $\omega < 0$,则相反。

角速度的单位是 rad/s(弧度/秒)。工程上对于刚体转动的快慢还常用转速 n[单位为 r/min(转/分)]表示,在此情况下

$$\{\omega\}_{\mathrm{rad/s}} = \frac{2\pi\{n\}_{\mathrm{r/min}}}{60} = \frac{\pi\{n\}_{\mathrm{r/min}}}{30} \qquad (13-5)$$

四、刚体的角加速度

机器在启动或停车阶段,其角速度都是变化的。为了描述角速度的变化情况,引入角加速度的概念。

设在瞬时 t,刚体的角速度为 ω,在时间 Δt 内角速度的变化量为 $\Delta\omega$,则比值 $\dfrac{\Delta\omega}{\Delta t}$ 为平均角加速度,当 $\Delta t \to 0$ 时的极限值为刚体在瞬时 t 的**角加速度**(angular acceleration),记为 α:

$$\alpha = \lim_{\Delta t \to 0} \frac{\Delta\omega}{\Delta t} = \frac{\mathrm{d}\omega}{\mathrm{d}t}$$

利用式(13-4)有

$$\alpha = \frac{d\omega}{dt} = \frac{d^2\varphi}{dt^2} = \ddot{\varphi} \tag{13-6}$$

由于角速度 ω 是代数量，角加速度 α 也是代数量。α 的大小表示角速度变化的快慢（不是转动的快慢），其正负表示变化的方向。若 $\alpha>0$，表示 ω 的代数值随时间增加，α 用逆时针转向表示；若 $\alpha<0$，则相反。

若 α 与 ω 同号，表明 ω 的绝对值将随时间而增加，即刚体加速转动；若 α 与 ω 异号，则相反。

角加速度的单位为 rad/s^2（弧度／秒^2）。

五、刚体的匀速转动和匀变速转动

刚体转动时，若 α 为常量，则刚体做匀变速转动。利用式（13-6）及式（13-4）经积分可得物体做匀变速转动时的计算公式：

$$\omega = \omega_0 + \alpha t \tag{13-7}$$

$$\varphi = \varphi_0 + \omega_0 t + \frac{1}{2}\alpha t^2 \tag{13-8}$$

$$\omega^2 = \omega_0^2 + 2\alpha(\varphi - \varphi_0) \tag{13-9}$$

式中，φ_0、ω_0 分别为 $t=0$ 时刚体的位置角和角速度。注意：这三个公式只有当 α 为常量（匀变速转动）时才能使用。

若 $\alpha=0$，则 ω 为常量，称刚体做<u>匀速转动</u>。在此情况下显然有

$$\varphi = \varphi_0 + \omega t \tag{13-10}$$

例 13-1 刚体绕定轴转动，其转动方程为 $\varphi = 16t - 27t^3$（t 以 s 计，φ 以 rad 计）。试问刚体何时改变转向？并分别求当 $t=0$、$t=0.1$ s 及 $t=1$ s 时的角速度和角加速度，且判断在各该瞬时刚体做加速转动还是做减速转动。

解： 先求出任意瞬时的角速度 ω 和角加速度 α：

$$\omega = \frac{d\varphi}{dt} = 16 - 81t^2 \text{（单位为 rad/s）}, \qquad \alpha = \frac{d\omega}{dt} = -162t \text{（单位为 rad/s}^2)$$

令 $\omega = 0$，即 $16 - 81t^2 = 0$，得 $t = \frac{4}{9}$ s。

这表明当 $t = \frac{4}{9}$ s 时，$\omega = 0$，刚体改变转向。容易算得：在此之前 $\omega>0$，刚体逆时针转动；在此之后 $\omega<0$，刚体顺时针转动。

当 $t=0$ 时，$\omega_0 = 16$ rad/s，$\alpha_0 = 0$。在此瞬时刚体做匀速转动。

当 $t=0.1$ s 时，$\omega_1 = (16 - 81 \times 0.1^2)$ rad/s $= 15.19$ rad/s，$\alpha_1 = -162 \times 0.1$ rad/s$^2 = -16.2$ rad/s^2。因 α_1 与 ω_1 异号，故此时刚体做减速转动。

当 $t=1$ s 时，$\omega_2 = (16 - 81 \times 1^2)$ rad/s $= -65$ rad/s，$\alpha_2 = -162 \times 1$ rad/s^2 $= -162$ rad/s^2。因 α_2 与 ω_2 同号，故此时刚体做加速转动。

例 13-2 电动机的转子由静止开始转动，在 20 s 末的转速 $n = 360$ r/min。设转子在此过程中做匀变速转动，试求角加速度及转子在这 20 s 内的转数。

解：因转子由静止开始转动，故 $\omega_0 = 0$；而 20 s 末的角速度为

$$\omega = \frac{\pi \times 360}{30} \text{ rad/s} = 12\pi \text{ rad/s}$$

因已知转子做匀变速转动，根据式（13-7），角加速度为

$$\alpha = \frac{\omega}{t} = \frac{12\pi}{20} \text{ rad/s}^2 = 0.6\pi \text{ rad/s}^2$$

根据式（13-8），20 s 内转过的角度为

$$\varphi - \varphi_0 = 0 + \frac{1}{2}\alpha t^2 = \frac{1}{2} \times 0.6\pi \times 20^2 \text{ rad} = 120\pi \text{ rad}$$

即转了 60 转。

§13-3 转动刚体上点的速度和加速度

上面讨论了转动刚体整体的运动参数——角位移、角速度和角加速度。现在来研究转动刚体上各点的速度和加速度。由于转动刚体上各点的轨迹都是圆（或圆弧），故用弧坐标表示法较方便。

设转动刚体如图 13-2c 所示，O_1 为其转轴，M 为其上任意一点，$O_1M = R$ 为 M 点轨迹的半径（点 M 的转动半径）；在某瞬时 t，点 M 的位置如图 13-2c 所示，而刚体的角速度为 ω，角加速度为 α；经过时间 Δt，刚体的角位移为 $\Delta \varphi$，点 M 所经过的路程为 $\widehat{MM_1} = \Delta s = R\Delta\varphi$。可见，点 M 在瞬时 t 的速度为

$$v = \lim_{\Delta t \to 0} \frac{\Delta s}{\Delta t} = \lim_{\Delta t \to 0} \frac{R\Delta\varphi}{\Delta t} = R \lim_{\Delta t \to 0} \frac{\Delta\varphi}{\Delta t} = R \frac{\mathrm{d}\varphi}{\mathrm{d}t} = R\omega \quad (13-11)$$

其方向沿轨迹在该点的切线，即垂直于转动半径 O_1M，并指向转动的前方。

由式（13-11）知，在同一瞬时，转动刚体上各点的速度其大小与各点到转轴的距离 R 成正比，如图 13-4 所示。

因为点 M 做圆周运动，由 §12-4

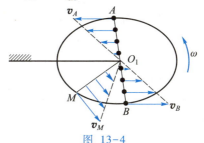

图 13-4

知,其加速度应为切向加速度 a_t 与法向加速度 a_n 的矢量和(图 13-5a),其中:

$$a_t = \frac{dv}{dt} = \frac{d}{dt}(R\omega) = R\frac{d\omega}{dt} = R\alpha \tag{13-12}$$

$$a_n = \frac{v^2}{R} = \frac{(R\omega)^2}{R} = R\omega^2 \tag{13-13}$$

即刚体上任一点的切向加速度其大小等于角加速度与转动半径的乘积,方向垂直于转动半径,指向与角加速度的转向一致;法向加速度其大小等于角速度的平方与转动半径的乘积,且指向轴心。由此,点 M 的全加速度的大小为

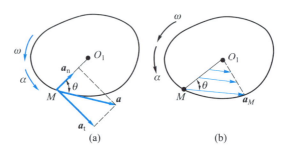

图 13-5

$$a = \sqrt{a_t^2 + a_n^2} = R\sqrt{\alpha^2 + \omega^4} \tag{13-14}$$

全加速度的方向,则可由下式确定:

$$\tan\theta = \frac{|a_t|}{a_n} = \frac{R|\alpha|}{R\omega^2} = \frac{|\alpha|}{\omega^2} \tag{13-15}$$

式中 θ 为全加速度 a 与转动半径之间的夹角。式(13-14)、式(13-15)表明,在同一瞬时,转动刚体上各点的全加速度 a 与转动半径之间的夹角 θ 都相同,全加速度的大小与各点到转轴的距离 R 成正比,如图 13-5b 所示。这是因为在同一瞬时,对各点而言,ω、α 都各自相同。

例 13-3 半径为 $R = 0.1$ m 的定滑轮上绕有细绳,绳端系一重物 A,如图 13-6a 所示。已知轮的转动

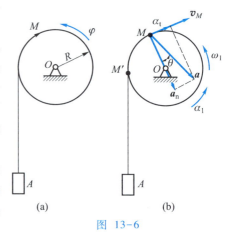

图 13-6

方程为 $\varphi = t^3 - 4t^2 + 2$ (φ 为逆时针向转动)，其中 t 以 s 计，φ 以 rad 计。试求当 $t=1$ s 时，轮缘上一点 M 的速度、切向加速度、法向加速度和全加速度，以及重物 A 的速度和加速度。

解： 已知滑轮的转动方程，将它对时间 t 求导即得滑轮的角速度和角加速度：

$$\omega = \frac{d\varphi}{dt} = 3t^2 - 8t, \qquad \alpha = \frac{d\omega}{dt} = 6t - 8$$

上二式中，φ 以 rad 计，ω 以 rad/s 计，α 以 rad/s² 计，t 以 s 计。当 $t=1$ s 时，其值为

$$\omega_1 = (3 \times 1^2 - 8 \times 1) \text{ rad/s} = -5 \text{ rad/s}$$
$$\alpha_1 = (6 \times 1 - 8) \text{ rad/s}^2 = -2 \text{ rad/s}^2$$

此时，轮缘上点 M 的速度大小为

$$v_M = R|\omega_1| = 0.1 \times 5 \text{ m/s} = 0.5 \text{ m/s}$$

方向如图 13-6b 所示。点 M 的切向加速度的大小和法向加速度的大小分别为

$$|a_t| = R|\alpha_1| = 0.1 \times 2 \text{ m/s}^2 = 0.2 \text{ m/s}^2, \qquad a_n = R\omega_1^2 = 0.1 \times (-5)^2 \text{ m/s}^2 = 2.5 \text{ m/s}^2$$

方向分别如图 13-6b 所示。于是得点 M 的全加速度之大小、方向为

$$a = \sqrt{a_t^2 + a_n^2} = \sqrt{0.2^2 + 2.5^2} \text{ m/s}^2 = 2.51 \text{ m/s}^2$$

$$\tan \theta = \frac{|\alpha_1|}{\omega_1^2} = \frac{2}{(-5)^2} = 0.08, \quad \theta = 4.57°$$

重物 A 的速度和加速度分别等于滑轮上与细绳相切之点 M' 的速度和切向加速度，即 $\boldsymbol{v}_A = \boldsymbol{v}_{M'}$，$\boldsymbol{a}_A = \boldsymbol{a}_{M't}$。注意到，同在轮缘上的点 M' 和 M，它们的速度和切向加速度之大小分别相等，故有

$$v_A = 0.5 \text{ m/s}(\uparrow), \qquad a_A = 0.2 \text{ m/s}^2(\uparrow)$$

在此瞬时，由于定滑轮的 ω 与 α 同号，故知滑轮做加速转动；点 M 的切向加速度与速度指向一致，故知点 M 做加速运动。重物 A 亦然。

例 13-4 平行双曲柄机构如图 13-7 所示，连杆的长度 $AB = O_1 O_2 =$

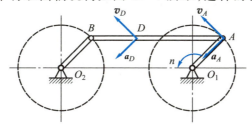

图 13-7

0.45 m，曲柄的长度 $O_1A = O_2B = 0.15$ m，曲柄 O_1A 以转速 $n = 120$ r/min 做匀速转动。试求图示瞬时连杆 AB 上距点 B 为 0.15 m 处一点 D 的速度和加速度。

解：因 $O_1O_2 = AB$，$O_1A = O_2B$，故在任何瞬时 O_1ABO_2 为平行四边形，在运动中，杆 AB 做曲线移动。根据刚体移动的特点知，AB 上各点的速度和加速度分别相同，于是

$$v_D = v_A = O_1A \cdot \omega = 0.15 \times \frac{120\pi}{30} \text{ m/s} = 1.88 \text{ m/s}$$

$$a_{Dt} = a_{At} = O_1A \cdot \alpha = 0$$

$$a_D = a_{Dn} = a_{An} = a_A = O_1A \cdot \omega^2 = 0.15 \times \left(\frac{120\pi}{30}\right)^2 \text{ m/s}^2 = 23.7 \text{ m/s}^2$$

$\boldsymbol{v}_D$ 和 $\boldsymbol{a}_D$ 的方向分别与 $\boldsymbol{v}_A$ 和 $\boldsymbol{a}_A$ 相同，如图 13-7 所示。

例 13-5 图 13-8a、b 所示分别表示一对外啮合和内啮合圆柱齿轮。已知齿轮Ⅰ的角速度 ω_1 和角加速度 α_1。试求齿轮Ⅱ的角速度 ω_2 和角加速度 α_2。已知齿轮Ⅰ和Ⅱ的节圆半径分别为 R_1、R_2，齿数分别为 z_1、z_2。

13-3：齿轮传动机构

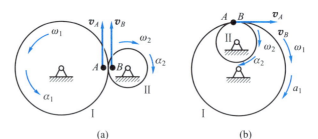

图 13-8

解：齿轮之间的啮合可看成节圆之间的啮合。设 A、B 分别是齿轮Ⅰ和Ⅱ节圆上相切的点，那么它们具有相同的速度和相同的切向加速度，即 $\boldsymbol{v}_A = \boldsymbol{v}_B$，$\boldsymbol{a}_{At} = \boldsymbol{a}_{Bt}$，而

$$v_A = R_1 |\omega_1|, \qquad v_B = R_2 |\omega_2|$$
$$a_{At} = R_1 |\alpha_1|, \qquad a_{Bt} = R_2 |\alpha_2|$$

故有

$$R_1 |\omega_1| = R_2 |\omega_2|, \qquad R_1 |\alpha_1| = R_2 |\alpha_2|$$

即

$$\left|\frac{\omega_1}{\omega_2}\right| = \left|\frac{\alpha_1}{\alpha_2}\right| = \frac{R_2}{R_1}$$

一对啮合的齿轮，有

$$\frac{z_2}{z_1} = \frac{R_2}{R_1}$$

故

$$\left|\frac{\omega_1}{\omega_2}\right| = \left|\frac{\alpha_1}{\alpha_2}\right| = \frac{R_2}{R_1} = \frac{z_2}{z_1}$$

即一对啮合的齿轮它们的角速度大小之比或角加速度大小之比均与节圆半径（或齿数）成反比。通常把主动轮与从动轮角速率之比称为**传动比**，记为 i，即

$$i = \left|\frac{\omega_主}{\omega_从}\right| = \frac{R_从}{R_主} = \frac{z_从}{z_主}$$

从图 13-8 所示可看出：对于外啮合（图 13-8a），两个齿轮的角速度和角加速度之转向均相反；对于内啮合（图 13-8b），两个齿轮的角速度和角加速度之转向均相同。

【思考题 13-3】

试画出图 13-9 所示各图中转动刚体上点 A 和点 B 的速度和加速度的方向。

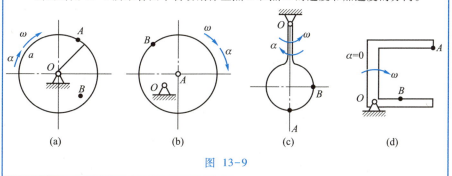

图 13-9

习　题

13-1 图示机构的尺寸如下：$O_1A = O_2B = AM = r = 0.2$ m，$O_1O_2 = AB$。轮 O_1 按 $\varphi = 15\pi\, t$（t 以 s 计，φ 以 rad 计）的规律转动。试求当 $t = 0.5$ s 时，杆 AB 的位置及杆上点 M 的速度和加速度。

13-2 汽车上的雨刷 CD 固连在横杆 AB 上，由曲柄 O_1A 驱动，如图所示。已知：$O_1A = O_2B = r = 300$ mm，$AB = O_1O_2$，曲柄 O_1A 往复摆动的规律为 $\varphi = (\pi/4)\sin 2\pi t$，其中 t 以 s 计，φ 以 rad 计。试求在 $t = 0$、$\dfrac{1}{8}$ s、$\dfrac{1}{4}$ s 各瞬时雨刷端点 C 的速度和加速度。

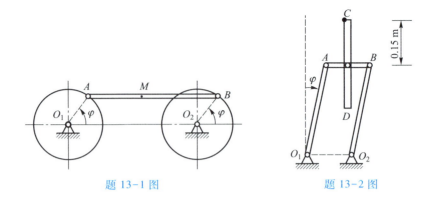

题 13-1 图　　　　　　　题 13-2 图

13-3 搅拌机机构如图所示，$O_1A = O_2B = R = 250$ mm，$O_1A \parallel O_2B$。已知杆 O_1A 以转速 $n = 300$ r/min 匀速转动，试求刚性搅棍 BAC 上点 C 的轨迹、速度和加速度。

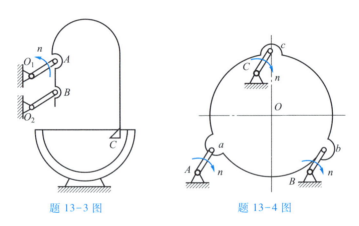

题 13-3 图　　　　　　　题 13-4 图

13-4 图示揉茶机的揉桶由三个曲柄 Aa、Bb、Cc 支持，各曲柄的长度均为 $l = 140$ mm，且互相平行。设各曲柄以转速 $n = 18$ r/min 匀速转动，试求揉桶中心点 O 的速度、加速度和轨迹。

13-5 刨床的曲柄摇杆机构如图所示。曲柄 OA 的 A 端用铰链与滑块 A 相连，并可沿摇杆 O_1B 上的槽滑动。已知：曲柄 OA 长为 r 以匀角速度 ω_0 绕轴 O 顺时针转动，$OO_1 = l$。试求摇杆 O_1B 的运动方程，设 $t = 0$ 时，$\varphi = 0$。

13-6 图示长 $OA = l$ 的细杆，可绕轴 O 转动，其端点 A 紧靠物块 B 的侧面。若物块 B 以匀速 v 向右移动，试求杆 OA 的角速度。设运动开始时杆 OA 处于铅垂位置（即 $\varphi = 0$）。

第 13 章　刚体的基本运动　　337

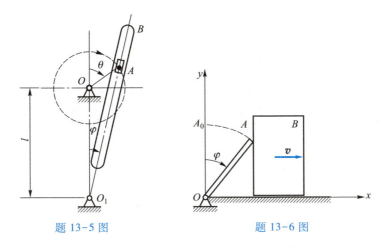

题 13-5 图　　　　　　题 13-6 图

13-7　图示大轮 A 由小轮 B 通过胶带带动。两者的半径分别为 $r_A = 0.60$ m，$r_B = 0.20$ m。轮 B 自静止开始启动后，以匀角加速度 $\alpha_B = 0.2\pi$ rad/s^2 转动，试问需经过多少时间后轮 A 的转速可达 200 r/min？设轮子与胶带间无滑动。

13-8　图示千斤顶机构是由与手把 A 固连的齿轮 1 通过其他齿轮而带动齿条 B。齿轮 1~4 的齿数分别为 $z_1 = 7$、$z_2 = 24$、$z_3 = 9$、$z_4 = 32$，齿轮 5 的半径 $r_5 = 40$ mm。若手把 A 的角速度为 $\omega_1 = 1$ rad/s，试求齿条 B 的速度。其中轮 2 与轮 3 固结于同一轴；轮 4 与轮 5 固结于同一轴。

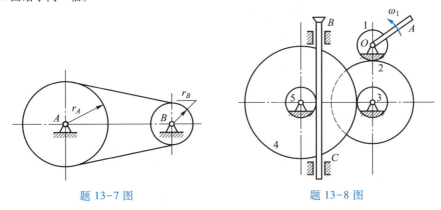

题 13-7 图　　　　　　题 13-8 图

13-9　图示电动绞车由带轮 I 、II 及鼓轮 III 组成，轮 III 和轮 II 刚性地固连在同一轴上，各轮的半径分别为 $r_1 = 300$ mm、$r_2 = 750$ mm、$r_3 = 400$ mm。轮 I 以匀转速 $n_1 = 100$ r/min 转动。试求重物 M 上升的速度和胶带上 AB、BC、CD、DA 各段上点的加速度的大小。设轮与胶带间无滑动。

13-10　图示一轮轴，轮半径 $R = 100$ mm，轴半径 $r = 50$ mm，轮和轴上分别绕有细绳，绳端各系重物 A 和 B。已知物 A 向下运动的运动方程为 $s_A = 80\ t^2$，其中 t 以 s 计，s_A 以 mm 计。试求 $t = 2$ s 时：(1) 轮的角速度和角加速度；(2) 物 B 及轮缘上点 D 的速度和加速度。

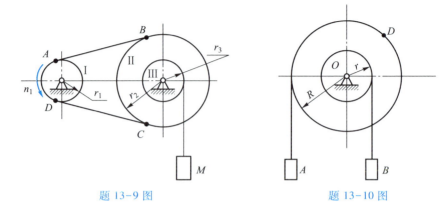

题 13-9 图　　　　　题 13-10 图

13-11 轮 Ⅰ、Ⅱ 的半径分别为 $r_1 = 150$ mm，$r_2 = 200$ mm，两轮心分别与杆 AB 的两端铰接。两轮在半径为 $R = 450$ mm 的圆柱面上无滑动地滚动。在图示瞬时，点 A 的加速度 $a_A = 1.2$ m/s^2，a_A 与 AO 成 $60°$ 角。试求此瞬时：

（1）杆 AB 的角速度和角加速度；

（2）点 B 的加速度。

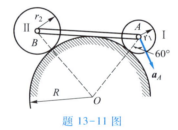

题 13-11 图

第 14 章　点的复合运动

14-1：教学要点

§14-1　绝对运动、相对运动和牵连运动

由于机械运动的描述是相对的，因此，对同一个动点在不同的参考系中所描述的运动情况一般是不相同的。例如，在以速度 v 向东行驶的车厢内（图14-1），地板上有一南北方向的横槽 AB，一小球 M 沿横槽以速度 u 向北运动，则坐在车厢内的人看到，小球向正北运动，而站在地面上的人看到，小球往东偏北方向运动。又例如，在绕铅垂轴 O 以角速度 ω 匀速转动的水平圆盘上（图14-2），有一小球 M 沿径向直槽以不变的速度 u 从轴心 O 向外运动，则相对于圆盘来说小球沿轴 x' 做匀速直线运动；但相对于地面来说小球的轨迹是螺旋线，而此时它的速度除了与 u 有关外，还与小球所在点因圆盘转动引起的速度 v_1 有关。

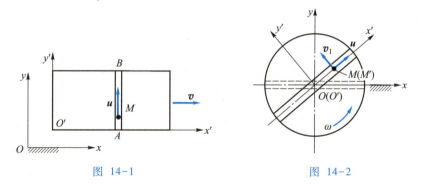

图 14-1　　　　　　　图 14-2

在以上这类问题中，涉及一个**动点**（moving point）和两个参考体。通常把固结于地面的参考系称为**定参考系**（简称**定系**）（fixed coordinates system），而把固结在相对于定系运动着的物体上的参考系，称为**动参考系**（简称**动系**）（moving coordinates system）。把动点相对于定系的运动称为**绝对运动**（absolute motion），动点相对于动系的运动称为**相对运动**（relative motion）；而动系相对于定系的运动则称为**牵连运动**（transport motion, convected motion)。

显然,绝对运动、相对运动和牵连运动三者之间既有区别又有一定的联系,关键是由于牵连运动的存在。应该注意的是,所谓牵连运动指的是动系(或看成可扩展的刚体)的运动。而对动点的运动有影响(有牵连)的,只是动系上与动点相重合的那个点的运动。所以,特地把动系上与动点重合的点称为**牵连点**(convected point),把牵连点的运动(即相对于定系的运动)称为动点的牵连运动。当然,由于相对运动的存在,在不同的瞬时,牵连点在动系上的位置各不相同。

动点在绝对运动中的轨迹、位移、速度和加速度,分别称为绝对轨迹、绝对位移、绝对速度和绝对加速度。动点在相对运动中的轨迹、位移、速度和加速度,分别称为相对轨迹、相对位移、相对速度和相对加速度。至于动点的牵连速度和牵连加速度,则分别指在所研究瞬时的牵连点相对于定系运动的速度和加速度。

在图 14-2 所示的情况中,当以小球为动点,以固结于地面的坐标系 Oxy 为定系,以固结于圆盘上的坐标系 $O'x'y'$ 为动系时,动点的相对轨迹为沿 Ox' 的一段直线,即动点的相对运动为直线运动。在任意瞬时,其相对速度、相对加速度(如果有的话,下同)的方向必定沿此直线。动点的绝对轨迹为过点 O 的螺旋线(图中未画出),故动点的绝对运动为平面曲线运动。据§12-4 知,在某瞬时,动点的绝对速度和绝对切向加速度的方向必定沿轨迹曲线在点 M 处的切线;绝对法向加速度必定沿轨迹曲线在点 M 处的法线,指向曲率中心。至于牵连运动,则为定轴转动。然而为了说明动点的牵连运动,首先必须明确是研究哪一瞬时,以及该瞬时牵连点的位置。例如,当研究图 14-2 所示瞬时 t 时,牵连点为动系(圆盘)上与动点 M 重合的点 M'。明确牵连点后,先撇开动点 M 的运动,单看牵连点 M' 本身的运动(相对于定系),这就是动点的牵连运动。在这瞬时,动点的牵连运动是以点 O 为圆心、以 OM' 为半径的圆周运动。于是易知:牵连速度和牵连切向加速度沿此圆在点 M' 处的切线方向;牵连法向加速度沿其法线方向,并指向圆心 O。于是,点的绝对运动可视为点的牵连运动和点的相对运动的合成运动,称此为点的**复合运动**或点的**合成运动**(composite motion)。

至于绝对速度(加速度)、相对速度(加速度)和牵连速度(加速度)三者之间的定量关系将在下面讨论。

【思考题 14-1】

对于图 14-3 所示四个系统，分别按下述情况说明绝对运动、相对运动、牵连运动和动点的牵连运动，并画出图示瞬时相对速度、牵连速度及绝对速度的方位。假设定系均固结于地面。

(a) 以滑块 M 为动点，动系固结于 O_1A 上；
(b) 以小环 M 为动点，动系固结于杆 OA 上；
(c) 以小车 2 为动点，动系固结于小车 1 上；
(d) 以小球 M 为动点，动系固结于车上。

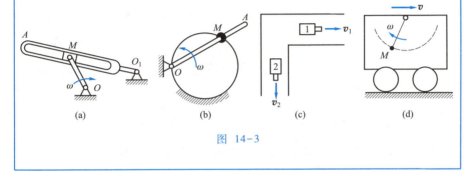

图 14-3

§14-2 点的速度合成定理

设动系 $O'x'y'z'$ 相对于定系 $Oxyz$ 运动（图 14-4），动点 M 又相对于动系 $O'x'y'z'$ 运动，其相对轨迹为曲线 AB（可暂时设想动点 M 在与动系固连的弯管 AB 内运动）。在瞬时 t，动点 M 在 C 处，经过微小时间 Δt 后，动系运动到新的位置（AB 运动到了 $A'B'$ 的位置，AB 上的点 C 同时沿某曲线 $\overparen{CC'}$ 到了 C' 处），动点 M 则从 C 沿某曲线 $\overparen{CC_1}$ 运动到了 C_1 的位置。显然，$\overparen{CC_1}$ 就是动点的绝对轨迹（absolute motion track），矢量 $\overrightarrow{CC_1}$ 就是动点的绝对位移（absolute displacement）。动点的上述运动可看成为动点 M 先随同牵连点 C（动系上的点）沿曲线 $\overparen{CC'}$ 运动到 C'，然后再由 C' 沿曲线 $\overparen{A'B'}$ 运动到 C_1。于是，从图中可见，绝对位移 $\overrightarrow{CC_1}$ 可表示为

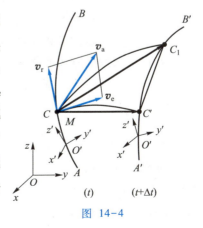

图 14-4

$$\vec{CC_1} = \vec{CC'} + \vec{C'C_1}$$

将上式中各项均除以 Δt,并令 $\Delta t \to 0$,则有

$$\lim_{\Delta t \to 0} \frac{\vec{CC_1}}{\Delta t} = \lim_{\Delta t \to 0} \frac{\vec{CC'}}{\Delta t} + \lim_{\Delta t \to 0} \frac{\vec{C'C_1}}{\Delta t}$$

此式等号左端即为动点在瞬时 t 的<u>绝对速度</u>(absolute velocity),记为 $\boldsymbol{v}_a$,其方向沿绝对轨迹 $\overset{\frown}{CC_1}$ 在点 C 处的切线。至于等号右边的第一项,则只要注意到曲线 $\overset{\frown}{CC'}$ 是动系上点 C 的轨迹,而 $\vec{CC'}$ 是点 C 的位移,便可知这一项是点 C 的速度,也就是动点在瞬时 t 的牵连点的速度,即<u>牵连速度</u>(convected velocity),记为 $\boldsymbol{v}_e$,其方向沿点 C 的轨迹 $\overset{\frown}{CC'}$ 在 C 处的切线。因为 $\overset{\frown}{C'C_1}$ 是动点的相对轨迹(relative track),而 $\vec{C'C_1}$ 是动点的相对位移(relative displacement),故式中的最后一项为动点的<u>相对速度</u>(relative velocity),记为 $\boldsymbol{v}_r$,其方向应是沿曲线 $\overset{\frown}{A'B'}$ 在点 C' 处的切线,当 $\Delta t \to 0$ 时,曲线 $\overset{\frown}{A'B'}$ 与 $\overset{\frown}{AB}$ 无限接近,点 C' 无限接近点 C,故 $\boldsymbol{v}_r$ 也就沿相对轨迹 $\overset{\frown}{AB}$ 在点 C 处的切线。于是得到

$$\boldsymbol{v}_a = \boldsymbol{v}_e + \boldsymbol{v}_r \tag{14-1}$$

即<u>动点的绝对速度等于其牵连速度与相对速度之矢量和</u>。这就是点的<u>速度合成定理</u>。式(14-1)涉及共面的三个矢量之大小和方向,共六个量,利用它可解出两个未知量。

应用此定理解题时,定系一般取为固结于地面;而动点和动系的选取则较灵活,选取得是否恰当对于解题至关重要。选取动点和动系的一般原则是:(1)动点相对于动系应有相对运动,故动点和动系一般不能在同一刚体上;(2)动点的相对轨迹应易于确定,这一点很重要,因为这样才便于正确判定相对速度,特别是相对加速度的方位。基于以上原则,在机构的运动分析中,往往选取两刚体的连接点或接触点为动点。

选定动点、动系和定系后,便可分析三种运动,画出 $\boldsymbol{v}_a$、$\boldsymbol{v}_e$ 和 $\boldsymbol{v}_r$。由式(14-1)知在以 $\boldsymbol{v}_e$ 和 $\boldsymbol{v}_r$ 为邻边所构成的平行四边形中,$\boldsymbol{v}_a$ 一定要在其对角线上。

例 14-1 图 14-5a 所示为一刨床机构的示意图,曲柄 OA 绕轴 O 转动,带动滑块 A 在摇臂 O_1B 的槽中滑动,而使摇臂绕轴 O_1 摆动。它又通过刀杆 DE 上的销钉 G 带动刀杆往复移动。已知:$OA = R = 200$ mm,$OO_1 = l = 200\sqrt{3}$ mm,$L = 400\sqrt{3}$ mm。在图示瞬时,OA 水平,其角速度 $\omega_1 = 2$ rad/s,试

求此瞬时摇臂 O_1B 的角速度 ω_2 及刀杆 DE 的速度 v_{DE}。

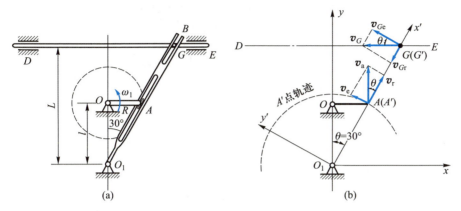

图 14-5

解： 先求摇臂 O_1B 的角速度 ω_2。

选 OA、O_1B 两刚体的连接点滑块 A 为动点，取动系 $O_1x'y'$ 固结于摇臂 O_1B 上，如图 14-5b 所示（请考虑：可否将动系固结于曲柄 OA 上），取定系 O_1xy 固结于地面。于是，动点 A 绕点 O 的圆周运动为绝对运动，动点 A 在滑槽中的运动为相对运动，而牵连点 A'（属于动系上的点）绕点 O_1 的圆周运动为动点的牵连运动。已知动点 A 在图示瞬时的绝对速度，其大小和方向为

$$v_a = R\omega_1 = 0.2 \times 2 \text{ m/s} = 0.4 \text{ m/s}(\uparrow)$$

而动点 A 的相对速度 v_r，其方位必沿轴 O_1x'，只是大小及指向待定（一个未知量）；而动点 A 的牵连速度 v_e 的方位必垂直于半径 O_1A，但其大小及指向也待定（又一未知量）。现据速度合成定理作出以 v_a 为对角线的平行四边形，如图 14-5b 所示，即可得出 v_e、v_r 两未知量，其中

$$v_e = v_a \sin\theta = 0.4\sin 30° \text{ m/s} = 0.2 \text{ m/s}$$

其指向如图中所示。注意到 v_e 即 O_1B 上的点 A' 的速度，故摇臂 O_1B 的角速度

$$\omega_2 = \frac{v_e}{O_1A} = \frac{v_e}{l/\cos 30°} = \frac{200}{200\sqrt{3}/(\sqrt{3}/2)} \text{ rad/s} = 0.5 \text{ rad/s}(\circlearrowleft)$$

再求刀杆 DE 的速度 v_{DE}。为此，需另选动点和动系。依题意应取 DE 上的销钉 G 作为动点。与此相应，将动系固结于 O_1B 上。至于定系，仍固结于地面。于是，动点的绝对运动便是销钉 G 的水平直线运动，绝对速度 v_G 的方位必水平，大小和指向待定（一个未知量）；动点的相对运动为销钉

沿槽的直线运动，相对速度 v_{Gr} 必沿轴 O_1x'，大小及指向待定（又一未知量）；牵连运动为动系绕轴 O_1 的转动，而动点的牵连运动为以 O_1 为圆心、以 O_1G 为半径的圆周运动，现已知牵连速度的大小为

$$v_{Ge} = O_1G \cdot \omega_2 = \frac{L}{\cos 30°}\omega_2 = 0.8 \times 0.5 \text{ m/s} = 0.4 \text{ m/s}$$

其方向垂直于 O_1G，且指向与 ω_2 一致，如图 14-5b 所示。根据速度合成定理作出动点 G 的速度图，如图中所示，由此得

$$v_G = \frac{v_{Ge}}{\cos\theta} = \frac{0.4}{\cos 30°} \text{ m/s} = 0.462 \text{ m/s}(\leftarrow)$$

因为 DE 作平移，其上任一点的速度即为 DE 的速度，故

$$v_{DE} = v_G = 0.462 \text{ m/s}(\leftarrow)$$

§14-3　牵连运动为平移时点的加速度合成定理

上节所述点的速度合成定理，推导时并未限制动系做何种运动，故不论牵连运动为何种类型，定理都是成立的。但点的加速度合成定理则与牵连运动的类型有关。本教材对此只讨论牵连运动为平移的情形。

设图 14-6 中所示的动系 $O'x'y'z'$ 相对于定系 $Oxyz$ 做平移。根据运动描述的相对性，并把式（12-6）推广到空间，则动点 M 在任意瞬时 t 的相对速度 v_r 与其相对坐标 x'、y'、z' 之间有下述关系：

$$v_r = \frac{\mathrm{d}x'}{\mathrm{d}t}i' + \frac{\mathrm{d}y'}{\mathrm{d}t}j' + \frac{\mathrm{d}z'}{\mathrm{d}t}k' \quad (14-2)$$

式中，i'、j'、k' 为动系的正向单位矢量。同理，据式（12-11），动点在任意瞬时 t 的相对加速度

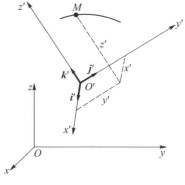

图 14-6

$$a_r = \frac{\mathrm{d}^2 x'}{\mathrm{d}t^2}i' + \frac{\mathrm{d}^2 y'}{\mathrm{d}t^2}j' + \frac{\mathrm{d}^2 z'}{\mathrm{d}t^2}k' \quad (14-3)$$

由于动系仅做平移，在同一瞬时，动系（可视为刚体）上所有各点的速度都相同，因而动点的牵连速度必与动系原点 O' 的速度 $v_{O'}$ 相同，即

$$v_e = v_{O'} \quad (14-4)$$

将式（14-2）、式（14-4）代入式（14-1）得

$$\boldsymbol{v}_\mathrm{a} = \boldsymbol{v}_{O'} + \dot{x}\,'\boldsymbol{i}' + \dot{y}\,'\boldsymbol{j}' + \dot{z}\,'\boldsymbol{k}' \tag{14-5}$$

上式是任意瞬时都成立的,故可对时间 t 求导,注意到动系仅做平移,$\boldsymbol{i}'$、$\boldsymbol{j}'$、$\boldsymbol{k}'$ 均为常矢量,有

$$\boldsymbol{a}_\mathrm{a} = \boldsymbol{a}_{O'} + \ddot{x}\,'\boldsymbol{i}' + \ddot{y}\,'\boldsymbol{j}' + \ddot{z}\,'\boldsymbol{k}' \tag{14-6}$$

将式(14-3)代入得

$$\boldsymbol{a}_\mathrm{a} = \boldsymbol{a}_{O'} + \boldsymbol{a}_\mathrm{r} \tag{14-7}$$

还是因为动系仅做平移,在同一瞬时,动系上所有各点的加速度都相同,因而动点的牵连加速度必与动系原点 O' 的加速度 $\boldsymbol{a}_{O'}$ 相同,即

$$\boldsymbol{a}_\mathrm{e} = \boldsymbol{a}_{O'} \tag{14-8}$$

将式(14-8)代入式(14-7)最后得

$$\boldsymbol{a}_\mathrm{a} = \boldsymbol{a}_\mathrm{e} + \boldsymbol{a}_\mathrm{r} \tag{14-9}$$

这就是牵连运动为平移时点的加速度合成定理:在任一瞬时,动点的<u>绝对加速度</u>(absolute acceleration)等于动点的<u>牵连加速度</u>(convected acceleration)与动点的<u>相对加速度</u>(relative acceleration)之矢量和。

特别注意,在式(14-9)的推导中,多次用到动系仅做平移这一条件,故式(14-9)对牵连运动有转动的情况不适用。

【思考题 14-2】

式(14-9)的推导过程中,为何不直接用 $\boldsymbol{a}_\mathrm{e} = \dfrac{\mathrm{d}\boldsymbol{v}_\mathrm{e}}{\mathrm{d}t}$?

【思考题 14-3】

能否说动点的牵连速度就是动系的速度,动点的牵连加速度就是动系的加速度?

例 14-2 图 14-7a 所示的曲柄滑道机构中,曲柄长 $OA = 100$ mm,当 $\angle COA = 45°$ 时,其角速度 $\omega = 1$ rad/s,角加速度 $\alpha = 1$ rad/s^2,转向如图。试求此瞬时,导杆 BC(铅垂)的加速度及滑块 A 在滑道 DB(水平)中滑动的加速度。

解:取滑块 A 为动点,动系固结于导杆 BC 上,定系固结于地面。

动点 A 的绝对运动为圆周运动(圆心为 O,半径为 OA),故绝对加速度 $\boldsymbol{a}_\mathrm{a}$ 有两个分量:

$$a_{\mathrm{a}t} = OA \cdot \alpha = 0.1 \times 1 \text{ m/s}^2 = 0.1 \text{ m/s}^2$$
$$a_{\mathrm{a}n} = OA \cdot \omega^2 = 0.1 \times 1^2 \text{ m/s}^2 = 0.1 \text{ m/s}^2$$

两者的方向如图 14-7b 所示。动点的相对运动为沿槽 DB 的直线运动,故 $\boldsymbol{a}_\mathrm{r}$ 的方位必为水平,只是其大小和指向待求,现暂设指向向左。牵连运动

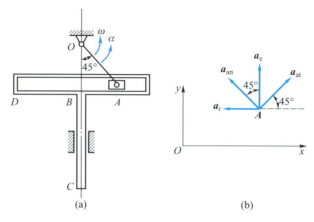

图 14-7

为直线平移,动点的牵连运动为竖直方向的直线运动,故 a_e 的方位必为铅垂,大小待求,指向暂设为向上。根据式(14-9)有

$$a_{at} + a_{an} = a_e + a_r \tag{1}$$

将上式中各项分别在轴 x、y 上投影得

$$a_{at}\cos 45° - a_{an}\sin 45° = -a_r$$

$$a_{at}\sin 45° + a_{an}\cos 45° = a_e$$

解得

$$a_r = -0.1 \times \frac{\sqrt{2}}{2} \text{ m/s}^2 + 0.1 \times \frac{\sqrt{2}}{2} \text{ m/s}^2 = 0$$

$$a_e = \left(0.1 \times \frac{\sqrt{2}}{2} + 0.1 \times \frac{\sqrt{2}}{2}\right) \text{ m/s}^2 = 0.141 \text{ m/s}^2$$

a_e 得正值,表明前面假定的指向正确。

注意到 a_e 即牵连点的加速度,且 BC 做平移,故 a_e 就是导杆 BC 的加速度 a_{BC},即

$$a_{BC} = a_e = 0.141 \text{ m/s}^2 (\uparrow)$$

而滑块 A 在滑道 DB 中的滑动加速度就是 a_r;已算出,此瞬时 $a_r = 0$。

【思考题 14-4】

有人认为,例 14-2 中的式(1),两边投影到轴 x 上,按图 14-7b 所示则为

$$a_{an}\cos 45° + a_r = a_{at}\cos 45°$$

试问这一做法对不对?为什么?

习　题

14-1　对于图中所示的各机构,适当选取动点、动系和定系,试画出在图示瞬时动点的 v_a、v_e 和 v_r。

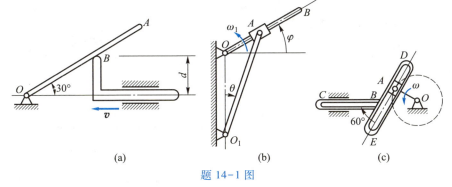

题 14-1 图

14-2　对于图中所示的各机构,适当选取动点、动系和定系,试画出在图示瞬时动点的 v_a、v_e 和 v_r 以及 a_a、a_e 和 a_r。

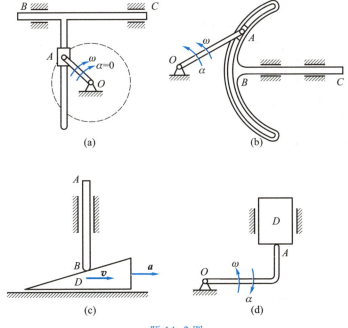

题 14-2 图

14-3　火车以 15 km/h 的速度沿水平直道行驶时,雨滴在车厢侧面玻璃上留下与铅垂线成 30°向后的雨痕;短时间后,火车的速度增至 30 km/h,而车厢里的人看见雨滴与铅垂线的夹角增为 45°。试问若火车处于静止,将见雨滴以多大速度沿什么方向下落?

14-4 在水面上有舰艇 A 和 B，A 向东行驶，B 沿半径为 $\rho = 100$ m 的圆弧行驶。两者的速度大小都是 $v = 36$ km/h。在图示瞬时，$s = 50$ m，$\varphi = 45°$。试求在此瞬时:(1) 艇 B 的质心相对于艇 A 的速度;(2) 艇 A 相对于艇 B(视为绕 O 转动的物体)的速度。

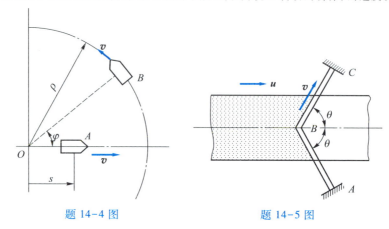

题 14-4 图　　　　题 14-5 图

14-5 为从运行中的胶带上卸下粒状物料，在胶带上方设置了固定的挡板 ABC。已知 $\theta = 60°$，胶带运动速度的大小 $u = 0.6$ m/s，粒状物料沿挡板的速度的大小 $v = 0.14$ m/s。试求物料相对于胶带的速度 v_r 的大小和方向。

14-6 图示刚性折杆 OBC 绕轴 O 转动，使套在其上的小环 M 沿固定直杆 OA 滑动。已知折杆的角速度 $\omega = 0.5$ rad/s，转向如图，$OB = 100$ mm，$OB \perp BC$。试求当 $\varphi = 60°$ 时小环 M 的速度。

14-7 液体在半径为 r 的细圆环内沿逆时针方向以不变的相对速率 u 运动，而细圆环又在图示平面内以匀角速度 ω 绕轴 O 逆时针方向转动。试求在细圆环内 1、2、3 和 4 点处，液体的绝对速度的大小。

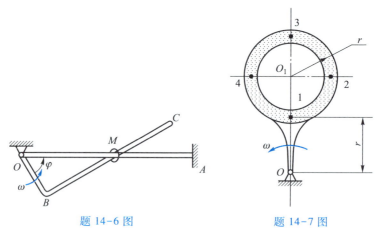

题 14-6 图　　　　题 14-7 图

14-8 图示杆 OA 长为 l，在 O 端为固定铰支座，A 端搁在半圆形凸轮上，凸轮半径 $r=\dfrac{l}{\sqrt{2}}$，其移动速度为 v。试求当 $\theta=30°$ 时，杆 OA 的角速度。

14-9 圆盘形凸轮机构中，$R=80$ mm，偏心距 $OO_1=e=25$ mm。已知凸轮的角速度 $\omega=2$ rad/s，转向如图。试求在图示位置（O_1O 为水平）时杆 AB 的速度。

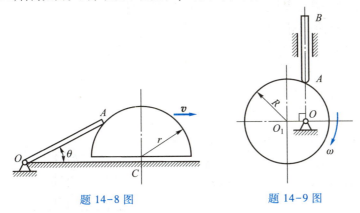

题 14-8 图   题 14-9 图

14-10 在图 a、b 所示的机构中，$AB=b=200$ mm，$\omega_B=9$ rad/s，转向如图。试分别求在图示位置时，另一杆 $AC(AH)$ 的角速度 ω_A 及套筒 C 在 $BD(AH)$ 上滑动的速度。

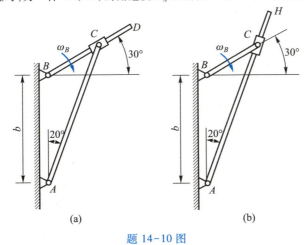

题 14-10 图

14-11 图示机构中，A、B、C、A'、B' 及 D 处均为铰接。$AA'=BB'=r=0.25$ m，且 $AB=A'B'$。连杆 AA' 以匀角速度 $\omega=2$ rad/s 绕轴 A' 逆时针转动。当 $\theta=60°$ 时，槽杆 CE 恰好直立。试求此瞬时槽杆 CE 的角速度。

14-12 具有圆弧形滑道的曲柄滑道机构，当曲柄 O_1A 转动时带动杆 CD 做往复直线平移。若已知曲柄 O_1A 逆时针匀速转动的转速 $n=120$ r/min，圆弧形滑道的半径 $R=O_1A=100$ mm。试求当 $\varphi=30°$ 时杆 CD 的速度和加速度。

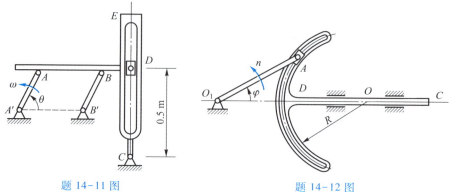

题 14-11 图   题 14-12 图

14-13 分别用第 12 章及本章中的方法求图示凸轮机构中挺杆 AB 的速度和加速度。已知偏心轮半径为 R，偏心距 $O_1O = e$，偏心轮绕轴 O_1 逆时针转动的角速度 ω 为常量。（提示：用复合运动法时宜取轮心 O 为动点。）

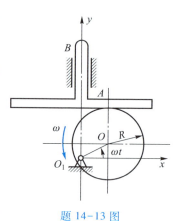

14-14 图示机构由杆 O_1A、O_2B 及半圆形板 ABD 组成，各构件均在图示平面内运动。另有动点 M 沿圆弧 $\overset{\frown}{BDA}$ 运动。已知：$O_1A \underline{\underline{\parallel}} O_2B = 180$ mm，R = 180 mm，$\varphi = \dfrac{\pi t}{18}$，弧坐标 $s = \overset{\frown}{BM} = 10\pi t^2$，t 以 s 计，s 以 mm 计，$\varphi$ 以 rad 计。试求 t = 3 s 时，点 M 的速度及加速度之大小。

题 14-13 图

14-15 小车的运动规律为 $x = 500\,t^2$，其中 x 以 mm 计，t 以 s 计。车上的连杆 $O'M$ 长为 600 mm，在图示平面内绕轴 O' 转动，其规律为 $\varphi = \dfrac{\pi}{3\sqrt{3}}\sin \pi t$（t 以 s 计，$\varphi$ 以 rad 计）。试求 $t = \dfrac{1}{3}$ s 时连杆端点 M 的加速度。

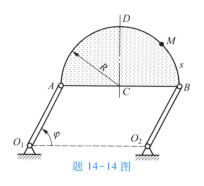   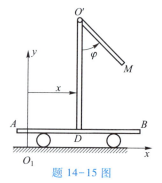

题 14-14 图   题 14-15 图

第 15 章 刚体的平面运动

15-1：教学要点

在前两章的基础上,本章将讨论刚体的较为复杂的运动——刚体的平面运动。它是工程上经常遇到的运动,而且其研究方法又是研究刚体更复杂的运动的基础。

§15-1 刚体平面运动分解为平移和转动

刚体运动时,若体内各点至某一平面的距离各自始终保持不变,或者说体内任一点都始终在一个平面内运动,则称此刚体做**平面平行运动**,简称**平面运动**(plane motion)。擦黑板时板刷的运动、曲柄连杆机构中连杆(图 15-10 所示之 AB)的运动以及沿直线行驶时火车车轮的运动等都是平面运动。

设刚体 R 做平面运动(图 15-1),其上任一点到固定平面 Q 的距离始终保持不变,则如果用一个与平面 Q 平行的平面 P 与刚体相截,那么,在刚体上截出的平面图形 S 显然将始终在其自身的平面内运动,即在平面 P 内运动。此时,平面图形 S 的运动即可用来代表整个刚体的运动。这是因为,过平面图形 S 上任一点 A 而与该图形垂直的直线 A_1A_2 在运动中始终保持与平面 P 相垂直,从而保持与原来的位置平行,即它仅做平移,其上各点的速度、加速度及轨迹的形状分别都相同,可见,平面图形 S 上任意点 A 的运动可代表直线 A_1A_2 上所有点的运动。

为了研究平面图形 S 在其自身平面内的运动,可在 S 所在的平面内取一固定参考系 Oxy,在 S 上另取一移动参考系 $O'x'y'$,如图 15-2 所示,此移动参考系的原点 O'[称为**基点**(pole)]与平面图形 S 固结,但轴 $O'x'$、$O'y'$ 不与图形 S 固结,而分别与定坐标轴 x、y 始终保持平行,即平面图形 S 相对于移动参考系 $O'x'y'$ 可绕点 O' 转动。这样,平面图形的位置便可由基点 O'(任意选取)的坐标 $(x_{O'}, y_{O'})$ 以及图形上过基点 O' 的任意线段 $O'M$ 与轴 $x'(x)$ 之间的夹角 φ 完全确定。当图形运动时,$x_{O'}$、$y_{O'}$ 及 φ 这三个参数都随时间 t 变化,其变化规律为

$$\left.\begin{array}{l}x_{O'}=f_1(t)\\ y_{O'}=f_2(t)\\ \varphi=f_3(t)\end{array}\right\} \tag{15-1}$$

称为平面图形 S 的运动方程,也就是刚体的平面运动方程。

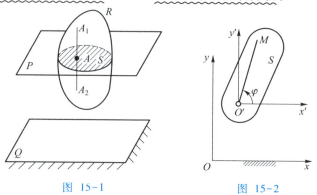

图 15-1   图 15-2

当平面图形运动时,若 φ 保持不变,则刚体随同基点 O' 做平面移动;若 $x_{O'}$、$y_{O'}$ 保持不变,即点(轴)O' 不动,则刚体绕定轴 O' 转动。可见,刚体的平面移动及定轴转动都是平面运动的特殊情况。一般情况下 $x_{O'}$、$y_{O'}$ 和 φ 三者都随时间变化。因此,可将平面图形的运动看成如下两种运动的组合:

(1) 平面图形随同基点 O' 移动(牵连运动);

(2) 平面图形绕基点 O' 转动(相对运动)。

换句话说,刚体的平面运动可分解为随基点的平移和绕基点的转动。

在图 15-3 所示平面运动的一般情况中,设在微小时间间隔 Δt 内,平面图形由位置 Ⅰ 运动到位置 Ⅱ,而图形上任意两点 A_1、B_1 分别沿某曲线(未画出)到达 A_2、B_2,则该运动可视为:第一步,图形连同其上的线段 A_1B_1 随点 A_1(以点 A_1 为基点时)平移到线段在 A_2B_2' 的位置;第二步,绕已移动到了 A_2 位置的基点 A_1 转动 $\Delta\varphi_1$ 到达位置 Ⅱ。当然,

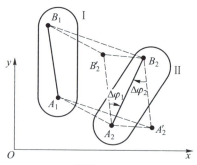

图 15-3

这两步实际上是同时进行的。尚需要指出,基点可任意选取。例如,若改以 B_1 为基点,则上述的两步可视为图形及其上的 A_1B_1 先随基点 B_1 平移到线段 $A_2'B_2$ 处,然后再绕基点 $B_1(B_2)$ 转动 $\Delta\varphi_2$,到达位置 Ⅱ。

从以上讨论中可以看出:当选择不同的基点时,平面图形(刚体)随基

点移动的位移矢量是不同的，因而它随基点移动的速度和加速度也就各不相同。这就是说，随基点移动的这些参数与基点的选择有关。从图 15-3 所示中还容易看出，$\Delta\varphi_1$、$\Delta\varphi_2$ 两个角位移其大小及转向都相同，因而与之相关的角速度和角加速度也必定分别相同。这就说明，无论取哪点为基点，绕基点转动的角位移、角速度和角加速度分别都是相同的，即绕基点转动的这些参数与基点的选择无关。既然如此，在提到平面图形的角位移、角速度和角加速度时就无须指明基点了。

需要指出，上述的角位移、角速度、角加速度都是相对于动参考系而言的（图 15-2），因而都是相对的。但因采用的动参考系相对定参考系只平移而无转动，所以这些转动参数实质上也是相对于定参考系的，因而也都是绝对的。至于动系相对定系有转动的情况本教材未涉及。

> 【思考题 15-1】
>
> 在直线坡道上行驶的火车及在水平弯道上行驶的火车，其车轮的运动是否都是平面运动？

§15-2 平面图形上点的速度·速度瞬心

刚体的平面运动既然可以分解为随基点的平移（牵连运动）和绕基点的转动（相对运动），所以平面图形上任一点的速度就可利用点的速度合成定理来求。具体求解的方法有以下三种。

一、速度合成法（基点法）

设在某瞬时平面图形 S 的角速度为 ω，其上点 A 的速度为 v_A，如图 15-4 所示。现欲求图形上任意点 B 的速度。为此，可取点 A 为基点（即取点 A 为平移坐标系的原点，但坐标轴与平面图形 S 不固结，动系在图中未画出，以后一般也不画出），并应用点的速度合成定理

$$v_a = v_e + v_r \qquad (15-2)$$

因动系仅做平移，故 $v_e = v_A$；又因为平面图形的相对运动为绕基点 A 的转动，故点 B 的相对轨迹是以 A 为圆心、AB 为半径的圆弧，从而有 $v_r = AB \cdot \omega$，其方位垂直于 AB，指向应顺着 ω 的转向如图 15-4 所示。将 v_r 记为 v_{BA}，以明确表示它

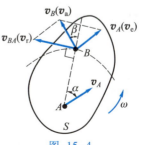

图 15-4

是点 B 绕点 A 转动的速度，则式（15-2）可写为

$$v_B = v_A + v_{BA} \qquad (15\text{-}3)$$

即平面图形上任一点的速度等于基点的速度与该点绕基点的转动速度两者之矢量和。用式（15-3）来解题，就称为**速度合成法**，或**基点法**。

与式（14-1）一样，此式涉及六个独立的参数，利用它可解其中的两个未知量。解题时，基点可任意选取，不过一般选运动参数已知的点为基点较为方便。

例 15-1 半径为 R 的圆轮，在水平面上沿直线只滚动而无滑动，如图 15-5 所示。已知轮心 O 的速度为 v_O，向右。试求轮子的角速度 ω 及轮缘上 A、B、C、D 各点之速度。

解：解此题的关键在于明确点 A 的绝对速度为零，即 $v_A = 0$。这可以由题意中轮子"只滚动而无滑动"直接得到。

15-2：平面运动（垛草堆）

选速度已知的点 O（轮心）为基点，分别考察 A、B、C、D 各点。

（1）考察轮上点 A，根据式（15-3），有

$$v_A = v_O + v_{AO}$$

其中 $v_A = 0$，已如上述。设角速度 ω 为顺时针方向，则 $v_{AO} = R\omega$，向左。为了直观地表达上式，将 v_O 及 v_{AO} 都画在点 A。由上式的各项在 x 方向投影得

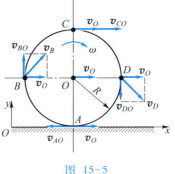

图 15-5

$$0 = v_O - R\omega$$

故

$$\omega = \frac{v_O}{R} (\curvearrowright)$$

正值表示 ω 的转向假定正确。

（2）考察点 B，有

$$v_B = v_O + v_{BO}$$

而

$$v_{BO} = R\omega = R\frac{v_O}{R} = v_O (\uparrow)$$

作点 B 的速度图，从图即可知

$$v_B = \sqrt{v_O^2 + v_{BO}^2} = \sqrt{v_O^2 + v_O^2} = \sqrt{2}\,v_O (\measuredangle 45°)$$

（3）考察点 C，有

$$v_C = v_O + v_{CO}$$

而

$$v_{CO} = R\omega = R\frac{v_O}{R} = v_O(\rightarrow)$$

显然

$$v_C = v_O + v_O = 2v_O(\rightarrow)$$

（4）考察点 D，有

$$v_D = v_O + v_{DO}$$

而

$$v_{DO} = R\omega = R\frac{v_O}{R} = v_O(\downarrow)$$

由图 15-5 所示可知

$$v_D = \sqrt{2}\,v_O(\searrow_{45°})$$

二、速度投影法

一般地说，若将式（15-3）中的各矢量分别在两个方向上投影，则可得两个代数方程，从而可解出两个未知量。现在我们将式（15-3）中各矢量在一个特殊的方向——A、B 连线上投影，因为 $v_{BA} \perp AB$，则有 $(v_{BA})_{AB} = 0$，可得

$$(v_B)_{AB} = (v_A)_{AB} \tag{15-4}$$

即

$$v_B \cos\beta = v_A \cos\alpha \tag{15-5}$$

式中，α、β 分别为 v_A、v_B 与 AB 线的夹角（图 15-4）。此式表明：平面图形上任意两点的速度在此两点连线上的投影（包括大小和指向）相等。这就是<u>速度投影定理</u>（theorem of projection velocities）。事实上，因为刚体内任意两点之间的距离是不变的，故对刚体而言式（15-4）必定成立，不论它做什么运动。

利用速度投影定理，可以较方便地解一个未知量，但也只能求解一个未知量。

例 15-2 直杆 AB 长 $l = 200$ mm，在铅垂面内运动，杆的两端分别沿铅直墙及水平面滑动，如图 15-6a 所示。已知在某瞬时，$\alpha = 60°$，$v_B = 20$ mm/s（$\downarrow$）。试求此瞬时杆 AB 的角速度 ω 及 A 端的速度 v_A。

解：杆 AB 做平面运动。

（1）用基点法求解。取速度已知的点 B 为基点。根据式（15-3）有

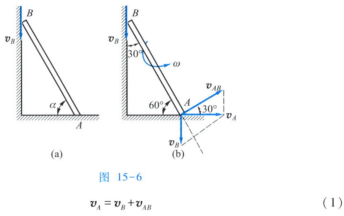

图 15-6

$$v_A = v_B + v_{AB} \tag{1}$$

其中，v_B 已知；v_A 的方位已知（水平），其大小及指向待求（一个未知量）；至于 v_{AB}，其方位与 BA 垂直，大小应为 $v_{AB}=AB\cdot\omega$，指向顺着 ω 的转向，只是 ω 还是未知量。现在总共有两个未知量 v_A 和 ω。利用式(1)均可求出。

作点 A 速度图，即根据 v_A 应是 v_B 与 v_{AB} 的合矢量画平行四边形。由此确定了 v_A 和 v_{AB} 的指向，如图 15-6b 所示。由图知

$$v_A = v_B \cot 30° = 20\times\sqrt{3}\ \text{mm/s} = 34.6\ \text{mm/s}(\rightarrow)$$

$$v_{AB} = \frac{v_B}{\sin 30°} = \frac{20}{0.5}\ \text{mm/s} = 40\ \text{mm/s}$$

进而可得

$$\omega = \frac{v_{AB}}{AB} = \frac{40}{200}\ \text{rad/s} = 0.2\ \text{rad/s}$$

(2) 用速度投影定理求解。根据式(15-4)有

$$v_A \cos 60° = v_B \cos 30° \tag{2}$$

故得

$$v_A = v_B \cot 30° = 20\times\sqrt{3}\ \text{mm/s} = 34.6\ \text{mm/s}$$

式(2)是一个代数式，由它不仅确定了矢量 v_A 的大小，而且根据所得 v_A 为正值也就确定了 v_A 的指向假设正确，即向右。

利用速度投影定理求 v_A 非常方便，但不能直接求出 ω。如欲求 ω，仍需利用式(1)。不过，用基点法求解 ω 时，不仅要求其大小，还要确定其转向，否则不能确定 v_{AB} 的指向。如图 15-6b 所示，ω 是逆时针方向，这是确定的？还是假设的？若是前者，它的根据是什么？若是后者，那能否假定为顺时针方向？读者可以试解之，比较其结果相同否？若不同则说明其理由。

三、瞬心法

用式(15-3)求平面图形上任意点 B 的速度时,若所选取的基点其速度 v_A 恰好为零则得到

$$v_B = v_{BA} \tag{15-6}$$

即任意点 B 的(绝对)速度就等于该点绕基点转动的(相对)速度。这样,在同一瞬时,平面图形上各点的速度随点的位置的分布规律就像平面图形绕基点 A 做定轴转动时的一样,从而将使计算大为简化。

那么,在任意瞬时平面图形上是否存在速度为零的点呢?设在某瞬时,平面图形的角速度为 ω,其上任一点 D 的速度为 v_D,如图 15-7 所示。现过点 D 作一直线 $EF \perp v_D$,并以 D 为基点,则线 EF 上任一点的牵连速度 v_D 与相对速度 v_r 必共线。从而在线 EF 上必能、也只能找到一点 p,该处 $v_{pD} = -v_D$,而其速度

$$v_p = v_D + v_{pD} = v_D + (-v_D) = 0$$

点 p 至基点 D 的距离 pD,根据 $v_{pD} = pD \cdot \omega = v_D$ 可知应为

$$pD = \frac{v_D}{\omega} \tag{15-7}$$

再注意到,过点 D 而不与 v_D 垂直的任何直线上,任何点的相对速度 v_r 与其牵连速度 v_D 不可能共线,因而其速度也不可能为零。这样就证明了:在任一瞬时,只要平面图形的角速度 $\omega \neq 0$,则平面图形上(包括其扩延部分)必有、也只有一个点其速度为零。这个点称为瞬时速度中心或瞬时转动中心,简称**速度瞬心**或**瞬心**(instantaneous center)。因此,速度瞬心只能有一个。

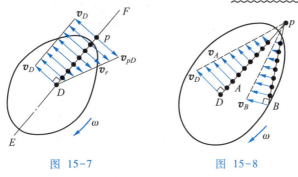

图 15-7   图 15-8

由上可知,若先找到了瞬心 p 的位置,便可根据平面图形的角速度 ω 很方便地求出图形上各点的速度。例如,由图 15-8 所示的点 B 有

$$v_B = pB \cdot \omega, \qquad v_B \perp pB$$

指向顺着 ω 的转向。

点 A 有

$$v_A = pA \cdot \omega, \qquad \boldsymbol{v}_A \perp pA$$

指向顺着 ω 的转向。

显然

$$\frac{v_A}{pA} = \frac{v_B}{pB} \tag{15-8}$$

可见,平面图形上各点的速度与各点到瞬心的距离成正比,如图 15-8 所示。此图与刚体绕定轴转动时的速度分布图(图 13-4)类似,这里的瞬心 p 相当于那里的转轴 O_1。

需要指出:瞬心处只是速度为零,而加速度一般并不为零;且在不同的瞬时,平面图形有不同的瞬心,即瞬心在图形上的位置是随时变换的。因此,瞬心不同于固定的转轴。仅仅在分析速度问题时,瞬心可视为瞬时的转轴,刚体平面运动在各瞬时可视为绕瞬心(实为过瞬心而与平面图形垂直的一条线)的转动。

上面介绍了关于瞬心的概念,下面将讨论瞬心位置的具体求法。根据已知条件的不同,分述如下。

(1)已知图形的角速度 ω 及图形上某一点 D 的速度 $\boldsymbol{v}_D$。在此情况下,根据式(15-7)便可确定瞬心的位置(图 15-7)。

若在某瞬时,正好 $v_D = 0$,但 $\omega \neq 0$,则点 D 就是瞬心。

若在某瞬时 $\omega = 0$,且 $v_D = 0$,则图形上各点在此瞬时速度都为零(加速度一般并不为零)。称图形处于瞬时静止。

(2)已知平面图形上两点 A、B 的速度 $\boldsymbol{v}_A$、$\boldsymbol{v}_B$ 之方向或方位。

由图 15-8 所示可知,在此情况下,只要通过点 A 和点 B 分别作 $\boldsymbol{v}_A$、$\boldsymbol{v}_B$ 的垂线,它们的交点 p 即为瞬心(图 15-9)。

15-3:曲柄连杆机构

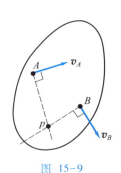

图 15-9

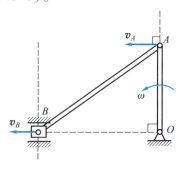

图 15-10

特殊情况下，如上作出的两条速度矢量的垂线，也可能互相平行。如图 15-10 所示机构中，在图示瞬时，显然连杆 AB 的瞬心 p 在无穷远处，它的角速度

$$\omega_{AB} = \frac{v_A}{pA} = \frac{v_A}{\infty} = 0$$

此时连杆的运动称为<u>瞬时平移</u>（instant translation），杆上各点的速度相同。但需注意，杆 AB 上各点的轨迹显然不同，且在此瞬时，杆 AB 上各点的加速度也不相同。这些是<u>刚体瞬时平移与刚体平移的不同之处</u>。

另外，若如上作出的两条速度矢量的垂线与 AB 重合，如图 15-11a、b 所示，则根据图 15-8 及图 13-4 所示可见，只要作直线连接 v_A、v_B 的矢端 a、b，该直线与 AB 或其延长线的交点 p 即为瞬心。当然，在此情况下，除了已知两点速度之方向外还应知道它们的大小。

> 【思考题 15-2】
>
> 若如图 15-11a 所示，$v_A = v_B$，则瞬心在何处？此时平面图形做何种运动？

（3）易于直观判定瞬心位置的情况。

例如，车轮沿地面（不论地面是平面还是曲面）滚动而不滑动时，车轮与地面的接触点（图 15-5）就是车轮的瞬心。又如图 15-12 中所示，火车轮子沿轨道作无滑动的滚动时，轮子与钢轨接触点 p 为轮子的瞬心。

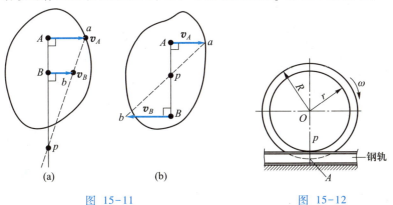

图 15-11　　　　　　　　图 15-12

> 【思考题 15-3】
>
> 图 15-12 所示轮心 O 是否是瞬心？轮缘最下边点 A 呢？

【思考题 15-4】

图 15-13 所示的各(刚体)平面图形,均做平面运动。试问:(1)所给的条件有无矛盾?为什么?(2)如果没有矛盾,则指出瞬心的位置。图中速度矢及尺寸大致是按比例画的。

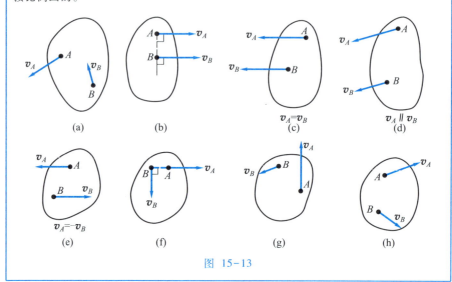

图 15-13

例 15-3 试用瞬心法解例题 15-2,并求该瞬时杆 AB 的中点 C 的速度。

解:考察杆 AB 知,它做平面运动。已知 v_B 和 v_A 的方向,过点 A、B 分别作 v_A、v_B 的垂线(图 15-14),它们的交点 p 即为杆 AB 的瞬心。于是,杆 AB 的角速度 ω 及其上两点 A、C 的速度 v_A、v_C 分别为

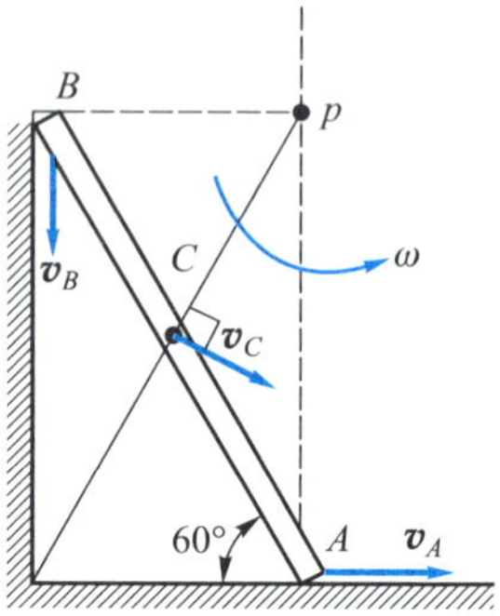

$$\omega = \frac{v_B}{pB} = \frac{20}{200 \times \cos 60°} \text{ rad/s} = 0.2 \text{ rad/s}(\curvearrowleft)$$

$$v_A = pA \cdot \omega = (200 \times \sin 60°) \times 0.2 \text{ mm/s} = 34.6 \text{ mm/s}(\rightarrow)$$

$$v_C = pC \cdot \omega = \frac{AB}{2}\omega = 100 \times 0.2 \text{ mm/s} = 20 \text{ mm/s}$$

图 15-14

v_C 的方向垂直于 pC,指向顺着 ω 的转向,如图 15-14 中所示。

例 15-4 图 15-15a 所示机构中,曲柄 OA 以匀角速度 $\omega = 2.5$ rad/s 绕轴 O 转动,从而带动小齿轮 I 在固定的大齿轮 II 上滚动,但不滑动。已知

小齿轮半径 $r_I = 50$ mm,大齿轮半径 $r_{II} = 150$ mm。试求小齿轮上 A、B、C、D 和 E 各点的速度。

解：曲柄 OA 绕定轴转动,其端点 A 的速度为

$$v_A = OA \cdot \omega = (r_I + r_{II})\omega$$
$$= (50+150) \times 2.5 \text{ mm/s} = 500 \text{ mm/s}$$

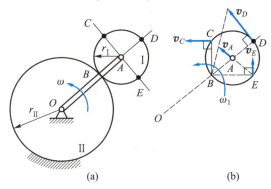

图 15-15

方向如图 15-15b 中所示。这也就是小齿轮上点 A 的速度。

小齿轮做平面运动,因大齿轮固定不动,且小齿轮在其上滚而不滑,故可直接断定,两齿轮的啮合点 B 即为小齿轮的瞬心,从而其角速度为

$$\omega_1 = \frac{v_A}{r_I} = \frac{500}{50} \text{ rad/s} = 10 \text{ rad/s}(\curvearrowright)$$

于是,小齿轮上 C、D、E 诸点的速度均可根据其瞬心在点 B 及角速度为 ω_1 求得

$$v_C = BC \cdot \omega_1 = \sqrt{2} \times 50 \times 10 \text{ mm/s} = 707 \text{ mm/s}(方向如图)$$
$$v_D = BD \cdot \omega_1 = 2 \times 50 \times 10 \text{ mm/s} = 1\,000 \text{ mm/s}(方向如图)$$
$$v_E = BE \cdot \omega_1 = \sqrt{2} \times 50 \times 10 \text{ mm/s} = 707 \text{ mm/s}(方向如图)$$

至于 $\boldsymbol{v}_B$,则因点 B 为瞬心,显然

$$v_B = 0$$

§15-3 平面图形上点的加速度

平面运动刚体上点的加速度分析,与上节所述的速度合成法类似。设在某瞬时,平面图形的角速度为 ω,角加速度为 α,图形上某点 A 的加速度为 $\boldsymbol{a}_A$,如图 15-16 所示。现欲求图形上任意点 B 的加速度 $\boldsymbol{a}_B$。取点 A 为基点(平移坐标系在图中未画出),用 §14-3 牵连运动为平移时点的加速度

合成定理，即式(14-9)：

$$a_a = a_e + a_r \quad (15-9)$$

进行分析。因为动系仅做平移，故 $a_e = a_A$。又因点 B 的相对轨迹是以 A 为圆心、以 AB 为半径的圆，故 a_r 应有法向和切向两个分量。将 a_r 记为 a_{BA}，明确表示点 B 绕基点 A 转动的加速度，则 $a_r = a_{BA} = a_{BA}^n + a_{BA}^t$。以此代入式(15-9)得

$$a_B = a_A + a_{BA}^n + a_{BA}^t \quad (15-10)$$

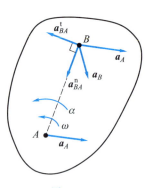

图 15-16

这就是平面运动刚体上点的加速度合成法或基点法，即平面图形上任一点的加速度，等于基点的加速度与该点随图形绕基点转动的法向加速度与切向加速度三者的矢量和。式中，相对法向加速度 $a_{BA}^n = AB \cdot \omega^2$，从点 B 指向基点 A；相对切向加速度 $a_{BA}^t = AB \cdot \alpha$，方位与 AB 垂直，指向顺着 α 的转向。

式(15-10)为一平面矢量式。根据它可用几何法求解两个未知量，不过，通常是将式中各矢量分别在两个方向上投影，以得两个代数方程，从而解出两个未知量。需要指出，若将式(15-10)中各矢量在 AB 方向投影，显然可知，由于一般情况下 a_{BA}^n 不为零，故 $(a_B)_{AB} \neq (a_A)_{AB}$。这就是说，不存在与式(15-4)类似的所谓加速度投影定理。

还需说明，在任一瞬时，平面图形上一般除有一个速度为零的点外，还有一个加速度为零的点（称为加速度瞬心）。如在直道上匀速前进中车厢下的滚而不滑的车轮，其轮心的加速度就为零。通常平面图形的加速度瞬心与速度瞬心不在同一点。关于加速度瞬心的问题，本教材中不予讨论。

例 15-5 滚压机(图 15-17a)的滚子 B，沿水平面做纯滚动。曲柄长 $OA = r = 100$ mm，以匀角速度 $\omega = \pi$ rad/s 绕轴 O 转动。如滚子的半径 $R = 100$ mm，连杆 AB 长 $l = 173$ mm，O、B 两点在同一高度。试求当 OA 与水平面的夹角为 $\theta = 60°$ 时，滚子的角速度 ω_B 和角加速度 α_B。

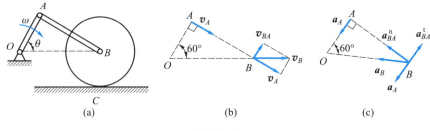

图 15-17

解：此机构由三个刚体组成，其中 OA 做定轴转动，AB 及滚子 B 均做平面运动。欲求滚子的 ω_B 及 α_B，需先求出滚子中心点 B 的速度 $\boldsymbol{v}_B$ 和加速度 $\boldsymbol{a}_B$。为此，应先从分析杆 AB 的运动入手。现分别求 ω_B 及 α_B。

(1) 求滚子的角速度 ω_B（图 15-17b）

先分析杆 AB，取点 A 为基点，因其运动为已知。现利用式（15-3）

$$\boldsymbol{v}_B = \boldsymbol{v}_A + \boldsymbol{v}_{BA} \tag{1}$$

求 $\boldsymbol{v}_B$。这里，$v_A = r\omega = 100 \times \pi$ mm/s $= 314$ mm/s，方向如图 15-17b 所示；$\boldsymbol{v}_B$ 的大小未知，但因杆 AB 的 B 端同时也是滚子的中心，而该中心显然做水平直线运动，故 $\boldsymbol{v}_B$ 的方位必定水平；$\boldsymbol{v}_{BA}$ 的大小亦未知，但方位必垂直于 AB。根据式（1）作出点 B 的速度图，从而可知：

$$v_B = \frac{v_A}{\cos 30°} = \frac{314}{0.866} \text{ mm/s} = 363 \text{ mm/s}(\rightarrow)$$

于是，根据滚子做纯滚动，直接判定滚子瞬心在接地点 C，可得滚子的角速度：

$$\omega_B = \frac{v_B}{R} = \frac{363}{100} \text{ rad/s} = 3.63 \text{ rad/s}(\curvearrowright)$$

由于下面解题的需要，在这里顺便把 v_{BA} 求出，进而把杆 AB 的角速度求出：

$$v_{BA} = v_A \tan 30° = 314 \times \frac{\sqrt{3}}{3} \text{ mm/s} = 181 \text{ mm/s}(\measuredangle 60°)$$

$$\omega_{AB} = \frac{v_{BA}}{AB} = \frac{181}{173} \text{ rad/s} = 1.05 \text{ rad/s}(\curvearrowleft)$$

(2) 求滚子的角加速度 α_B（图 15-17c）

先分析杆 AB，仍以点 A 为基点（该点的加速度已知），利用式（15-10）

$$\boldsymbol{a}_B = \boldsymbol{a}_A + \boldsymbol{a}_{BA}^n + \boldsymbol{a}_{BA}^t \tag{2}$$

求 $\boldsymbol{a}_B$。这里：

$a_A = r\omega^2 = 100 \times \pi^2$ mm/s^2 $= 987$ mm/s^2，方向由 A 指向 O；

$a_{BA}^n = AB\omega_{AB}^2 = 173 \times 1.05^2$ mm/s^2 $= 191$ mm/s^2，方向由 B 指向基点 A；

$\boldsymbol{a}_{BA}^t$，其大小待求，方位垂直于 AB，指向假设如图 15-17c 所示；

$\boldsymbol{a}_B$，其大小待求，方位水平，指向假设如图 15-17c 所示。

两个未知量 a_B 及 a_{BA}^t 均可由式（2）求解。但其中与最终欲求的滚子的角加速度 α_B 有关的只是 a_B，因此将式（2）中各矢量在垂直于另一未知量 $\boldsymbol{a}_{BA}^t$ 方向（即 BA 方向）投影得

$$a_B \cos 30° = 0 + a_{BA}^n + 0$$

于是

$$a_B = \frac{a_{BA}^n}{\cos 30°} = \frac{191}{0.866} \text{ mm/s}^2 = 221 \text{ mm/s}^2 (\leftarrow)$$

所得 a_B 既是杆 AB 端点 B 的加速度，也是滚子中心点的加速度。根据它便可以求出滚子的角加速度 α_B。注意到在纯滚动的条件下有

$$v_B = R\omega_B \tag{3}$$

且这一关系在任何瞬时都成立，故可将上式对时间 t 求导。于是得

$$\dot{v}_B = R\dot{\omega}_B$$

因为轮心 B 做直线运动，故 $\dot{v}_B$ 即 a_B，从而有

$$a_B = R\alpha_B \tag{4}$$

故

$$\alpha_B = \frac{a_B}{R} = \frac{221}{100} \text{ rad/s}^2 = 2.21 \text{ rad/s}^2 (\curvearrowright)$$

15-4：习题参考答案

习　　题

15-1 图示机构的曲柄 OC 以匀角速度 ω_O 绕轴 O 转动，从而通过杆 AB 带动滑块 A、B 分别沿轴 y 和轴 x 滑动。已知：$OC = AC = CB = r$；当 $t = 0$ 时，$\theta = 0$。试以杆 AB 端点 B 为基点，写出杆 AB 的平面运动方程，并求在任意瞬时点 B 的速度及杆 AB 的角速度。

15-2 图示平面机构中，曲柄 OA 长 300 mm，杆 BC 长 600 mm，曲柄 OA 以匀角速度 $\omega = 4$ rad/s 绕轴 O 顺时针转动。试求图示瞬时点 B 的速度和杆 BC 的角速度。

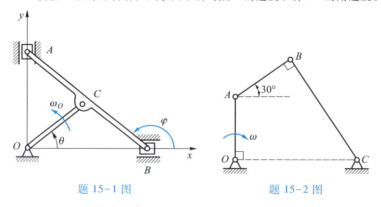

题 15-1 图　　　　　题 15-2 图

15-3 图示行星齿轮的臂杆 AC 绕固定轴 A 逆时针转动，从而带动半径为 r 的小齿轮 C 在固定大齿轮上滚动。已知：$AC = R = 150$ mm，$r = 50$ mm，当 $\varphi = 45°$ 时，杆 AC 的角速

度为 $\omega = 6$ rad/s。试求此瞬时小齿轮的角速度及其上点 D 的速度($CD \perp AC$)。

15-4 图中杆 AB 与三个半径均为 r 的齿轮在轮心铰接,其中齿轮 I 固定不动。已知杆 AB 的角速度 ω_{AB},试求齿轮 II 和 III 的角速度。

15-5 列车车厢在运行中利用图示机构驱动发电机的转子旋转,如已知车厢以 60 km/h 的速度无滑动地前进,车轮半径 $R = 500$ mm,带轮半径 $r_1 = 300$ mm,发电机转子上的带轮半径 $r = 50$ mm。试求发电机转子的转速。

15-6 平面四连杆机构如图。已知:$OA = O_1B = 100$ mm,$AB = 200$ mm;曲柄 OA 的角速度 $\omega = 3$ rad/s;当 $\varphi = 90°$ 时,点 O、O_1 和 B 恰成一直线。试求此瞬时杆 AB 及杆 O_1B 的角速度。

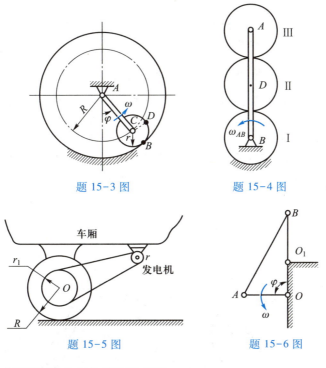

题 15-3 图   题 15-4 图

题 15-5 图   题 15-6 图

15-7 小型精压机的机构(平面)如图所示。曲柄 OA 绕轴 O 转动,通过杆系带动压头 G 上下移动。已知:$OA = O_1B = r = 100$ mm,$EB = BD = AD = l = 400$ mm。在图示瞬时,$OA \perp AD$,$O_1B \perp ED$,且 O_1、D 在同一水平线上,O、D 在同一铅垂线上。若曲柄 OA 的转速 $n = 120$ r/min,试求此瞬时压头 G 的速度。

15-8 图示活动托架由轮子 A、C 和滚

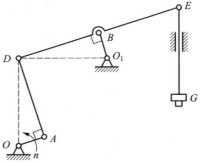

题 15-7 图

子 B 支承,它们的直径均为 15 mm。已知在某瞬时托架的速度为 50 mm/s 而加速度为 250 mm/s^2,方向如图所示。试求轮子 A、C 和滚子 B 的角加速度,以及它们各自的中心点的加速度。设轮子、滚子与其接触面间无滑动。

15-9 机车沿水平轨道运行,在图示瞬时,其向右的速度和加速度分别为 v_O = 15 m/s 和 a_O = 6 m/s^2。已知:车轮的半径 R = 300 mm,与轮心连线相平行的连杆 BC 与车轮的铰接点 B、C 离轮心的距离 r = 150 mm,连杆 BC 长 800 mm。试求该瞬时杆 BC 中点 A 的绝对速度和绝对加速度(车轮与轨面间无滑动)。

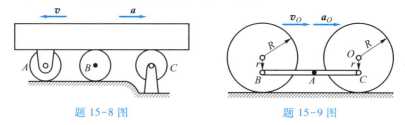

题 15-8 图　　　　题 15-9 图

15-10 半径为 R 的轮子紧套在半径为 r 的轴上,轮、轴外缘各绕有细绳,悬挂如图。已知: R = 100 mm, r = 50 mm,绳端 D 点按规律 $x_D = 10t^3$ (t 以 s 计,x 以 mm 计)沿铅垂线向下运动。试求当 t = 1 s 时轮缘上最低点 A 的速度和加速度。

15-11 轮 O 在水平面上滚动而不滑动,销钉 B 固定在轮缘上并可沿摇杆 O_1A 上的槽中滑动,从而带动 O_1A 绕轴 O_1 转动。已知:轮的半径 R = 0.5 m;在图示瞬时,O_1A 与轮缘相切;轮心速度 v_O = 0.2 m/s(←);θ = 60°。试求此瞬时摇杆 O_1A 的角速度。

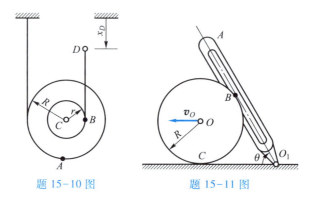

题 15-10 图　　　　题 15-11 图

第 16 章　质点的运动微分方程

前面已经研究了作用于物体上的力系的简化和平衡条件,即静力学问题;而后从几何观点分析了物体的运动,即运动学问题。从这一章开始,我们将把这两方面的知识联系起来研究作用在物体上的力与物体的机械运动之间的关系,这就是力学中的动力学(dynamics)问题。

16-1:教学要点

§16-1　动力学的基本定律

为了方便起见,将研究对象(即物体)分为质点和质点系(包括刚体)两大类。所谓质点,是指具有一定的质量,而其形状和大小对于所研究的问题不起主要作用,暂时可以忽略不计的物体。所谓质点系,是指有限个或无穷多个质点所组成的系统;而以前曾提到过的刚体则在这里显然是指任意两质点之间的距离保持不变的质点系。无论质点还是质点系,它们都是已经抽象化了的理想模型,对于具体的物体如何加以抽象应视问题的要求而定。例如,在研究地球绕太阳的运行规律时,由于地球的半径远远小于地球到太阳的距离,所以可不考虑地球的形状和大小,将它看成一个质点。研究火车在轨道上的运行状态时,可以将火车看成质点,但在研究车轮上某一点的运动状态时,则将车轮视为刚体。

与其他学科一样,动力学也有它的理论基础,这就是动力学基本定律。它们是建立在人类长期的生产实践基础上,并由牛顿总结前人特别是伽利略的研究成果基础上而首先提出来的,故又名牛顿运动定律(Newton laws)。

一、第一定律——惯性定律

质点如不受其他物体(力)作用,则将保持其原来静止或匀速直线运动的状态。

任何质点保持其运动状态不变的特性,称为惯性(inertia)。所以第一定律也称为惯性定律(inertia laws);而质点的匀速直线运动又称为惯性运动。关于惯性运动的现象,在日常生活和生产实践中经常会遇到。站在做匀速直线运动的汽车上的人,当汽车突然刹车时会朝前进方向倾倒,这就是由于惯性的缘故。

从第一定律还可知,质点的运动状态发生改变必定是质点受到其他物体的作用,或者说受到力的作用。实际上,在自然界中不受力作用的物体是根本不存在的,所以,所谓物体不受力作用应理解为物体受平衡力系的作用,而所谓物体受力的作用应是指物体受到非平衡力系的作用。

二、第二定律——力与加速度之间的关系定律

质点受到力作用时所获得的加速度,其大小与力的大小成正比,而与质点的质量成反比;加速度的方向与力的方向相同。

如以 F、m、a 分别表示作用于质点上的力、质点的质量和质点的加速度,则第二定律可用矢量式表示为

$$m\bm{a} = \bm{F}$$

如质点同时受几个力作用,则上式中的 F 应为这几个力的矢量和,而上式可表示为

$$m\bm{a} = \sum \bm{F} \tag{16-1}$$

这就是质点动力学基本方程。

式(16-1)表明:力与加速度是瞬时的关系,即只要某瞬时有力作用于质点,则在该瞬时质点必有确定的加速度。若在某瞬时没有力作用于质点,那么质点在该瞬时就没有加速度,即质点速度的大小和方向保持不变,此时质点做惯性运动。注意到如以相同的力作用于质量不同的两个质点上,则质量较大的质点其加速度较小,而质量较小的质点其加速度较大。也就是说质点的质量越大,其运动状态越不容易改变,即质点的惯性越大。可见,质量是质点惯性的量度。

在国际单位制(SI)中,质量、长度和时间的单位分别取为 kg(千克)、m(米)和 s(秒)。力的单位是导出单位,规定能使质量为 1 kg 的质点获得 1 m/s² 加速度的力为力的一个国际单位,并称为 N(牛),即

$$1 \text{ N} = 1 \text{ kg} \times 1 \text{ m/s}^2$$

三、第三定律——作用与反作用定律

两个质点(物体)间相互作用的力总是大小相等、方向相反,且沿着同一直线,同时分别作用在两个质点(物体)上。

此定律在静力分析中曾经用到过,也同样适用于动力分析。

我们知道,对于物体的运动(轨迹、速度和加速度)的描述是与所取的参照物(即参考系)有关。事实证明,牛顿定律中的前两个定律只适用于有些参考系,而这类参考系就称为**惯性参考系**(inertia reference frame)。在一般情况下,当研究地球表面的工程问题时,把固结于地面的参考系或相对于地面做匀速直线运动的参考系视为惯性参考系,可以得到相当精确的结果。当研究人造卫星、洲际导弹的轨道等问题时,地球自转的影响不可忽略不计,必须取以地心为坐标原点,三根轴分别指向三个恒星的坐标系作为惯性参考系。研究天体运动时,地心本身的运动也不可忽略,需要取以太阳的中心为坐标原点,三根轴分别指向三个恒星的坐标系作为惯性参考系。通常如无特别说明,均以固定于地球表面的参考系作为惯性参考系。

以牛顿运动定律为基础建立起来的力学体系,称为<u>古典力学</u>。它认为质量、空间和时间都与物质的运动无关,即质量为<u>不变的量</u>,空间为"绝对的空间",时间为"绝对的时间"。但近代物理表明,质量、空间和时间都与物质运动的速度有关;只是当物质运动的速度远小于光速时,速度对它们的影响才微不足道,也正因为如此,应用古典力学解决一般工程问题是有足够的精确度的。当研究电子、核子等质量很小的微观粒子的运动时,古典力学已不再适用。总之,<u>古典力学只适用于宏观物体做低速机械运动时的力学问题</u>。

【思考题 16-1】

要使车辆在水平直线轨道上匀速前进,为什么还需不断对它施加水平力?这与惯性定律有无矛盾?

【思考题 16-2】

试比较下述几种情况下站在电梯中的人对电梯地板的压力大小:(1)电梯静止不动;(2)电梯匀速上升;(3)电梯匀速下降;(4)电梯加速上升;(5)电梯减速下降。

【思考题 16-3】

以下说法是否正确?(1)质点如有运动则它一定受力,其运动方向总是与所受力的方向一致;(2)质点运动时,如速度大则它所受的力也大,速度小则所受的力也小,若速度为零则质点不受力;(3)机车以某一力牵引列车加速前进时,列车给机车的反力必小于机车对列车的牵引力。

§16–2 质点的运动微分方程

动力学第二定律给出了质点动力学的基本方程。它是一个矢量方程，为便于运算，常用它的投影式。

一、质点运动微分方程的直角坐标形式

设质量为 m 的质点 M，在力 F 作用下在平面 Oxy 内做曲线运动（空间问题可以类推），如图 16-1 所示。若其加速度为 a，则由质点动力学基本方程有

$$m\boldsymbol{a} = \boldsymbol{F}$$

式中 $\boldsymbol{F}$ 可以是一个力或是力系的矢量和。

将上式两边分别在轴 x、y 上投影，得

$$\left. \begin{array}{l} ma_x = F_x \\ ma_y = F_y \end{array} \right\} \tag{16-2}$$

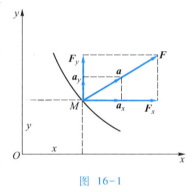

图 16-1

式中，a_x、a_y 分别是 $\boldsymbol{a}$ 在轴 x、y 上的投影；F_x、F_y 分别是 $\boldsymbol{F}$ 在轴 x、y 上的投影。

由运动学知：

$$a_x = \frac{\mathrm{d}^2 x}{\mathrm{d}t^2}, \qquad a_y = \frac{\mathrm{d}^2 y}{\mathrm{d}t^2}$$

故式(16-2)可以写为

$$\left. \begin{array}{l} m\dfrac{\mathrm{d}^2 x}{\mathrm{d}t^2} = F_x \\ m\dfrac{\mathrm{d}^2 y}{\mathrm{d}t^2} = F_y \end{array} \right\} \tag{16-3}$$

这就是直角坐标形式的质点运动微分方程（differential equations of motion of particle）。

二、质点运动微分方程的自然坐标形式

设质量为 m 的质点 M，在力 $\boldsymbol{F}$ 作用下做平面曲线运动，如图 16-2 所示。将质点动力学基本方程两边在运动轨迹切线和法线上投影，得

$$\left. \begin{array}{l} ma_\mathrm{t} = F_\mathrm{t} \\ ma_\mathrm{n} = F_\mathrm{n} \end{array} \right\} \tag{16-4}$$

式中，a_t、a_n 分别是 $\boldsymbol{a}$ 在切线 t 和法线 n 上的投影；F_t、F_n 分别是 $\boldsymbol{F}$ 在轴 t 和 n 上的投影。

由运动学知：

$$a_t = \frac{dv}{dt}, \qquad a_n = \frac{v^2}{\rho}$$

则式（16-4）可写为

$$\left. \begin{array}{l} m\dfrac{dv}{dt} = F_t \\[2mm] m\dfrac{v^2}{\rho} = F_n \end{array} \right\} \qquad (16\text{-}5)$$

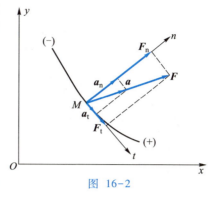

图 16-2

式中，v 为质点速度的代数值，ρ 为质点在运动轨迹上所在点处的曲率半径。式（16-5）就是<u>自然坐标</u>（natural coordinates）形式的质点运动微分方程。至于在副法线方向上，因 $a_b = 0$，故有 $\sum F_b = 0$。在运动轨迹已知的情况下，应用自然坐标形式的方程往往是方便的。

若已知质点的运动方程，求作用于质点上的力，此类问题称为**质点动力学第一类问题**。求解第一类问题，可以归结为微分问题。

若已知质点所受力，求质点的运动规律，此类问题称为**质点动力学第二类问题**。在这类问题中，已知质点所受力的变化规律，它可能是常力，也可能为时间、坐标、速度的某一函数。根据已知条件列出质点运动微分方程后，便可通过积分来求解。故求解第二类问题，可以归结为积分问题。

求解质点动力学问题时，其步骤大致如下：

（1）根据题意确定研究对象，选择恰当的坐标系；

（2）分析研究对象的受力情况，这些力应包括主动力和约束力，如力为已知，则应表示其变化规律。并画出受力图。

（3）分析研究对象的运动情况，这里应当考虑的是研究对象在任意瞬时（即既非开始瞬时，也非结束瞬时）的状态；如运动规律已知，则应求出其加速度；

（4）列出质点的动力学基本方程，然后进行求解；如是第二类问题，还需根据<u>初始条件</u>（initial condition）确定积分常数。

例 16-1 图 16-3a 所示为在倾斜轨道上运动的加料小车，其速度的变化规律如图 16-3b 所示。试求在下列三段时间内钢丝绳的拉力 $\boldsymbol{F}_T$：(1) $t = 0 \sim 3$ s；(2) $t = 3 \sim 15$ s；(3) $t = 15 \sim 20$ s。已知小车重为 $P = 200$ N。设轨道的摩擦不计。

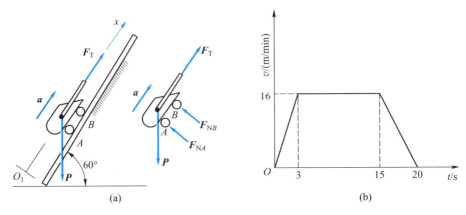

图 16-3

解：这属于质点动力学中的第一类问题。

取加料小车为研究对象，画出受力图，小车上作用有钢丝绳拉力 F_T、重力 P 和轨道约束力 F_{NA}、F_{NB}。取坐标轴 x 如图 16-3a 所示，由式（16-2）第一式，得

$$ma = F_T - P\cos 30°$$

由此解得钢丝绳拉力为

$$F_T = P\cos 30° + \frac{P}{g}a \tag{1}$$

由于加料小车在提升过程中，在各段时间内加速度不同，故钢丝绳拉力也不同。

（1）当 $t = 0 \sim 3$ s 时，由图 16-3b 所示知，小车做匀加速运动，故其加速度为

$$a_1 = \frac{1}{3-0}\left(\frac{16}{60} - 0\right) \text{ m/s}^2 = 0.089 \text{ m/s}^2$$

以此代入式（1）得

$$F_{T1} = \left(200 \times 0.866 + \frac{200}{9.81} \times 0.089\right) \text{ N} = 175 \text{ N}$$

（2）当 $t = 3 \sim 15$ s 时，小车做匀速直线运动，其加速度为零，即 $a_2 = 0$，所以

$$F_{T2} = (200 \times 0.866 + 0) \text{ N} = 173 \text{ N}$$

（3）当 $t = 15 \sim 20$ s 时，由图 16-3b 所示知，小车做匀减速运动，故其加速度为

$$a_3 = \frac{1}{20-15}\left(0 - \frac{16}{60}\right) \text{ m/s}^2 = -0.053 \text{ m/s}^2$$

因此得

$$F_{T3} = \left[200 \times 0.866 + \frac{200}{9.81} \times (-0.053)\right] \text{ N} = 172 \text{ N}$$

例 16-2 炮弹以初速 $\boldsymbol{v}_0$ 发射,$\boldsymbol{v}_0$ 与水平线的夹角为 θ,如图 16-4 所示。假设不计空气阻力和地球自转的影响,试求炮弹在重力作用下的运动方程和轨迹。

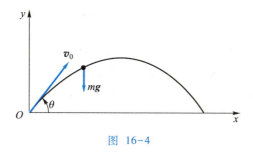

图 16-4

解:以炮弹为研究对象,并视为质点。因不考虑地球自转影响,故炮弹的运动轨迹为一平面曲线。取质点的初始位置为坐标原点,坐标轴如图 16-4 所示。

这是已知质点所受的力求质点的运动规律,故为第二类问题。

由直角坐标形式的质点运动微分方程有

$$m \frac{\mathrm{d}^2 x}{\mathrm{d}t^2} = 0 \tag{1}$$

$$m \frac{\mathrm{d}^2 y}{\mathrm{d}t^2} = -mg \tag{2}$$

积分式(1),得

$$v_x = \frac{\mathrm{d}x}{\mathrm{d}t} = c_1, \qquad x = c_1 t + c_2$$

式中 c_1、c_2 为积分常数,需由初始条件确定。这些条件是:当 $t=0$ 时,$x=x_0=0$,$v_x = v_{0x} = v_0 \cos \theta$。以此代入上式,得

$$c_1 = v_0 \cos \theta, \qquad c_2 = 0$$

于是得

$$x = v_0 t \cos \theta \tag{3}$$

积分式(2),得

$$v_y = \frac{dy}{dt} = -gt + c_3, \qquad y = -\frac{1}{2}gt^2 + c_3 t + c_4$$

当 $t=0$ 时,$y=y_0=0$,$v_y=v_{0y}=v_0\sin\theta$,代入上式得

$$c_3 = v_0\sin\theta, \qquad c_4 = 0$$

于是得

$$y = v_0 t\sin\theta - \frac{1}{2}gt^2 \tag{4}$$

式(3)、式(4)为所求的炮弹运动方程。

从式(3)、式(4)消去 t,得炮弹的轨迹方程

$$y = x\tan\theta - \frac{g}{2v_0^2\cos^2\theta}x^2$$

由解析几何知,这是位于铅垂面内的一条抛物线。

例 16-3 桥式吊车(天车)上的小车,用钢丝绳吊着质量为 m 的物体沿横向做匀速运动,速度为 $\boldsymbol{v}_0$(图 16-5a)。当小车急刹车时,重物将绕悬挂点摆动。设绳长为 l,试求绳子的最大拉力。

解: 以重物为研究对象,画出其在一般位置时的受力图(图 16-5b)。图中 $\boldsymbol{F}_{\mathrm{T}}$ 为钢丝绳拉力,mg 为所吊物体的重力。设此时钢丝绳与铅垂线成角 φ,重物速度为 $\boldsymbol{v}$。

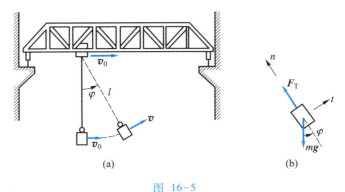

图 16-5

应用自然坐标形式的质点运动微分方程有

$$m\frac{dv}{dt} = -mg\sin\varphi \tag{1}$$

$$m\frac{v^2}{l} = F_{\mathrm{T}} - mg\cos\varphi \tag{2}$$

从式(1)来看,待求的是质点的运动规律,故属质点动力学的第二类问题;

从式(2)来看,在已经求出质点的运动规律后,利用它可求得力 F_T,这是第一类问题。可见,在此题中兼有质点动力学的两类问题。

式(1)中的变量 v 及 φ 都是 t 的函数,它们之间有如下关系

$$v = \frac{ds}{dt} = \frac{d}{dt}(l\varphi) = l\frac{d\varphi}{dt}$$

故式(1)可写作

$$l\frac{d^2\varphi}{dt^2} = -g\sin\varphi$$

注意到 $\frac{d\varphi}{dt} = \omega$ 为重物绕悬挂点摆动的角速度,故式(1)又可写作

$$l\frac{d\omega}{dt} = -g\sin\varphi$$

将上式两边分别乘以 ω 和 $\frac{d\varphi}{dt}$,得

$$l\omega\frac{d\omega}{dt} = -g\sin\varphi\frac{d\varphi}{dt}$$

或

$$l\omega d\omega = -g\sin\varphi d\varphi$$

积分得

$$l\frac{\omega^2}{2} = g\cos\varphi + c \tag{3}$$

式中 c 为积分常数。由已知条件:$\varphi = 0$ 时,$\omega = \frac{v_0}{l}$,可求得

$$c = \frac{v_0^2}{2l} - g$$

将其代入式(3),化简后得

$$\omega^2 = \frac{2g}{l}(\cos\varphi - 1) + \frac{v_0^2}{l^2}$$

从而有

$$v^2 = l^2\omega^2 = v_0^2 - 2gl(1-\cos\varphi) \tag{4}$$

由上式可以看出:随着 φ 的增大,v 相应地减小;当 $\varphi = 0$,即开始急刹车时,v 值为最大,$v_{\max} = v_0$。

既然 v 为最大值时,$\varphi = 0$ 对 $\cos\varphi$ 也为最大值,故由式(2)知,此时 F_T 具有最大值,其值为

$$F_{\text{T,max}} = mg + \frac{mv_0^2}{l} \tag{5}$$

上式等号右边的第一项实为质点（重物）静止时钢丝绳对于质点（重物）的约束力，通常称为**静约束力**；第二项则是由于质点具有法向加速度 $a_n = v_0^2/l$ 而引起的约束力，称为**附加动约束力**；两者合力，称为**动约束力**。

【思考题 16-4】

站在磅秤上的人，在他突然下蹲的瞬时，指针向读数大的一边偏，还是向读数小的一边偏？为什么？

【思考题 16-5】

汽车以大小不变的速度 v 通过图 16-6 所示路面上 A、B、C 三点。试画出汽车（作为一个质点）通过各该点时的受力图，并讨论汽车对路面的压力在上述三点处是否相同？在哪一点处时压力最大？在哪一点处时压力最小？

图 16-6

16-2：习题参考答案

习　　题

16-1　四个相同箱子 A、B、C、D，重均为 P，成列队放在光滑的水平面上，如图所示。现给一水平推力 F 使其有一加速度 a。试求它们每两个箱子之间所受力 F_{AB}、F_{BC}、F_{CD} 的大小。

16-2　图示汽车的质量为 1 500 kg，以速度 $v = 10$ m/s 驶过拱桥，桥在中点处的曲率半径为 $\rho = 50$ m。试求汽车经过拱桥中点时对桥面的压力。

题 16-1 图　　　　　题 16-2 图

16-3　一质量为 m 的物体放在做匀速转动的水平转台上，它与转轴的距离为 r。设物体与转台间的摩擦因数为 f_s。试求水平转台的限制转速，以不使物体因转台旋转而滑出。

16-4 为了使列车以某种速度通过曲线时列车对钢轨的压力能垂直于轨面,铁道在曲线部分要把外轨提高,即所谓超高。试对图示曲率半径为 ρ 的弯道,按列车以匀速度 v 通过的情况,求外轨相对于内轨的超高 h? 已知内外钢轨的中心距离为 b。

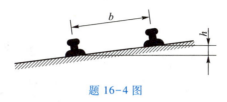

题 16-4 图

16-5 图示运送碎石的胶带运输机,其胶带与水平成角 θ,轮 A 与轮 B 的半径均为 r,角加速度为 α,胶带与轮之间无相对滑动。试求为保证碎石在胶带上不滑动所需的摩擦因数。

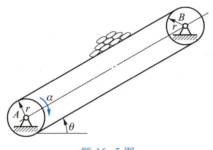

题 16-5 图

16-6 图为一斜坡式升船机构。设升船车 A 连同船只共重 P_A,平衡车 B 重 P_B。两车在导轨上运动时,摩擦力各为其重量的 1%;导轨的倾角为 θ。启动时升船车和平衡车的加速度为 a。试求需要加于鼓轮 C 上的力偶矩 M。已知鼓轮的半径为 r,鼓轮和钢绳的质量均可不计。

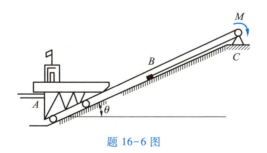

题 16-6 图

16-7 汽车牵引拖车,已知汽车和它所载的货物的质量为 8×10^3 kg,拖车和它所载货物的质量为 3×10^3 kg,两车所受的阻力均为各自重量的 0.02 倍,汽车的牵引力为 4 900 N。

试求汽车的加速度及两车间挂钩所受的力。

16-8 图示胶带运输机卸料时，物料以初速度 v_0 脱离胶带。设 v_0 与水平线的夹角为 θ，试求物料脱离胶带后在重力作用下的运动方程。

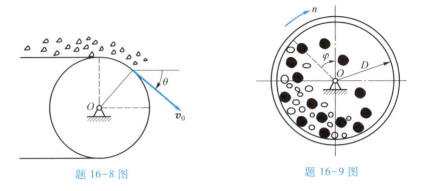

题 16-8 图　　　　　题 16-9 图

16-9 研磨矿石用的球磨机，其滚筒绕固定的水平轴 O 转动，如图所示。当滚筒转动时带动筒内的锰钢球一起运动，待转动到一定角度 φ 时钢球即离开滚筒内壁沿抛物线轨迹落下打击矿石。现已知当 $\varphi = 54°40'$ 时钢球脱离滚筒可以得到最大的打击力，滚筒的内直径 $D = 3.2$ m，试求滚筒应有的转速 n。设钢球的半径可以不计。

16-10 图示一滑块在没有初速度的情况下，从半径为 R 的固定的光滑半圆柱体的顶点 A 下滑。试求滑块离开圆柱体时的角度 φ。

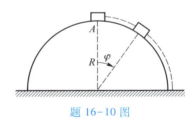

题 16-10 图

第 17 章　动力学普遍定理

上一章研究了质点的运动与质点所受的力之间的关系。

本章将建立描述整个质点系运动特征的一些物理量(如动量、动量矩、动能)与表示质点系所受机械作用的量(如力、力矩、冲量和功)之间的关系。这些关系统称为<u>动力学普遍定理</u>,它包括<u>动量定理(质心运动定理)、动量矩定理、动能定理</u>。这些定理都可从动力学基本方程推导出来。

为了易于理解和更方便地解决质点的某些动力学问题,我们还是从质点的有关情况讲起。

17-1：教学要点

§17-1　动 量 定 理

一、质点的动量定理

设质量为 m 的质点 M 在力 $\boldsymbol{F}$ 的作用下运动,其速度为 $\boldsymbol{v}$,如图 17-1 所示,由牛顿第二定律有

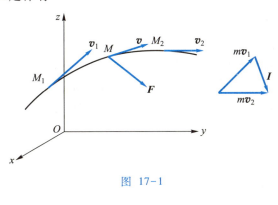

图 17-1

$$m\frac{\mathrm{d}\boldsymbol{v}}{\mathrm{d}t}=\boldsymbol{F}$$

当质量 m 是常数时,上式可改写为

$$\frac{\mathrm{d}}{\mathrm{d}t}(m\boldsymbol{v}) = \boldsymbol{F} \tag{17-1}$$

式中,质点的质量 m 与速度 $\boldsymbol{v}$ 的乘积 $m\boldsymbol{v}$ 称为<u>质点的动量</u>(momentum of particle),而上式表明了质点的动量对时间的一阶导数等于作用在该质点上的力。这就是微分形式的质点<u>动量定理</u>(theorem of momentum)。

如将式(17-1)改写为

$$\mathrm{d}(m\boldsymbol{v}) = \boldsymbol{F}\mathrm{d}t$$

然后,在时间 t 从 t_1 到 t_2,速度 $\boldsymbol{v}$ 相应地从 $\boldsymbol{v}_1$ 到 $\boldsymbol{v}_2$ 的范围内对上式积分,则得

$$m\boldsymbol{v}_2 - m\boldsymbol{v}_1 = \int_{t_1}^{t_2} \boldsymbol{F}\mathrm{d}t \tag{17-2}$$

式中,$\int_{t_1}^{t_2}\boldsymbol{F}\mathrm{d}t = \boldsymbol{I}$ 称为力 $\boldsymbol{F}$ 在 $t_1 \to t_2$ 时间间隔内的<u>冲量</u>(impulse)。如果 $\boldsymbol{F}$ 是常矢量,则 $\boldsymbol{I} = \int_{t_1}^{t_2}\boldsymbol{F}\mathrm{d}t = \boldsymbol{F}(t_2 - t_1)$。式(17-2)表明,质点的动量在任一段时间内的改变,等于作用于该质点上的力在同一段时间内的冲量。这是积分形式的质点动量定理,也称为<u>冲量定理</u>(theorem of impulse)。

<u>动量</u>(momentum)是表征机械运动的一个物理量。子弹质量虽小,但速度很大,因而动量不小,使子弹足以穿透钢板;轮船在停靠码头的过程中,其速度虽小,但由于质量很大,其动量往往很大,稍有不慎就可能撞坏码头。<u>动量也是一个矢量,它的方向与 $\boldsymbol{v}$ 一致</u>。

在国际单位制中,动量的单位是 kg·m/s(千克·米/秒),或 N·s(牛·秒)。

冲量是一个不仅与力的大小和方向有关,而且与力的作用时间长短有关的物理量,它表征作用于物体的力在一段时间内对物体的运动所产生的累积效应。人推车辆时,推力不大,但经过一段时间后可以使车辆获得一定大小的速度;若用机车牵引,因牵引力较大,在很短时间内便能使车辆得到同样大小的速度。显然这一现象可以用冲量来解释。<u>冲量也是一个矢量,它的方向与 $\boldsymbol{F}$ 一致</u>。

在国际单位制中,冲量的单位也是 kg·m/s(千克·米/秒)或 N·s(牛·秒)。

如果作用于质点上的力有若干个,设它们为 $\boldsymbol{F}_1$、$\boldsymbol{F}_2$、$\cdots$、$\boldsymbol{F}_n$,其合力为 $\boldsymbol{F}$,即 $\boldsymbol{F} = \sum \boldsymbol{F}_i$,则有

$$\boldsymbol{I} = \int_{t_1}^{t_2}\boldsymbol{F}\mathrm{d}t = \int_{t_1}^{t_2}\boldsymbol{F}_1\mathrm{d}t + \int_{t_1}^{t_2}\boldsymbol{F}_2\mathrm{d}t + \cdots + \int_{t_1}^{t_2}\boldsymbol{F}_n\mathrm{d}t = \boldsymbol{I}_1 + \boldsymbol{I}_2 + \cdots + \boldsymbol{I}_n = \sum \boldsymbol{I}_i$$

$$\tag{17-3}$$

这就是说,在任何一段时间内,合力的冲量等于各分力的冲量的矢量和。

对于平面问题,将式(17-2)中各项在固定直角坐标轴上投影,得

$$\left. \begin{array}{l} mv_{2x} - mv_{1x} = \int_{t_1}^{t_2} F_x \mathrm{d}t = I_x \\ mv_{2y} - mv_{1y} = \int_{t_1}^{t_2} F_y \mathrm{d}t = I_y \end{array} \right\} \quad (17\text{-}4)$$

即,在任何一段时间内,质点的动量在任一轴上的投影变化等于作用于该质点上的力的冲量在同一轴上的投影。这就是投影形式的质点动量定理。

由此得到两个推论:

(1) 当作用在质点上的力(或合力) $\boldsymbol{F}=\boldsymbol{0}$ 时,由式(17-2)得

$$m\boldsymbol{v}_2 - m\boldsymbol{v}_1 = \int_{t_1}^{t_2} \boldsymbol{F} \mathrm{d}t = \boldsymbol{0}$$

因此

$$m\boldsymbol{v}_2 = m\boldsymbol{v}_1 = 常矢量$$

也就是说,如果作用在质点上的力(或合力)恒等于零,则该质点的动量保持为常矢量。

(2) 当作用在质点上的力(或合力)在某一轴上投影恒等于零,例如 $\sum F_x = 0$ 时,由式(17-4)知

$$mv_{2x} = mv_{1x} = 常量$$

也就是说,如果作用在质点上的力(或合力)在某一轴上的投影恒等于零,则该质点的动量在该轴上的投影保持为常量。例如,炮弹在空中的运动,若不计空气的阻力则因作用于其上的力——重力在水平轴上的投影恒为零,所以炮弹的动量在水平方向上的投影保持不变。从而炮弹在水平方向上的速度保持不变。

以上两个推论表明了质点**动量守恒**(conservation of momentum)的条件。

例 17-1 质量为 75 kg 的跳伞运动员,从飞机中跳出后铅垂下降,待降落 100 m 时将伞张开,从这时起经过时间 $t=3$ s 后降落速度变为 5 m/s(图 17-2)。试求降落伞绳子拉力的合力(平均值)。

解: 以人为研究对象,视为质点,其运动包含两个不同的阶段。

第一阶段为人从飞机上跳下至伞张开。在这个阶段中,可以不计空气阻力,认为人作自由降落。

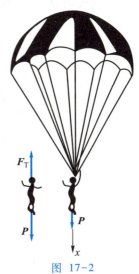

图 17-2

因而,下降 100 m 时的速度由运动学知

$$v_1 = \sqrt{2gh} = \sqrt{2 \times 9.81 \times 100} \text{ m/s} = 44.3 \text{ m/s}$$

第二阶段为从伞张开至降落速度达到 $v_2 = 5$ m/s。在这个阶段中人当然不再自由降落,他除了受重力 $P = mg$ 作用外,还受降落伞绳子拉力 F_T 的作用(图17-2)。设在 3 s 内绳子拉力的合力之平均值为 F_T^*。取轴 x 向下,由式(17-4)有

$$mv_2 - mv_1 = (mg - F_T^*)t$$

即

$$(75 \times 5 - 75 \times 44.3) \text{ N} \cdot \text{s} = (75 \times 9.81 \text{ N} - F_T^*) \times 3 \text{ s}$$

得

$$F_T^* = 1\ 718 \text{ N}$$

事实上,降落伞绳子拉力的合力 F_T 就是空气对降落伞的阻力(设伞重不计),而其大小随降落速度而变,伞刚张开时,速度大,阻力也大。上面求得的 F_T^* 这个所谓的"平均值"则是按 F_T 为常量算得的。这个平均阻力 F_T^* 的值大于重力 $P = 75 \times 9.81 \text{ N} = 736 \text{ N}$。

应该指出,在降落伞张开后随着降落速度的降低,阻力减小,而当阻力减少到等于人的重力时,显然降落的速度就不会再减小,这个速度便称为**极限速度**(maximum vector)。

例 17-2 质量为 1 kg 的小球,以 $v_1 = 4$ m/s 的速度与一固定水平面相碰,其方向与铅垂线成角 $\varphi = 30°$。设小球弹跳的速度为 $v_2 = 2$ m/s,其方向与铅垂线成角 $\beta = 60°$,如图 17-3a 所示。试求作用于小球上的冲量的大小和方向。

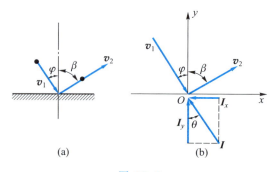

图 17-3

解:考虑小球。作用于小球上的冲量 I 的投影为 I_x、I_y,其指向假设如图17-3b 所示。根据式(17-4)有

$$-I_x = mv_2\sin\beta - mv_1\sin\varphi, \qquad I_y = mv_2\cos\beta - m(-v_1\cos\varphi)$$

代入数值得
$$I_x = 0.27 \text{ kg}\cdot\text{m/s}, \qquad I_y = 4.46 \text{ kg}\cdot\text{m/s}$$

I_x、I_y 为正值，说明指向假设得正确。

作用于小球上冲量的大小
$$I = \sqrt{I_x^2 + I_y^2} = \sqrt{0.27^2 + 4.46^2} \text{ kg}\cdot\text{m/s} = 4.47 \text{ kg}\cdot\text{m/s}$$

其方向与铅垂线的夹角 θ 由
$$\tan\theta = \frac{I_x}{I_y} = \frac{0.27}{4.46} = 0.060\ 5$$

得
$$\theta = 3°28'$$

二、质点系的动量定理

设有由 n 个质点组成的质点系。现在先考察其中的任一质点 M_i，其质量为 m_i，它在任一瞬时的速度为 $\boldsymbol{v}_i$。作用于该质点上的力可分为外力及内力，分别用 $\boldsymbol{F}_i$ 和 $\boldsymbol{F}_i^*$ 表示，则由式（17-1）有

$$\frac{\mathrm{d}}{\mathrm{d}t}(m_i\boldsymbol{v}_i) = \boldsymbol{F}_i + \boldsymbol{F}_i^* \tag{17-5}$$

对于质点系中的 n 个质点分别写出如上的方程然后相加，即得

$$\sum\frac{\mathrm{d}}{\mathrm{d}t}(m_i\boldsymbol{v}_i) = \sum\boldsymbol{F}_i + \sum\boldsymbol{F}_i^* \tag{17-6}$$

根据矢量导数的运算法则，上式等号的左边可改写为

$$\sum\frac{\mathrm{d}}{\mathrm{d}t}(m_i\boldsymbol{v}_i) = \frac{\mathrm{d}}{\mathrm{d}t}(\sum m_i\boldsymbol{v}_i) \tag{17-7}$$

而 $\sum m_i\boldsymbol{v}_i$ 是质点系中各质点的动量之矢量和，称为<u>质点系的动量</u>，常用 $\boldsymbol{p}$ 来表示，即

$$\boldsymbol{p} = \sum_{i=1}^{n} m_i\boldsymbol{v}_i \tag{17-8}$$

式（17-6）等号右边的第一项 $\sum\boldsymbol{F}_i$ 为作用于质点系的外力矢量和，第二项 $\sum\boldsymbol{F}_i^*$ 为作用于质点系的内力矢量和。由于两个质点之间相互作用着的内力总是大小相等、方向相反而作用线相同，亦即它们总是成对出现的，所以对整个质点系来说，内力系中所有各力的矢量和恒等于零，即 $\sum\boldsymbol{F}_i^* = \boldsymbol{0}$。这样式（17-6）就可写作

$$\frac{d\boldsymbol{p}}{dt} = \sum \boldsymbol{F}_i \qquad (17-9)$$

即,质点系的动量对于时间的一阶导数,等于作用于质点系上所有外力的矢量和。这就是微分形式的质点系动量定理。由式(17-9)可知,内力可以改变质点的动量,但不能改变质点系的动量。

对于平面问题,将式(17-9)两边在固定直角坐标轴上投影得

$$\left. \begin{array}{l} \dfrac{dp_x}{dt} = \sum F_{ix} \\[6pt] \dfrac{dp_y}{dt} = \sum F_{iy} \end{array} \right\} \qquad (17-10)$$

即,质点系的动量在任一固定轴上的投影对于时间的导数,等于作用于质点系上的所有外力在同一轴上投影的代数和。

将式(17-9)两边同乘以 dt,并在时间 t 从 t_1 到 t_2 而动量 $\boldsymbol{p}$ 相应地从 $\boldsymbol{p}_1$ 到 $\boldsymbol{p}_2$ 的范围内积分得

$$\boldsymbol{p}_2 - \boldsymbol{p}_1 = \sum \int_{t_1}^{t_2} \boldsymbol{F}_i dt = \sum \boldsymbol{I}_i \qquad (17-11)$$

即,质点系的动量在任一段时间内的改变,等于作用于质点系上的所有外力在同一段时间内的冲量之矢量和。这是积分形式的质点系动量定理,也称为质点系的冲量定理。

对于平面问题,将式(17-11)两边在固定直角坐标轴上投影得

$$\left. \begin{array}{l} p_{2x} - p_{1x} = \sum \int_{t_1}^{t_2} F_{ix} dt = \sum I_{ix} \\[6pt] p_{2y} - p_{1y} = \sum \int_{t_1}^{t_2} F_{iy} dt = \sum I_{iy} \end{array} \right\} \qquad (17-12)$$

这就是说,在任一段时间内,质点系的动量在任一轴上的投影的改变,等于作用于质点系上的所有外力的冲量在同一轴上的投影的代数和。这是投影形式的质点系动量定理。

与质点动量定理一样,由质点系的动量定理也可得到两个如下的推论:

(1) 当作用于质点系上的外力其矢量和等于零,即 $\sum \boldsymbol{F}_i = \boldsymbol{0}$ 时,由式(17-9)可知

$$\boldsymbol{p} = \sum m_i \boldsymbol{v}_i = 常矢量$$

即此时质点系的动量守恒。

(2) 当作用于质点系上的外力在某一轴上的投影其代数和等于零,如 $\sum F_{ix} = 0$ 时,由式(17-10)可知

$$p_x = \sum m_i v_{ix} = 常量$$

即此时质点系的动量在该轴方向上的投影守恒。

质点系动量守恒的现象很多。停在静水中的小船,当人从船头走向船尾时,船身会向前移动,这是因为人与船构成的系统在水平方向没有受外力作用(水的阻力很小,人和船之间的相互作用力又是内力),因而系统的动量即人的动量和船的动量在水平方向的代数和应保持不变。

17-2:动量守恒

例 17-3 机车的质量为 m_1,车辆的质量为 m_2,它们是通过相互撞击而挂钩。若挂钩前,机车的速度为 $\boldsymbol{v}_1$,车辆处于静止,如图 17-4a 所示。试求(1)挂钩后的共同速度 $\boldsymbol{u}$;(2)在挂钩过程中相互作用的冲量和平均撞击力。设挂钩时间为 t,轨道是光滑和水平的。并设在挂钩过程中不计其能量损失。

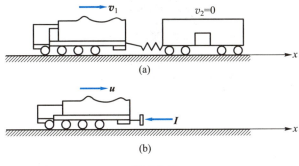

图 17-4

解:(1)以机车和车辆为研究对象。它们在撞击时的相互作用力是内力,作用在系统上的外力除了铅垂方向的重力和轨道给车轮的法向约束力外,无其他外力,故在挂钩过程中水平方向没有外力冲量,即系统的动量在水平轴 x 方向是守恒的,有

$$(m_1 + m_2)u = m_1 v_1$$

式中,u 为挂钩后机车和车辆的共同速度。由此求得

$$u = \frac{m_1}{m_1 + m_2} v_1$$

(2)以机车为研究对象,如图 17-4b 所示。根据公式(17-12)的第一式有

$$m_1 u - m_1 v_1 = -I$$

由此求得冲量 I 的大小为

$$I = m_1(v_1 - u) = \frac{m_1 m_2}{m_1 + m_2} v_1$$

从而求得平均撞击力为

$$F^* = \frac{I}{t} = \frac{m_1 m_2}{m_1 + m_2} \frac{v_1}{t}$$

例 17-4　大炮的炮身重 $P_1 = 8$ kN，炮弹重 $P_2 = 40$ N，炮筒的倾角为 $30°$，炮弹从击发至离开炮筒所需时间 $t = 0.05$ s，炮弹出口速度 $v = 500$ m/s。不计摩擦。试求炮身的后坐速度及地面对炮身的平均法向约束力（图 17-5）。

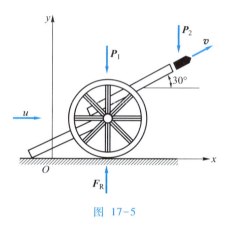

图 17-5

解：以炮身和炮弹为一系统。作用于此质点系上的外力有重力 P_1、P_2 和地面的法向约束力 F_R；在水平方向无外力作用。由此可知，在发射炮弹的过程中，系统的动量在水平方向保持不变。发射前，系统静止，其动量为零，因此，发射后系统的动量在水平方向上仍应为零。现以 u 表示发射炮弹后炮身在水平方向的后坐速度（先假设沿轴 x 正向），则有

$$\frac{P_1}{g} u + \frac{P_2}{g}(u + v\cos 30°) = 0$$

由此可求得

$$u = -\frac{P_2}{P_1 + P_2} v\cos 30° = -\frac{0.04}{8.04} \times 500 \times \frac{\sqrt{3}}{2} \text{ m/s} = -2.15 \text{ m/s}$$

此处的负号表示炮身的后坐速度与所设方向相反，即发射炮弹时炮身向后退。

根据公式 (17-12) 的第二式有

$$\frac{P_2}{g} v\sin 30° - 0 = (F_R - P_1 - P_2)t$$

求得

$$F_R = P_1 + P_2 + \frac{P_2}{g} \cdot \frac{v\sin 30°}{t} = \left(8 + 0.04 + \frac{0.04}{9.81} \times \frac{500 \times 0.5}{0.05}\right) \text{kN} = 28.4 \text{ kN}$$

显然，这里求得的 F_R 是射击过程中地面对炮身的"平均"法向力，因为在计算中是把 F_R 作为常力对待的，而实际上这个力在射击过程中其大小是变化的。

三、质心运动定理

在静力学中曾经讨论过物体的重心这个概念，并得到了确定重心坐标的公式。与此相仿，在动力学中对于质点系，要引用质量中心或简称**质心**（center of mass）的概念。它的位置与质点系中质量的分布特征有关，其确定方法与确定重心位置的方法相同。

设有由 n 个质点 M_1、M_2、$\cdots$、M_n 组成的质点系，它们的质量分别为 m_1、m_2、$\cdots$、m_n，而系统的质量为 $\sum m_i = m$。在固定坐标系 $Oxyz$ 中，任一质点 M_i 的位置如果用起点在坐标原点 O 的矢径 $\boldsymbol{r}_i$ 表示，则确定质心 C 位置的矢径 $\boldsymbol{r}_C$ 由下式决定：

$$\boldsymbol{r}_C = \frac{\sum m_i \boldsymbol{r}_i}{\sum m_i} = \frac{\sum m_i \boldsymbol{r}_i}{m} \tag{17-13}$$

上式的直角坐标形式为

$$x_C = \frac{\sum m_i x_i}{m}, \quad y_C = \frac{\sum m_i y_i}{m}, \quad z_C = \frac{\sum m_i z_i}{m} \tag{17-14}$$

对于在地面附近的质点系，即在重力加速度为 g 的均匀重力场中的质点系，有

$$m_i = \frac{P_i}{g}, \quad m = \frac{P}{g} = \frac{\sum P_i}{g}$$

那么质心坐标公式(17-14)成为

$$x_C = \frac{\sum P_i x_i}{P}, \quad y_C = \frac{\sum P_i y_i}{P}, \quad z_C = \frac{\sum P_i z_i}{P}$$

式中，P_i 为质点 M_i 的重量，P 为质点系的重量。显然，此式即为确定重心坐标的公式。因此，在均匀重力场内，质点系的质心与重心它们的位置是重合的。但应该注意，它们是两个不同的概念。质心只联系于质点系中各质点之质量的大小及分布情况，无论在宇宙空间任何地方质点系的质心总是存在的；而重心则只有当质点系在重力场中时才存在。可见，质心的概念比重心的概念更广泛。

将式(17-13)的等号两边同乘以 m 后对时间 t 求导,并考虑到 $\dfrac{\mathrm{d}\boldsymbol{r}_C}{\mathrm{d}t}=\boldsymbol{v}_C$ 是质点系质心的速度,$\dfrac{\mathrm{d}\boldsymbol{r}_i}{\mathrm{d}t}=\boldsymbol{v}_i$ 是质点 M_i 的速度,则有

$$m\boldsymbol{v}_C = \sum m_i \boldsymbol{v}_i = \boldsymbol{p} \qquad (17-15)$$

可见,质点系的动量就等于质点系的质量与质心速度的乘积。

将式(17-15)代入质点系动量定理的表达式(17-9),得

$$\frac{\mathrm{d}(m\boldsymbol{v}_C)}{\mathrm{d}t} = \sum \boldsymbol{F}_i$$

对于质量不变的质点系,并考虑到 $\dfrac{\mathrm{d}\boldsymbol{v}_C}{\mathrm{d}t}=\boldsymbol{a}_C$ 为质心的加速度,故上式成为

$$m\boldsymbol{a}_C = \sum \boldsymbol{F}_i \qquad (17-16)$$

即,质点系的质量与质心加速度的乘积等于作用于质点系上所有外力的矢量和(外力系主矢)。这就是**质心运动定理**(theorem of motion of mass center)。式(17-16)与质点动力学基本方程

$$m\boldsymbol{a} = \boldsymbol{F}$$

在形式上完全相同。因此,可以把质点系中质心的运动看成为一个质点的运动,设想把质点系的全部质量和所有外力集中在这个质点上。

对于平面问题,将式(17-16)的两边在固定坐标轴上投影得

$$m\frac{\mathrm{d}^2 x_C}{\mathrm{d}t^2} = \sum F_{ix}, \qquad m\frac{\mathrm{d}^2 y_C}{\mathrm{d}t^2} = \sum F_{iy} \qquad (17-17)$$

由式(17-16)知,当 $\sum \boldsymbol{F}_i = \boldsymbol{0}$ 时有

$$\boldsymbol{a}_C = \boldsymbol{0}$$

即

$$\boldsymbol{v}_C = 常矢量$$

这表明,如果作用于质点系上的所有外力的矢量和恒为零,则质心作惯性运动。又由式(17-17)知,如当 $\sum F_{ix} = 0$ 时有

$$\frac{\mathrm{d}^2 x_C}{\mathrm{d}t^2} = 0$$

即

$$v_{Cx} = 常量$$

这表明,如果作用于质点系上的所有外力在某一轴上的投影之代数和恒为零,则质心在该轴方向作惯性运动。以上两种情况都称之为**质心运动守恒**(conservation of motion of mass center)。

由上述讨论可知，要改变质点系质心的运动必须有外力作用，而内力是不可能改变质心的运动的。例如，在跳远时，当人起跳后其质心在重力作用下沿抛物线运动，这时，人体的任何动作都已不可能改变其质心的运动，因为在此过程中外力（重力）并未改变。当然，尽管质心的运动这时已无可改变，但运动员还可以将两臂向后甩，以使两腿前伸，从而取得较好的成绩。

在质点系动力学中，质心运动定理有着重要的地位。如果质点系仅做移动，那么应用质心运动定理求出质点系质心的运动后，就完全确定了整个质点系的运动。若质点系做任意运动，则总可将它分解为随质心的移动和绕质心的转动。前者应用质心运动定理即可确定，后者则将在下一节中来研究。

例 17-5 电动机的外壳固定在水平基础上，定子（包括外壳）重为 P、转子重为 p，如图 17-6 所示。由于制造误差，转子的质心 O_2 没有与定子的质心 O_1 重合，偏心距 $O_1O_2 = e$。已知转子以匀角速度 ω 转动，试求电动机支座处所受到的水平约束力 F_{Rx} 和铅垂约束力 F_{Ry}；并求出它们的最大值及最小值。

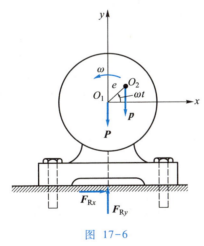

图 17-6

解：取整个系统为研究对象，取坐标系如图 17-6 所示。系统所受的外力有：定子的重力 P、转子的重力 p、水平约束力 F_{Rx} 和铅垂约束力 F_{Ry}。

系统质心的坐标为

$$x_C = \frac{Px_1 + px_2}{P+p} = \frac{0 + pe\cos\omega t}{P+p}, \qquad y_C = \frac{Py_1 + py_2}{P+p} = \frac{0 + pe\sin\omega t}{P+p}$$

将以上两式分别对时间 t 求导两次，得质心加速度的两个分量：

$$a_{Cx} = \frac{d^2 x_C}{dt^2} = -\frac{pe\omega^2}{P+p}\cos\omega t, \qquad a_{Cy} = \frac{d^2 y_C}{dt^2} = -\frac{pe\omega^2}{P+p}\sin\omega t$$

据公式(17-17)有

$$\frac{P+p}{g}a_{Cx} = F_{Rx}, \qquad \frac{P+p}{g}a_{Cy} = F_{Ry} - P - p$$

由此求得

$$F_{Rx} = -\frac{p}{g}e\omega^2\cos\omega t, \qquad F_{Ry} = P + p - \frac{p}{g}e\omega^2\sin\omega t$$

上述结果表明,电动机的支座约束力是随时间而变化的,这是由于转子的偏心使电动机左右、上下发生振动所致。铅垂约束力中的$(p/g)e\omega^2\sin\omega t$那部分以及整个水平约束力就是这种效应引起的所谓附加动约束力。显然,即使转子的偏心距e不大,但在转速ω较大的情况下,附加动约束力会比铅垂静约束力$P+p$大得多,在制造和组装电动机时必须注意到这一影响。

由上式不难求得支座约束力的最大值和最小值(按绝对值):

$$F_{Rx,\max} = \frac{p}{g}e\omega^2, \qquad F_{Rx,\min} = 0$$

$$F_{Ry,\max} = P + p\left(1 + \frac{e\omega^2}{g}\right), \qquad F_{Ry,\min} = P + p\left(1 - \frac{e\omega^2}{g}\right)$$

【思考题 17-1】

为什么动量定理的微分形式可用其两边向任何轴(直角坐标轴与自然坐标轴)上投影来求解动力学问题?动量定理的积分形式是否也可将其两边向自然坐标轴上投影来求解动力学问题?

【思考题 17-2】

当质点系的动量守恒时,其中各质点的动量是否也必须保持不变?

§17-2 动量矩定理

上一节中研究的动量定理对于质点或质点系建立了作用力与动量变化之间的关系。但是,对于质点系来说动量并不能完全描述它的运动状态。例如,当刚体绕其质心作定轴转动时,无论转动快慢如何,转动状态有何变化,它的动量却恒为零。这就是说,动量并不能描述质点系相对于定点(定轴)或相对于质心的运动状态。为了解决这方面的问题,本节将讨论质点或质点系的动量对于固定点(固定轴)或质心的矩之变化与作用于其上的力系对同一点(或轴)的矩之间的关系,也就是动量矩定理(theorem of moment of momentum)。

一、质点的动量矩定理

设质量为 m 的质点 M 在力 F 作用下运动,如图 17-7 所示。在某一瞬时 t 质点 M 相对于固定点(现只取为固定点)O 的位置矢量为 r,速度为 v。在该瞬时,质点 M 的动量显然为 mv。

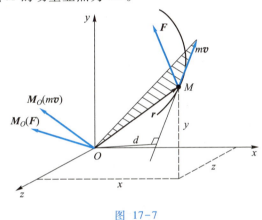

图 17-7

作用在质点 M 上的力 F 对于点 O 的矩是大家所熟悉的,这里要进一步指出的是:力矩是一个矢量,而且可以用矢径和力的矢量积表示为

$$M_O(F) = r \times F$$

与力对点之矩相类似,把矢径 r 与动量 mv 的矢量积 $r \times mv$ 称为质点的动量对于点 O 的矩,或质点对点 O 的动量矩(moment of momentum)$M_O(mv)$,即

$$M_O(mv) = r \times mv \tag{17-18}$$

它也是一个矢量,其模(大小)等于 $|mv|d$,亦即 r 与 mv 所组成的三角形(图 17-7)之面积的 2 倍。动量矩矢量的方位垂直于由 r 与 mv 所决定的平面,指向由右手螺旋法则决定。与力矩矢量一样,动量矩矢量也是定位矢量,应画在矩心点 O 上(图 17-7)。可以证明:动量对于一固定点之矩在通过该点的任一轴(例如轴 z)上的投影等于动量对于该轴的矩,即

$$[M_O(mv)]_z = M_z(mv)$$

在国际单位制中,动量矩的单位是 kg·m²/s(千克·米²/秒)或

N·m·s(牛·米·秒)。

为了得到质点的动量矩与质点所受力之间的关系,将式(17-18)对时间 t 求导:

$$\frac{\mathrm{d}}{\mathrm{d}t}(\boldsymbol{r}\times m\boldsymbol{v}) = \frac{\mathrm{d}\boldsymbol{r}}{\mathrm{d}t}\times m\boldsymbol{v} + \boldsymbol{r}\times\frac{\mathrm{d}}{\mathrm{d}t}(m\boldsymbol{v})$$

而

$$\frac{\mathrm{d}\boldsymbol{r}}{\mathrm{d}t} = \boldsymbol{v}, \qquad \frac{\mathrm{d}}{\mathrm{d}t}(m\boldsymbol{v}) = \boldsymbol{F}$$

因为

$$\boldsymbol{v}\times m\boldsymbol{v} = \boldsymbol{0}$$

于是最后得

$$\frac{\mathrm{d}\boldsymbol{M}_O(m\boldsymbol{v})}{\mathrm{d}t} = \boldsymbol{M}_O(\boldsymbol{F}) \qquad (17\text{-}19)$$

上式表明,质点的动量对任一固定点之矩,它对时间的一阶导数等于作用于该质点上的力对同一点之矩,这就是<u>质点动量矩定理</u>。

一般地说,动量 $m\boldsymbol{v}$、力 $\boldsymbol{F}$ 和矩心 O 是不共面的。对于平面问题,例如都在平面 Oxy 内,此时,动量矩矢量和力矩矢量共线,且它们对点 O 之矩也就是对轴 z 之矩。于是有

$$\frac{\mathrm{d}M_O(m\boldsymbol{v})}{\mathrm{d}t} = M_O(\boldsymbol{F})$$

或

$$\frac{\mathrm{d}M_z(m\boldsymbol{v})}{\mathrm{d}t} = M_z(\boldsymbol{F}) \qquad (17\text{-}20)$$

即质点的动量对固定轴 z 之矩,它对时间的一阶导数等于作用于该质点上的力对轴 z 之矩。这就是<u>质点对轴的动量矩定理</u>。

由式(17-19)可见,若 $\boldsymbol{M}_O(\boldsymbol{F}) = \boldsymbol{0}$,则

$$\boldsymbol{M}_O(m\boldsymbol{v}) = \boldsymbol{r}\times m\boldsymbol{v} = 常矢量$$

又由式(17-20)可见,若 $M_z(\boldsymbol{F}) = 0$,由数学中矢量叉积知识则得

$$M_z(m\boldsymbol{v}) = m(x\dot{y} - y\dot{x}) = 常量$$

就是说,如果作用于质点上的力对某一固定点 O(或轴 z)之矩恒等于零,则质点的动量对该固定点(或轴)之矩保持不变。这就是<u>质点对固定点(或轴)的动量矩守恒</u>(conservation of moment of momentum)<u>定理</u>。

作用线始终通过某一固定点的力称为<u>有心力</u>,而那个固定点则称为<u>力心</u>。例如,若把太阳视为固定不动的点,把行星视为质点,且不考虑其他星

体之影响,则太阳作用于行星的引力就是有心力。在此力作用下,行星对太阳中心点的动量矩矢量始终保持为常矢量,而行星的轨道必然是包含力心在内的平面曲线。人造地球卫星也有类似情况。

例 17-6 质量为 m 的质点 M,用长为 l 的不可伸长、不计质量的细线悬挂于固定点 O。此系统在铅垂平面内摆动,如图17-8所示。这一系统叫做数学摆,或称单摆。设 $t=0$ 时,摆线与铅垂线的偏角为 φ_0,且摆(质点 M)的初速度为零,试求摆的微幅摆动的运动规律。

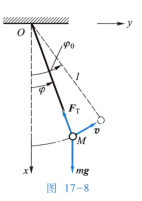

图 17-8

解: 取质点 M 为研究对象。若在任一瞬时摆线与铅垂线的偏角为 φ,且规定从铅垂线开始逆时针方向取为正,则质点的速度为 $v=l\dot\varphi$,动量为 $ml\dot\varphi$,对点 O 的动量矩为 $ml^2\dot\varphi$。

质点上作用有重力 $m\boldsymbol{g}$ 和线的拉力 $\boldsymbol{F}_\mathrm{T}$。注意到 $\boldsymbol{F}_\mathrm{T}$ 始终通过点 O,它对该点之矩为零,因此外力对点 O 之矩为

$$\sum M_{Oz}(\boldsymbol{F}) = -mgl\sin\varphi$$

注意:在计算力矩和动量矩时,对两者正负号的规定必须一致。这里,我们已规定逆时针转向为正,所以力矩应为负。

根据质点动量矩定理,有

$$\frac{\mathrm{d}}{\mathrm{d}t}(ml^2\dot\varphi) = -mgl\sin\varphi$$

即

$$\ddot\varphi + \frac{g}{l}\sin\varphi = 0$$

这是单摆的摆动微分方程。通过积分可得表达摆的运动规律的运动方程 $\varphi=\varphi(t)$,只是积分比较复杂而已。

对于微小摆动的情况,即角 φ 很小时,可以取 $\sin\varphi\approx\varphi$。此外,如令 $\dfrac{g}{l}=k^2$,则上式成为

$$\ddot\varphi + k^2\varphi = 0$$

其解为

$$\varphi = A\sin(kt+\theta)$$

式中,A 和 θ 分别为振幅和初位相,它们需由如下的初始条件确定:当 $t=0$ 时,$\varphi=\varphi_0$,$\dot\varphi=0$。将由此确定的 $A=\varphi_0$ 及 $\theta=\dfrac{\pi}{2}$ 代入上式得单摆的微幅摆动的运动

方程
$$\varphi = \varphi_0 \cos kt$$
由此可见，单摆做简谐振动，其振动周期是
$$T = \frac{2\pi}{k} = 2\pi\sqrt{\frac{l}{g}}$$
显然它与摆长 l 有关，而与初始条件无关，这种性质称为等时性。

例 17-7 如果只考虑地心引力，则人造地球卫星相对于地心坐标系的运行轨道是以地心 O 为一个焦点的椭圆，如图 17-9（未按比例画）所示。我国发射的第一颗人造地球卫星，它的近地点高度为 $H_A = 439$ km，远地点高度 $H_B = 2\,384$ km。地球的平均半径取为 $R = 6\,371$ km。已知卫星在近地点 A 处的速度为 $v_A = 8.11$ km/s。试求卫星通过远地点 B 处的速度。

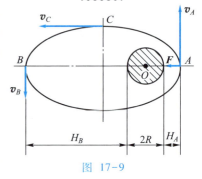

图 17-9

解： 取卫星为研究对象。其上作用着有心力 F，所以卫星对力心 O 的动量矩保持为常矢量。设卫星质量为 m，则有
$$m v_A OA = m v_B OB$$
因
$$OA = (6\,371 + 439)\text{ km} = 6\,810\text{ km}$$
$$OB = (6\,371 + 2\,384)\text{ km} = 8\,755\text{ km}$$
故得
$$v_B = \frac{OA}{OB} v_A = \frac{6\,810}{8\,755} \times 8.11 \text{ km/s} = 6.31 \text{ km/s}$$

二、质点系的动量矩定理

设质点系是由 n 个质点所组成。若该质点系中的任一质点 M_i，其质量为 m_i，速度为 v_i，作用于该质点上的外力的合力为 F_i，内力的合力为 F_i^*，则该质点对于任取的固定点（现只取为固定点）O，由质点的动量矩定理有
$$\frac{\mathrm{d}}{\mathrm{d}t}\boldsymbol{M}_O(m_i \boldsymbol{v}_i) = \boldsymbol{M}_O(\boldsymbol{F}_i) + \boldsymbol{M}_O(\boldsymbol{F}_i^*)$$
对于系统内每一质点都可写出如上的一个方程，共有 n 个，将它们相加，得
$$\sum \frac{\mathrm{d}}{\mathrm{d}t}\boldsymbol{M}_O(m_i \boldsymbol{v}_i) = \sum \boldsymbol{M}_O(\boldsymbol{F}_i) + \sum \boldsymbol{M}_O(\boldsymbol{F}_i^*)$$

或即

$$\frac{\mathrm{d}}{\mathrm{d}t}\left[\sum \boldsymbol{M}_O(m_i\boldsymbol{v}_i)\right] = \sum \boldsymbol{M}_O(\boldsymbol{F}_i) + \sum \boldsymbol{M}_O(\boldsymbol{F}_i^*) \qquad (17\text{-}21)$$

式中,$\sum \boldsymbol{M}_O(m_i\boldsymbol{v}_i)$ 为质点系中各质点的动量对点 O 之矩的矢量和,称为<u>质点系对点 O 的动量矩</u>,以 $\boldsymbol{L}_O$ 表示,即

$$\boldsymbol{L}_O = \sum \boldsymbol{M}_O(m_i\boldsymbol{v}_i) \qquad (17\text{-}22)$$

它是反映整个质点系绕点 O 运动的程度之度量。由于内力总是成对出现,且等值、反向、共线,故所有内力对于点 O 之矩的矢量和恒等于零,即 $\sum \boldsymbol{M}_O(\boldsymbol{F}_i^*) = \boldsymbol{0}$。于是若令 $\boldsymbol{M}_O = \sum \boldsymbol{M}_O(\boldsymbol{F}_i)$,则由式(17-21)简化后得<u>质点系的动量矩定理</u>

$$\frac{\mathrm{d}}{\mathrm{d}t}\boldsymbol{L}_O = \boldsymbol{M}_O \qquad (17\text{-}23)$$

将式(17-23)投影到固定直角坐标轴上,可得到三个投影方程。以后常用到的是平面问题中质点系的动量矩定理,即质点动量和力系在同一平面(Oxy)内对轴 z(即平面上与轴 z 相交的点 O)的质点系动量矩定理

$$\frac{\mathrm{d}}{\mathrm{d}t}L_z = M_z$$

或

$$\frac{\mathrm{d}}{\mathrm{d}t}L_O = M_O \qquad (17\text{-}24)$$

式(17-23)及式(17-24)所示的质点系动量矩定理表明:<u>质点系对任一固定点(或固定轴)的动量矩对时间的一阶导数,等于作用在该质点系上所有外力对该点(或轴)之矩的矢量和(或代数和)</u>。质点系中的内力并不能改变质点系的动量矩。

如果作用于质点系上的各外力对于固定轴 z(点 O)之矩的代数和为零,即 $M_z = 0$ 或 $M_O = 0$,则由式(17-24)知

$$L_z = \sum M_z(m_i\boldsymbol{v}_i) = 常量$$

或

$$L_O = \sum M_O(m_i\boldsymbol{v}_i) = 常量$$

这就是<u>质点系的动量矩守恒定理</u>,即如果作用于质点系上的外力对于某固定轴 z(点 O)的力矩之和恒等于零,则质点系对该轴 z(点 O)的动量矩保持不变。

例 17-8 半径为 r、质量不计的滑轮可绕定轴 O 转动,滑轮上绕有一细绳,其两端各系重为 P_A 和 P_B 的重物 A 和 B,且 $P_A > P_B$,如图 17-10 所示。试求重物 A 和 B 的加速度及滑轮的角加速度。设绳与轮之间无滑动。

解: 取滑轮及两重物为考察对象。设两重物的速度其大小为 $v_A = v_B = v$,则系统对转轴 z(点 O)的动量矩为

$$L_z = \frac{P_A}{g}vr + \frac{P_B}{g}vr = \frac{P_A + P_B}{g}vr$$

作用于质点系上的外力有重力 $\boldsymbol{P}_A$、$\boldsymbol{P}_B$ 和轴承约束力 $\boldsymbol{F}_{Ox}$、$\boldsymbol{F}_{Oy}$,于是外力对转轴 z 的力矩为

$$M_z = P_A r - P_B r = (P_A - P_B)r$$

根据质点系动量矩定理有

$$\frac{(P_A + P_B)r}{g}\frac{\mathrm{d}v}{\mathrm{d}t} = (P_A - P_B)r$$

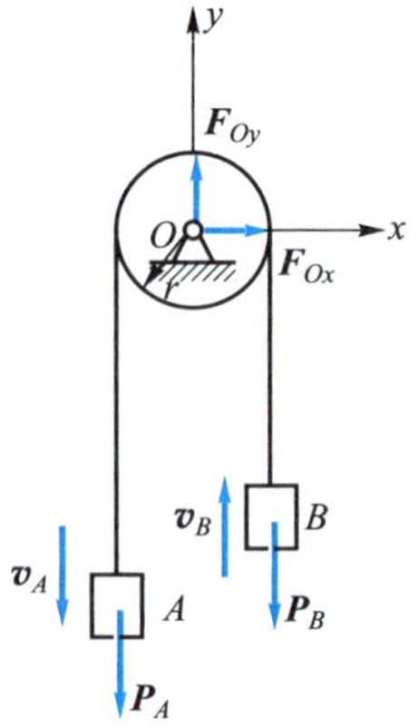

由此求得重物 A、B 的加速度为

$$a = \frac{P_A - P_B}{P_A + P_B}g$$

即

$$a_A = \frac{(P_A - P_B)g}{P_A + P_B} \quad (\downarrow), \qquad a_B = \frac{(P_A - P_B)g}{P_A + P_B} \quad (\uparrow)$$

而滑轮的角加速度为

$$\alpha = \frac{a}{r} = \frac{P_A - P_B}{r(P_A + P_B)}g \quad (\curvearrowleft)$$

图 17-10

三、刚体绕定轴转动的微分方程

对于绕定轴转动的刚体,其上各个质点到转轴的距离始终保持不变,转轴以外的每个质点均做圆周运动,其速度的大小与该点到转轴的距离成正比。因此,绕定轴转动的刚体它对转轴的动量矩具有特定的计算公式。刚体绕定轴转动时的运动微分方程便是在此基础上导出的。

设刚体在外力系作用下以角速度 ω 绕固定轴 z 转动,如图 17-11 所示。在刚体内任取一质点 M_i,其质量为 m_i,该点到转轴 z 的距离为 r_i,速度为 $v_i = r_i\omega$,则该质点对于转轴 z 的动量矩为

$$M_z(m_i\boldsymbol{v}_i) = m_i v_i r_i = m_i r_i^2 \omega$$

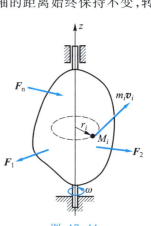

图 17-11

于是整个刚体对于转轴 z 的动量矩为

$$L_z = \sum M_z(m_i \boldsymbol{v}_i) = \omega \sum m_i r_i^2$$

式中,$\sum m_i r_i^2$ 称为刚体对转轴 z 的<u>转动惯量</u>(moment of inertia),常以 J_z 表示,即

$$J_z = \sum m_i r_i^2 \qquad (17-25)$$

对于一定的刚体和确定的轴,它是一个确定的量。

我们知道,质量是物体移动时惯性的量度,而转动惯量则为刚体转动时惯性的量度。它的单位是 $kg \cdot m^2$(千克·米^2)。

引用了转动惯量的概念,刚体对于转轴 z 的动量矩可表示为

$$L_z = J_z \omega \qquad (17-26)$$

即,定轴转动刚体对于转动轴的动量矩等于刚体对转动轴的转动惯量与角速度的乘积。

根据质点系的动量矩定理,利用式(17-26),并考虑到 J_z 为一常量,由式(17-24),得

$$J_z \alpha = M_z \qquad (17-27)$$

或即

$$J_z \frac{d^2 \varphi}{dt^2} = M_z \qquad (17-28)$$

这就是刚体绕定轴转动的微分方程。应用上式解题时,一定要注意对于力矩 M_z 的正负号的规定必须与对转角正负号的规定取得一致,即规定了转角 φ 的正向后,力矩的转向与转角正向相同时取正号;反之,取负号。

例 17-9 复摆是由质量不能忽略不计的杆 OA 及圆盘 B 组成,如图 17-12a 所示。复摆的总质量为 m,其质心 C 到转轴 Oz 的距离为 b;复摆对轴 z 的转动惯量为 J_z。试求复摆作微幅摆动时的运动规律。

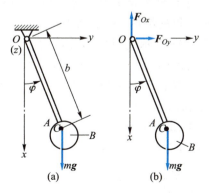

图 17-12

解： 考察复摆，画出受力图，如图17-12b所示。作用于摆上的外力有重力 $m\boldsymbol{g}$ 和轴 O 处的约束力 $\boldsymbol{F}_{Ox}$、$\boldsymbol{F}_{Oy}$。系统上的外力对轴 z 之矩为

$$M_z = -mgb\sin\varphi$$

式中的负号表示力矩的转向与角 φ 的转向相反。

列出刚体定轴转动的微分方程

$$J_z\frac{\mathrm{d}^2\varphi}{\mathrm{d}t^2} = -mgb\sin\varphi$$

当刚体做微幅摆动时，有 $\sin\varphi \approx \varphi$，因此上式可写作

$$\frac{\mathrm{d}^2\varphi}{\mathrm{d}t^2} + \frac{mgb}{J_z}\varphi = 0$$

此微分方程的解为

$$\varphi = \varPhi\sin\left(\sqrt{\frac{mgb}{J_z}}t + \theta\right)$$

上式表示了复摆做微幅摆动时的运动规律。其中，$\varPhi$ 为角幅，θ 为初位相，由初始条件决定。如若当 $t=0$ 时，$\varphi = \varphi_0$，$\dot\varphi = \dot\varphi_0$，便可求得

$$\varPhi = \sqrt{\varphi_0^2 + (\dot\varphi_0^2/k^2)}, \qquad \theta = \arctan\frac{\varphi_0 k}{\dot\varphi_0}$$

式中

$$k = \sqrt{\frac{mgb}{J_z}}$$

由上面所得结果可见，复摆的微幅摆动是简谐运动，摆动周期为

$$T = 2\pi\sqrt{\frac{J_z}{mgb}}$$

在工程实际中，对于形状复杂的某些零、部件，如曲柄、连杆等，它们的转动惯量 J_z 往往根据测得的绕轴 z 的摆动周期利用上式推算得出。

例17-10 图17-13a所示为斜面提升机构的简图。卷筒重 P_O，半径为 r，对于转轴 O 的转动惯量为 J_O，斜面的倾角为 θ，被提升的物体 A 其重量为 P，重物与斜面间的摩擦因数为 f，钢丝绳的质量不计。若作用在卷筒上的力偶矩为 M，试求重物的加速度。

解： 先考察重物 A，其受力图如图17-13b所示。重物在斜面上做平移，设其加速度为 $\boldsymbol{a}$，由质心运动定理有

$$\frac{P}{g}a = F_T - P\sin\theta - fP\cos\theta \tag{1}$$

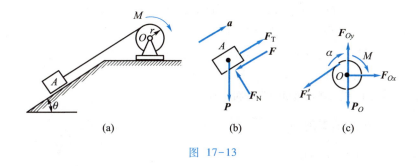

图 17-13

再考察卷筒，其受力图如图 17-13c 所示。卷筒作定轴转动，其转动微分方程为

$$J_O \alpha = M - F'_T r \tag{2}$$

注意到

$$a = r\alpha, \qquad F_T = F'_T$$

由式（1）、式（2）可解得

$$a = \frac{M - Pr(\sin\theta + f\cos\theta)}{Pr^2 + J_O g} rg \quad (\measuredangle\theta)$$

四、刚体的转动惯量

（1）转动惯量的计算

式（17-25）已给出转动惯量为

$$J_z = \sum mr^2$$

对于一定的刚体来说，在转轴一经确定后转动惯量便是一个常量。同一刚体对于不同的转轴，其转动惯量一般说来是不相同的，但恒为正的标量。转动惯量本身又是与刚体的质量分布有关，而与刚体的运动状态无关的量。对于总的质量为一定的刚体，如欲使它有较大的转动惯量，则应将质量分布得离转轴远一些，例如飞轮。相反，钟表和仪表中的一些转动零件，为了提高它们的灵敏度，要尽量减小转动惯量，因此除了采用轻金属材料以减小质量外，应尽量使较多的质量靠近转轴。

在刚体的质量连续分布的情况下，转动惯量的表达式可写成积分形式：

$$J_z = \int_m r^2 \mathrm{d}m \tag{17-29}$$

式中积分号下方的 m 表示积分范围遍及整个刚体。

所以，在计算转动惯量时，对于离散质点系，就用基本公式（17-25）；而对于形状较为简单的刚体则按公式（17-29）使用积分方法。至于由若干简单形状构成的组合型刚体,可利用后面将要讲到的转动惯量的平行移轴定理计算。

例 17-11 均质等厚度薄圆板如图 17-14 所示,其半径为 R,质量为 m。试求它对于通过圆心且垂直于圆板的轴 z 之转动惯量。

解: 取坐标轴如图 17-14 所示。由于圆板是等厚度的,其质量在圆的面积范围内均匀分布,相应的集度为 $\gamma = \dfrac{m}{\pi R^2}$。在距轴 z 为 r 处取宽度为 $\mathrm{d}r$ 的圆环,其质量为 $\mathrm{d}m = \gamma \times 2\pi r\mathrm{d}r = \dfrac{m}{\pi R^2} 2\pi r\mathrm{d}r = \dfrac{2m}{R^2} r\mathrm{d}r$,该质量对于轴 z 的转动惯量为 $r^2 \mathrm{d}m = \dfrac{2m}{R^2} r^3 \mathrm{d}r$。于是,整个板对于轴 z 的转动惯量为

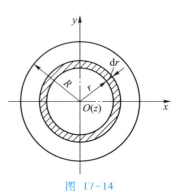

图 17-14

$$J_z = \int_0^R \frac{2m}{R^2} r^3 \mathrm{d}r = \frac{1}{2} mR^2$$

在工程上,为了方便,常把转动惯量写成刚体的总质量 m 与一当量长度 ρ 的平方之乘积,即

$$J_z = m\rho_z^2 \tag{17-30}$$

ρ_z 称为刚体对于轴 z 的**回转半径**(radius of gyration)。显然

$$\rho_z = \sqrt{\frac{J_z}{m}} \tag{17-31}$$

它的含义是,若假想地把刚体的全部质量集中在与轴 z 相距为 ρ_z 的点处,则此集中质量对轴 z 的转动惯量与原刚体的转动惯量相等。

形状简单的均质刚体其转动惯量的计算公式可以从手册中查到。表 17-1 中列出了几种常用的简单形状均质刚体的转动惯量的计算公式。

表 17-1 几种常用的简单形状均质刚体的转动惯量

物体形状	简 图	转 动 惯 量	回 转 半 径
直杆	z' 轴在端点,z 轴过 C,$l/2$ 各半	$J_z = \dfrac{1}{12} ml^2$ $J_{z'} = \dfrac{1}{3} ml^2$	$\rho_z = \dfrac{l}{2\sqrt{3}} = 0.289l$ $\rho_{z'} = \dfrac{l}{\sqrt{3}} = 0.577l$

续表

物体形状	简　图	转动惯量	回转半径
矩形薄板		$J_x = \dfrac{1}{12}mb^2$ $J_y = \dfrac{1}{12}ma^2$ $J_z = \dfrac{1}{12}m(a^2+b^2)$	$\rho_x = \dfrac{b}{2\sqrt{3}} = 0.289b$ $\rho_y = \dfrac{a}{2\sqrt{3}} = 0.289a$ $\rho_z = \dfrac{\sqrt{a^2+b^2}}{2\sqrt{3}}$ $= 0.289\sqrt{a^2+b^2}$
长方体		$J_x = \dfrac{1}{12}m(b^2+c^2)$ $J_y = \dfrac{1}{12}m(c^2+a^2)$ $J_z = \dfrac{1}{12}m(a^2+b^2)$	$\rho_x = \dfrac{\sqrt{b^2+c^2}}{2\sqrt{3}}$ $\rho_y = \dfrac{\sqrt{c^2+a^2}}{2\sqrt{3}}$ $\rho_z = \dfrac{\sqrt{a^2+b^2}}{2\sqrt{3}}$
细圆环		$J_x = J_y = \dfrac{1}{2}mR^2$ $J_z = mR^2$	$\rho_x = \rho_y = \dfrac{R}{\sqrt{2}}$ $\rho_z = R$
薄圆板		$J_x = J_y = \dfrac{1}{4}mR^2$ $J_z = \dfrac{1}{2}mR^2$	$\rho_x = \rho_y = \dfrac{R}{2}$ $\rho_z = \dfrac{R}{\sqrt{2}}$

续表

物体形状	简 图	转 动 惯 量	回 转 半 径
实心球		$J_x = J_y = J_z = \dfrac{2}{5}mR^2$	$\rho = \sqrt{\dfrac{2}{5}}R = 0.632R$
圆柱		$J_x = J_y = \dfrac{m}{12}(l^2 + 3R^2)$ $J_z = \dfrac{1}{2}mR^2$	$\rho_x = \rho_y = \dfrac{\sqrt{l^2 + 3R^2}}{2\sqrt{3}}$ $\rho_z = \dfrac{1}{\sqrt{2}}R$
厚壁圆筒		$J_x = J_y$ $= \dfrac{m}{12}[l^2 + 3(R^2 + r^2)]$ $J_z = \dfrac{1}{2}m(R^2 + r^2)$	$\rho_x = \rho_y = \dfrac{\sqrt{l^2 + 3(R^2 + r^2)}}{2\sqrt{3}}$ $\rho_z = \sqrt{\dfrac{R^2 + r^2}{2}}$
薄壁球壳		$J_x = J_y = J_z = \dfrac{2}{3}mR^2$	$\rho = \sqrt{\dfrac{2}{3}}R = 0.816R$

续表

物体形状	简 图	转动惯量	回转半径
正圆锥		$J_x = J_y = \dfrac{3m}{80}(4R^2 + h^2)$ $J_z = \dfrac{3}{10}mR^2$	$\rho_x = \rho_y = \sqrt{\dfrac{3(4R^2+h^2)}{80}}$ $\rho_z = \sqrt{\dfrac{3}{10}}R = 0.548R$

（2）转动惯量的平行移轴定理

同一刚体对于不同的轴，其转动惯量一般说来是不相同的。为了根据刚体对于通过其质心的轴之转动惯量，简捷地求出刚体对于与质心轴平行的另一轴的转动惯量，需要用到平行移轴定理。

设有一质量为 m 的刚体，轴 z 通过其质心 C（图 17-15），另有一轴 z' 与轴 z 平行，这两个平行轴之间的距离为 d。此外，取轴 x' 与轴 x、轴 y' 与轴 y 如图 17-15 所示。将刚体视为质点系，并取任一质点 M_i，其质量为 m_i，它到轴 z 和轴 z' 的距离分别为 r_i 和 r'_i，则刚体对于轴 z 的转动惯量为

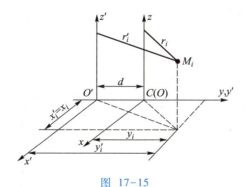

图 17-15

$$J_z = \sum m_i r_i^2 = \sum m_i(x_i^2 + y_i^2)$$

而刚体对于轴 z' 的转动惯量为

$$J_{z'} = \sum m_i r_i'^2 = \sum m_i(x_i'^2 + y_i'^2)$$

由于 $x'_i = x_i$, $y'_i = y_i + d$, 所以上式又可写为

$$J_{z'} = \sum m_i [x_i^2 + (y_i + d)^2] = \sum m_i [x_i^2 + y_i^2 + 2y_i d + d^2]$$

即

$$J_{z'} = \sum m_i (x_i^2 + y_i^2) + 2d \sum m_i y_i + d^2 \sum m_i \qquad (17-32)$$

上式中等号右端第一项即为 J_z，第三项即为 md^2，至于第二项则因有 $\sum m_i y_i = my_C$，而 $y_C = 0$，所以该项为零，于是式(17-32)变为

$$J_{z'} = J_z + md^2 \qquad (17-33)$$

即刚体对于任何轴的转动惯量，等于刚体对于通过质心并与该轴平行的轴之转动惯量，加上刚体的质量与这两轴间距离平方的乘积。这就是转动惯量的平行移轴定理。

这样，只要知道了刚体对质心轴的转动惯量，就可迅速求得该刚体对于与质心轴相平行的其他轴的转动惯量。例如，均质等截面直杆，对于通过其一端并与杆垂直的轴 z' 的转动惯量，由式(17-33)得

$$J_{z'} = J_z + md^2 = \frac{1}{12}ml^2 + m\left(\frac{l}{2}\right)^2 = \frac{1}{3}ml^2$$

由转动惯量的平行移轴定理可知，<u>在刚体对各平行轴的转动惯量中，以对通过质心的轴之转动惯量为最小</u>。

【思考题 17-3】

质点系的动量由式(17-15)知是按下式计算：

$$\boldsymbol{p} = \sum m_i \boldsymbol{v}_i = m\boldsymbol{v}_C$$

那么质点系的动量矩可否按下式计算：

$$\boldsymbol{L}_O = \sum \boldsymbol{M}_O(m_i \boldsymbol{v}_i) = \boldsymbol{M}_O(m\boldsymbol{v}_C)$$

并说明理由。

【思考题 17-4】

图 17-16a、b 中所示的两个滑轮 O_1 和 O_2 完全相同，在图 a 所示情况中绕在滑轮上的绳的一端受拉力 F 作用，在图 b 所示情况中绳的一端挂有重物 A，其重量等于 P，且 $P = F$。试问两轮的角加速度是否相同？等于多少？设绳重及轴承摩擦均可不计。

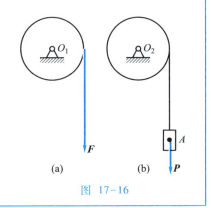

图 17-16

【思考题 17-5】

齿轮传动系统如图 17-17 所示，齿轮 I 上作用有主动力偶 M，齿轮 I 和 II 的转动惯量分别为 J_1 和 J_2。试问齿轮 I 的角加速度是否为 $\alpha_1 = \dfrac{M}{J_1 + J_2}$。试说明理由。

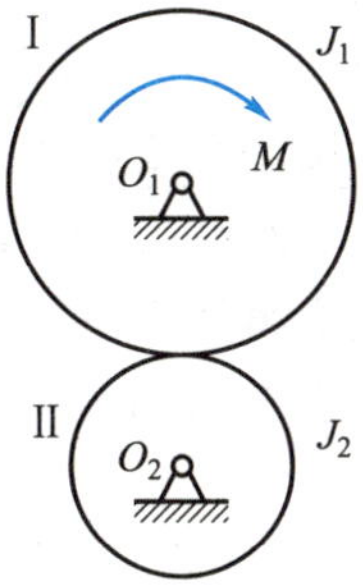

【思考题 17-6】

图 17-18 所示均质等截面直杆，质量为 m，长为 l，已知 $J_z = \dfrac{1}{3}ml^2$，试问是否有 $J_{z'} = J_z + m\left(\dfrac{3}{4}l\right)^2 = \dfrac{43}{48}ml^2$？

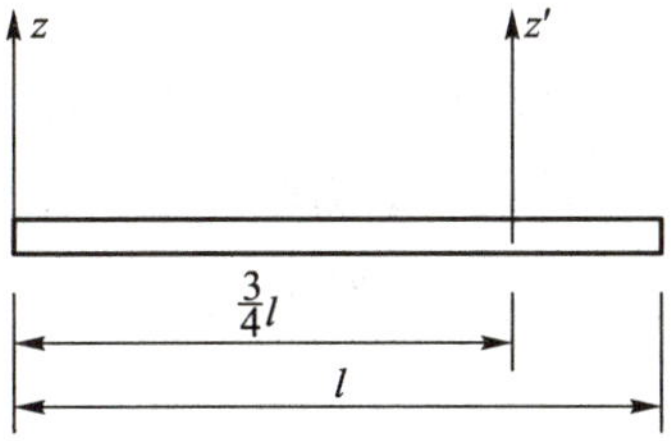

图 17-17

图 17-18

§17-3 动 能 定 理

在前面两节中研究了动量定理和动量矩定理。动量是一个很重要的物理量，它被用来度量物体以机械运动（mechanical motion）的方式进行传递的运动。但在自然界中存在着多种运动形式，它们在一定条件下会相互转化。例如，水流的机械运动可以通过水轮发电机转化为电流的运动；电流又可使起重机做机械运动。在这种情况下，为了研究运动的转化以及在转化过程中一种形式的运动与另一种形式的运动它们之间的数量关系，需要利用一个统一的物理量来度量各种形式的运动的量。这个物理量就是能量，简称为能。物体做机械运动时所具有的能，称为机械能（mechanical energy），包括动能（kinetic energy）和势能（potential energy）。除了机械能，还有电能、热能、声能、光能、化学能、生物能等。各种运动形式的转化正是通过能量相联系的。

度量能量变化的量是力所做的功（work）。例如，物体自由下落时，一定数量的势能就转化为一定数量的动能，它们的变化是通过重力做功来度量的。发动机工作时,气体的热能转化为机械能,它们的变化是由气体压力对活塞所做的功来度量的。由此可见,能与功既有密切的联系,又是两个不同的概念:能是物质运动的度量;功则是能量变化的度量。而揭示动能与力所做的功之间关系的则是动能定理(theorem of kinetic energy),它表达了机械运动状态变化时能量之间的传递和转化规律。在工程力学中,由于只研究机械运动的规律,即只考虑物体机械运动状态的变化,故本节只研究物体做机械运动时的动能与功的关系。

一、质点的动能定理

先建立质点的动能定理,尔后讨论有关动能和功的计算。

1. 质点的动能定理

设质量为 m 的质点 M 在合力 $\boldsymbol{F}$ 作用下沿曲线从点 M_1 运动到点 M_2,如图 17-19 所示。在任一瞬时,根据动力学第二定律有

$$m\boldsymbol{a} = \boldsymbol{F}$$

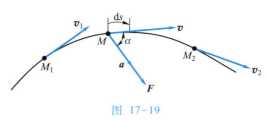

图 17-19

将上式中的矢量向轨迹的切线方向投影,得

$$ma_t = F\cos \alpha = F_t$$

或

$$m\frac{\mathrm{d}v}{\mathrm{d}t} = F_t$$

将上式两端均乘以 $\mathrm{d}s$,又 $v = \dfrac{\mathrm{d}s}{\mathrm{d}t}$,则得

$$mv\mathrm{d}v = F_t\mathrm{d}s$$

或

$$\mathrm{d}\left(\frac{1}{2}mv^2\right) = \delta W \tag{17-34}$$

式中,$\delta W = F_t \mathrm{d}s$ 是力 $\boldsymbol{F}$ 的元功(微小的功),由于它不一定能表示为某个函数 W 的全微分,故记为 δW 以与 $\mathrm{d}W$ 相区别;等号左边括号中的 $\dfrac{1}{2}mv^2$ 是由

于质点运动而具有的能量,称为**质点的动能**。上式表明,质点动能的微分等于作用于质点上的力的元功。这就是**微分形式的质点动能定理**。

将式(17-34)沿轨迹$\widehat{M_1M_2}$积分,并设质点在M_1和M_2处的速度分别为$\boldsymbol{v}_1$和$\boldsymbol{v}_2$,有

$$\int_{v_1}^{v_2} \mathrm{d}\left(\frac{1}{2}mv^2\right) = \int_{\widehat{M_1M_2}} F_\mathrm{t}\,\mathrm{d}s$$

从而得到**积分形式的质点动能定理**：

$$\frac{1}{2}mv_2^2 - \frac{1}{2}mv_1^2 = W \tag{17-35}$$

式中,$W = \int_{\widehat{M_1M_2}} F_\mathrm{t}\,\mathrm{d}s$ 为力 $\boldsymbol{F}$ 在路程$\widehat{M_1M_2}$上做的功。因此,式(17-35)表明：质点的动能在某一路程上的改变,等于作用于质点上的力在同一路程上所做的功。

动能和功都是标量,动能定理是一个标量方程。利用它运算时作代数运算,因而比较方便,这是其优点。但动能只反映速度的大小而不能反映速度的方向,这是动能定理的一个不足之处。

2. 质点的动能

质点的动能常以 T 表示,即

$$T = \frac{1}{2}mv^2$$

显然它是一个恒为正值的标量。

在国际单位制中,动能的单位是 J(焦耳)。而

$$1\ \mathrm{J} = 1\ \mathrm{N}\cdot\mathrm{m} = 1\ \mathrm{kg}\cdot\mathrm{m}^2/\mathrm{s}^2$$

3. 力的功

功是力在一段路程上对物体作用的累积效果。它的计算方法随力和路程的情况而异,现分述如下。

(1) 常力在直线运动中所做的功

设一质点 M 在常力(大小和方向都不变的力)$\boldsymbol{F}$ 作用下沿直线运动,如图 17-20 所示。若质点由 M_1 处运动到 M_2 处的路程为 s,力 $\boldsymbol{F}$ 与位移方向的夹角为 θ,则 $\boldsymbol{F}$ 在位移方向的投影 $F\cos\theta$ 与路程 s 的乘积即为力 $\boldsymbol{F}$ 在路程 s 中所做的功,即

$$W = Fs\cos\theta \tag{17-36}$$

当 $-\dfrac{\pi}{2} < \theta < \dfrac{\pi}{2}$ 时,$W > 0$；当 $\dfrac{3}{2}\pi > \theta > \dfrac{\pi}{2}$ 时,$W < 0$；当 $\theta = \pm\dfrac{\pi}{2}$ 时,$W = 0$,即力不

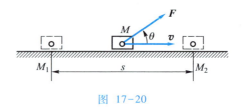

图 17-20

做功。

在国际单位制中,功的单位为 J(焦耳)。

(2) **变力的功**

设质点 M 在变力 F 的作用下沿曲线运动,如图 17-21 所示。因为变力 F 在微段路程中可视为不变,且微段路程又可视为直线段路程 ds,所以变力 F 所做的元功为

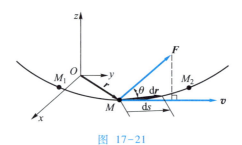

图 17-21

$$\delta W = F \cdot ds \cdot \cos\theta = F_t ds$$

式中,θ 是力 F 与质点 M 元位移 dr 之间的夹角,也就是力 F 与轨迹在质点所在处切线之间的夹角。质点 M 在曲线运动中角 θ 是一个变化的量。变力在曲线 $\widehat{M_1 M_2}$ 上所做的功等于在此段路程中所有元功的总和,即

$$W = \int_{\widehat{M_1 M_2}} F\cos\theta \, ds = \int_{s_1}^{s_2} F_t \, ds \qquad (17\text{-}37)$$

式中,s_1 和 s_2 分别表示质点在起始和终了位置时的弧坐标。

为了计算的方便,常利用另一解析式求算变力所做的功。由矢量标积的定义,变力 F 的元功又可写为

$$\delta W = F \cdot dr$$

将力 F 和元位移 dr 写成直角坐标系中的分解式

$$F = F_x \mathbf{i} + F_y \mathbf{j} + F_z \mathbf{k}, \qquad dr = dx\mathbf{i} + dy\mathbf{j} + dz\mathbf{k}$$

则变力 F 的元功 δW 的表达式成为

$$\delta W = F_x dx + F_y dy + F_z dz$$

于是力 $\boldsymbol{F}$ 在 $\widehat{M_1M_2}$ 路程上的功为

$$W = \int_{M_1}^{M_2} \boldsymbol{F} \cdot \mathrm{d}\boldsymbol{r} = \int_{M_1}^{M_2} (F_x\mathrm{d}x + F_y\mathrm{d}y + F_z\mathrm{d}z) \qquad (17\text{-}38)$$

由上式可见，一般说来，W 的值与积分路径有关。

若质点上同时有几个力作用，则不难证明：合力在任一路程中所做的功就等于各分力在同一路程中所做功的代数和。

下面来推导一些常见的力所做功的计算公式。

（3）**重力的功**

设重为 P 的质点 M 由 $M_1(x_1,y_1,z_1)$ 处沿曲线运动到 $M_2(x_2,y_2,z_2)$ 处，如图 17-22 所示。取直角坐标系如图。将重力 P 在三个坐标轴上的投影 $F_x=0$、$F_y=0$ 及 $F_z=-P$ 代入式（17-38），即得

$$W = -\int_{z_1}^{z_2} P\mathrm{d}z = P(z_1 - z_2) = Ph \qquad (17\text{-}39)$$

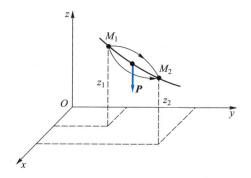

图 17-22

式中，h 为质点的初始位置与终了位置之高度差。上式表明，重力所做的功等于质点的重量与起止位置间高度差的乘积，而与质点的运动路径无关。当质点下降时，重力做正功；当质点上升时，重力做负功。

（4）**弹性力的功**

设质点 M 连接于弹簧的一端，如图 17-23 所示。弹簧的自然长度为 l_0，当弹簧在弹性范围内工作时，它作用于质点上的弹性力 $\boldsymbol{F}$ 其大小与弹簧的变形 λ（伸长或缩短）呈线性正比，即

$$F = k\lambda$$

式中的比例系数 k 为弹簧的刚度系数，或称弹簧系数，其单位为 N/m（牛/米）。当质点 M 沿直线从 M_1 处运动到 M_2 处时，弹簧的变形从初值 λ_1 变为终值 λ_2，注意到上式，则弹性力 $\boldsymbol{F}$ 所做的功为

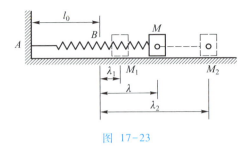

图 17-23

$$W = \int_{\lambda_1}^{\lambda_2} -F\,d\lambda = \int_{\lambda_1}^{\lambda_2} -k\lambda\,d\lambda$$

即

$$W = \frac{k}{2}(\lambda_1^2 - \lambda_2^2) \tag{17-40}$$

推导此式时,注意到作用于质点上的弹性力 F 其指向总是与质点的位移的方向相反,故积分号内有负号。<u>弹性力所做的功只取决于质点在起始和终了位置时弹簧的变形(伸长或缩短),它与质点的运动路径无关。</u>

(5) 摩擦力的功

图 17-24 示出了质量为 m 的质点 M 在粗糙水平面上运动的轨迹。该质点受有动滑动摩擦力 F' 的作用,其大小为

$$F' = fF_N$$

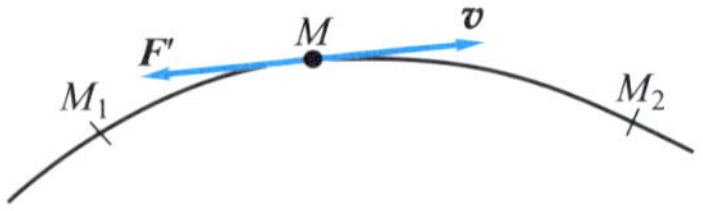

图 17-24

式中,f 为动滑动摩擦因数,F_N 为粗糙水平面给予质点的法向约束力。因为摩擦力的方向恒与质点运动(v)方向相反,故动滑动摩擦力所做的功为

$$W = -\int_{\widehat{M_1M_2}} fF_N\,ds \tag{17-41}$$

由此可知,<u>动滑动摩擦力所做的功恒为负值,而且它不仅决定于质点的初始和终了位置,还与质点的运动路径有关。</u>

特殊情况下,若在质点的运动过程中 F_N 为常量,则有

$$W = -fF_N s$$

式中,s 为质点运动所经路径 $\widehat{M_1M_2}$ 的曲线长度。

例 17-12 卷扬机利用绕过定滑轮的钢丝绳吊着质量为 m 的重物 A(图 17-25a)。当重物以匀速 v_0 下降时,绳子的上端因突然发生故障而被卡住,设被卡处以下钢丝绳(视为硬弹簧)的刚度系数为 k,其力学简化模型如图 17-25b 所示。试求在此过程中钢丝绳所受到的最大拉力。

解： 取重物 A 为研究对象，其上作用有重力 mg 和钢丝绳的拉力 F。在绳子上端被卡住以前，重物以匀速下降，即处于平衡，此时有 $F=mg$。设此时钢丝绳的伸长为 δ_s，则因 $\delta_s = \dfrac{F}{k}$ 而有

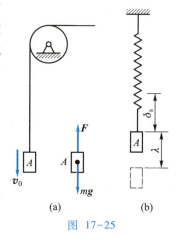

图 17-25

$$k\delta_s = mg, \text{即 } \delta_s = \frac{mg}{k}$$

当钢丝绳上端被卡住后，重物 A 因惯性而继续向下运动，钢丝绳在继续伸长，拉力 F 也继续增加，直至重物达到最低点，其速度减小为零，钢丝绳才不再伸长。设此时钢丝绳的总伸长为 $\delta_s + \lambda$，则根据动能定理有

$$0 - \frac{1}{2}mv_0^2 = mg\lambda + \frac{k}{2}\left[\delta_s^2 - (\delta_s + \lambda)^2\right]$$

考虑到 $\delta_s = mg/k$，由上式解得

$$\lambda = v_0 \sqrt{\frac{m}{k}}$$

于是，求得钢丝绳中的最大拉力为

$$F_{\max} = k(\delta_s + \lambda) = mg + v_0\sqrt{km}$$

上式中等号右边的第二项为钢丝绳被卡住而产生的<u>附加拉力</u>。为减轻这种突发事故的危害，即减小附加拉力，应降低悬挂系统的刚度系数 k，为此可在重物与钢丝绳间加一减振弹簧，以保证钢丝绳运行安全。

例 17-13 自动卸料车连同物料总重为 P，无初速地沿倾角 $\theta = 30°$ 的斜面下滑，如图 17-26 所示。卸料车滑至底端时与一弹簧相撞，控制机构使卸料车在弹簧被压缩至最短时自动卸料，然后依靠被压缩弹簧的弹性力又把空车沿斜面弹回原来的位置。设空车重为 P_0，摩擦力为车重的 0.2 倍。问 P 与 P_0 的比值至少应多大？

解： 卸料车由静止下滑到弹簧被压缩至最短时，动能无变化。而作用在卸料车上的有重力、斜坡法向约束力、摩擦力和弹簧被压缩时产生的弹性力。设坡长为 l，弹簧的刚度系数为 k，其最大变形量为 λ_m，则各力所做的功之和为

$$W = P(l + \lambda_m)\sin\theta - 0.2P(l + \lambda_m) - \frac{k}{2}\lambda_m^2$$

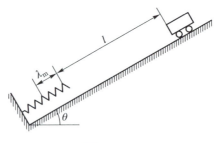

图 17-26

根据动能定理有

$$0-0 = P(l+\lambda_m)(\sin\theta - 0.2) - \frac{k}{2}\lambda_m^2$$

卸料后的空车从弹簧被压缩至最短的位置再被弹回原来位置时,动能也无变化。根据动能定理有

$$0-0 = -P_0(l+\lambda_m)\sin\theta - 0.2P_0(l+\lambda_m) + \frac{k}{2}\lambda_m^2$$

由以上两式解得

$$\frac{P}{P_0} = \frac{\sin\theta + 0.2}{\sin\theta - 0.2} = \frac{0.7}{0.3} = \frac{7}{3}$$

二、质点系的动能定理

1. 质点系的动能定理

设有由 n 个质点所组成的质点系。取质点系内任一质点 M_i,其质量为 m_i,速度为 v_i。根据质点动能定理的微分形式有

$$d\left(\frac{1}{2}m_i v_i^2\right) = \delta W_i$$

对于质点系内的每一个质点都可以写出如上的一个方程,将它们相加得

$$\sum d\left(\frac{1}{2}m_i v_i^2\right) = \sum \delta W_i$$

即

$$d\left(\sum \frac{1}{2}m_i v_i^2\right) = \sum \delta W_i$$

令, $T = \sum \frac{1}{2}m_i v_i^2$,它是质点系的动能,于是上式成为

$$dT = \sum \delta W_i \qquad (17\text{-}42)$$

即质点系动能的微分(增量)等于作用于质点系上所有的力的元功之和。这是微分形式的质点系动能定理。

将式(17-42)积分得

$$T_2 - T_1 = \sum W_i \qquad (17\text{-}43)$$

式中,T_1、T_2 分别代表质点系在运动开始和终了瞬时的动能。上式表明,在某一过程中,质点系动能的改变等于作用于质点系上所有力在这一过程中所做功的总和。这是积分形式的质点系动能定理。

应当注意,如果将作用于质点系上的力分为主动力与约束力,则式(17-42)及(17-43)中的功应既包括主动力所做的功也包括约束力所做的功。只有当质点系所受约束其约束力不做功时,方程中才只包含主动力所做的功。

如果将作用于质点系上的力分为外力和内力,则需注意,虽然内力成对出现,但它们所做的功之和一般并不等于零。例如,发动机中气体的压力是内力,而它们所做的功之和却不等于零。对于刚体来说,则由于其中任意两点间的距离保持不变,所以内力所做的功之和恒等于零。

2. 质点系的动能

在应用质点系动能定理时,需计算质点系的动能,它的一般公式是

$$T = \sum \frac{1}{2} m_i v_i^2 = \frac{1}{2} \sum m_i v_i^2 \qquad (17\text{-}44)$$

对于刚体而言,由于各质点间的相对距离保持不变,故当它运动时,各个质点的速度之间必定存在着一定的联系,因而可以推导出刚体做各种运动时的动能计算公式。

(1) 刚体平移时的动能

从运动学知,刚体平移时,在同一瞬时刚体内所有各质点的速度都相等。故各质点的速度可以用刚体质心的速度 $\boldsymbol{v}_C$ 表示,而刚体平移时的动能为

$$T = \sum \frac{1}{2} m_i v_i^2 = \frac{1}{2} m v_C^2 \qquad (17\text{-}45)$$

式中,$m = \sum m_i$ 是刚体的质量。

(2) 刚体定轴转动时的动能

设刚体绕固定轴 z 转动的角速度为 ω,如图 17-27 所示。刚体上任一质量为 m_i、到转轴距离为 r_i 的质点 M_i,在此瞬时的速度为 $v_i = r_i \omega$。故刚体在此瞬时绕轴 z 转动的动能为

$$T = \sum \frac{1}{2} m_i v_i^2 = \sum \frac{1}{2} m_i r_i^2 \omega^2 = \frac{1}{2} \left(\sum m_i r_i^2 \right) \omega^2 = \frac{1}{2} J_z \omega^2 \qquad (17\text{-}46)$$

式中,$J_z = \sum m_i r_i^2$ 为刚体对于转轴 z 的转动惯量。

(3) 刚体平面运动时的动能

图 17-28 示出了平面运动的刚体在某瞬时的角速度 ω 和速度瞬心 p。此时,刚体的运动可以看成绕通过速度瞬心 p 并垂直运动平面的轴(瞬时轴)做瞬时转动。设刚体绕瞬时轴的转动惯量为 J_p,则由式(17-46)可知刚体的动能为

$$T = \frac{1}{2} J_p \omega^2 \qquad (17\text{-}47)$$

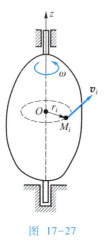

图 17-27

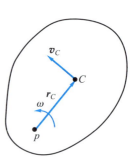

图 17-28

应当注意,由于速度瞬心的位置在不断变化,即瞬时轴在变化,所以在不同瞬时 J_p 一般也是不一样的。

应用转动惯量的平行移轴定理

$$J_p = J_C + m r_C^2$$

刚体平面运动时的动能计算公式又可写为

$$T = \frac{1}{2} J_p \omega^2 = \frac{1}{2}(J_C + m r_C^2)\omega^2 = \frac{1}{2} J_C \omega^2 + \frac{1}{2} m r_C^2 \omega^2$$

式中,J_C 是刚体对于通过质心 C 并垂直于运动平面的轴的转动惯量,m 为刚体的质量,r_C 为刚体质心 C 到速度瞬心 p 的距离。因为 $r_C \omega = v_C$,故上式成为

$$T = \frac{1}{2} m v_C^2 + \frac{1}{2} J_C \omega^2 \qquad (17\text{-}48)$$

即,做平面运动的刚体其动能等于随质心平移的动能和相对于质心转动的动能两者之和。

3. 作用于质点系或刚体上的力系所做的功

(1) 质点系内力的功

前面已经讲到,质点系所有内力所做的功之和不一定等于零。现在进一步加以论证。设质点系内有两个质点 A 和 B,彼此作用有一对内力 F_A 和 F_B,如图 17-29 所示。当然,$F_A = -F_B$。如果两质点的微小位移分别是 dr_A 和 dr_B,则内力 F_A、F_B 的元功之和为

$$\delta W = F_A \cdot dr_A + F_B \cdot dr_B = F_A \cdot dr_A - F_A \cdot dr_B$$
$$= F_A \cdot d(r_A - r_B)$$

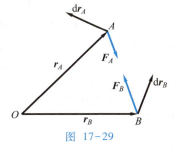

图 17-29

由图可知 $r_A - r_B = \overrightarrow{BA}$。考虑到 F_A 和 $\overrightarrow{BA}$ 的方向相反,则有

$$\delta W = -F_A d(BA) \tag{17-49}$$

这就证明,当质点系内质点间的距离可变化时,即上式中 $d(BA) \neq 0$ 时,内力的功的总和就不等于零。机械系统内部有发动机或变形元件(如弹簧)时,或者零、部件有相对滑动而又需计及摩擦力时,在分析中就应计及内力所做的功。

(2) 作用于质点系(或刚体)上的重力的功

当质点系从第一位置运动到第二位置时,其中重为 P_i 的任一质点 M_i 其重力所做的功,由式(17-39)知为 $P_i(z_{i1} - z_{i2})$,而整个质点系的重力所做的功为

$$W = \sum P_i(z_{i1} - z_{i2}) = (\sum P_i z_i)_1 - (\sum P_i z_i)_2$$

根据重心的坐标公式

$$\sum P_i z_i = P z_C$$

于是有

$$W = P(z_{C1} - z_{C2}) = Ph \tag{17-50}$$

式中,z_{C1} 和 z_{C2} 分别是质点系质心在运动的起始和终了时所在位置的铅垂坐标。可见,质点系重力所做的功,等于质点系的重量乘以它的质心(重心)在运动过程中的高度差。

(3) 作用于定轴转动刚体上的力及力偶的功

作用在绕轴 z 转动的刚体上点 M_i 的力 F_i(图 17-30),当刚体转动微小角度 $d\varphi$,从而点 M_i 有一微小位移 $ds_i = r_i d\varphi$ 时,F_i 沿点 M_i 运动路径的切向力 F_{it} 在位移 ds_i 上做元功,而 F_i 沿轴 z 及径向的两个分力不做功。故力 F_i 所做的元功为

$$\delta W_i = F_{it}\,\mathrm{d}s_i = F_{it}r_i\,\mathrm{d}\varphi = M_z(\boldsymbol{F}_i)\,\mathrm{d}\varphi$$

式中，$F_{it}r_i = M_z(\boldsymbol{F}_i)$ 是力 $\boldsymbol{F}_i$ 对于转轴 z 之矩。于是，作用于刚体上的力系所做的元功为

$$\delta W = \sum M_z(\boldsymbol{F}_i)\,\mathrm{d}\varphi = M_z\,\mathrm{d}\varphi$$

这里，$M_z = \sum M_z(\boldsymbol{F}_i)$ 是力系对于轴 z 之矩。当刚体转过有限角度 φ 时，力系所做的功为

$$W = \int_0^\varphi M_z\,\mathrm{d}\varphi \qquad (17\text{-}51)$$

若 $M_z = $ 常数，则根据上式有

$$W = M_z\varphi \qquad (17\text{-}52)$$

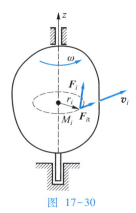

图 17-30

由此可见，作用于转动刚体上的力所做的功可通过力对于转轴之矩所做的功来计算。若在垂直于转轴的平面内，刚体上作用有力偶矩为 M 为力偶，则计算该力偶所做的功时只要将式(17-51)及式(17-52)中的 M_z 以 M 代入即可。

（4）约束力的功

在许多情形中，约束力所做的功之和等于零。例如：

光滑的固定面约束：因为它的约束力之方向始终与位移方向相垂直，故此种约束力所做的功恒等于零；

光滑的固定铰链或轴承约束：由于约束力的方向恒与位移的方向垂直，故它们的约束力所做的功等于零；

连接两刚体的光滑铰或销钉：由于两刚体在铰约束处的作用力 $\boldsymbol{F}_N$ 和反作用力 $\boldsymbol{F}'_N$，因它们大小相等、方向相反，而作用点的位移相同，所以这两个力所做的功之和恒等于零；

柔软而不可伸长的绳索、胶带、链条等约束：因为绳索两端的约束力大小相等，在绳索不可伸长的情况下，其两端的微小位移沿绳索方向上的投影必相等，故当一端的约束力做正功时，另一端的约束力必做负功。可见，不可伸长的绳索等的约束力做功之和为零。

凡是约束力所做功之和恒等于零的约束称为<u>理想约束</u>。以上所述的均为理想约束。

（5）摩擦力的功

摩擦力为约束力的一部分，当考虑它做功时应作为主动力看待。

物块沿支承面滑动时出现的动滑动摩擦力，它做负功，按式(17-41)计算。如果支承面本身也在运动，且在分析中是把物块和支承面作为一个系统，则可把一对动滑动摩擦力作为内力按式(17-49)计算所做的功。

如果物块在支承面上有相对滑动的趋势但并未相对滑动，即出现的是静摩擦力，则不论支承面本身是否运动，每对静摩擦力所做功之和恒等于零。例如，在带轮传动装置中当不发生打滑时，带与轮子间的一对静摩擦力所做功之和就等于零。

轮子在粗糙支承面上滚动而不滑动时所出现的一对静滑动摩擦力，不论支承面本身是否运动，它们所做功之和恒等于零。至于滚动摩擦力偶矩，其值一般很小，故它所做的功常不予考虑。

例 17-14 总重为 P 的载重汽车，在水平路面上以 $v=45$ km/h 的速度直线行驶（图 17-31）。试求汽车紧急制动后的滑行路程 s。已知轮胎与路面之间的动摩擦因数为 $f=0.7$。设车轮质量不计。

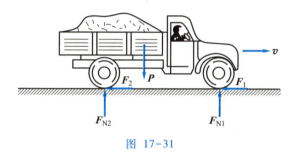

图 17-31

解： 以汽车为研究对象。该汽车在制动过程中做平移。制动开始时，汽车的速度为

$$v_1 = v = 45 \text{ km/h} = 12.5 \text{ m/s}$$

在此瞬时汽车的动能为 $T_1 = \dfrac{1}{2} \dfrac{P}{g} v_1^2$。制动后汽车停住时，$v_2 = 0$，在此瞬时汽车的动能为 $T_2 = 0$。

作用于汽车上的力有：重力 P，路面的法向约束力 $\boldsymbol{F}_N = \boldsymbol{F}_{N1} + \boldsymbol{F}_{N2}$ 以及路面对轮胎的动滑动摩擦力 $\boldsymbol{F} = \boldsymbol{F}_1 + \boldsymbol{F}_2$。前两种力因与汽车运动的方向垂直，它们不做功。故若不计空气阻力，则只有摩擦力 $\boldsymbol{F}$ 做功，而 $F = fF_N = fP$，所以有

$$W = -fPs$$

根据动能定理 $T_2 - T_1 = W$ 有

$$0 - \frac{1}{2} \frac{P}{g} v_1^2 = -fPs$$

由此求得

$$s = \frac{v_1^2}{2gf} = \frac{12.5^2}{2 \times 9.81 \times 0.7} \text{ m} = 11.4 \text{ m}$$

例 17-15 自动送料机的小车（图 17-32）连同矿石的质量为 m_1，卷扬机鼓轮的质量为 m_2，其半径为 r，该鼓轮对转轴 O 的回转半径为 ρ，轨道的倾角为 θ。如在鼓轮上作用一常力矩 M 将小车提升，试求小车由静止开始，上升距离 s 时的速度。不计摩擦及钢丝绳的质量。

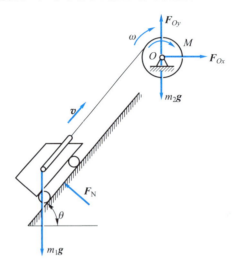

图 17-32

解： 取小车和鼓轮构成的系统为研究对象。钢丝绳被看作是不可伸长的，又不计摩擦，故系统的内力功之和为零。

在初始位置时系统静止，故有 $T_1 = 0$。设当小车上升 s 时的速度为 v，则鼓轮的角速度为 $\omega = v/r$；此时系统的动能为

$$T_2 = \frac{1}{2}m_1 v^2 + \frac{1}{2}J_O \omega^2 = \frac{1}{2}m_1 v^2 + \frac{1}{2}m_2 \rho^2 \omega^2 = \frac{1}{2}\left(m_1 + m_2 \frac{\rho^2}{r^2}\right)v^2$$

现计算外力所做的功。轨道对小车的支承约束力 F_N 与运动方向垂直，故不做功；鼓轮的轴心 O 固定不动，所以轴承的约束力 F_{Ox}、F_{Oy} 及鼓轮的重力 $m_2 g$ 亦均不做功。只有力矩 M 及小车重力 $m_1 g$ 做功。当小车上升 s 时，鼓轮的转角为 φ，且有 $s = r\varphi$。于是系统上外力所做的功为

$$W = M\varphi - m_1 g \cdot s \cdot \sin\theta = \left(\frac{M}{r} - m_1 g\sin\theta\right)s$$

根据动能定理 $T_2 - T_1 = W$ 有

$$\frac{1}{2}\left(m_1+m_2\frac{\rho^2}{r^2}\right)v^2-0=\left(\frac{M}{r}-m_1g\sin\theta\right)s \qquad (1)$$

由此解得

$$v^2=\frac{2\left(\dfrac{M}{r}-m_1g\sin\theta\right)s}{m_1+m_2\dfrac{\rho^2}{r^2}}=\frac{2(Mr-m_1gr^2\sin\theta)}{m_1r^2+m_2\rho^2}s \qquad (2)$$

即

$$v=\sqrt{\frac{2(Mr-m_1gr^2\sin\theta)}{m_1r^2+m_2\rho^2}s}$$

如欲求小车的加速度,则只要将式(2)对 t 求导。式中只有 v 和 s 是变量,其余均为常数,又 $\dfrac{\mathrm{d}s}{\mathrm{d}t}=v,\dfrac{\mathrm{d}v}{\mathrm{d}t}=a$,故得

$$2va=\frac{2(Mr-m_1gr^2\sin\theta)}{m_1r^2+m_2\rho^2}v$$

即小车的加速度为

$$a=\frac{Mr-m_1gr^2\sin\theta}{m_1r^2+m_2\rho^2}$$

例 17-16 图 17-33 所示行星齿轮机构置于水平面内,曲柄 OO_1 受不变力矩 M 的作用而绕固定轴 O 转动,从而带动行星齿轮 1 在固定齿轮 2 上滚动。曲柄 OO_1 的长度为 l,质量为 m,视为均质等截面直杆。齿轮 1 的半径为 r_1,质量为 m_1,并视为均质圆盘。试求曲柄由静止开始在转过角 φ 后的角速度和角加速度。不计摩擦。

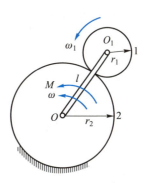

图 17-33

解:取整个系统为研究对象。曲柄做定轴转动,齿轮 1 作平面运动。设曲柄的角速度为 ω,齿轮 1 的角速度为 ω_1,而由运动学知,$r_1\omega_1=l\omega$,于是系统的动能为

$$T=\frac{1}{2}J_O\omega^2+\frac{1}{2}m_1v_{O_1}^2+\frac{1}{2}J_{O_1}\omega_1^2$$

$$=\frac{1}{2}\times\frac{1}{3}ml^2\omega^2+\frac{1}{2}m_1(l\omega)^2+\frac{1}{2}\times\frac{m_1r_1^2}{2}\left(\frac{l\omega}{r_1}\right)^2$$

$$= \frac{1}{2}\left(\frac{m}{3} + \frac{3m_1}{2}\right) l^2 \omega^2$$

系统在水平面内运动，重力不做功。此外，光滑铰链及两齿轮啮合处的光滑接触面等所有约束力所做功之和为零。只有主动力矩 M 做正功，即

$$W = M\varphi$$

根据动能定理，有

$$\frac{1}{2}\left(\frac{m}{3} + \frac{3m_1}{2}\right) l^2 \omega^2 - 0 = M\varphi \tag{1}$$

由此求得

$$\omega^2 = \frac{12M}{(2m + 9m_1) l^2} \varphi \tag{2}$$

即曲柄的角速度为

$$\omega = \sqrt{\frac{12M}{(2m + 9m_1) l^2} \varphi}$$

将式（2）对 t 求导，并注意到 $\frac{d\varphi}{dt} = \omega$，$\frac{d\omega}{dt} = \alpha$，得

$$2\omega\alpha = \frac{12M}{(2m + 9m_1) l^2} \omega$$

所以曲柄的角加速度为

$$\alpha = \frac{6M}{(2m + 9m_1) l^2}$$

【思考题 17-7】

从高塔顶上以大小相同的初速度 v_0 分别沿水平方向、铅垂向上、铅垂向下抛出小球，试问当小球落到地面时，其速度的大小在三种情况下是否相等？为什么？空气阻力不计。

【思考题 17-8】

如果选取质心以外的某一点 O 作基点，将平面运动看作随同点 O 的平移和绕点 O 的转动，则动能的表达式是否可以写成 $T = \frac{1}{2}mv_O^2 + \frac{1}{2}J_O\omega^2$？为什么？

【思考题 17-9】

人走路是靠什么力做功而得到速度的？骑自行车时又是靠什么力做功得到速度的呢？

§17-4　动力学普遍定理的综合应用

动力学普遍定理建立了质点或质点系运动的变化与它们所受的力之间的关系。其中的每个定理虽都可以从动力学基本方程推导出来,但它们是从不同的方面阐述物体机械运动的规律。动量定理(包括质心运动定理)和动量矩定理都既反映速度大小的变化,也反映速度方向的变化,且只涉及外力(包括约束力),而与内力无关。动能定理则只反映速度大小的变化而不反映速度方向的变化,但涉及所有做功的力(包括内力)。在动力学问题中,有的可利用不同的定理求解,有的则只能用某一定理求解。对于某些复杂的问题,还必须同时应用几个定理共同求解。因此,在求解每个动力学问题时,需根据系统的受力情况、约束情况、给定的条件和要求的未知量,灵活选用合适的定理。下面将通过例题来说明动力学普遍定理的综合应用。

例 17-17　起重机构如图 17-34a 所示。齿轮Ⅰ、Ⅱ和鼓轮Ⅲ(与轮Ⅱ固结)的半径分别为 r_1、r_2 和 r_3,且 $r_1 = r_2/2 = r_3$,它们的重量分别为 P_1、P_2 和 P_3;这些齿轮和鼓轮均可视为均质圆盘。重物 D 的重量为 P_4。设绳索的伸长、重量以及轴承的摩擦均可略去不计。现若在齿轮Ⅰ上作用一常驱动力偶 M,而开始时整个机构处于静止的状态。试求:(1)重物 D 上升的加速度;(2)两齿轮接触处的圆周力;(3)轴承 A 处的约束力。

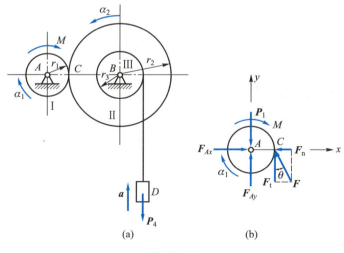

图 17-34

解：（1）求重物 D 的加速度 a

取整个系统为研究对象，应用动能定理求解。

设重物从静止位置上升至某一距离 s 时，重物的速度为 v，齿轮Ⅰ、Ⅱ 的角速度分别为 ω_1、ω_2，则整个系统的动能为

$$T_1 = 0, \qquad T_2 = \frac{1}{2}J_1\omega_1^2 + \frac{1}{2}J_2\omega_2^2 + \frac{1}{2}J_3\omega_2^2 + \frac{1}{2}\frac{P_4}{g}v^2$$

$$= \frac{1}{2}\frac{P_1}{2g}r_1^2\omega_1^2 + \frac{1}{2}\frac{P_2}{2g}r_2^2\omega_2^2 + \frac{1}{2}\frac{P_3}{2g}r_3^2\omega_2^2 + \frac{1}{2}\frac{P_4}{g}v^2$$

而由运动学知

$$\frac{\omega_1}{\omega_2} = \frac{r_2}{r_1}, \qquad v = r_3\omega_2$$

并注意到题给条件 $r_1 = \dfrac{r_2}{2} = r_3$，故系统的末动能为

$$T_2 = \frac{1}{4g}(4P_1 + 4P_2 + P_3 + 2P_4)v^2$$

作用于系统上的主动力有重力 P_1、P_2、P_3、P_4 和主动力矩 M；约束力有 F_{Ax}、F_{Ay}、F_{Bx}、F_{By} 以及其他内力（图上未画出），由于所有约束均为理想约束，其约束力做功之和均为零。主动力系中能做功的则仅有 P_4 及 M。当重物上升时，齿轮Ⅱ和鼓轮Ⅲ有逆时针方向的角位移 φ_2，齿轮Ⅰ有顺时针方向的角位移 φ_1，且当重物上升距离为 s 时有 $\varphi_2 = s/r_3 = s/r_1$，$\varphi_1 = r_2\varphi_2/r_1 = 2\varphi_2 = 2s/r_1$。于是，系统上主动力所做的功为

$$W = M\varphi_1 - P_4 s = \left(\frac{2M}{r_1} - P_4\right)s$$

根据动能定理 $T_2 - T_1 = W$ 有

$$\frac{1}{4g}(4P_1 + 4P_2 + P_3 + 2P_4)v^2 = \left(\frac{2M}{r_1} - P_4\right)s \tag{1}$$

将上式两边对时间 t 求导，并注意到 $\dfrac{\mathrm{d}v}{\mathrm{d}t} = a$，$\dfrac{\mathrm{d}s}{\mathrm{d}t} = v$，则得

$$\frac{1}{2g}(4P_1 + 4P_2 + P_3 + 2P_4)va = \left(\frac{2M}{r_1} - P_4\right)v$$

从而求得

$$a = \frac{2(2M - r_1 P_4)}{(4P_1 + 4P_2 + P_3 + 2P_4)r_1}g$$

这一问题也可应用动量矩定理求解。此时需分别考察齿轮Ⅰ和齿轮Ⅱ（连同鼓轮Ⅲ和重物 D），列出它们各自的运动微分方程，联解运动方程。

请读者自行试算。

（2）求两齿轮接触处的圆周力

取齿轮 A 为研究对象，受力图如图 17-34b 所示。齿轮传动时它们之间的压力 F 与节圆的切线呈夹角 θ（称为压力角，一般 $\theta=20°$）。所求的圆周力即为力 F 的切向分力 F_t。应用动量矩定理有

$$J_1\alpha_1 = M - F_t r_1 \tag{2}$$

其中，$J_1 = \dfrac{1}{2}\dfrac{P_1}{g}r_1^2$。此外，由运动学及题给条件 $r_1 = r_3$ 知

$$\alpha_1 = \dfrac{r_2}{r_1}\alpha_2, \qquad \alpha_2 = \dfrac{a}{r_3} = \dfrac{a}{r_1}$$

于是由式（2）得

$$F_t = \dfrac{M(4P_2 + P_3 + 2P_4) + 2r_1 P_1 P_4}{(4P_1 + 4P_2 + P_3 + 2P_4)r_1}$$

（3）求轴承 A 处的约束力

仍取齿轮 A 为研究对象（图 17-34b），利用质心运动定理求解。根据该定理有

$$\dfrac{P_1}{g}a_{Ax} = F_{Ax} - F_n, \qquad \dfrac{P_1}{g}a_{Ay} = F_{Ay} + F_t - P_1$$

事实上质心 A 的加速度为零，即 $a_{Ax} = a_{Ay} = 0$，故由上式可求得

$$F_{Ax} = F_n, \qquad F_{Ay} = P_1 - F_t$$

式中，F_n 为 F 的法向分力，并注意到 $F_n = F_t \tan\theta$，故有

$$F_{Ax} = F_t \tan\theta, \qquad F_{Ay} = P_1 - F_t$$

将前已求得的 F_t 代入即可算出轴承 A 处的约束力。

如欲求轴承 B 处的约束力，则需把齿轮Ⅱ连同鼓轮Ⅲ和重物 D 一起作为研究对象，对其运用质心运动定理。

例 17-18 冲击摆由摆杆和摆锤组成，如图 17-35 所示。摆杆 OA 长为 l，质量为 m_1，摆锤 A 的质量为 m_2，且 $m_1 = m_2 = m$。设摆杆可看作均质等截面杆，摆锤可看作质点。系统在铅垂平面内绕轴 O 摆动。开始时，摆 OA 静止在水平位置，然后自由下摆。试求摆在水平位置开始下摆及摆至铅垂位置这两个瞬时的角加速度、角速度和轴承 O 处的约束力。

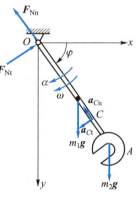

图 17-35

解：取摆 OA 为研究对象。先分析摆处于转角为 φ 的任意位置时的情况（图 17-35）。

（1）角加速度 α

由刚体绕定轴转动时的微分方程有

$$J_O \alpha = m_1 g\left(\frac{l}{2}\cos\varphi\right) + m_2 g(l\cos\varphi) = \frac{3}{2}mgl\cos\varphi$$

因为

$$J_O = \frac{1}{3}m_1 l^2 + m_2 l^2 = \frac{4}{3}ml^2$$

故解得

$$\alpha = \frac{9g}{8l}\cos\varphi \tag{1}$$

这一问题也可根据微分形式的动能定理求解。考虑转角 φ 增至 $\varphi+\mathrm{d}\varphi$ 的微小运动过程。设摆在转角为 φ 时的角速度为 ω，则摆的动能为

$$T = \frac{1}{2}J_O \omega^2 = \frac{1}{2}\left(\frac{4}{3}ml^2\right)\omega^2 = \frac{2}{3}ml^2\omega^2$$

在此过程中，只有重力做元功，故

$$\delta W = m_1 g\left(\frac{l}{2}\cos\varphi\right)\mathrm{d}\varphi + m_2 g(l\cos\varphi)\mathrm{d}\varphi = \frac{3}{2}mgl\cos\varphi\,\mathrm{d}\varphi$$

于是，根据微分形式的动能定理有

$$\mathrm{d}\left(\frac{2}{3}ml^2\omega^2\right) = \frac{3}{2}mgl\cos\varphi\,\mathrm{d}\varphi$$

即

$$\frac{4}{3}ml^2\omega\,\mathrm{d}\omega = \frac{3}{2}mgl\cos\varphi\,\mathrm{d}\varphi$$

将上式等号两边均除以 $\mathrm{d}t$ 并注意到 $\omega = \dfrac{\mathrm{d}\varphi}{\mathrm{d}t}$，$\alpha = \dfrac{\mathrm{d}\omega}{\mathrm{d}t}$，由上式即得

$$\alpha = \frac{9g}{8l}\cos\varphi$$

（2）角速度 ω

这可以利用积分形式的动能定理求解，考虑摆从水平静止位置运动到转角为 φ 的位置这一有限过程。于是

$$T_1 = 0, \quad T_2 = \frac{1}{2}J_O \omega^2 = \frac{1}{2}\left(\frac{4}{3}ml^2\right)\omega^2 = \frac{2}{3}ml^2\omega^2$$

而在此过程中只有重力做功，即

$$W = m_1 g \left(\frac{l}{2} \sin \varphi \right) + m_2 g l \sin \varphi = \frac{2}{3} m g l \sin \varphi$$

根据动能定理有

$$\frac{2}{3} m l^2 \omega^2 - 0 = \frac{3}{2} m g l \sin \varphi$$

故知

$$\omega^2 = \frac{9g}{4l} \sin \varphi \tag{2}$$

即

$$\omega = \frac{3}{2} \sqrt{\frac{g}{l} \sin \varphi} \tag{3}$$

因为角 φ 为任意值,故若将式(2)对 t 求导同样可求得 α,如式(1)所示。

(3) 轴承 O 处的约束力

为方便计,将约束力 $\boldsymbol{F}_N$ 分解为沿着杆和垂直于杆的两个分量 $\boldsymbol{F}_{Nn}$ 和 $\boldsymbol{F}_{Nt}$,应用质心运动定理求解。摆的质心 C 到转轴 O 的距离 r_C 为

$$r_C = \frac{m_1 \frac{l}{2} + m_2 l}{m_1 + m_2} = \frac{3}{4} l \tag{4}$$

而质心的加速度为

$$a_{Cn} = r_C \omega^2, \qquad a_{Ct} = r_C \alpha$$

质心运动定理在 OA 和垂直于 OA 两个方向的投影方程为

$$m a_{Cn} = \sum F_n, \qquad m a_{Ct} = \sum F_t$$

故有

$$F_{Nn} - (m_1 + m_2) g \sin \varphi = (m_1 + m_2) r_C \omega^2$$
$$-F_{Nt} + (m_1 + m_2) g \cos \varphi = (m_1 + m_2) r_C \alpha$$

将式(1)、式(2)、式(4)代入以上两式,得

$$F_{Nn} = \frac{43}{8} m g \sin \varphi \tag{5}$$

$$F_{Nt} = \frac{5}{16} m g \cos \varphi \tag{6}$$

(4) $\varphi = 0°$ 及 $\varphi = 90°$ 时的 α、ω、F_{Nn} 和 F_{Nt}

根据式(1)、式(3)、式(5)、式(6)知:

$\varphi = 0°$ 时,有

$$\alpha_0 = \frac{9g}{8l}, \omega_0 = 0, \qquad F_{Nn,0} = 0, \qquad F_{Nt,0} = \frac{5}{16}mg$$

$\varphi = 90°$ 时，有

$$\alpha_1 = 0, \qquad \omega_1 = \frac{3}{2}\sqrt{\frac{g}{l}}, \qquad F_{Nn,1} = \frac{43}{8}mg, \qquad F_{Nt,1} = 0$$

计算结果表明，在 $\varphi = 0°$ 及 $\varphi = 90°$ 的这两个瞬时，轴承 O 处的约束力都是铅垂向上的。

17-3：习题参考答案

习　题

17-1　图示锻锤 A 的质量为 $m = 300$ kg，其打击速度为 $v = 8$ m/s，而回跳速度为 $u = 2$ m/s。试求锻件 B 对于锻锤之约束力的冲量。

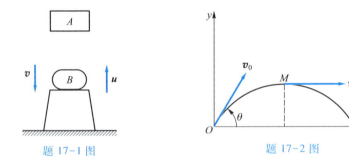

题 17-1 图　　　　　题 17-2 图

17-2　图示炮弹由点 O 射出，弹道的最高点为 M。已知炮弹的质量为 10 kg，初速为 $v_0 = 500$ m/s，$\theta = 60°$，在点 M 处的速度为 $v_1 = 200$ m/s。试求炮弹由点 O 到点 M 的一段时间内作用在其上各力的总冲量。

17-3　重 9 800 kN 的列车在 3 min 内从 50 km/h 匀加速至 80 km/h，设列车受到的阻力其大小为 50 kN。试求所需的牵引力。如该列车在 1/1 000 的斜道上向上坡方向行驶并进行如上所述的加速，试问牵引力需要多大？

17-4　图示质量为 m 的驳船静止于水面上，船的中间载有质量为 m_1 的汽车和质量为 m_2 的拖车。若汽车和拖车向船头移动了距离 b，试求驳船移动的距离。不计水的阻力。

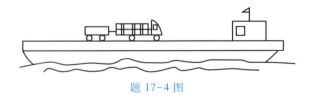

题 17-4 图

17-5 胶带输送机用速度为 $v = 2$ m/s 的胶带,将质量为 20 kg 的重物 M 送上小车,如图所示。已知小车的质量为 50 kg,试求 M 进入小车后,车与重物 M 共同的速度。如某人用手阻挡小车而在 M 进入小车后 0.2 s 使小车停止运动,试求小车作用于人手上的水平力之平均值。不计地面与小车间的摩擦。

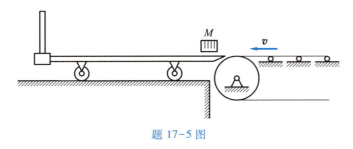

题 17-5 图

17-6 细绳一端固定在水平桌面上点 O 处,另一端系一小球 M。今使小球获得 v_0 的速度在桌面上绕点 O 做圆周运动,若桌子与小球间的动摩擦因数为 f,试求 t 秒后小球的速度。

17-7 图示起重卷筒的直径为 $d = 600$ mm,它对其转轴的转动惯量为 $J_O = 0.05$ kg·m²;被它提升的重物 A 之质量 $m = 40$ kg。若卷筒受到的主动力矩 $M = 200$ N·m。试求重物上升的加速度和钢丝绳中的拉力。钢绳质量及轴承摩擦均不计。

17-8 图示通风机之风扇的转动部分对于其转轴的转动惯量为 J,以初角速度 ω_0 转动。空气阻力矩的大小与其角速度成正比,即 $M = c\omega$,其中 c 为常数。试问经过多少时间其角速度减少为初角速度的一半?又在此时间内共转了多少转?设轴承摩擦可不计。

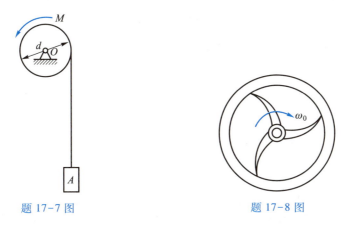

题 17-7 图   题 17-8 图

17-9 图示圆轮重 P,半径为 r,对转轴的回转半径为 ρ,以角速度 ω_0 绕水平轴 O 转动。今用闸杆制动,并要求在 t 秒钟内使圆轮停止转动,试问加于闸杆上的力 F 需多大?设动摩擦因数为 f,轴承摩擦不计。

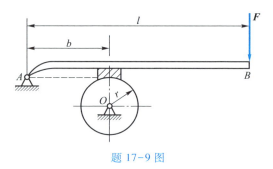

题 17-9 图

17-10 图示两带轮的半径各为 R_1 和 R_2，重量各为 P_1 和 P_2，两轮以胶带相连接。如在轮 O_1 上作用一转矩 M，而在轮 O_2 上有阻力矩 M'，试求轮 O_1 的角加速度。两带轮都可视为均质圆盘，胶带的质量和轴承的摩擦不计，胶带与轮间无滑动。

17-11 图示连杆的质量为 m，质心在点 C。已知连杆对轴 B 的转动惯量为 J_B，试求连杆对轴 A 的转动惯量。轴 A 与轴 B 均为与纸面垂直的轴。

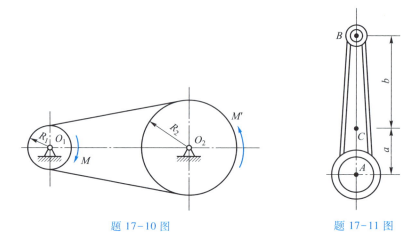

题 17-10 图　　　　　题 17-11 图

17-12 图示均质杆 AB 长 l，重 P_1。杆的 B 端固连一重 P_2 的小球（可视为质点）。杆上点 D 处连一弹簧，其刚度系数为 k，使杆在水平位置保持平衡。现若使小球 B 在铅垂向下有一微小初位移 δ_0，而初速度 $v_0 = 0$，试求杆 AB 微小摆动的运动方程和周期。设 A 处摩擦可不计。

17-13 不可伸长的细绳绕过定滑轮，其一端悬挂质量为 m_1 的重物，另一端则与刚度系数为 k 的固定弹簧相连接，如图所示。滑轮的质量为 m_2，半径为 r，可视为均质圆盘。设定滑轮与细绳间没有滑动，弹簧的质量及轴承摩擦均不计，试求此系统作微小振动时的频率。

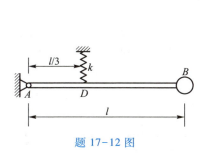
题 17-12 图

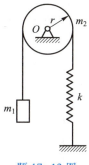
题 17-13 图

17-14 图示质量为 m 的物块 A 沿斜面下滑，斜面的倾角为 θ，它与物块间的动摩擦因数为 f。开始时物块静止。试求物块 A 下降高度 h 时的速度。

17-15 图示弹射器中的弹簧在自由状态下长为 0.2 m，其刚度系数为 $k=0.196$ N/mm。弹射前弹簧被压缩为 0.1 m。试问在弹射器水平放置且不计摩擦的情况下，弹射质量为 0.03 kg 的小球时其射出速度为多大？

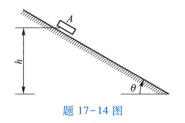
题 17-14 图

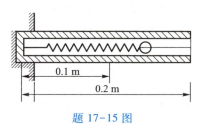
题 17-15 图

17-16 图示单摆质量为 m，摆长为 l，绳与铅垂线的夹角为 θ，设摆由此从静止状态开始运动。当摆到达铅垂位置时与一刚度系数为 k 的水平放置弹簧相碰，试求弹簧的最大压缩量。

17-17 图示细绳 OA 的下端系一小球，自静止位置 $A(\angle AOC=30°)$ 将小球释放。

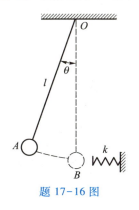
题 17-16 图

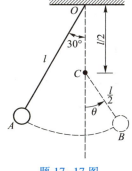
题 17-17 图

当小球运动至通过固定点 O 的铅垂线时,细绳的中点被钉子 C 挡住,因而细绳只有下半段能随小球继续摆动,试求当小球到达最右位置 B 时,细绳下半段与铅垂线所夹的角 θ。

17-18 试计算图示各均质物体的动能。各物体的质量均为 m,其中(a)、(b)、(c)分别绕固定轴 O 转动,角速度均为 ω;(d)为圆轮在水平面上做纯滚动,其质心速度为 v。

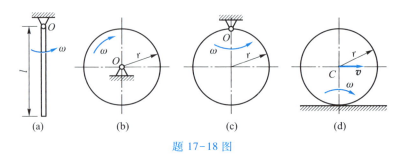

题 17-18 图

17-19 均质等截面直杆 AB,其质量为 m,长度为 l,两端分别靠在铅垂和水平的面上,并在铅垂平面内运动,如图所示。已知当杆与水平面的倾角 $\varphi=60°$ 时 B 端的速度为 v_B。试求杆在该瞬时的动能。

17-20 某飞轮的质量为 $m=500$ kg,它对转轴的回转半径为 $\rho=400$ mm。当转速 $n=240$ r/min 时,让飞轮与主动轴脱离,在常值摩擦阻力矩 M_F 的作用下转过 300 转而停止。试求这阻力矩的大小。

17-21 图示冲床冲压工件时冲头所受的平均工作阻力 $F=520$ kN,工作行程 $s=10$ mm。飞轮的转动惯量 $J=39.2$ kg·m²,转速 $n=415$ r/min。假定冲压工件所需的全部能量都由飞轮供给,其他阻力不计,试计算冲压一次结束后飞轮的转速。

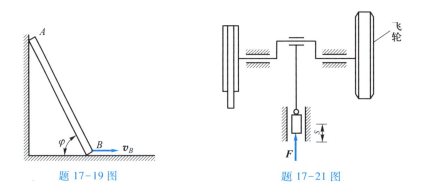

题 17-19 图   题 17-21 图

17-22 图示带传送机拟传送重为 P 的物体 A,带轮 B 和 C 各重 P_1,半径均为 r,并可视为均质圆柱。现在轮 B 上作用一不变转矩 M,使系统由静止而运动。设传送带与水平线所成的角为 θ,它的质量不计,与带轮间无滑动。试求重物 A 移动距离 s 时的速度和加速度。

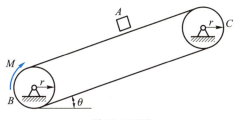

题 17-22 图

17-23 调车场上有一高差为 $h=3.62$ m 的驼峰,如图所示。机车在峰顶以推送速度 v_0 推出一节车厢,让它滑向 $s=1\,200$ m 外与另一车厢连挂。已知滑行车厢受到的平均阻力为车厢重量的 $3/1\,000$,且规定两车厢挂钩时的速度 v 不得超过 1.1 m/s,试求机车的推送速度 v_0。

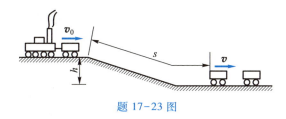

题 17-23 图

17-24 均质等截面直杆质量为 m,长 $OA=l$,可绕水平轴 O 转动,如图所示。(1)为使杆能从图示铅垂位置转到水平位置,则在铅垂位置时杆的初角速度 ω_0 至少应有多大?(2)若杆在铅垂位置时初角速度 $\omega_0=\sqrt{6g/l}$,试求杆在初始铅垂位置和通过水平位置这两瞬时支点 O 处的约束力。

17-25 图示均质半圆柱的质量为 m,半径为 r,可在水平面上作纯滚动。开始时半圆柱的直径 AB 在铅垂位置,然后半圆柱无初速地向右侧滚动。试求当直径 AB 在水平位置 $A'B'$ 时半圆柱的角速度,以及半圆柱对平面的正压力。

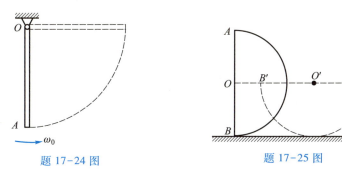

题 17-24 图　　　　　　题 17-25 图

17-26 半径为 r、重为 P 的均质圆柱在半径为 R 的固定圆柱形内表面上滚动而无滑动,如图所示。φ 为两圆心的连线与铅垂线之夹角。(1)试以 φ 为自变量,写出圆柱的动能表示式;(2)若圆柱从 $\varphi=\varphi_0$ 处无初速度地滚下,试求圆柱滚到最低点时固定面的法向约束力。

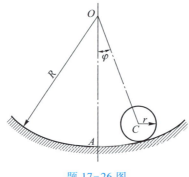

题 17-26 图

第 18 章 动 静 法

上一章所讲述的动力学普遍定理,它提供了解决动力学问题的普遍方法。本章将要介绍求解动力学问题的另一种方法,即<u>动静法</u>(kineto-static method),其特点是:引入关于惯性力的概念,把静力学中研究平衡问题的方法用来研究动力学中非平衡的问题。按这个方法求解某些动力学问题显得特别方便,故在工程技术中得到了广泛的应用。

18-1:教学要点

§18-1 关于惯性力的概念

图 18-1a 所示是质量为 m 的小球用绳系住而在水平面内做匀速圆周运动。此小球在水平面内受到绳子对它的拉力 $\boldsymbol{F}$ 作用,而且正是这个真实存在的拉力迫使小球改变运动状态(做匀速圆周运动)。设小球的速度为 $\boldsymbol{v}$,绳的长度为 l,则其加速度 $\boldsymbol{a} = \boldsymbol{a}_n = (v^2/l)\boldsymbol{e}_n$,从而由质点运动微分方程知:$\boldsymbol{F} = m\boldsymbol{a} = m\boldsymbol{a}_n$,即 $F = mv^2/l$,其方向与 $\boldsymbol{a}_n$ 相同,也就是指向圆心,故称其为向心力(图 18-1b)。根据作用与反作用定律,小球对绳亦必作用有一力 $\boldsymbol{F}'$,它与 $\boldsymbol{F}$ 大小相等而方向相反,即 $\boldsymbol{F}' = -\boldsymbol{F} = -m\boldsymbol{a}$,如图18-1c所示。这个力 $\boldsymbol{F}'$ 可以被认为是由于小球具有惯性,力图维持其原有的运动状态,从而引起的对施力物体(绳子)的反抗力,称为小球的<u>惯性力</u>(inertia force)。这个力作用在施力物体上,与向心加速度的方向相反,恒背离圆心,故常称之为离心惯性力或简称离心力。

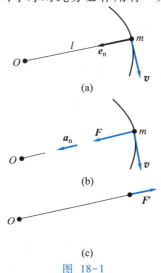

图 18-1

通过上述例子,我们可以把质点惯性力的概念归纳如下:设质量为 m 的质点受到力 $\boldsymbol{F}$ 的作用而具有加速度 $\boldsymbol{a}$,则质点对施力物体的反作用力即为质点的惯性力 $\boldsymbol{F}_I$,即

$$\boldsymbol{F}_I = -m\boldsymbol{a} \qquad (18-1)$$

即质点的惯性力其大小等于质点的质量与加速度的乘积,方向与加速度方向相反,作用在迫使质点改变运动状态的施力物体上。

必须强调的是,质点的惯性力并非质点本身所受的力,而是质点作用于施力物体上的力。而且只有当质点的运动状态发生改变时,才会有惯性力,若质点的运动状态不发生改变,即质点做匀速直线运动而加速度为零,则不会产生惯性力。这是惯性力与物体的惯性这两个概念的区别之所在。当物体的加速度很大或加速度虽小但物体的质量很大时,惯性力会达到相当大的数值。安装在半径 $r = 0.5$ m 的转子上的航空燃气轮叶片,其质量虽只有 0.1 kg,但当转子的转速达到 $n = 10\,000$ r/min 时,离心惯性力约为叶片本身重量的 5.6 万倍,使叶片根部受到很大的拉力。

将式(18-1)中的矢量 $\boldsymbol{F}_\mathrm{I}$ 和 $\boldsymbol{a}$ 向固定直角坐标轴上投影,对于平面问题有

$$\left. \begin{array}{l} F_{\mathrm{I}x} = -ma_x = -m\dfrac{\mathrm{d}^2 x}{\mathrm{d}t^2} \\[2mm] F_{\mathrm{I}y} = -ma_y = -m\dfrac{\mathrm{d}^2 y}{\mathrm{d}t^2} \end{array} \right\} \qquad (18-2)$$

取自然轴系时,质点惯性力在切向和法向轴上的投影为

$$\left. \begin{array}{l} F_{\mathrm{I}t} = -ma_\mathrm{t} = -m\dfrac{\mathrm{d}v}{\mathrm{d}t} \\[2mm] F_{\mathrm{I}n} = -ma_\mathrm{n} = -m\dfrac{v^2}{\rho} \end{array} \right\} \qquad (18-3)$$

$\boldsymbol{F}_{\mathrm{I}t}$ 称为**切向惯性力**(tangential inertia force),$\boldsymbol{F}_{\mathrm{I}n}$ 称为**法向惯性力**(normal inertia force)。

【思考题 18-1】
设质点在空中运动时只受到重力作用,试问在下列三种情况下质点惯性力的大小和方向:(1)质点做自由落体运动;(2)质点做垂直上抛运动;(3)质点沿抛物线运动。

§18-2 质点的动静法

设质量为 m 的非自由质点 M,其上作用有主动力 $\boldsymbol{F}$ 和约束力 $\boldsymbol{F}_\mathrm{N}$,它们的合力为 $\boldsymbol{F}_\mathrm{R}$,从而使质点获得加速度为 $\boldsymbol{a}$,如图 18-2a 所示,则

$$F_R = ma \tag{18-4}$$

即

$$F + F_N = ma \tag{18-5}$$

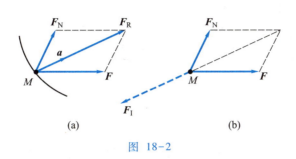

图 18-2

现在假如在质点 M 上虚拟地加上惯性力 $F_I = -ma$，则 F_I 与 F_R 大小相等、方向相反，它们的"合力"等于零，即 $F_R + F_I = 0$，亦即

$$F + F_N + F_I = 0 \tag{18-6}$$

这就是说，<u>在质点运动的任一瞬时，如果在质点上虚加一惯性力，则它与作用于质点上的主动力和约束力一起在形式上构成一平衡力系</u>。这便是对于质点的动静法。

必须再一次指出，惯性力是作用在施力物体上的，之所以假想地把它加在质点上，是为了使它与主动力和约束力一起在形式上构成一平衡力系，因此这种平衡是假想的"平衡"，而实际上质点是处于不平衡的状态。动静法的目的在于利用静力学中列平衡方程的方法来求解动力学中的非平衡问题。

从数学上说，式（18-6）与式（18-5）是一样的，式（18-6）就是将式（18-5）中等号右边的 ma 移到等号左边而已。但从力学观点来看，式（18-5）所反映的是作用于质点上的主动力和约束力与质点运动之间的关系，而式（18-6）所反映的则是作用于质点上的主动力、约束力和虚加惯性力三者之间在形式上构成的平衡关系。

【思考题 18-2】

当有 n 个力（包括主动力和约束力）同时作用在质点上时，是否要根据每一个施加的力所导致的加速度在质点上虚加 n 个惯性力？是否可以虚加一个惯性力，其大小等于质点的质量乘以质点在诸力作用下的合成加速度，方向与加速度的方向相反？

例 18-1 列车沿水平直线轨道行驶，车厢内悬挂有一单摆。当列车做匀变速运动时，单摆稳定在与铅垂线成角 θ 的位置上，如图 18-3 所示。试按动静法求列车的加速度 a 与偏角 θ 的关系。

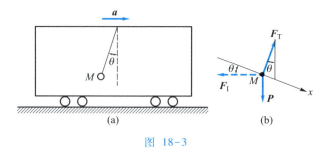

图 18-3

解：以摆锤为研究对象，设它的质量为 m。作用于摆锤上有重力 P 和绳子的拉力 F_T。按动静法求解时，还应在摆锤上虚加上摆锤的惯性力。因为摆锤与车厢一起以加速度 a 向右运动，故摆锤的惯性力其大小为 $F_I = ma$，方向与 a 相反，即水平向左。为与实际作用的力相区别，在图 18-3b 中惯性力是用虚线画出。质点在重力 P、拉力 F_T 和惯性力 F_I 作用下处于"平衡"。取垂直于绳子的直线为轴 x，由 $\sum F_x = 0$ 得

$$P\sin\theta - F_I\cos\theta = 0$$

即

$$\tan\theta = \frac{F_I}{P} = \frac{ma}{mg} = \frac{a}{g}$$

亦即

$$a = g\tan\theta$$

由此可见，角 θ 是随质点的加速度 a 变化，当 a 不变时 θ 也不变。因此，只要测出了偏角 θ 就能知道列车的加速度，这就是摆式加速度计的原理。

例 18-2 球磨机是一种破碎物料用的机械，在鼓室中装有物料和钢球，如图 18-4a 所示。当鼓室绕水平轴转动时，钢球被鼓室携带到一定高度，此后脱离壳壁而沿抛物线轨迹落下，从而撞击物料使之破碎。设鼓室内壁的半径为 r，鼓室的角速度 ω 为常数。钢球与壳壁间无相对滑动。试用动静法求钢球脱离壳壁时的位置，即钢球的脱离角 θ_0。

解：考察脱离壳壁前某个钢球的运动。它是非自由质点。设钢球的质量为 m。钢球受有重力 P，壳壁对球的法向约束力 F_N 和切向力 F_t。此外，用动静法求解时，还要虚加球的惯性力 F_I。因钢球在未脱离壳壁时，它随鼓室一起作匀速圆周运动，故只有法向加速度，也就只有法向惯性力，其大小为 $F_I = mr\omega^2$，方向背离中心 O。画出钢球的受力图如图 18-4b 所示。根

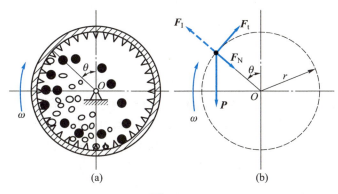

图 18-4

据对质点的动静法,这四个力构成一"平衡"力系。

列出沿法向的平衡方程 $\sum F_n = 0$ 有

$$F_N + P\cos\theta - F_I = 0$$

求得

$$F_N = P\left(\frac{r\omega^2}{g} - \cos\theta\right)$$

这是钢球在脱离壳壁前的任一位置 θ 时所受的法向约束力;随着钢球上升,即角 θ 在减小,约束力 F_N 的值随之减少。显然,在钢球脱离壳壁的瞬时,有 $F_N = 0$,以此代入上式,得到脱离角

$$\theta_0 = \arccos\left(\frac{r\omega^2}{g}\right)$$

顺便指出,当 $r\omega^2/g = 1$ 时,有 $\theta_0 = 0$,这相当于钢球始终脱离不了壳壁,从而球磨机不能工作,此时鼓室的角速度为

$$\omega_1 = \sqrt{\frac{g}{r}}$$

可见,对于球磨机,为使钢球在适当的角度脱离壳壁,要求 $\omega < \omega_1$。与之相反的是,对于离心浇铸机,为了使熔体在旋转着的铸模内能紧贴内壁而成型,要求 $\omega > \omega_1$。

【思考题 18-3】

求解质点动力学问题时,应用质点运动微分方程或动静法,两者在概念上有何不同?求解结果是否相同?

§18-3 质点系的动静法

对于质点系应用动静法时,只要对质点系中的每一个质点运用动静法即可。设有 n 个质点所组成的非自由质点系,若系统中的任一质点 M_i,其质量为 m_i,加速度为 a_i,作用于该质点上的主动力的合力为 F_i,约束力的合力为 F_{Ni},则如果在该质点 M_i 上虚加一惯性力 $F_{Ii}=-m_i a_i$,那么 F_i、F_{Ni} 与 F_{Ii} 便构成一"平衡"力系,其平衡方程为

$$F_i + F_{Ni} + F_{Ii} = 0$$

对于系统中的每一个质点都可以列出如上的平衡方程,总共有 n 个。既然作用于每个质点上的力系在形式上都是平衡力系,则作用于整个质点系上的力系在形式上也必然是平衡力系。由质点系内力的性质及静力学中力系的简化理论知,力系平衡的必要和充分条件是力系的主矢和对任一点 O 的主矩都等于零,故有

$$\left.\begin{array}{l} \sum F_i + \sum F_{Ni} + \sum F_{Ii} = 0 \\ \sum M_O(F_i) + \sum M_O(F_{Ni}) + \sum M_O(F_{Ii}) = 0 \end{array}\right\} \quad (18-7)$$

可见,<u>质点系在运动的任一瞬时,如果在各质点上虚加以各自的惯性力,则这些惯性力与质点系上所有主动力和约束力一起,在形式上构成一平衡力系</u>。这就是用于质点系的动静法。

例 18-3 钢丝绳绕过一个半径 $r=100$ mm 的定滑轮,绳的两端分别悬挂物块 A 和 B,均视为质点,它们的重量各为 $P_A=4$ kN 和 $P_B=1$ kN,如图 18-5a 所示。滑轮上作用有一力偶 M,其矩为 0.4 kN·m。试求物块 A 的加速度和轴承 O 处的约束力。钢丝绳的变形、钢丝绳和滑轮的质量,以及轴承的摩擦均可不计。钢丝绳与滑轮间无相对滑动。

解: 以物块 A、B 以及滑轮组成的系统作为考察对象(图 18-5b)。作用于系统上的外力有重力 P_A、P_B 和轴承的约束力 F_{Ox}、F_{Oy} 以及外力偶 M。

因钢丝绳的变形忽略不计,故物块 A 上升的加速度 a_A 与物块 B 下降的加速度 a_B 它们的大小相等,$a_A=a_B=a$。物块 A 的惯性力 $F_{IA}=(P_A/g)a$,方向向下;物块 B 的惯性力 $F_{IB}=(P_B/g)a$,方向向上。画出该系统的受力图并虚加惯性力后(图 18-5b),按照质点系的动静法应有如下的平衡方程:

$$\sum F_x = 0, \quad F_{Ox} = 0 \qquad (1)$$

$$\sum F_y = 0, \quad F_{Oy} - P_A - \frac{P_A}{g}a - P_B + \frac{P_B}{g}a = 0 \qquad (2)$$

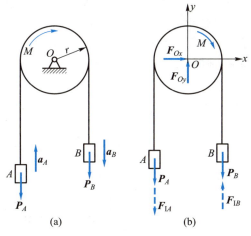

图 18-5

$$\sum M_O(F) = 0, \quad -M + \left(P_A + \frac{P_A}{g}a\right)r + \left(\frac{P_B}{g}a - P_B\right)r = 0 \qquad (3)$$

由式(3)解得

$$a = \frac{M + (P_B - P_A)r}{(P_A + P_B)r}g$$

将已知值代入,得

$$a = 1.96 \text{ m/s}^2$$

由式(1)、式(2)解得

$$F_{Ox} = 0, \quad F_{Oy} = (P_A + P_B) + \frac{P_A - P_B}{g}a$$

将已知值代入,得

$$F_{Oy} = 5.60 \text{ kN}$$

§18-4 刚体惯性力系的简化

应用动静法求解刚体的动力学问题时,如果要在刚体的每个质点上虚加惯性力则将产生困难,因为对刚体来说,有无数个质点。因此,有必要应用力系的简化理论,把刚体内各质点的惯性力所组成的惯性力系向一点简化,得出惯性力系的主矢和主矩,以等效地代替原来的惯性力系。

由静力学中的力系简化理论知道,一般力系向任一点简化得一个主矢和一个主矩。主矢与简化中心的选择无关,而主矩则一般与简化中心的选择有关。这些结论同样适用于刚体惯性力系的简化。

设刚体内的任一点 M_i,其质量为 m_i,加速度为 a_i,而刚体的质量为 m,其质心的加速度为 a_C,则刚体惯性力系的主矢为

$$F_I = \sum F_{Ii} = \sum (-m_i a_i) = -\sum m_i a_i$$

将式(17-15)两端对时间 t 求导有

$$\sum m_i a_i = m a_C$$

从而可知

$$F_I = -m a_C \tag{18-8}$$

即刚体惯性力系的主矢其大小等于刚体的质量与其质心的加速度的乘积,其方向与质心加速度方向相反。必须指出的是,不论刚体做何种运动,也不论向哪一点简化,这一结论都是成立的。

至于刚体惯性力系的主矩,一般来说,是与刚体的运动方式有关,也与简化中心的位置有关。现仅介绍刚体做平移、绕定轴转动以及平面运动时惯性力系的简化。

一、刚体平移时

做平移的刚体,它的各个质点在同一瞬时具有相同的加速度 a。对刚体上的任一质点 M_i,若其质量为 m_i,则该质点的惯性力为

$$F_{Ii} = -m_i a_i = -m_i a$$

显然,在此情况下各质点的惯性力的大小只与其质量成正比,而方向都与共同的加速度 a 相反,它们构成一个同向平行力系,如图 18-6 所示。进一步合成这一惯性力系可得到一个通过质心的合力:

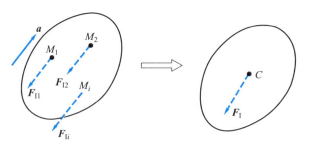

图 18-6

$$F_I = \sum F_{Ii} = \sum -m_i a_i = -(\sum m_i) a = -m a$$

即

$$F_\mathrm{I} = -m\boldsymbol{a} \tag{18-9}$$

式中，$m = \sum m_i$ 为刚体的质量。对于作平移的刚体，其质心的加速度 $\boldsymbol{a}_C$ 显然也为 $\boldsymbol{a}$，故上式亦可写为

$$\boldsymbol{F}_\mathrm{I} = -m\boldsymbol{a}_C \tag{18-10}$$

即，刚体作平移时，其惯性力系合成为合力，它的大小等于刚体的质量与加速度的乘积，方向与加速度方向相反，作用线通过质心。

二、刚体绕定轴转动时

在刚体具有质量对称面，且转轴垂直于此平面的情况下，在垂直于对称面的任一直线上所有各点的加速度相同，其惯性力可以合成为对称面内的一个力（图 18-7a）。这样，可将刚体的空间惯性力系简化为对称平面内的平面力系，再将该平面力系向转动轴与对称面的交点 O 简化。设刚体的角速度为 ω，角加速度为 α，则此平面惯性力系向点 O 简化结果，得到一个主矢和对于点 O 的主矩（图 18-7b）：

$$\left.\begin{aligned}
\boldsymbol{F}_\mathrm{I} &= \sum \boldsymbol{F}_{\mathrm{I}i} = -m\boldsymbol{a}_C \\
M_{\mathrm{I}O} &= \sum M_O(\boldsymbol{F}_{\mathrm{I}i}) = \sum M_O(\boldsymbol{F}_{\mathrm{I}it}) = \sum (-m_i r_i \alpha) r_i \\
&= -(\sum m_i r_i^2)\alpha = -J_{Oz}\alpha
\end{aligned}\right\} \tag{18-11}$$

可见，具有质量对称平面的刚体绕垂直于此对称平面的轴作定轴转动时，其惯性力系向转轴与质量对称平面的交点 O 简化，可得作用于对称平面内通过点 O 的主矢和对点 O 的主矩。主矢的大小等于刚体的质量与质心加速度的乘积，方向与质心加速度方向相反；对点 O 的主矩其大小等于刚体对转轴的转动惯量与角加速度的乘积，转向与角加速度转向相反（图18-7b）。

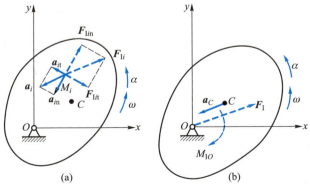

图 18-7

几种特殊情况：

(1) 转轴不通过质心,但刚体做匀速转动(图 18-8a)

此时 $\alpha=0$,从而 $M_{IO}=-J_{Oz}\alpha=0$;惯性力系合成结果为一作用于点 O 的合力 $\boldsymbol{F}_{In}$,其大小为 $F_{In}=mr_C\omega^2$,方向由 O 指向质心 C。

(2) 转轴通过质心,但刚体做变速转动(图 18-8b)

此时 $a_C=0$,从而 $F_I=0$;惯性力系合成的结果为一个惯性力偶,其矩的大小为 $M_{IO}=J_C\alpha$,转向与角加速度的转向相反。这里 J_C 为刚体对于通过质心并垂直于对称面的转轴之转动惯量。

(3) 刚体转轴通过质心并做匀速转动(图 18-8c)

此时 $F_I=0$,$M_{IO}=0$;刚体的惯性力系自行平衡。

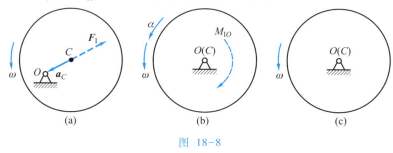

图 18-8

三、刚体平面运动时

在刚体具有质量对称平面且在自身(或平行)平面内运动的情况下,与刚体绕定轴转动时相似,刚体的惯性力系可简化为对称面内的平面力系。

刚体的平面运动可以分解为随质心 C 的平移和绕通过质心且垂直于对称平面的轴的转动。因此可将刚体的平面惯性力系向质心 C 点简化,从而得到惯性力系的主矢和对于质心 C 的主矩(图 18-9):

$$\left.\begin{array}{l}\boldsymbol{F}_I=-m\boldsymbol{a}_C\\ M_{IC}=-J_C\alpha\end{array}\right\} \quad (18-12)$$

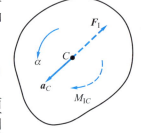

图 18-9

也就是,具有质量对称平面且在自身(或平行)平面内运动的刚体,其惯性力系向其质心 C 简化,可得到作用于对称平面内通过质心 C 的主矢和对质心 C 的主矩。主矢的大小等于刚体的质量与质心加速度的乘积,方向与质心加速度方向相反;对点 C 的主矩,其大小等于刚体对质心的转动惯量与角加速度的乘积,转向与角加速度转向相反。

总之,应用动静法求解刚体动力学问题时,必须先分析刚体的运动,根据不同的运动形式虚加上相应的惯性力系主矢和主矩,再画出受力图,然后建立平衡方程。对于<u>做平面运动的刚体其平衡方程为</u>

$$\left.\begin{array}{ll} \sum F_x = 0, & \sum F_x^e + F_{Ix} = 0 \\ \sum F_y = 0, & \sum F_y^e + F_{Iy} = 0 \\ \sum M_C(\boldsymbol{F}) = 0, & \sum M_C(\boldsymbol{F}^e) + M_{IC} = 0 \end{array}\right\} \quad (18-13)$$

式中,$\sum F_x^e$、$\sum F_y^e$ 分别为作用于刚体上的所有外力在轴 x、y 上的投影之和,$\sum M_C(\boldsymbol{F}^e)$ 为所有外力对于通过质心 C 而垂直于对称平面的轴之矩代数和。

例 18-4 重为 P 的货箱(设为均质)放在平板车上,两者之间的静摩擦因数为 f_s。货箱的尺寸如图 18-10a 所示,欲使货箱在平板车加速时不致滑动也不翻倒,试问平板车的加速度 a 至多为多大?

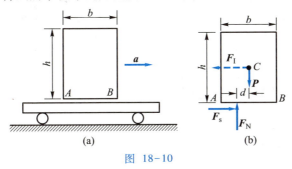

图 18-10

解:以货箱为研究对象。作用在其上的力有重力 P、摩擦力 F_s 和法向约束力 F_N。货箱作平移,惯性力的大小为 $F_I = (P/g)a$,方向与加速度 a 相反,且应虚加在货箱的质心 C 上,如图 18-10b 所示。平衡方程为

$$\sum F_x = 0, \quad F_s - F_I = 0$$
$$\sum F_y = 0, \quad F_N - P = 0$$
$$\sum M_C(\boldsymbol{F}) = 0, \quad F_s \frac{h}{2} - F_N d = 0$$

解得

$$F_s = F_I = \frac{P}{g}a, \quad F_N = P, \quad d = \frac{ha}{2g}$$

货箱不滑动的条件是 $F_s \leq f_s F_N$,即

$$\frac{P}{g}a \leq f_s P$$

由此得

$$a \leq f_s g \quad (1)$$

货箱不翻倒的条件是 $d \leqslant \dfrac{b}{2}$,即

$$\frac{ha}{2g} \leqslant \frac{b}{2}$$

由此得

$$a \leqslant \frac{b}{h}g \tag{2}$$

欲使货箱既不滑动又不翻倒,平板车的加速度 a 显然不得超过式(1)和式(2)中的较小者。

例 18-5 起重机的起吊部分如图 18-11a 所示。已知物重 P;动滑轮重 P_1,其半径为 r,对轮心 O_1 的回转半径为 ρ_1;定滑轮重 P_2,其半径为 $R(=2r)$,对转轴 O 的回转半径为 ρ_2。如重物以匀加速度 a 上升,试求所需的牵引力 F 及钢丝绳 1、2 两段中的拉力。设钢丝绳与滑轮之间无滑动。

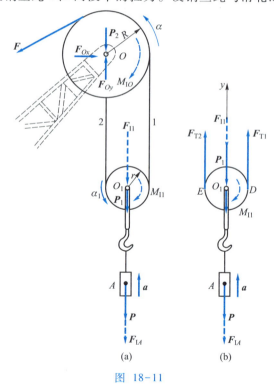

图 18-11

解:首先分析重物、动滑轮及定滑轮各自的运动,从而加上相应的惯性力。

重物 A 做平移，其惯性力为 $F_{IA} = \dfrac{P}{g}a$，方向与 $\boldsymbol{a}$ 相反，即向下，应加在重物的质心处。

动滑轮 O_1 做平面运动。轮心 O_1 的加速度 $\boldsymbol{a}_1 = \boldsymbol{a}$，相应的惯性力为 $F_{I1} = \dfrac{P_1}{g}a$，方向向下，加在 O_1 上。动滑轮的角加速度 $\alpha_1 = \dfrac{a_1}{r} = \dfrac{a}{r}$，相应的惯性力偶矩 $M_{I1} = J_1\alpha_1 = \dfrac{P_1}{g}\rho_1^2 \dfrac{a_1}{r} = \dfrac{P_1}{g}\rho_1^2 \dfrac{a}{r}$，转向如图 18-11b 所示。

定滑轮 O 做定轴转动。设转轴通过质心 O，角加速度 $\alpha = \dfrac{2a_1}{R} = \dfrac{2a}{2r} = \dfrac{a}{r}$，相应的惯性力偶矩 $M_{IO} = J_O\alpha = \dfrac{P_2}{g}\rho_2^2 \dfrac{a}{r}$，转向如图 18-11a 所示。

为求牵引力 $\boldsymbol{F}$，以重物、动滑轮和定滑轮组成的系统为研究对象。作用在系统上的力有重力 $\boldsymbol{P}$、$\boldsymbol{P}_1$、$\boldsymbol{P}_2$，约束力 $\boldsymbol{F}_{Ox}$、$\boldsymbol{F}_{Oy}$ 以及牵引力 $\boldsymbol{F}$。虚加惯性力、惯性力偶后，其受力图如图 18-11a 所示。根据质点系的动静法，有

$$\sum M_O(\boldsymbol{F}) = 0, \quad (F_{IA}+P+P_1+F_{I1})r + M_{I1} + M_{IO} - FR = 0$$

将各惯性力和惯性力偶的式子代入上式，即得

$$F = \dfrac{1}{2}\left(1+\dfrac{a}{g}\right)(P+P_1) + \dfrac{a}{2gr^2}(P_1\rho_1^2 + P_2\rho_2^2)$$

为了求钢丝绳 1、2 两段中的拉力 F_{T1} 和 F_{T2}，取重物和动滑轮组成的系统作为研究对象，其受力图如图 18-11b 所示。由

$$\sum M_E(\boldsymbol{F}) = 0, \quad (F_{IA}+P+P_1+F_{I1})r + M_{I1} - F_{T1}\times 2r = 0$$

$$\sum F_y = 0, \quad F_{T1} + F_{T2} - (F_{IA}+P+P_1+F_{I1}) = 0$$

解得

$$F_{T1} = \dfrac{1}{2}\left(1+\dfrac{a}{g}\right)(P+P_1) + \dfrac{P_1\rho_1^2}{2gr^2}a, \qquad F_{T2} = \dfrac{1}{2}\left(1+\dfrac{a}{g}\right)(P+P_1) - \dfrac{P_1\rho_1^2}{2gr^2}a$$

值得注意的是，由于重物以匀加速度上升时，动滑轮有角加速度 α_1（或者说有惯性力偶矩 M_{I1}），所以两段钢丝绳中的拉力 F_{T1} 和 F_{T2} 是不相等的。

例 18-6 质量 $m = 20$ kg 的旋转圆盘安装在与它的对称面垂直的轴上，并位于轴的中点，如图 18-12 所示。由于材料的不均匀性以及制造和安装等原因造成重心偏离转轴，偏心距 $e = 0.1$ mm。若圆盘以匀转速 $n = 12\ 000$ r/min 转动，试求当转子的重心处于最低位置时，轴承 A、B 的动约束力。

解： 以圆盘连同转轴为研究对象。其上作用有重力 $\boldsymbol{P} = m\boldsymbol{g}$ 和轴承约束力

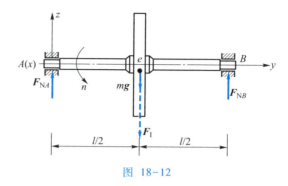

图 18-12

F_{NA}、F_{NB}。由于转子做匀速转动,故其惯性力系可简化为通过质心的一个力 F_I,即

$$F_I = ma_C = me\omega^2$$

方向与质心加速度的方向相反,即向下。取坐标系如图 18-12 所示。列出平衡方程如下:

$$\sum F_z = 0, \quad -P - F_I + F_{NA} + F_{NB} = 0$$

$$\sum M_x(\boldsymbol{F}) = 0, \quad -P\frac{l}{2} + F_{NB}l - F_I\frac{l}{2} = 0$$

由此解得

$$F_{NA} = F_{NB} = (P + F_I)/2$$

将已知数据代入后得到轴承 A 和 B 处的动约束力

$$F_{NA} = F_{NB} = \frac{1}{2}\left[20 \times 9.81 + 20 \times \frac{0.01}{100} \times (400\pi)^2\right]\text{N} = 1\ 677\ \text{N}$$

其中

$$F'_{NA} = F'_{NB} = \frac{1}{2}mg = 98.1\ \text{N}$$

是圆盘的自重所引起的约束力,称为静约束力,它们的方向始终铅垂向上;而

$$F''_{NA} = F''_{NB} = \frac{1}{2}F_I = 1\ 579\ \text{N}$$

是由转动圆盘的惯性力系所引起的约束力,称为附加动约束力,它们的方向随着惯性力 F_I 的方向而变化,也就是随着圆盘转动时的位置而变化。

静约束力与附加动约束力在任意瞬时一般是不共线的。在此情况下把它们合成为动约束力时应采用矢量加法。

刚体高速转动时,由于偏心而引起的惯性力对于轴承产生巨大的附加动约束力。在上例中，附加动约束力约为静约束力的 16 倍。附加动约束力将使轴承加速磨损、发热，激起基础的振动，甚至导致破坏，造成不良的后果。因此在工程上对于"动平衡"问题应予以足够重视。

> 【思考题 18-4】
>
> 列车在启动过程中，哪一节车厢的车钩受力最大？站在磅秤上的人，在他突然下蹲的瞬时，磅秤的指针是向轻的方向摆动，还是向重的方向摆动？试用动静法解释。
>
> 【思考题 18-5】
>
> 物块 A 和 B 放在光滑水平面上，如图 18-13 所示。当物块 A 受到水平力 F 作用时，两物块之间的作用力其大小是否等于 F？
>
>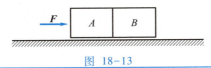
>
> 图 18-13

习　题

18-2：习题参考答案

18-1　图示装置常用于测量火箭、飞机等运载器的运行加速度。使用时将它固结在运载器上。当运载器以某一加速度 a 运行时，重物 A 由于惯性而偏离平衡位置，使它两侧的弹簧都发生变形 λ。已知两个弹簧的刚度系数均为 k，重物的质量为 m。试求运载器的加速度之大小 a 与弹簧的变形 λ 两者间的关系。

18-2　图示飞机爬高时以匀加速度 a 与水平面成仰角 β 作直线运动，已知装在飞机上的单摆其悬线与铅垂线所成的偏角为 θ，摆锤的质量为 m。试求此时飞机的加速度 a 和悬线中的张力 F_T。

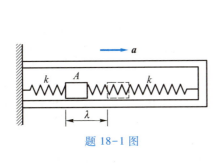

题 18-1 图

题 18-2 图

18-3 图示离心调速器的主轴以匀角速度 ω 转动。已知重锤 C 的质量为 m_1，可沿竖直轴滑动，小球 A、B 的质量各为 m，各杆长均为 l，其质量不计。试求杆 OA 和 OB 的张角 φ。

18-4 重为 P 以速度 v 行驶于直线公路上的汽车，因故紧急制动，制动后还滑行了一段距离 s，如图所示。试求在制动过程中地面对前、后轮作用的法向力。已知汽车的重心 C 离地面的距离为 h，它到前、后轮的水平距离分别为 l_1 和 l_2。

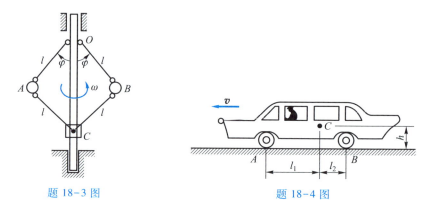

题 18-3 图　　　　　　题 18-4 图

18-5 机车的连杆 AB 其质量为 m，两端用铰链连接于主动轮上，铰链到轮心的距离均为 r，主动轮的半径均为 R，且 $OA \underline{\underline{}} O_1B$，如图所示。试求当机车以匀速 v 直线前进时铰链对连杆的作用力。

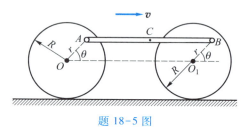

题 18-5 图

18-6 图示叉式装卸车的质量为 $1\,000\text{ kg}$，用来举起质量 $m_1 = 1\,200\text{ kg}$ 的木箱，车的质心 C 和木箱的质心 D 它们的位置如图所示。试求：(1) 木箱向上加速度的最大值；(2) 此时地面作用在一对前轮 A 上的作用力。

18-7 图示一对带轮，它们的半径分别是 r_1 和 r_2，重量分别是 P_1 和 P_2，并且都可看成均质圆盘。在主动轮 1 上作用着转矩 M_1，而从动轮 2 上的阻力矩是 M_2，试求主动轮 1 的角加速度 α_1。设胶带的质量和轴承摩擦可忽略不计，胶带与带轮之间不打滑。

18-8 图示电动机的定子重 P，安装在水平基础上。转子重 P_1，其重心为 C，偏心距 $OC = e$，转子以匀角速度 ω 转动。试求电动机对基础的最大和最小压力。

18-9 轨道起重机的机身自重（包括平衡重）$P_1 = 250\text{ kN}$，起重臂重 $P_2 = 20\text{ kN}$。起

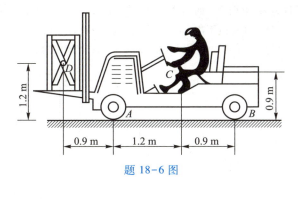

题 18-6 图

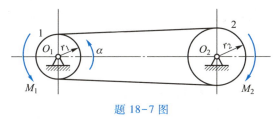

题 18-7 图

重臂在图示位置时起吊重 $P=100$ kN 的重物,其加速度 $a=1$ m/s²,尺寸如图所示。试问当 $l_1=3$ m,$l_2=2$ m,$l_3=4$ m 时起重机是否会倾倒?

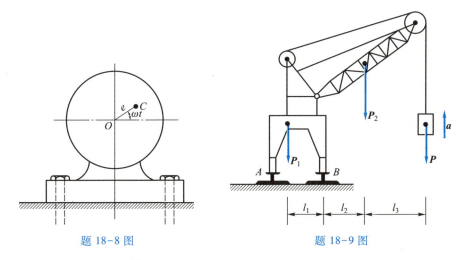

题 18-8 图　　　　　　题 18-9 图

18-10　图示牵引车的主动轮其质量为 m,半径为 R,沿水平直线滚动。设除自重外车轮所受的主动力可简化为作用于质心的两个力 F_s、F_T 以及驱动力偶矩 M。车轮对于通过质心 C 并垂直于轮子的轴之回转半径为 ρ,轮子与路面间的静摩擦因数为 f_s。试求在车轮只滚不滑的条件下,驱动力偶矩 M 之最大值。

18-11 质量为 m、半径为 r 的均质圆柱,其中部绕有细绳,绳的一端固定,如图所示。在重力作用下令圆柱自由下落,在此过程中的某一瞬时,细绳已不再缠绕于圆柱上的部分 AB 恰保持铅垂。试求此时圆柱中心 C 的加速度和细绳所受的拉力。

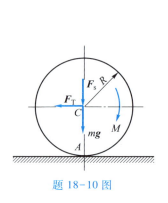

题 18-10 图

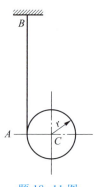

题 18-11 图

附录 I 型 钢 表

表 1 等边角钢截面尺寸、截面面积、理论重量及截面特性（GB/T 706—2016）

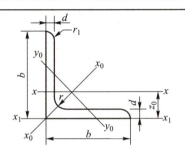

说明：
b——边宽度；
d——边厚度；
r——内圆弧半径；
r_1——边端圆弧半径；
z_0——重心距离。

型号	截面尺寸 /mm			截面面积 /cm²	理论重量 /(kg/m)	外表面积 /(m²/m)	惯性矩 /cm⁴				惯性半径 /cm			截面模数 /cm³			重心距离 /cm
	b	d	r				I_x	I_{x_1}	I_{x_0}	I_{y_0}	i_x	i_{x_0}	i_{y_0}	W_x	W_{x_0}	W_{y_0}	z_0
2	20	3	3.5	1.132	0.89	0.078	0.40	0.81	0.63	0.17	0.59	0.75	0.39	0.29	0.45	0.20	0.60
		4		1.459	1.15	0.077	0.50	1.09	0.78	0.22	0.58	0.73	0.38	0.36	0.55	0.24	0.64
2.5	25	3	3.5	1.432	1.12	0.098	0.82	1.57	1.29	0.34	0.76	0.95	0.49	0.46	0.73	0.33	0.73
		4		1.859	1.46	0.097	1.03	2.11	1.62	0.43	0.74	0.93	0.48	0.59	0.92	0.40	0.76
3.0	30	3	4.5	1.749	1.37	0.117	1.46	2.71	2.31	0.61	0.91	1.15	0.59	0.68	1.09	0.51	0.85
		4		2.276	1.79	0.117	1.84	3.63	2.92	0.77	0.90	1.13	0.58	0.87	1.37	0.62	0.89
3.6	36	3	4.5	2.109	1.66	0.141	2.58	4.68	4.09	1.07	1.11	1.39	0.71	0.99	1.61	0.76	1.00
		4		2.756	2.16	0.141	3.29	6.25	5.22	1.37	1.09	1.38	0.70	1.28	2.05	0.93	1.04
		5		3.382	2.65	0.141	3.95	7.84	6.24	1.65	1.08	1.36	0.70	1.56	2.45	1.00	1.07
4.0	40	3	5	2.359	1.85	0.157	3.59	6.41	5.69	1.49	1.23	1.55	0.79	1.23	2.01	0.96	1.09
		4		3.086	2.42	0.157	4.60	8.56	7.29	1.91	1.22	1.54	0.79	1.60	2.58	1.19	1.13
		5		3.792	2.98	0.156	5.53	10.7	8.76	2.30	1.21	1.52	0.78	1.96	3.10	1.39	1.17
4.5	45	3	5	2.659	2.09	0.177	5.17	9.12	8.20	2.14	1.40	1.76	0.89	1.58	2.58	1.24	1.22
		4		3.486	2.74	0.177	6.65	12.2	10.6	2.75	1.38	1.74	0.89	2.05	3.32	1.54	1.26

续表

型号	截面尺寸 /mm			截面面积 /cm²	理论重量 /(kg/m)	外表面积 /(m²/m)	惯性矩 /cm⁴				惯性半径 /cm			截面模数 /cm³			重心距离 /cm
	b	d	r				I_x	I_{x_1}	I_{x_0}	I_{y_0}	i_x	i_{x_0}	i_{y_0}	W_x	W_{x_0}	W_{y_0}	z_0
4.5	45	5	5	4.292	3.37	0.176	8.04	15.2	12.7	3.33	1.37	1.72	0.88	2.51	4.00	1.81	1.30
		6		5.077	3.99	0.176	9.33	18.4	14.8	3.89	1.36	1.70	0.80	2.95	4.64	2.06	1.33
5	50	3	5.5	2.971	2.33	0.197	7.18	12.5	11.4	2.98	1.55	1.96	1.00	1.96	3.22	1.57	1.34
		4		3.897	3.06	0.197	9.26	16.7	14.7	3.82	1.54	1.94	0.99	2.56	4.16	1.96	1.38
		5		4.803	3.77	0.196	11.2	20.9	17.8	4.64	1.53	1.92	0.98	3.13	5.03	2.31	1.42
		6		5.688	4.46	0.196	13.1	25.1	20.7	5.42	1.52	1.91	0.98	3.68	5.85	2.63	1.46
5.6	56	3	6	3.343	2.62	0.221	10.2	17.6	16.1	4.24	1.75	2.20	1.13	2.48	4.08	2.02	1.48
		4		4.390	3.45	0.220	13.2	23.4	20.9	5.46	1.73	2.18	1.11	3.24	5.28	2.52	1.53
		5		5.415	4.25	0.220	16.0	29.3	25.4	6.61	1.72	2.17	1.10	3.97	6.42	2.98	1.57
		6		6.420	5.04	0.220	18.7	35.3	29.7	7.73	1.71	2.15	1.10	4.68	7.49	3.40	1.61
		7		7.404	5.81	0.219	21.2	41.2	33.6	8.82	1.69	2.13	1.09	5.36	8.49	3.80	1.64
		8		8.367	6.57	0.219	23.6	47.2	37.4	9.89	1.68	2.11	1.09	6.03	9.44	4.16	1.68
6	60	5	6.5	5.829	4.58	0.236	19.9	36.1	31.6	8.21	1.85	2.33	1.19	4.59	7.44	3.48	1.67
		6		6.914	5.43	0.235	23.4	43.3	36.9	9.60	1.83	2.31	1.18	5.41	8.70	3.98	1.70
		7		7.977	6.26	0.235	26.4	50.7	41.9	11.0	1.82	2.29	1.17	6.21	9.88	4.45	1.74
		8		9.020	7.08	0.235	29.5	58.0	46.7	12.3	1.81	2.27	1.17	6.98	11.0	4.88	1.78
6.3	63	4	7	4.978	3.91	0.248	19.0	33.4	30.2	7.89	1.96	2.46	1.26	4.13	6.78	3.29	1.70
		5		6.143	4.82	0.248	23.2	41.7	36.8	9.57	1.94	2.45	1.25	5.08	8.25	3.90	1.74
		6		7.288	5.72	0.247	27.1	50.1	43.0	11.2	1.93	2.43	1.24	6.00	9.66	4.46	1.78
		7		8.412	6.60	0.247	30.9	58.6	49.0	12.8	1.92	2.41	1.23	6.88	11.0	4.98	1.82
		8		9.515	7.47	0.247	34.5	67.1	54.6	14.3	1.90	2.40	1.23	7.75	12.3	5.47	1.85
		10		11.66	9.15	0.246	41.1	84.3	64.9	17.3	1.88	2.36	1.22	9.39	14.6	6.36	1.93
7	70	4	8	5.570	4.37	0.275	26.4	45.7	41.8	11.0	2.18	2.74	1.40	5.14	8.44	4.17	1.86
		5		6.875	5.40	0.275	32.2	57.2	51.1	13.3	2.16	2.73	1.39	6.32	10.3	4.95	1.91
		6		8.160	6.41	0.275	37.8	68.7	59.9	15.6	2.15	2.71	1.38	7.48	12.1	5.67	1.95
		7		9.424	7.40	0.275	43.1	80.3	68.4	17.8	2.14	2.69	1.38	8.59	13.8	6.34	1.99
		8		10.67	8.37	0.274	48.2	91.9	76.4	20.0	2.12	2.68	1.37	9.68	15.4	6.98	2.03

续表

型号	截面尺寸 /mm			截面面积 /cm²	理论重量 /(kg/m)	外表面积 /(m²/m)	惯性矩 /cm⁴				惯性半径 /cm			截面模数 /cm³			重心距离 /cm
	b	d	r				I_x	I_{x_1}	I_{x_0}	I_{y_0}	i_x	i_{x_0}	i_{y_0}	W_x	W_{x_0}	W_{y_0}	z_0
7.5	75	5	9	7.412	5.82	0.295	40.0	70.6	63.3	16.6	2.33	2.92	1.50	7.32	11.9	5.77	2.04
		6		8.797	6.91	0.294	47.0	84.6	74.4	19.5	2.31	2.90	1.49	8.64	14.0	6.67	2.07
		7		10.16	7.98	0.294	53.6	98.7	85.0	22.2	2.30	2.89	1.48	9.93	16.0	7.44	2.11
		8		11.50	9.03	0.294	60.0	113	95.1	24.9	2.28	2.88	1.47	11.2	17.9	8.19	2.15
		9		12.83	10.1	0.294	66.1	127	105	27.5	2.27	2.86	1.46	12.4	19.8	8.89	2.18
		10		14.13	11.1	0.293	72.0	142	114	30.1	2.26	2.84	1.46	13.6	21.5	9.56	2.22
8	80	5	9	7.912	6.21	0.315	48.8	85.4	77.3	20.3	2.48	3.13	1.60	8.34	13.7	6.66	2.15
		6		9.397	7.38	0.314	57.4	103	91.0	23.7	2.47	3.11	1.59	9.87	16.1	7.65	2.19
		7		10.86	8.53	0.314	65.6	120	104	27.1	2.46	3.10	1.58	11.4	18.4	8.58	2.23
		8		12.30	9.66	0.314	73.5	137	117	30.4	2.44	3.08	1.57	12.8	20.6	9.46	2.27
		9		13.73	10.8	0.314	81.1	154	129	33.6	2.43	3.06	1.56	14.3	22.7	10.3	2.31
		10		15.13	11.9	0.313	88.4	172	140	36.8	2.42	3.04	1.56	15.6	24.8	11.1	2.35
9	90	6	10	10.64	8.35	0.354	82.8	146	131	34.3	2.79	3.51	1.80	12.6	20.6	9.95	2.44
		7		12.30	9.66	0.354	94.8	170	150	39.2	2.78	3.50	1.78	14.5	23.6	11.2	2.48
		8		13.94	10.9	0.353	106	195	169	44.0	2.76	3.48	1.78	16.4	26.9	12.4	2.52
		9		15.57	12.2	0.353	118	219	187	48.7	2.75	3.46	1.77	18.3	29.4	13.5	2.56
		10		17.17	13.5	0.353	129	244	204	53.3	2.74	3.45	1.76	20.1	32.0	14.5	2.59
		12		20.31	15.9	0.352	149	294	236	62.2	2.71	3.41	1.75	23.6	37.1	16.5	2.67
10	100	6	12	11.93	9.37	0.393	115	200	182	47.9	3.10	3.90	2.00	15.7	25.7	12.7	2.67
		7		13.80	10.8	0.393	132	234	209	54.7	3.09	3.89	1.99	18.1	29.6	14.3	2.71
		8		15.64	12.3	0.393	148	267	235	61.4	3.08	3.88	1.98	20.5	33.2	15.8	2.76
		9		17.46	13.7	0.392	164	300	260	68.0	3.07	3.86	1.97	22.8	36.8	17.2	2.80
		10		19.26	15.1	0.392	180	334	285	74.4	3.05	3.84	1.96	25.1	40.3	18.5	2.84
		12		22.80	17.9	0.391	209	402	331	86.8	3.03	3.81	1.95	29.5	46.8	21.2	2.91
		14		26.26	20.6	0.391	237	471	374	99.0	3.00	3.77	1.94	33.7	52.9	23.4	2.99
		16		29.63	23.3	0.390	263	540	414	111	2.98	3.74	1.94	37.8	58.6	25.6	3.06
11	110	7	12	15.20	11.9	0.433	177	311	281	73.4	3.41	4.30	2.20	22.1	36.1	17.5	2.96

续表

型号	截面尺寸 /mm			截面面积 /cm²	理论重量 /(kg/m)	外表面积 /(m²/m)	惯性矩 /cm⁴				惯性半径 /cm			截面模数 /cm³			重心距离 /cm
	b	d	r				I_x	I_{x_1}	I_{x_0}	I_{y_0}	i_x	i_{x_0}	i_{y_0}	W_x	W_{x_0}	W_{y_0}	z_0
11	110	8	12	17.24	13.5	0.433	199	355	316	82.4	3.40	4.28	2.19	25.0	40.7	19.4	3.01
		10		21.26	16.7	0.432	242	445	384	100	3.38	4.25	2.17	30.6	49.4	22.9	3.09
		12		25.20	19.8	0.431	283	535	448	117	3.35	4.22	2.15	36.1	57.6	26.2	3.16
		14		29.06	22.8	0.431	321	625	508	133	3.32	4.18	2.14	41.3	65.3	29.1	3.24
12.5	125	8	14	19.75	15.5	0.492	297	521	471	123	3.88	4.88	2.50	32.5	53.3	25.9	3.37
		10		24.37	19.1	0.491	362	652	574	149	3.85	4.85	2.48	40.0	64.9	30.6	3.45
		12		28.91	22.7	0.491	423	783	671	175	3.83	4.82	2.46	41.2	76.0	35.0	3.53
		14		33.37	26.2	0.490	482	916	764	200	3.80	4.78	2.45	54.2	86.4	39.1	3.61
		16		37.74	29.6	0.489	537	1 050	851	224	3.77	4.75	2.43	60.9	96.3	43.0	3.68
14	140	10	14	27.37	21.5	0.551	515	915	817	212	4.34	5.46	2.78	50.6	82.6	39.2	3.82
		12		32.51	25.5	0.551	604	1 100	959	249	4.31	5.43	2.76	59.8	96.9	45.0	3.90
		14		37.57	29.5	0.550	689	1 280	1 090	284	4.28	5.40	2.75	68.8	110	50.5	3.98
		16		42.54	33.4	0.549	770	1 470	1 220	319	4.26	5.36	2.74	77.5	123	55.6	4.06
15	150	8	14	23.75	18.6	0.592	521	900	827	215	4.69	5.90	3.01	47.4	78.0	38.1	3.99
		10		29.37	23.1	0.591	638	1 130	1 010	262	4.66	5.87	2.99	58.4	95.5	45.5	4.08
		12		34.91	27.4	0.591	749	1 350	1 190	308	4.63	5.84	2.97	69.0	112	52.4	4.15
		14		40.37	31.7	0.590	856	1 580	1 360	352	4.60	5.80	2.95	79.5	128	58.8	4.23
		15		43.06	33.8	0.590	907	1 690	1 440	374	4.59	5.78	2.95	84.6	136	61.9	4.27
		16		45.74	35.9	0.589	958	1 810	1 520	395	4.58	5.77	2.94	89.6	143	64.9	4.31
16	160	10	16	31.50	24.7	0.630	780	1 370	1 240	322	4.98	6.27	3.20	66.7	109	52.8	4.31
		12		37.44	29.4	0.630	917	1 640	1 460	377	4.95	6.24	3.18	79.0	129	60.7	4.39
		14		43.30	34.0	0.629	1 050	1 910	1 670	432	4.92	6.20	3.16	91.0	147	68.2	4.47
		16		49.07	38.5	0.629	1 180	2 190	1 870	485	4.89	6.17	3.14	103	165	75.3	4.55
18	180	12	16	42.24	33.2	0.710	1 320	2 330	2 100	543	5.59	7.05	3.58	101	165	78.4	4.89
		14		48.90	38.4	0.709	1 510	2 720	2 410	622	5.56	7.02	3.56	116	189	88.4	4.97
		16		55.47	43.5	0.709	1 700	3 120	2 700	699	5.54	6.98	3.55	131	212	97.8	5.05
		18		61.96	48.6	0.708	1 880	3 500	2 990	762	5.50	6.94	3.51	146	235	105	5.13

附录 I 型 钢 表

续表

型号	截面尺寸 /mm			截面面积 /cm²	理论重量 /(kg/m)	外表面积 /(m²/m)	惯性矩 /cm⁴				惯性半径 /cm			截面模数 /cm³			重心距离 /cm
	b	d	r				I_x	I_{x_1}	I_{x_0}	I_{y_0}	i_x	i_{x_0}	i_{y_0}	W_x	W_{x_0}	W_{y_0}	z_0
20	200	14	18	54.64	42.9	0.788	2 100	3 730	3 730	3 340	864	6.20	7.82	3.98	145	236	5.46
		16		62.01	48.7	0.788	2 370	4 270	4 270	3 760	971	6.18	7.79	3.96	164	266	5.54
		18		69.30	54.4	0.787	2 620	4 810	4 810	4 160	1 080	6.15	7.75	3.94	182	294	5.62
		20		76.51	60.1	0.787	2 870	5 350	5 350	4 550	1 180	6.12	7.72	3.93	200	322	5.69
		24		90.66	71.2	0.785	3 340	6 460	6 460	5 290	1 380	6.07	7.64	3.90	236	374	5.87
22	220	16	21	68.67	53.9	0.866	3 190	5 680	5 060	1 310	6.81	8.59	4.37	200	326	154	6.03
		18		76.75	60.3	0.866	3 540	6 400	5 620	1 450	6.79	8.55	4.35	223	361	168	6.11
		20		84.76	66.5	0.865	3 870	7 110	6 150	1 590	6.76	8.52	4.34	245	395	182	6.18
		22		92.68	72.8	0.865	4 200	7 830	6 670	1 730	6.73	8.48	4.32	267	429	195	6.26
		24		100.5	78.9	0.864	4 520	8 550	7 170	1 870	6.71	8.45	4.31	289	461	208	6.33
		26		108.3	85.0	0.864	4 830	9 280	7 690	2 000	6.68	8.41	4.30	310	462	221	6.41
25	250	18	24	87.84	69.0	0.985	5 270	9 380	8 370	2 170	7.75	9.76	4.97	290	473	224	6.84
		20		97.05	76.2	0.984	5 780	10 400	9 180	2 380	7.72	9.73	4.95	320	519	243	6.92
		22		106.2	83.3	0.983	6 280	11 500	9 970	2 580	7.69	9.69	4.93	349	564	261	7.00
		24		115.2	90.4	0.983	6 770	12 500	10 700	2 790	7.67	9.66	4.92	378	608	278	7.07
		26		124.2	97.5	0.982	7 240	13 600	11 500	2 980	7.64	9.62	4.90	406	650	295	7.15
		28		133.0	104	0.982	7 700	14 600	12 200	3 180	7.61	9.58	4.89	433	691	311	7.22
		30		141.8	111	0.981	8 160	15 700	12 900	3 380	7.58	9.55	4.88	461	731	327	7.30
		32		150.5	118	0.981	8 600	16 800	13 600	3 570	7.56	9.51	4.87	488	770	342	7.37
		35		163.4	128	0.980	9 240	18 400	14 600	3 850	7.52	9.46	4.86	527	827	364	7.48

注：截面图中的 $r_1 = d/3$ 及表中 r 的数据用于孔型设计，不做交货条件。

表2 不等边角钢截面尺寸、截面面积、理论重量及截面特性(GB/T 706—2016)

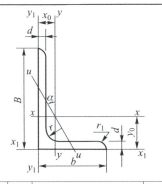

符号意义：
B——长边宽度；
b——短边宽度；
d——边厚度；
r——内圆弧半径；
r_1——边端圆弧半径；
x_0——重心距离；
y_0——重心距离。

型号	截面尺寸 /mm				截面面积 /cm²	理论重量 /(kg/m)	外表面积 /(m²/m)	惯性矩 /cm⁴					惯性半径 /cm			截面模数 /cm³			$\tan\alpha$	重心距离 /cm	
	B	b	d	r				I_x	I_{x_1}	I_y	I_{y_1}	I_u	i_x	i_y	i_u	W_x	W_y	W_u		x_0	y_0
2.5/1.6	25	16	3	3.5	1.162	0.91	0.080	0.70	1.56	0.22	0.43	0.14	0.78	0.44	0.34	0.43	0.19	0.16	0.392	0.42	0.85
			4		1.499	1.18	0.079	0.88	2.09	0.27	0.59	0.17	0.77	0.43	0.34	0.55	0.24	0.20	0.381	0.46	0.90
3.2/2	32	20	3	3.5	1.492	1.17	0.102	1.53	3.27	0.46	0.82	0.28	1.01	0.55	0.43	0.72	0.30	0.25	0.382	0.49	1.08
			4		1.939	1.52	0.101	1.93	4.37	0.57	1.12	0.35	1.00	0.54	0.42	0.93	0.39	0.32	0.374	0.53	1.12
4/2.5	40	25	3	4	1.890	1.48	0.127	3.08	5.39	0.93	1.59	0.56	1.28	0.70	0.54	1.15	0.49	0.40	0.385	0.59	1.32
			4		2.467	1.94	0.127	3.93	8.53	1.18	2.14	0.71	1.36	0.69	0.54	1.49	0.63	0.52	0.381	0.63	1.37
4.5/2.8	45	28	3	5	2.149	1.69	0.143	4.45	9.10	1.34	2.23	0.80	1.44	0.79	0.61	1.47	0.62	0.51	0.383	0.64	1.47
			4		2.806	2.20	0.143	5.69	12.1	1.70	3.00	1.02	1.42	0.78	0.60	1.91	0.80	0.66	0.380	0.68	1.51
5/3.2	50	32	3	5.5	2.431	1.91	0.161	6.24	12.5	2.02	3.31	1.20	1.60	0.91	0.70	1.84	0.82	0.68	0.404	0.73	1.60
			4		3.177	2.49	0.160	8.02	16.7	2.58	4.45	1.53	1.59	0.90	0.69	2.39	1.06	0.87	0.402	0.77	1.65
5.6/3.6	56	36	3	6	2.743	2.15	0.181	8.88	17.5	2.92	4.7	1.73	1.80	1.03	0.79	2.32	1.05	0.87	0.408	0.80	1.78
			4		3.590	2.82	0.180	11.5	23.4	3.76	6.33	2.23	1.79	1.02	0.79	3.03	1.37	1.13	0.408	0.85	1.82
			5		4.415	3.47	0.180	13.9	29.3	4.49	7.94	2.67	1.77	1.01	0.78	3.71	1.65	1.36	0.404	0.88	1.87
6.3/4	63	40	4	7	4.058	3.19	0.202	16.5	33.3	5.23	8.63	3.12	2.02	1.14	0.88	3.87	1.70	1.40	0.398	0.92	2.04
			5		4.993	3.92	0.202	20.0	41.6	6.31	10.9	3.76	2.00	1.12	0.87	4.74	2.07	1.71	0.396	0.95	2.08
			6		5.908	4.64	0.201	23.4	50.0	7.29	13.1	4.34	1.96	1.11	0.86	5.59	2.43	1.99	0.393	0.99	2.12
			7		6.802	5.34	0.201	26.5	58.1	8.24	15.5	4.97	1.98	1.10	0.86	6.40	2.78	2.29	0.389	1.03	2.15
7/4.5	70	45	4	8	4.553	3.57	0.226	23.2	45.9	7.55	12.3	4.40	2.26	1.29	0.98	4.86	2.17	1.77	0.410	1.02	2.24
			5		5.609	4.40	0.225	28.0	57.1	9.13	15.4	5.40	2.23	1.28	0.98	5.92	2.65	2.19	0.407	1.06	2.28

续表

型号	截面尺寸 /mm				截面面积 /cm²	理论重量 /(kg/m)	外表面积 /(m²/m)	惯性矩 /cm⁴					惯性半径 /cm			截面模数 /cm³			$\tan\alpha$	重心距离 /cm	
	B	b	d	r				I_x	I_{x_1}	I_y	I_{y_1}	I_u	i_x	i_y	i_u	W_x	W_y	W_u		x_0	y_0
7/4.5	70	45	6	8	6.644	5.22	0.225	32.5	68.4	10.6	18.6	6.35	2.21	1.26	0.98	6.95	3.12	2.59	0.404	1.09	2.32
			7		7.658	6.01	0.225	37.2	80.0	12.0	21.8	7.16	2.20	1.25	0.97	8.03	3.57	2.94	0.402	1.13	2.36
7.5/5	75	50	5	8	6.126	4.81	0.245	34.9	70.0	12.6	21.0	7.41	2.39	1.44	1.10	6.83	3.3	2.74	0.435	1.17	2.40
			6		7.260	5.70	0.245	41.1	84.3	14.7	25.4	8.54	2.38	1.42	1.08	8.12	3.88	3.19	0.435	1.21	2.44
			8		9.467	7.43	0.244	52.4	113	18.5	34.2	10.9	2.35	1.40	1.07	10.5	4.99	4.10	0.429	1.29	2.52
			10		11.59	9.10	0.244	62.7	141	22.0	43.4	13.1	2.33	1.38	1.06	12.8	6.04	4.99	0.423	1.36	2.60
8/5	80	50	5	8	6.376	5.00	0.255	42.0	85.2	12.8	21.1	7.66	2.56	1.42	1.10	7.78	3.32	2.74	0.388	1.14	2.60
			6		7.560	5.93	0.255	49.5	103	15.0	25.4	8.85	2.56	1.41	1.08	9.25	3.91	3.20	0.387	1.18	2.65
			7		8.724	6.85	0.255	56.2	119	17.0	29.8	10.2	2.54	1.39	1.08	10.6	4.48	3.70	0.384	1.21	2.69
			8		9.867	7.75	0.254	62.8	136	18.9	34.3	11.4	2.52	1.38	1.07	11.9	5.03	4.16	0.381	1.25	2.73
9/5.6	90	56	5	9	7.212	5.66	0.287	60.5	121	18.3	29.5	11.0	2.90	1.59	1.23	9.92	4.21	3.49	0.385	1.25	2.91
			6		8.557	6.72	0.286	71.0	146	21.4	35.6	12.9	2.88	1.58	1.23	11.7	4.96	4.13	0.384	1.29	2.95
			7		9.881	7.76	0.286	81.0	170	24.4	41.7	14.7	2.86	1.57	1.22	13.5	5.70	4.72	0.382	1.33	3.00
			8		11.18	8.78	0.286	91.0	194	27.2	47.9	16.3	2.85	1.56	1.21	15.3	6.41	5.29	0.380	1.36	3.04
10/6.3	100	63	6	10	9.618	7.55	0.320	99.1	200	30.9	50.5	18.4	3.21	1.79	1.38	14.6	6.35	5.25	0.394	1.43	3.24
			7		11.11	8.72	0.320	113	233	35.3	59.1	21.0	3.20	1.78	1.38	16.9	7.29	6.02	0.394	1.47	3.28
			8		12.58	9.88	0.319	127	266	39.4	67.9	23.5	3.18	1.77	1.37	19.1	8.21	6.78	0.391	1.50	3.32
			10		15.47	12.1	0.319	154	333	47.1	85.7	28.3	3.15	1.74	1.35	23.3	9.98	8.24	0.387	1.58	3.40
10/8	100	80	6	10	10.64	8.35	0.354	107	200	61.2	103	31.7	3.17	2.40	1.72	15.2	10.2	8.37	0.627	1.97	2.95
			7		12.30	9.66	0.354	123	233	70.1	120	36.2	3.16	2.39	1.72	17.5	11.7	9.60	0.626	2.01	3.00
			8		13.94	10.9	0.353	138	267	78.6	137	40.6	3.14	2.37	1.71	19.8	13.2	10.8	0.625	2.05	3.04
			10		17.17	13.5	0.353	167	334	94.7	172	49.1	3.12	2.35	1.69	24.2	16.1	13.1	0.622	2.13	3.12
11/7	110	70	6	10	10.64	8.35	0.354	133	266	42.9	69.1	25.4	3.54	2.01	1.54	17.9	7.90	6.53	0.403	1.57	3.53
			7		12.30	9.66	0.354	153	310	49.0	80.8	29.0	3.53	2.00	1.53	20.6	9.09	7.50	0.402	1.61	3.57
			8		13.94	10.9	0.353	172	354	54.9	92.7	32.5	3.51	1.98	1.53	23.3	10.3	8.45	0.401	1.65	3.62
			10		17.17	13.5	0.353	208	443	65.9	117	39.2	3.48	1.96	1.51	28.5	12.5	10.3	0.397	1.72	3.70

续表

型号	截面尺寸 /mm				截面面积 /cm²	理论重量 /(kg/m)	外表面积 /(m²/m)	惯性矩 /cm⁴					惯性半径 /cm			截面模数 /cm³			$\tan\alpha$	重心距离 /cm	
	B	b	d	r				I_x	I_{x_1}	I_y	I_{y_1}	I_u	i_x	i_y	i_u	W_x	W_y	W_u		x_0	y_0
12.5/8	125	80	7	11	14.10	11.1	0.403	228	455	74.4	120	43.8	4.02	2.30	1.76	26.9	12.0	9.92	0.408	1.80	4.01
			8		15.99	12.6	0.403	257	520	83.5	138	49.2	4.01	2.28	1.75	30.4	13.6	11.2	0.407	1.84	4.06
			10		19.71	15.5	0.402	312	650	101	173	59.5	3.98	2.26	1.74	37.3	16.6	13.6	0.404	1.92	4.14
			12		23.35	18.3	0.402	364	780	117	210	69.4	3.95	2.24	1.72	44.0	19.4	16.0	0.400	2.00	4.22
14/9	140	90	8	12	18.04	14.2	0.453	366	731	121	196	70.8	4.50	2.59	1.98	38.5	17.3	14.3	0.411	2.04	4.50
			10		22.26	17.5	0.452	446	913	140	246	85.8	4.47	2.56	1.96	47.3	21.2	17.5	0.409	2.12	4.58
			12		26.40	20.7	0.451	522	1 100	170	297	100	4.44	2.54	1.95	55.9	25.0	20.5	0.406	2.19	4.66
			14		30.46	23.9	0.451	594	1 280	192	349	114	4.42	2.51	1.94	64.2	28.5	23.5	0.403	2.27	4.74
15/9	150	90	8	12	18.84	14.8	0.473	442	898	123	196	74.1	4.84	2.55	1.98	43.9	17.5	14.5	0.364	1.97	4.92
			10		23.26	18.3	0.472	539	1 120	149	246	89.9	4.81	2.53	1.97	54.0	21.4	17.7	0.362	2.05	5.01
			12		27.60	21.7	0.471	632	1 350	173	297	105	4.79	2.50	1.95	63.8	25.1	20.8	0.359	2.12	5.09
			14		31.86	25.0	0.471	721	1 570	196	350	120	4.76	2.48	1.94	73.3	28.8	23.8	0.356	2.20	5.17
			15		33.95	26.7	0.471	764	1.680	207	376	127	4.74	2.47	1.93	78.0	30.5	25.3	0.354	2.24	5.21
			16		36.03	28.3	0.470	806	1 800	217	403	134	4.73	2.45	1.93	82.6	32.3	26.8	0.352	2.27	5.25
16/10	160	100	10	13	25.32	19.9	0.512	669	1 360	205	337	122	5.14	2.85	2.19	62.1	26.6	21.9	0.390	2.28	5.24
			12		30.05	23.6	0.511	785	1 640	239	406	142	5.11	2.82	2.17	73.5	31.3	25.8	0.388	2.36	5.32
			14		34.71	27.2	0.510	896	1 910	271	476	162	5.08	2.80	2.16	84.6	35.8	29.6	0.385	2.43	5.40
			16		39.28	30.8	0.510	1 000	2 180	302	548	183	5.05	2.77	2.16	95.3	40.2	33.4	0.382	2.51	5.48
18/11	180	110	10	14	28.37	22.3	0.571	956	1 940	278	447	167	5.80	3.13	2.42	79.0	32.5	26.9	0.376	2.44	5.89
			12		33.71	26.5	0.571	1 120	2 330	325	539	195	5.78	3.10	2.40	93.5	38.3	31.7	0.374	2.52	5.98
			14		38.97	30.6	0.570	1 290	2 720	370	632	222	5.75	3.08	2.39	108	44.0	36.3	0.372	2.59	6.06
			16		44.14	34.6	0.569	1 440	3 110	412	726	249	5.72	3.06	2.38	122	49.4	40.9	0.369	2.67	6.14
20/12.5	200	125	12	14	37.91	29.8	0.641	1 570	3 190	483	788	286	6.44	3.57	2.74	117	50.0	41.2	0.392	2.83	6.54
			14		43.87	34.4	0.640	1 800	3 730	551	922	327	6.41	3.54	2.73	135	57.4	47.3	0.390	2.91	6.62
			16		49.74	39.0	0.639	2 020	4 260	615	1 060	366	6.38	3.52	2.71	152	64.9	53.3	0.388	2.99	6.70
			18		55.53	43.6	0.639	2 240	4 790	677	1 200	405	6.35	3.49	2.70	169	71.7	59.2	0.385	3.06	6.78

注:截面图中的 $r_1 = d/3$ 及表中 r 的数据用于孔型设计,不做交货条件。

表 3 工字钢截面尺寸、截面面积、理论重量及截面特性（GB/T 706—2016）

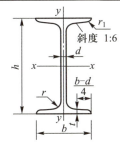

符号意义：
h——高度；
b——腿宽度；
d——腰厚度；
t——腿中间厚度；
r——内圆弧半径；
r_1——腿端圆弧半径。

型号	截面尺寸 /mm						截面面积 /cm^2	理论重量 /(kg/m)	外表面积 /(m^2/m)	惯性矩 /cm^4		惯性半径 /cm		截面模数 /cm^3	
	h	b	d	t	r	r_1				I_x	I_y	i_x	i_y	W_x	W_y
10	100	68	4.5	7.6	6.5	3.3	14.33	11.3	0.432	245	33.0	4.14	1.52	49.0	9.72
12	120	74	5.0	8.4	7.0	3.5	17.80	14.0	0.493	436	46.9	4.95	1.62	72.7	12.7
12.6	126	74	5.0	8.4	7.0	3.5	18.10	14.2	0.505	488	46.9	5.20	1.61	77.5	12.7
14	140	80	5.5	9.1	7.5	3.8	21.50	16.9	0.553	712	64.4	5.76	1.73	102	16.1
16	160	88	6.0	9.9	8.0	4.0	26.11	20.5	0.621	1 130	93.1	6.58	1.89	141	21.2
18	180	94	6.5	10.7	8.5	4.3	30.74	24.1	0.681	1 660	122	7.36	2.00	185	26.0
20a	200	100	7.0	11.4	9.0	4.5	35.55	27.9	0.742	2 370	158	8.15	2.12	237	31.5
20b	200	102	9.0	11.4	9.0	4.5	39.55	31.1	0.746	2 500	169	7.96	2.06	250	33.1
22a	220	110	7.5	12.3	9.5	4.8	42.10	33.1	0.817	3 400	225	8.99	2.31	309	40.9
22b	220	112	9.5	12.3	9.5	4.8	46.50	36.5	0.821	3 570	239	8.78	2.27	325	42.7
24a	240	116	8.0	13.0	10.0	5.0	47.71	37.5	0.878	4 570	280	9.77	2.42	381	48.4
24b	240	118	10.0	13.0	10.0	5.0	52.51	41.2	0.882	4 800	297	9.57	2.38	400	50.4
25a	250	116	8.0	13.0	10.0	5.0	48.51	38.1	0.898	5 020	280	10.2	2.40	402	48.3
25b	250	118	10.0	13.0	10.0	5.0	53.51	42.0	0.902	5 280	309	9.94	2.40	423	52.4
27a	270	116	8.0	13.7	10.5	5.3	54.52	42.8	0.958	6 550	345	10.9	2.51	485	56.6
27b	270	118	10.0	13.7	10.5	5.3	59.92	47.0	0.962	6 870	366	10.7	2.47	509	58.9
28a	280	122	8.5	13.7	10.5	5.3	55.37	43.5	0.978	7 110	345	11.3	2.50	508	56.6
28b	280	124	10.5	13.7	10.5	5.3	60.97	47.9	0.982	7 480	379	11.1	2.49	534	61.2
30a	300	126	9.0	14.4	11.0	5.5	61.22	48.1	1.031	8 950	400	12.1	2.55	597	63.5
30b	300	128	11.0	14.4	11.0	5.5	67.22	52.8	1.035	9 400	422	11.8	2.50	627	65.9

续表

型号	截面尺寸 /mm						截面面积 /cm²	理论重量 /(kg/m)	外表面积 /(m²/m)	惯性矩 /cm⁴		惯性半径 /cm		截面模数 /cm³	
	h	b	d	t	r	r_1				I_x	I_y	i_x	i_y	W_x	W_y
30c	300	130	13.0	14.4	11.0	5.5	73.22	57.5	1.039	9 850	445	11.6	2.46	657	68.5
32a		130	9.5				67.12	52.7	1.084	11 100	460	12.8	2.62	692	70.8
32b	320	132	11.5	15.0	11.5	5.8	73.52	57.7	1.088	11 600	502	12.6	2.61	726	76.0
32c		134	13.5				79.92	62.7	1.092	12 200	544	12.3	2.61	760	81.2
36a		136	10.0				76.44	60.0	1.185	15 800	552	14.4	2.69	875	81.2
36b	360	138	12.0	15.8	12.0	6.0	83.64	65.7	1.189	16 500	582	14.1	2.64	919	84.3
36c		140	14.0				90.84	71.3	1.193	17 300	612	13.8	2.60	962	87.4
40a		142	10.5				86.07	67.6	1.285	21 700	660	15.9	2.77	1 090	93.2
40b	400	144	12.5	16.5	12.5	6.3	94.07	73.8	1.289	22 800	692	15.6	2.71	1 140	96.2
40c		146	14.5				102.1	80.1	1.293	23 900	727	15.2	2.65	1 190	99.6
45a		150	11.5				102.4	80.4	1.411	32 200	855	17.7	2.89	1 430	114
45b	450	152	13.5	18.0	13.5	6.8	111.4	87.4	1.415	33 800	894	17.4	2.84	1 500	118
45c		154	15.5				120.4	94.5	1.419	35 300	938	17.1	2.79	1 570	122
50a		158	12.0				119.2	93.6	1.539	46 500	1 120	19.7	3.07	1 860	142
50b	500	160	14.0	20.0	14.0	7.0	129.2	101	1.543	48 600	1 170	19.4	3.01	1 940	146
50c		162	16.0				139.2	109	1.547	50 600	1 220	19.0	2.96	2 080	151
55a		166	12.5				134.1	105	1.667	62 900	1 370	21.6	3.19	2 290	164
55b	550	168	14.5				145.1	114	1.671	65 600	1 420	21.2	3.14	2 390	170
55c		170	16.5	21.0	14.5	7.3	156.1	123	1.675	68 400	1 480	20.9	3.08	2 490	175
56a		166	12.5				135.4	106	1.687	65 600	1 370	22.0	3.18	2 340	165
56b	560	168	14.5				146.6	115	1.691	68 500	1 490	21.6	3.16	2 450	174
56c		170	16.5				157.8	124	1.695	71 400	1 560	21.3	3.16	2 550	183
63a		176	13.0				154.6	121	1.862	93 900	1 700	24.5	3.31	2 980	193
63b	630	178	15.0	22.0	15.0	7.5	167.2	131	1.866	98 100	1 810	24.2	3.29	3 160	204
63c		180	17.0				179.8	141	1.870	102 000	1 920	23.8	3.27	3 300	214

注：表中 r、r_1 的数据用于孔型设计，不做交货条件。

表 4　槽钢截面尺寸、截面面积、理论重量及截面特性（GB/T 706—2016）

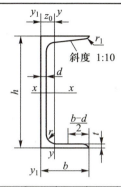

符号意义：
h——高度；
b——腿宽度；
d——腰厚度；
t——腿中间厚度；
r——内圆弧半径；
r_1——腿端圆弧半径；
z_0——重心距离。

型号	截面尺寸 /mm						截面面积 /cm²	理论重量 /(kg/m)	外表面积 /(m²/m)	惯性矩 /cm⁴			惯性半径 /cm		截面模数 /cm³		重心距离 /cm
	h	b	d	t	r	r_1				I_x	I_y	I_{y_1}	i_x	i_y	W_x	W_y	z_0
5	50	37	4.5	7.0	7.0	3.5	6.925	5.44	0.226	26.0	8.30	20.9	1.94	1.10	10.4	3.55	1.35
6.3	63	40	4.8	7.5	7.5	3.8	8.446	6.63	0.262	50.8	11.9	28.4	2.45	1.19	16.1	4.50	1.36
6.5	65	40	4.3	7.5	7.5	3.8	8.292	6.51	0.267	55.2	12.0	28.3	2.54	1.19	17.0	4.59	1.38
8	80	43	5.0	8.0	8.0	4.0	10.24	8.04	0.307	101	16.6	37.4	3.15	1.27	25.3	5.79	1.43
10	100	48	5.3	8.5	8.5	4.2	12.74	10.0	0.365	198	25.6	54.9	3.95	1.41	39.7	7.80	1.52
12	120	53	5.5	9.0	9.0	4.5	15.36	12.1	0.423	346	37.4	77.7	4.75	1.56	57.7	10.2	1.62
12.6	126	53	5.5	9.0	9.0	4.5	15.69	12.3	0.135	391	38.0	77.1	4.95	1.57	62.1	10.2	1.59
14a	140	58	6.0	9.5	9.5	4.8	18.51	14.5	0.480	564	53.2	107	5.52	1.70	80.5	13.0	1.71
14b	140	60	8.0	9.5	9.5	4.8	21.31	16.7	0.484	609	61.1	121	5.35	1.69	87.1	14.1	1.67
16a	160	63	6.5	10.0	10.0	5.0	21.95	17.2	0.538	866	73.3	144	6.28	1.83	108	16.3	1.80
16b	160	65	8.5	10.0	10.0	5.0	25.15	19.8	0.542	935	83.4	161	6.10	1.82	117	17.6	1.75
18a	180	68	7.0	10.5	10.5	5.2	25.69	20.2	0.596	1 270	98.6	190	7.04	1.96	141	20.0	1.88
18b	180	70	9.0	10.5	10.5	5.2	29.29	23.0	0.600	1 370	111	210	6.84	1.95	152	21.5	1.84
20a	200	73	7.0	11.0	11.0	5.5	28.83	22.6	0.654	1 780	128	244	7.86	2.11	178	24.2	2.01
20b	200	75	9.0	11.0	11.0	5.5	32.83	25.8	0.658	1 910	144	268	7.64	2.09	191	25.9	1.95
22a	220	77	7.0	11.5	11.5	5.8	31.83	25.0	0.709	2 390	158	298	8.67	2.23	218	28.2	2.10
22b	220	79	9.0	11.5	11.5	5.8	36.23	28.5	0.713	2 570	176	326	8.42	2.21	234	30.1	2.03

续表

型号	截面尺寸/mm						截面面积/cm²	理论重量/(kg/m)	外表面积/(m²/m)	惯性矩/cm⁴			惯性半径/cm		截面模数/cm³		重心距离/cm
	h	b	d	t	r	r_1				I_x	I_y	I_{y_1}	i_x	i_y	W_x	W_y	
24a	240	78	7.0	12.0	12.0	6.0	34.21	26.9	0.752	3 050	174	325	9.45	2.25	254	30.5	2.10
24b		80	9.0				39.01	30.6	0.756	3 280	194	355	9.17	2.23	274	32.5	2.03
24c		82	11.0				43.81	34.4	0.760	3 510	213	388	8.96	2.21	293	34.4	2.00
25a	250	78	7.0	12.0	12.0	6.0	34.91	27.4	0.722	3 370	176	322	9.82	2.24	270	30.6	2.07
25b		80	9.0				39.91	31.3	0.776	3 530	196	353	9.41	2.22	282	32.7	1.98
25c		82	11.0				44.91	35.3	0.780	3 690	218	384	9.07	2.21	295	35.9	1.92
27a	270	82	7.5	12.5	12.5	6.2	39.27	30.8	0.826	4 360	216	393	10.5	2.34	323	35.5	2.13
27b		84	9.5				44.67	35.1	0.830	4 690	239	428	10.3	2.31	347	37.7	2.06
27c		86	11.5				50.07	39.3	0.834	5 020	261	467	10.1	2.28	372	39.8	2.03
28a	280	82	7.5	12.5	12.5	6.2	40.02	31.4	0.846	4 760	218	388	10.9	2.33	340	35.7	2.10
28b		84	9.5				45.62	35.8	0.850	5 130	242	428	10.6	2.30	366	37.9	2.02
28c		86	11.5				51.22	40.2	0.854	5 500	268	463	10.4	2.29	393	40.3	1.95
30a	300	85	7.5	13.5	13.5	6.8	43.89	34.5	0.897	6 050	260	467	11.7	2.43	403	41.1	2.17
30b		87	9.5				49.89	39.2	0.901	6 500	289	515	11.4	2.41	433	44.0	2.13
30c		89	11.5				55.89	43.9	0.905	6 950	316	560	11.2	2.38	463	46.4	2.09
32a	320	88	8.0	14.0	14.0	7.0	48.50	38.1	0.947	7 600	305	552	12.5	2.50	475	46.5	2.24
32b		90	10.0				54.90	43.1	0.951	8 140	336	593	12.2	2.47	509	49.2	2.16
32c		92	12.0				61.30	48.1	0.955	8 690	374	643	11.9	2.47	543	52.6	2.09
36a	360	96	9.0	16.0	16.0	8.0	60.89	47.8	1.053	11 900	455	818	14.0	2.73	660	63.5	2.44
36b		98	11.0				68.09	53.5	1.057	12 700	497	880	13.6	2.70	703	66.9	2.37
36c		100	13.0				75.29	59.1	1.061	13 400	536	948	13.4	2.67	746	70.0	2.34
40a	400	100	10.5	18.0	18.0	9.0	75.04	58.9	1.144	17 600	592	1 070	15.3	2.81	879	78.8	2.49
40b		102	12.5				83.04	65.2	1.148	18 600	640	1 140	15.0	2.78	932	82.5	2.44
40c		104	14.5				91.04	71.5	1.152	19 700	688	1 220	14.7	2.75	986	86.2	2.42

注：表中 r、r_1 的数据用于孔型设计，不做交货条件。

附录 II 简单荷载作用下梁的挠度和转角

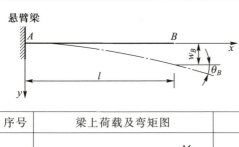

悬臂梁

$w =$ 沿 y 方向的挠度
$w_B = w(l) =$ 梁右端处的挠度
$\theta_B = w'(l) =$ 梁右端处的转角

序号	梁上荷载及弯矩图	挠曲线方程	转角和挠度
1		$w = \dfrac{M_e x^2}{2EI}$	$\theta_B = \dfrac{M_e l}{EI}$ $w_B = \dfrac{M_e l^2}{2EI}$
2		$w = \dfrac{F x^2}{6EI}(3l-x)$	$\theta_B = \dfrac{F l^2}{2EI}$ $w_B = \dfrac{F l^3}{3EI}$
3		$w = \dfrac{F x^2}{6EI}(3a-x)$ $(0 \leqslant x \leqslant a)$ $w = \dfrac{F a^2}{6EI}(3x-a)$ $(a \leqslant x \leqslant l)$	$\theta_B = \dfrac{F a^2}{2EI}$ $w_B = \dfrac{F a^2}{6EI}(3l-a)$

续表

序号	梁上荷载及弯矩图	挠曲线方程	转角和挠度
4		$w = \dfrac{qx^2}{24EI}(x^2 + 6l^2 - 4lx)$	$\theta_B = \dfrac{ql^3}{6EI}$ $w_B = \dfrac{ql^4}{8EI}$
5		$w = \dfrac{q_0 x^2}{120EIl}(10l^3 -$ $10l^2 x + 5lx^2 - x^3)$	$\theta_B = \dfrac{q_0 l^3}{24EI}$ $w_B = \dfrac{q_0 l^4}{30EI}$

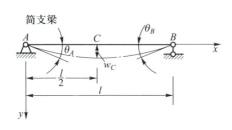

w = 沿 y 方向的挠度

$w_C = w\left(\dfrac{l}{2}\right)$ = 梁的中点挠度

$\theta_A = w'(0)$ = 梁左端处的转角

$\theta_A = w'(l)$ = 梁右端处的转角

序号	梁上荷载及弯矩图	挠曲线方程	转角和挠度
6		$w = \dfrac{M_A x}{6EIl}(l-x)(2l-x)$	$\theta_A = \dfrac{M_A l}{3EI}$ $\theta_B = -\dfrac{M_A l}{6EI}$ $w_C = \dfrac{M_A l^2}{16EI}$

续表

序号	梁上荷载及弯矩图	挠曲线方程	转角和挠度
7		$w = \dfrac{M_B x}{6EIl}(l^2 - x^2)$	$\theta_A = \dfrac{M_B l}{6EI}$ $\theta_B = -\dfrac{M_B l}{3EI}$ $w_C = \dfrac{M_B l^2}{16EI}$
8		$w = \dfrac{qx}{24EI}(l^3 - 2lx^2 + x^3)$	$\theta_A = \dfrac{ql^3}{24EI}$ $\theta_B = -\dfrac{ql^3}{24EI}$ $w_C = \dfrac{5ql^4}{384EI}$
9		$w = \dfrac{q_0 x}{360EIl}(7l^4 - 10l^2 x^2 + 3x^4)$	$\theta_A = \dfrac{7q_0 l^3}{360EI}$ $\theta_B = -\dfrac{q_0 l^3}{45EI}$ $w_C = \dfrac{5q_0 l^4}{768EI}$
10		$w = \dfrac{Fx}{48EI}(3l^2 - 4x^2)$ $\left(0 \leqslant x \leqslant \dfrac{l}{2}\right)$	$\theta_A = \dfrac{Fl^2}{16EI}$ $\theta_B = -\dfrac{Fl^2}{16EI}$ $w_C = \dfrac{Fl^3}{48EI}$

序号	梁上荷载及弯矩图	挠曲线方程	转角和挠度
11		$w = \dfrac{Fbx}{6EIl}(l^2 - x^2 - b^2)$ $(0 \leqslant x \leqslant a)$ $w = \dfrac{Fb}{6EIl}\left[\dfrac{l}{b}(x-a)^2 + (l^2 - b^2)x - x^3\right]$ $(a \leqslant x \leqslant l)$	$\theta_A = \dfrac{Fab(l+b)}{6EIl}$ $\theta_B = -\dfrac{Fab(l+a)}{6EIl}$ $w_C = \dfrac{Fb(3l^2 - 4b^2)}{48EI}$ （当 $a \geqslant b$ 时）
12		$w = \dfrac{M_e x}{6EIl}(6al - 3a^2 - 2l^2 - x^2)$ $(0 \leqslant x \leqslant a)$ 当 $a = b = \dfrac{l}{2}$ 时， $w = \dfrac{M_e x}{24EIl}(l^2 - 4x^2)$ $\left(0 \leqslant x \leqslant \dfrac{l}{2}\right)$	$\theta_A = \dfrac{M_e}{6EIl}(6al - 3a^2 - 2l^2)$ $\theta_B = -\dfrac{M_e}{6EIl}(l^2 - 3a^2)$ 当 $a = b = \dfrac{l}{2}$ 时， $\theta_A = \dfrac{M_e l}{24EI}$ $\theta_B = \dfrac{M_e l}{24EI}$ $w_C = 0$

附录Ⅲ 工程力学综合练习

1. 工程力学综合练习 1 及答案

2. 工程力学综合练习 2 及答案

3. 工程力学综合练习 3 及答案

4. 工程力学综合练习 4 及答案

5. 工程力学综合练习 5 及答案

参 考 文 献

［1］ 哈尔滨工业大学理论力学教研室.理论力学:上册,下册［M］.7 版.北京:高等教育出版社,2012.
［2］ 单辉祖.材料力学:（Ⅰ）,（Ⅱ）［M］.北京:高等教育出版社,1999.
［3］ 孙训方.材料力学:（Ⅰ）,（Ⅱ）［M］.5 版.北京:高等教育出版社,2012.
［4］ 奚绍中,邱秉权.工程力学［M］.成都:西南交通大学出版社,1987.
［5］ 奚绍中.材料力学精讲［M］.成都:西南交通大学出版社,1993.
［6］ 西南交通大学应用力学与工程系．工程力学教程［M］.2 版.北京:高等教育出版社,2009.
［7］ 黄安基.理论力学［M］.北京:高等教育出版社,2011.

索　引

（按汉语拼音字母顺序）

A
安全因数	§6-3、§6-7

B
比例极限	§6-6
泊松比	§6-5

C
长度因数	§11-2
超静定次数	§3-6
超静定问题	§3-6
冲击荷载	§6-6
冲击因数	§6-6、§8-8
冲量	§17-1
冲量定理	§17-1
初始条件	§16-2
纯扭转	§7-6
纯弯曲	§8-3
脆性材料	§6-7

D
等效力系	§1-1
定参考系	§14-1
动参考系	§14-1
动点	§14-1
动静法	§18-1
动力学	§16-1
动量	§17-1
动量定理	§17-1
动量矩	§17-2
动量矩定理	§17-2
动量矩守恒	§17-2
动量守恒	§17-1
动摩擦力	§4-1
动摩擦因数	§4-1
动能	§17-3
动能定理	§17-3
断面收缩率	§6-7
多余约束	§6-8、§8-9
多余未知力	§6-8、§8-9

F
法向惯性力	§18-1
法向加速度	§12-4
分离体	§1-4
复合运动	§14-1

G
刚体	§1-1
滚动摩阻	§4-3
滚阻力偶	§4-3
滚动摩阻系数	§4-3
功	§17-3
惯性	§16-1
惯性半径	§11-3
惯性参考系	§16-1
惯性定律	§16-1
惯性矩	§8-3
惯性力	§18-1

H
合力	§1-1、§2-1

合力矩定理	§2-3、§3-2	**K**	
桁架	§3-7	空间力系	§5-1
横力弯曲	§8-3	抗拉(压)刚度	§6-5
横向线应变	§6-5	抗扭截面系数	§7-3
胡克定律	§6-5、§9-4	抗弯截面系数	§8-3
回转半径	§17-2	库仑摩擦定律	§4-1
滑移线	§6-7		
J		**L**	
基本系统	§6-8	冷作硬化	§6-7
基点	§15-1	力臂	§2-3
集度	§3-3	力多边形	§2-1
极惯性矩	§7-3	力矩	§2-3
极限速度	§17-1	力矩中心	§2-3
机械能	§17-3	力矩矢	§5-2
机械运动	§12-1、§17-3	力偶	§2-4
加速度	§12-2	力偶臂	§2-4
简化中心	§3-2	力偶作用面	§2-4
剪力	§8-1	力偶矩矢	§5-3
剪力图	§8-1	力偶的三要素	§2-4、§5-3
剪切	§6-9	力系	§1-1
剪切胡克定律	§7-2	力螺旋	§5-4
角加速度	§13-2	力学性能	§6-7
角速度	§13-2	临界荷载	§11-1
节点法	§3-7	临界应力	§11-3
截面法	§3-7		
截面核心	§10-1	**M**	
静滑动摩擦	§4-1	摩擦力	§4-1
静矩	§5-6	摩擦角	§4-1
静力学公理	§1-2	摩擦自锁	§4-1
静摩擦角	§4-1		
静摩擦因数	§4-1	**N**	
绝对轨迹	§14-2	挠度	§8-7
绝对加速度	§14-3	挠曲线	§8-7
绝对速度	§14-2	内力	§3-6、§6-1、§7-1、§8-1
绝对位移	§14-2		
绝对运动	§14-1	牛顿运动定律	§16-1

扭矩	§7-1		**S**	
扭矩图	§7-1		三向应力状态	§9-4
扭转刚度	§7-3		伸长率	§6-7
扭转角	§7-2		圣维南原理	§6-2
			矢量	§1-1
P			势能	§17-3
平衡	§1-1		失稳	§11-1
平面汇交力系	§2-1		受力图	§1-4
平面平行力系	§3-5		瞬时移动	§15-2
平面图形的形心	§5-6、§5-7		瞬心	§15-2
平面弯曲	§10-3		速度	§12-2
平面任意力系	§3-2、§3-4		速度投影定理	§15-2
平面应力状态	§9-2		塑性材料	§6-7
平面运动	§15-1			
平移	§13-1		**T**	
			弹性极限	§6-7
Q			弹性模量	§6-5
牵连点	§14-1		体应变	§9-4
牵连加速度	§14-3			
牵连速度	§14-2		**W**	
牵连运动	§14-1		物体系	§3-6
强度极限	§6-7		弯矩	§8-1
强度条件	§6-3		弯矩图	§8-1
翘曲	§7-6		弯曲刚度	§8-3
切向惯性力	§18-1		弯曲切应力	§8-3
切向加速度	§12-4		位移	§6-5、§8-7、§12-2
切应变	§7-2		位移相容条件	§6-8
切应力	§6-4		位置矢量	§12-2
切应力互等定理	§6-4		稳定条件	§11-4
强度理论	§9-1、§9-5		温度应力	§6-8
屈服	§6-7			
屈服极限	§6-7		**X**	
全加速度	§12-4		相当长度	§11-2
			相当系统	§6-8
R			相当应力	§9-5
柔度	§11-3		相对轨迹	§14-2
			相对加速度	§14-3

相对速度	§14-2	质心运动定理	§17-1
相对位移	§14-2	质心运动守恒	§17-1
相对运动	§14-1、§14-3	重心	§5-6
斜弯曲	§10-3	中性层	§8-3
形心	§5-6	中性轴	§8-3
许用应力	§6-3、§6-7	轴力	§6-1
		轴力图	§6-1
Y		主矩	§3-2、§5-4
应变能	§6-6、§7-5	主平面	§9-2
应变能密度	§6-6、§9-4	主矢	§3-2、§5-4
应力集中	§6-2	主应力	§9-2
应力集中因数	§6-2	转动	§13-2
约束	§1-3	转动方程	§13-2
约束扭转	§7-6	转动惯量	§17-2
运动方程	§12-2、§12-3、§12-4	转角	§8-7、§13-2
		转轴	§13-2
运动学	§12-1	装配应力	§6-8
		自由扭转	§7-6
Z		自然坐标	§16-2
正应力	§6-2	自由体与非自由体	§1-3
质点的动量	§17-1	纵向线应变	§6-5
质点运动微分方程	§16-2	组合变形	§10-1
质量中心	§17-1		

Synopsis

This book is intended for the students as the textbook of course of Engineering Mechanics in university and college. It covered the fundamental parts of theoretical mechanics and the mechanics of materials.

This textbook including 18 chapters: Basis of Statics, Planar Basic Force System, General Planar Force System, Friction and Spatial Concurrent Force System and Centre of Gravity, Tension and Compression, Torsion, Bending, Analysis of Stress · Theory of Strength, Complex Deformation, Stability of Column, Kinematics of a Point, Simple Motion of Rigid Bodies, Resultant Motion of a Point, Plane Motion of a Rigid Body, Differential Equations of Motion of a Particle, General Theorems of Dynamics, Kineto-Static Method. The related speculative problems are inserted after some concepts and methods were illustrated, those problems may also be used for classroom discussion.

This textbook was written by experienced professors in teaching mechanics and writing teaching materials, so it is suitable properly for use in teaching.

This book is also suitable for adult higher education.

Contents

Introduction 1

Part 1 Statics

Chapter 1 Basis of Statics 15
 §1-1 Basic Concepts in Statics 15
 §1-2 Axioms in Statics 18
 §1-3 Constraints and Constraining Forces 22
 §1-4 Force analysis of Body and Free-body Diagram 30
Exercises 33

Chapter 2 Planar Basic Force System 38
 §2-1 Resultant and Equilibrium Condition of Planar Concurrent Force Systems: Geometrical Method 38
 §2-2 Resultant and Equilibrium Condition of Planar Concurrent Force Systems: Analytical Method 43
 §2-3 Concept and Calculation of the Moment 50
 §2-4 Resultant and Equilibrium Condition of Planar Couple System ... 53
Exercises 60

Chapter 3 General Planar Force System 66
 §3-1 Theorem of Translation of the Force 67
 §3-2 Reduction of Planar Force System to a Given Co-planar Point ... 68
 §3-3 Distributed Load 72
 §3-4 Equilibrium Condition of the General Planar Force System 74
 §3-5 Equilibrium Condition of the Parallel Forces 77
 §3-6 Equilibrium of Body System · Concept of Statically Determinate and Indeterminate Problem 78
 §3-7 Internal forces in Members of Statically Determinate Planar Trusses 82
Exercises 86

Chapter 4 Friction 91
 §4-1 Sliding Friction 91

§ 4-2	Equilibrium Problem of The Body with Friction	94
§ 4-3	Concept of Rolling Resistance	100
Exercises		103

Chapter 5 Spatial Force System and Center of Gravity ········ 106

§ 5-1	Resultant and Equilibrium Condition of Spatial Concurrent Force	106
§ 5-2	Moment of Force about a Point and about an Axis	111
§ 5-3	Resultant and Equilibrium Condition of Spatial Couple	114
§ 5-4	Reduction of Spatial Force System to a Given Point · Principal Vector and Principal Moment	118
§ 5-5	Epuilibrium Condition of the General Spatial Force System	123
§ 5-6	Formula for Coordinate of Centre of Gravity and Centroid of an Area	127
§ 5-7	Method to Find Centre of Gravity and Centroid of an Area	130
Exercises		133

Part 2 Materials

Chapter 6 Tension and Compression ········ 139

§ 6-1	Axial Force and Its Diagram	139
§ 6-2	Stress on Cross Section	141
§ 6-3	Calculation about Strength of Axially Loaded Bars	145
§ 6-4	Stresses on Inclined Sections	148
§ 6-5	Deformation and Displacement of Axially Loaded Bars	151
§ 6-6	Strain Energy in Axially Loaded Bars	155
§ 6-7	Mechanical Behaviour of Structural Steel and Cast Iron under Tension and Compression	159
§ 6-8	Simple Statically Indeterminate Problems of Axially Loaded Bars	165
§ 6-9	Analysis of Connections in Axially Loaded Bars	170
Exercises		174

Chapter 7 Torsion ········ 179

§ 7-1	Twisting Moment and Its Diagram	179
§ 7-2	Stresses and Deformation of Thin-walled Tube under Torsion	181
§ 7-3	Stresses and Deformation of Circular Bar under Torsion	183

§ 7-4　Strength Condition and Stiffness Condition of Circular Bar under Torsion ··············· 193

§ 7-5　Strain Energy in Circular Bar with Constant Cross-section under Torsion ··············· 198

§ 7-6　Torsion of Rectangular Bar ··············· 201

Exercises ··············· 205

Chapter 8　Bending ··············· 209

§ 8-1　Shear Force and Bending Moment · Their Diagrams ··············· 209

§ 8-2　Further Investigation in Shearing Force and Bending Moment Diagrams ··············· 215

§ 8-3　Normal Stresses under Bending ··············· 218

§ 8-4　Parallel Axis Theorem for Moment of Inertia ··············· 229

§ 8-5　Shearing Stresses under Bending ··············· 231

§ 8-6　Strength Conditions of Beam ··············· 237

§ 8-7　Deflection and Slope ··············· 239

§ 8-8　Strain Energy due to Bending ··············· 246

§ 8-9　Statically Indeterminate Beam ··············· 250

Exercises ··············· 255

Chapter 9　Analysis of Stress · Theory of Strength ··············· 261

§ 9-1　Introduction ··············· 261

§ 9-2　Analysis of Plane Stress ··············· 262

§ 9-3　Hook's Law for Plane Stress ··············· 266

§ 9-4　Triaxial Stress ··············· 268

§ 9-5　Theories of Strength and Their Application ··············· 272

Exercises ··············· 278

Chapter 10　Combined Deformation ··············· 280

§ 10-1　Combined Deformation of Bending and Tension (Compression) ··············· 281

§ 10-2　Combined Deformation of Bending and Torsion ··············· 285

§ 10-3　Unsymmetrical Bending ··············· 289

Exercises ··············· 291

Chapter 11　Stability of Column ··············· 294

§ 11-1　Concepts of Stability of Column ··············· 294

§ 11-2　Critical Load for Long Column ··············· 296

§ 11-3　Scope of Application for Euler's Formula · Critical Stress Diagram ········· 301
§ 11-4　Stability Condition and Verification of Stability for Columns ··· 303
Exercises ················ 306

Part 3　Kinematics and Dynamics

Chapter 12　Kinematics of a Point ············· 311
§ 12-1　Elementary Content of Kinematics · Reference Coordinates ······ 311
§ 12-2　The Vector Method in Kinematics of a Point ············ 312
§ 12-3　The Rectangular Coordinating Method in Kinematics of a Point ············ 313
§ 12-4　The Natural Coordinating Method in Kinematics of a Point ······ 317
Exercises ················ 324

Chapter 13　Simple Motion of Rigid Bodies ············ 326
§ 13-1　Translation of a Rigid Body ············ 326
§ 13-2　Rotation of a Rigid Body about a Fixed-axis ············ 327
§ 13-3　Velocity and Acceleration of the Points of a Rotating Rigid Body ············ 331
Exercises ················ 335

Chapter 14　Composite Motion of a Point ············ 339
§ 14-1　Absolute Motion · Relative Motion · Convected Motion ········· 339
§ 14-2　Theorem of Composition of the Velocities of a Point ············ 341
§ 14-3　Theorem of Composition of the Accelerations of a Point during the Convected Motion is Translation ············ 344
Exercises ················ 347

Chapter 15　Plane Motion of a Rigid Body ············ 351
§ 15-1　Decomposition of the Plane Motion of a Rigid Body ············ 351
§ 15-2　Velocity of the Points on a Plane Figure · Instantaneous Center of Velocity ············ 353
§ 15-3　Acceleration of the Points on a Plane Figure ············ 361
Exercises ················ 364

Chapter 16　Differential Equations of Motion of a Particle ············ 367
§ 16-1　Fundamental Laws of Dynamics ············ 367
§ 16-2　Differential Equations of Motion of a Particle ············ 370

Exercises ··· 376
Chapter 17 General Theorems of Dynamics ························ 379
§ 17-1 Theorem of Linear Momentum ···························· 379
§ 17-2 Theorem of Angular Momentum ·························· 390
§ 17-3 Theorem of Kinetic Energy ································· 405
§ 17-4 Integrated Application of General Theorems of Dynamics ········· 421
Exercises ··· 426
Chapter 18 Kineto-Static Method ······································ 433
§ 18-1 Concepts of Inertia Force ·································· 433
§ 18-2 Kineto-Static Method for a Particle ····················· 434
§ 18-3 Kineto-Static Method for a Particle System ·········· 438
§ 18-4 Reduction of Inertia Force System of a Rigid Body ············ 439
Exercises ··· 447

Appendix I   Properties of Rolled-Steel Shapes ························ 451
Appendix II Beam Deflection and Slope by Simple Load ············ 463
Appendix III Exercises of Engineering Mechanics ······················ 467
References ··· 468
Index ·· 469
Synopsis ··· 473
Contents ··· 474
A Brief Introduction to the Writers

执笔者简介

奚绍中(1928—2003),西南交通大学教授、博士生导师。1951年毕业于唐山铁道学院(西南交通大学前身)土木系,并留校任教。1983年至1984年在美国马里兰大学土木系访问进修。1986年晋升为教授,并经国务院批准为博士生导师。曾先后兼任西南交通大学数理力学系主任和工程力学系主任。

长期从事材料力学、应用弹性力学、结构风工程等课程的教学工作,以及桥梁方面的科学研究工作。1963年翻译出版《力学强度理论》,1981年与他人合编并出版《应用弹性力学》,1987年与他人主编并出版《工程力学》,1993年编写并出版《材料力学精讲》等书。

奚绍中、江晓仑于1989年共同获国家教委普通高校国家级教学成果优秀奖、四川省普通高校第一届优秀教学成果一等奖。奚绍中主持的科研项目1997年获铁道部科学技术进步奖二等奖。1991年起享受国务院政府特殊津贴。

邱秉权,1939年2月生,苏州吴江人。1959年考入唐山铁道学院(西南交通大学前身)数理力学系应用力学专业,1964年毕业后留校。长期从事理论力学、分析力学的教学工作和应用力学的研究工作,现为西南交通大学教授。

主要著作有:《分析力学》(中国铁道出版社,1998),与他人合作主编的《工程力学》(西南交通大学出版社,1987)、《理论力学新型习题》(西南交通大学出版社,1987)、《工程力学教程》(高等教育出版社,2004),以及与西南交通大学电教中心等合作编写和制作的电视教学片《理论力学(约束及其约束力)》等。

沈火明,1968年生,博士,西南交通大学教授、博士生导师,"天府万人计划"教学名师,西南交通大学工程力学国家级教学团队负责人,工程力学国家精品资源共享课、工程力学国家精品在线开放课程主持人。学术兼职主要有:教育部力学基础课程教学指导委员会委员、西南地区基础力学与工程应用协会理事长、四川省课程建设与研究专委会理事长、四川省力学学会常务理事。

长期从事工程力学、理论力学、振动理论及应用等课程的教学工作。先后主编、参编"十一五""十二五"国家级规划教材《振动力学》《工程力学》等教材、教辅8部,主持国家级、省部级教改项目10项,发表教学研究论文40多篇,获国家级教学成果二等奖4项、四川省教学成果奖7项。目前主要的科研方向包括:结构振动与控制、工程结构仿真、微动磨损与微动疲劳,主持、主研国家自然科学研究基金、"973"项目、四川省应用基础研究项目等15项,发表学术论文70多篇。

郑重声明

高等教育出版社依法对本书享有专有出版权。任何未经许可的复制、销售行为均违反《中华人民共和国著作权法》，其行为人将承担相应的民事责任和行政责任；构成犯罪的，将被依法追究刑事责任。为了维护市场秩序，保护读者的合法权益，避免读者误用盗版书造成不良后果，我社将配合行政执法部门和司法机关对违法犯罪的单位和个人进行严厉打击。社会各界人士如发现上述侵权行为，希望及时举报，我社将奖励举报有功人员。

反盗版举报电话　　（010）58581999　58582371
反盗版举报邮箱　　dd@hep.com.cn
通信地址　　北京市西城区德外大街4号　高等教育出版社法律事务部
邮政编码　　100120

防伪查询说明

用户购书后刮开封底防伪涂层，使用手机微信等软件扫描二维码，会跳转至防伪查询网页，获得所购图书详细信息。

防伪客服电话　　（010）58582300